新疆数字经济发展科技支撑和创新能力研究

苏国平　主编

北京航空航天大学出版社

内 容 简 介

本书全面且深入地分析研究了新疆数字经济发展的科技支撑和创新能力，并从科技支撑、创新发展的角度，深入调研新疆数字经济发展的现状，找出其在科技支撑和创新能力方面存在的突出问题，探讨、分析、研究了科技支撑和创新能力对数字经济发展的作用和影响，进而进一步分析研究加强新疆数字经济发展的科技支撑和创新能力建设的思路及主要任务，提出强化新疆数字经济发展的科技支撑和创新能力建设的对策建议。

作者通过深入调研、查阅相关资料、走访相关单位，获取了大量翔实的数据，并以在本领域长期工作所积累的知识，借鉴参考国内外相关区域数字经济快速发展的成功经验，力图从新疆数字基础设施、数字产业化、工业数字化、农业数字化和服务业数字化的科技支撑和创新能力的现状出发，分析研究存在的问题，剖析其内在因素，从表象去看深层次的原因，研究加快新疆数字经济发展的科技支撑和创新能力建设的模式和路径，并为新疆数字经济发展打基础、强后劲建言献策。

本书可供新疆各地党政机关干部、大中专院校的教师、科研机构以及对新疆数字经济发展感兴趣的读者参考。

图书在版编目(CIP)数据

新疆数字经济发展科技支撑和创新能力研究 / 苏国平主编. -- 北京 ：北京航空航天大学出版社，2023.10

ISBN 978-7-5124-4205-4

Ⅰ. ①新… Ⅱ. ①苏… Ⅲ. ①科学技术－技术革新－应用－信息经济－经济发展－研究－新疆 Ⅳ. ①F492.3

中国国家版本馆 CIP 数据核字(2023)第 201755 号

新疆数字经济发展科技支撑和创新能力研究

苏国平 主编

策划编辑 董宜斌 责任编辑 张 凌

*

北京航空航天大学出版社出版发行

北京市海淀区学院路 37 号(邮编 100191) http://www.buaapress.com.cn

发行部电话：(010)82317024 传真：(010)82328026

读者信箱：copyrights@buaacm.com.cn 邮购电话：(010)82316936

北京富资园科技发展有限公司印装 各地书店经销

*

开本：787×1 092 1/16 印张：17.5 字数：394 千字

2023 年 10 月第 1 版 2023 年 10 月第 1 次印刷

ISBN 978-7-5124-4205-4 定价：99.00 元

若本书有倒页、脱页、缺页等印装质量问题，请与本社发行部联系调换。联系电话：(010)82317024

新疆数字经济发展科技支撑和创新能力研究
课题研究组

课题研究组组长：苏国平

课题研究组副组长：李培军、李晓、孙文磊、范晓明、张太红

课题研究组成员：车继江、汪丁鼎、钟彦峰、赵政、闫建强、郭庆瑞、王大江、张俊、袁逸萍、白涛、董峦、靳晟、蔡朝朝、张婧婧、范骅

参与课题调研及数据资料搜集人员：陈晓毅、王彪燚、查振宇、钟彦峰、安波、刘震宇、曾祥波、郑媛、徐忱梅、葛磊、吴鹏、陈智、李健、李军、赵玉仙、冯志刚、于春伟、周建平、潘瞳、张凌风、李永可、孟小艳、付丽萍、孟德龙、谢彪、赵雅、王勇、谢佳燕、卢卫东、刘振宝

本课题为2022年度新疆维吾尔自治区科学技术协会决策咨询项目，编号：XJKX－20222－07

课题承担单位：新疆维吾尔自治区软件行业协会

课题参加单位：新疆维吾尔自治区计算机学会

新疆维吾尔自治区电子学会

新疆维吾尔自治区机电工程学会

新疆通信学会

序　言

随着数字技术的飞速发展和数字化浪潮的深入推进，数字经济已然成为当今社会经济发展的主要形态，并推动生产方式、生活方式和治理方式深刻变革，成为重组全球要素资源、重塑全球经济结构、改变全球竞争格局的关键力量。

为应对新形势和新挑战，把握数字化发展新机遇，拓展经济发展新空间，推动新疆数字经济高质量发展，自治区各部门及相关专家从不同的角度开展了加快新疆数字经济发展的研究，取得了丰硕的成果，这些研究给了我们许多有益的启发，其中包括能否对影响和制约新疆数字经济发展的诸多因素做一些分析研究，进而找出其中基础性、战略性的因素，并对其进行系统性研究。

在众多影响和制约数字经济发展的因素中，显然科技支撑和创新能力是影响一个区域数字经济发展最重要的因素之一，是基础性、战略性、支撑性的因素，也是数字经济发展的重要驱动力。在自治区科协的鼓励支持下，我们从科技支撑、创新发展的角度，深入调研新疆数字经济发展的现状，找出其在科技支撑和创新能力方面的突出问题，探讨、分析、研究科技支撑和创新能力对数字经济发展的作用和影响，进而进一步分析研究加强新疆数字经济发展的科技支撑和创新能力建设的思路及主要任务，提出强化新疆数字经济发展的科技支撑和创新能力建设的对策建议。

本书作为课题的研究成果，既是课题组全体成员思想与火花的碰撞，也是大家集体智慧与劳动的结晶。我们力图从新疆数字基础设施、数字产业化、工业数字化、农业数字化和服务业数字化的科技支撑和创新能力的现状出发，分析研究存在的问题，剖析其内在因素，从表象去看深层次的原因，研究加快新疆数字经济发展的科技支撑和创新能力建设的模式和路径，并为新疆数字经济发展打基础、强后劲建言献策。

全书由苏国平策划、统筹并统稿，其中第一章由苏国平撰写、第二章由李培军牵头撰写、第三章由李晓和苏国平牵头撰写、第四章由孙文磊牵头撰写、第五章由张太红和范晓明牵头撰写、第六章由范晓明牵头撰写，课题组成员参加了相关章节的撰写，课题组所有成员参加了调研、资料和数据的搜集整理工作。在此，对所有为本课题研究、书稿撰写做出努力和贡献的人员以及参加研究报告评审论证并提出宝贵意见和建议的专家表示感谢！

特别感谢自治区科协王光强、张煜、艾斯卡尔等同志对本课题的大力支持和帮助！

苏国平

2023 年 3 月 28 日

目　　录

第一章　新疆数字经济发展科技支撑和创新能力研究总报告 …… 1
引　　言 …… 1
一、新疆数字经济发展现状 …… 2
（一）　新疆数字基础设施建设稳步推进 …… 2
（二）　新疆数字产业化发展开始发力 …… 5
（三）　新疆工业数字化从深度融合迈向转型升级 …… 12
（四）　新疆农业数字化亮点多 …… 16
（五）　新疆服务业数字化步伐加快 …… 19
二、新疆数字经济科技支撑和创新能力现状 …… 24
（一）　新疆数字经济科技支撑体系建设开始起步 …… 24
（二）　新疆数字经济的科技创新能力逐步提升 …… 27
三、新疆数字经济发展科技支撑和创新能力存在的问题 …… 31
（一）　数字经济发展科技支撑能力严重不足 …… 31
（二）　数字基础设施缺乏科技支撑，创新乏力 …… 33
（三）　电子信息制造业的科技支撑能力严重不足 …… 35
（四）　科技引领软件产业创新发展的能力不足 …… 36
（五）　科技支撑工业数字化、创新驱动产业发展能力不足 …… 39
（六）　农业数字化科技创新能力急需提高 …… 40
（七）　服务业数字化科技创新能力急需加强 …… 42
四、加快新疆数字经济发展科技支撑和创新能力建设的思路及面临的主要任务 …… 43
（一）　加快数字经济发展科技支撑体系建设，着力提升区域科技创新能力 …… 43
（二）　着力提升新基建支撑数字经济发展的能力 …… 51
（三）　着力提升数字产业创新能力 …… 52
（四）　着力推动工业数字化转型 …… 57
（五）　着力加快农业数字化转型 …… 67
（六）　着力加快服务业数字化进程 …… 71
五、加强新疆数字经济发展科技支撑和创新能力建设的建议 …… 78
（一）　加快建设特点突出、特色鲜明的数字化科技支撑体系 …… 79
（二）　培育、用好、吸引数字经济发展高质量人才 …… 80
（三）　加快新基建，为数字经济发展提供新动能 …… 81
（四）　加速提升我区数字经济发展的科技创新能力 …… 82

（五） 加速产业数字化进程，实现数字经济高质量发展 …… 85

第二章 新疆数字基础设施发展科技支撑和创新能力研究分报告 …… 87

一、数字化基础设施建设与发展现状 …… 88

（一） 信息基础设施建设稳步推进 …… 88

（二） 融合基础设施建设有序开展 …… 97

二、新疆数字基础设施建设科技支撑和创新能力存在的问题 …… 100

（一） 信息基础设施建设的科技支撑不足 …… 100

（二） 融合基础设施科技创新能力还十分薄弱 …… 103

（三） 创新基础设施建设的科技支撑能力不足 …… 103

三、加强新型基础设施建设的科技支撑和创新能力的主要任务 …… 104

切实提升我区数字经济发展的科技支撑和创新能力 …… 104

四、加强新疆数字基础设施建设的科技支撑和创新能力的对策建议 …… 105

（一） 加快新基建，为数字经济发展提供新动能 …… 106

（二） 出台相关政策鼓励引导支持新基建 …… 106

（三） 加强新基建发展规划布局和顶层设计 …… 107

（四） 加强数字化人才培养，提高全民数字化素养 …… 108

第三章 新疆数字产业发展科技支撑和创新能力研究分报告 …… 110

一、新疆数字产业的发展现状 …… 110

（一） 新疆电子信息制造业发挥优势、突出特色 …… 110

（二） 新疆软件和信息技术服务业呈现快速发展态势 …… 113

（三） 新疆通信及互联网业快速发展 …… 118

二、新疆数字产业科技支撑和创新能力存在的问题 …… 122

三、加强新疆数字产业科技支撑和创新能力建设的对策建议 …… 134

（一） 加强新疆数字产业科技支撑的对策建议 …… 134

（二） 加强新疆数字产业创新能力建设的对策建议 …… 139

四、典型案例：熙菱信息数字化创新发展之路 …… 147

（一） 企业概况 …… 147

（二） 数字化企业发展历程及业务决策路径 …… 147

（三） 数字化企业发展做法 …… 148

（四） 数字化企业发展成效 …… 151

（五） 数字化企业发展经验 …… 154

（六） 启 示 …… 155

第四章 新疆工业数字化发展科技支撑和创新能力研究分报告 …… 157

一、新疆工业数字化发展现状 …… 157

（一） 新疆不同规模企业关键业务的数字化应用情况 …… 157

（二）　新疆工业企业数据采集与应用情况 …… 159
（三）　新疆工业企业数字化集成情况 …… 159
（四）　新疆工业企业数字化基础情况 …… 160
二、新疆工业数字化科技支撑和创新能力存在的问题 …… 160
（一）　工业行业数字化水平整体还比较低 …… 160
（二）　企业科技支撑创新体系不完善，创新能力严重不足 …… 161
（三）　数据采集与集成基础十分薄弱，更不能互联互通 …… 161
（四）　企业数字化战略不清、愿景目标不明确 …… 161
（五）　企业数字化盈利模式不明朗、投入意愿不强 …… 161
（六）　数字化系统设施薄弱，数字化升级改造难度大 …… 162
（七）　缺乏深入推行精益生产管理模式和卓越绩效理念，数字化与精益管理脱节 …… 162
（八）　尚未形成系统的产学研用创新体系，严重制约创新能力提升 …… 162
（九）　工业企业数字化人才严重缺乏，科技创新后劲不足 …… 162
三、加强新疆工业数字化科技支撑和创新能力建设的主要任务 …… 163
（一）　新疆装备制造业数字化科技支撑和创新能力建设的主要任务 …… 163
（二）　新疆石化行业数字化科技支撑和创新能力建设的主要任务 …… 165
（三）　新疆轻工行业数字化科技支撑和创新能力建设的主要任务 …… 166
（四）　新疆纺织行业数字化科技支撑和创新能力建设的主要任务 …… 167
（五）　新疆采掘行业数字化科技支撑和创新能力建设的主要任务 …… 169
四、加强新疆工业数字化科技支撑和创新能力建设的对策建议 …… 171
（一）　加强新疆工业数字化科技支撑能力的对策建议 …… 171
（二）　加强新疆工业数字化创新能力建设的对策建议 …… 172
五、典型案例：特变电工数字化创新发展之路 …… 176
（一）　企业概况 …… 176
（二）　数字化进程 …… 176
（三）　数字化做法 …… 178
（四）　数字化成效 …… 181
（五）　数字化经验 …… 183
（六）　启　示 …… 183

第五章　新疆农业数字化发展科技支撑和创新能力研究分报告 …… 185

一、新疆农业数字化发展现状 …… 186
（一）　发展概况与总体定位 …… 186
（二）　农业数字化发展现状 …… 188
（三）　新疆农业数字化发展中存在的主要问题 …… 192
二、新疆农业数字化科技支撑和创新能力现状及存在的主要问题 …… 195

（一） 新疆农业数字化科技支撑体系的现状 …… 195
（二） 新疆农业数字化科技支撑和创新能力存在的问题 …… 203
三、加强新疆农业数字化科技支撑和创新能力建设的主要任务 …… 205
（一） 强化农机数字化装备的研究开发 …… 205
（二） 加强农业生产数字智能感知技术的研发 …… 207
（三） 加快种植业数字技术集成与应用 …… 208
（四） 大力推进畜牧业数字技术集成与应用 …… 208
（五） 大力推进设施农业数字技术集成与经营 …… 208
（六） 推进渔业数字技术集成与应用 …… 208
四、加强新疆农业数字化科技支撑和创新能力建设的对策建议 …… 209
（一） 强化农业数字化发展的顶层设计，建立稳定的财政投入机制 …… 209
（二） 加快构建以企业为主体、产学研用深度融合的农业数字化创新体系 …… 209
（三） 设立数字农业重大科技专项，加强数字农业科技创新持续投入 …… 210
（四） 加强国家、自治区农业数字化科研平台与示范基地建设 …… 210
（五） 加大农业数字化人才培养力度，充实加强现有农业科技机构支撑能力 … 210
（六） 加快农业大数据公共服务体系建设，加大农业数字化领域对外交流合作 …… 211
五、典型案例：七色花信息科技有限公司农业数字化创新之路 …… 211
（一） 企业概况 …… 211
（二） 数字化进程 …… 212
（三） 数字化成效 …… 212
（四） 数字化做法 …… 213
（五） 总结四点经验 …… 214
第六章 新疆服务业数字化发展科技支撑和创新能力研究分报告 …… 215
一、新疆服务业数字化发展现状 …… 215
（一） 电子商务快速发展 …… 215
（二） 物流业数字化加快推进 …… 219
（三） 金融数字化发展成效突出 …… 221
（四） 交通运输数字化不断深入 …… 223
（五） 卫生健康事业数字化步伐加快 …… 225
（六） 文化旅游数字化取得成效 …… 228
（七） 教育数字化成效突出 …… 231
二、新疆服务业数字化科技支撑和创新能力的现状及存在的主要问题 …… 233
（一） 电子商务发展科技支撑和创新能力仍显不足 …… 233
（二） 物流业数字化发展科技支撑和创新能力需提升 …… 235
（三） 金融数字化发展科技支撑和创新能力需提高 …… 236

（四）　交通运输数字化发展科技支撑和创新能力薄弱 …………………………… 236
（五）　卫生健康事业数字化发展科技支撑和创新能力缺乏 ……………………… 237
（六）　文化旅游数字化发展科技支撑和创新能力欠缺 …………………………… 238
（七）　教育数字化发展科技支撑和创新能力不够 ………………………………… 240
（八）　新疆服务业数字化科技支撑创新能力存在的主要问题 …………………… 241
三、加快提升新疆服务业数字化发展科技支撑和创新能力的重点任务 ……………… 242
（一）　深化创新驱动,塑造高质量电子商务产业 ………………………………… 242
（二）　提高数字赋能水平,加快智慧物流发展 …………………………………… 243
（三）　强化数字金融科技支撑,创新数字普惠金融服务 ………………………… 244
（四）　推进交通数字化技术研发与应用,加快行业数字化转型 ………………… 246
（五）　加快数字化转型,构建人民满意的卫生健康事业数字化体系 …………… 247
（六）　强化数字文化旅游技术研发,推动文旅产业数字化转型 ………………… 248
（七）　加强教育数字化研究,支撑终身数字教育 ………………………………… 249
四、加快提升新疆服务业数字化发展科技支撑和创新能力的对策建议 ……………… 251
五、典型案例 ……………………………………………………………………………… 253
（一）　电子商务典型案例 ……………………………………………………………… 253
（二）　物流业数字化典型案例 ………………………………………………………… 254
（三）　金融数字化典型案例 …………………………………………………………… 256
（四）　卫生健康数字化典型案例 ……………………………………………………… 257
（五）　文化旅游数字化典型案例 ……………………………………………………… 259
（六）　教育数字化典型案例 …………………………………………………………… 260
参考文献 ………………………………………………………………………………… 262

第一章　新疆数字经济发展科技支撑和创新能力研究总报告

引　言

习近平总书记强调，要站在统筹中华民族伟大复兴战略全局和世界百年未有之大变局的高度，统筹国内国际两个大局、发展安全两件大事，充分发挥海量数据和丰富应用场景优势，促进数字技术和实体经济深度融合，赋能传统产业转型升级，催生新产业新业态新模式，不断做强做优做大我国数字经济。

国家《“十四五”数字经济发展规划》强调：数字经济是继农业经济、工业经济之后的主要经济形态，是以数据资源为关键要素，以现代信息网络为主要载体，以信息通信技术融合应用、全要素数字化转型为重要推动力，促进公平与效率更加统一的新经济形态。数字经济发展速度之快、辐射范围之广、影响程度之深前所未有，正推动生产方式、生活方式和治理方式深刻变革，成为重组全球要素资源、重塑全球经济结构、改变全球竞争格局的关键力量。“十四五”时期将是我国数字经济转向深化应用、规范发展、普惠共享的新阶段。

新疆维吾尔自治区党委坚决贯彻落实党中央的战略部署，高度重视新疆数字经济发展，自治区党委书记马兴瑞强调：数字经济是新疆弯道赶超内地经济的一次机会。为应对新形势新挑战，把握数字化发展新机遇，拓展经济发展新空间，推动新疆数字经济高质量发展，破解影响和制约新疆数字经济发展的主要问题，在自治区科协的大力支持下，我们组成专门的课题组，对新疆数字经济发展的科技支撑创新能力进行专门研究。

科技支撑和创新能力是影响区域数字经济发展的重要因素，也是数字经济发展的重要驱动力。为此，我们从科技支撑、创新发展的角度，针对新疆数字经济发展的科技支撑和创新能力现状，找出存在的突出问题，探讨、分析、研究科技支撑和创新能力对数字经济发展的作用和影响，分析、研究加强我区数字经济发展的科技支撑和创新能力所面临的主要任务以及急需解决的关键问题、突出问题，并提出对策建议。

我国改革开放的总设计师邓小平强调：科技是第一生产力。习近平总书记在党的二十大报告中强调，“必须坚持科技是第一生产力、人才是第一资源、创新是第一动力，深入实施科教兴国战略、人才强国战略、创新驱动发展战略，开辟发展新领域新赛道，不断塑造发展新动能新优势”。区域创新能力是一个地区经济发展最重要的驱动力。从数字技术的发展到数字经济的兴起，无不是科技创新的结果。纵观 60 余年数字技术发展历史，我们不难发现科技支撑、科技创新、科技突破是引领数字技术快速发展的关键和核心。正是由于计算机、网络、互联网、移动互联网、云计算、大数据、物联网、人工智能、数字孪生、元宇宙等一个又一个数字技术的创新与突破，才使得数字产业化规模不断发展壮大，才使得数字化与工业化融合不断深化，才使得传统产业有了数字化转型的可能，才有了社交互联网、消费互联网、工业互联网，才有了数字空间、数字消费、数字生态，才有了从现实世界到虚拟世界，才有了物理世界与数字世界的融合发展，才有了数字经济！因此，数字经济发展得好坏、快慢与当地的科技支撑、科技创新、科技发展能力和水平是密切相关、紧密衔接的。

科技支撑是产业发展的基础，创新能力是企业发展的关键。科技支撑的主体包括各类科研院所和大中专院校，创新能力则是各类科研院所、大中专院校及企业新技术、新产品、新服务、新模式、新业态研究发明创造的能力。本书就是从科技支撑和科技创新能力的角度，研究新疆数字经济发展的潜力、模式和路径，力图从新疆数字基础设施、数字产业化、农业数字化、工业数字化和服务业数字化的发展现状，特别是数字化应用、数字化融合、数字化转型发展的现状、存在的问题方面去研究、剖析，透过表象看深层次的因素，进而为新疆高效、快速的数字化转型提出对策建议。

数字经济的核心是数字产业化，主体是产业数字化，在数字产业化的带动和支撑下实现产业数字化。为此，本章也将进一步细分相关领域，希望通过深入扎实的调研，通过大量详实的数据，通过与发达地区的对比分析来找出新疆各个领域科技支撑的不足、科技创新的差距，进而给出一些合理可行的对策建议，以期能够抓住机遇，推动新疆数字经济更好、更快地发展，实现弯道赶超的目标。

一、新疆数字经济发展现状

从中国信息通信研究院发布的《中国数字经济发展报告(2022年)》和新疆大学经济与管理学院发布的《新疆数字经济发展报告(2021年)》中的相关数据可以看出:2021年，新疆数字经济规模总量达到4255.70亿元，同比增长12.97%，高于同期GDP名义增速近6个百分点，占GDP的比重为27.36%。其中，数字产业化规模408.68亿元，占GDP的比重为2.63%；产业数字化规模3847.06亿元，占GDP的比重为24.73%。这表明，在疫情多点散发、内外经济双循环压力下，新疆数字经济发展仍表现出强劲的增长势头，也显示出新疆数字经济发展具有较强的活力，并已成为新疆经济高质量发展的引擎。

从近几年的数据来看，数字经济不仅成为新疆经济发展的主力，且蕴含着巨大的发展潜力和较大的上升空间。新疆数字经济结构持续优化，数字产业化快速提升，数字产业化新业态、新模式不断涌现；数字技术为传统产业赋能，加速推动产业数字化转型，产业数字化的主导地位日趋突出。

(一) 新疆数字基础设施建设稳步推进

数字基础设施作为以数据创新为驱动、以通信网络为基础、以数据算力设施为核心的新型基础设施，具有纵深渗透及集约整合的能力，能为有效打破信息界限、知识界限、产业界限、空间界限，促进供需互动、产业跃升等提供强力支撑，还将在为经济赋能中发挥关键作用，持续优化调整产业相关布局、结构、功能和发展模式。通过发挥“数字”新型生产要素的巨大潜力，特别是对传统基础设施的数字化转型与赋能，将打通经济社会发展的信息“大动脉”，进一步促进和推动传统行业数字化转型，为经济社会数字化转型提供关键支撑和创新动能。

数字基础设施是建设网络强国、数字中国的先决条件，也是推动经济社会高质量发展的关键支撑，一个区域的新型基础设施发展状况代表和反映了该区域数字经济发展的水平和潜力，同时也表明对该区域数字经济发展的支撑与服务能力。因此，各地都在想方设法加快新基建的步伐，加大新基建的力度，培育新动能、激发新活力，提升公共服务、社会治理等方面的数字化和智能化水平，以抢占未来数字经济发展的制高点，取得数字经济发展的领先优势，为数字经济发展所必需的人才、技术、产业聚集奠定基础、创造条件、赢得机遇。

1. 通信基础设施建设成效显著

通信基础设施是经济社会发展的战略性公共基础设施。“宽带中国”战略实施以来，新疆加大了通信网络基础设施建设力度，加快了建设步伐，取得了显著成效，已构建起高速畅通、覆盖城乡、质优价廉、服务便捷的宽带网络，为社会和公众提供了用得上、用得起、用得好的信息服务载体。

我区加速宽带网络建设，光纤接入(FTTH/O)端口数持续增加。截至2021年年底，全区固定互联网宽带接入端口达到2312.5万个，较上年同期增长8.5%；全区10G-PON及以上端口占比达19.5%；500 M及以上用户占比达19.9%。

我区的光纤网络已覆盖全部中心城区、县城、兵团各师、重点产业园区以及乡镇团场和重点连队。截至2021年年底，全区光缆线路总长度达到156.5万千米，全区行政村宽带网络已实现全覆盖。各基础电信运营商(电信、移动、联通、广电)均已建成两条出疆光缆路由，即星星峡—兰州方向和若羌—格尔木方向，目前正在沿G7京新高速方向规划第三条出疆路由，预计在“十四五”期间建设开通。骨干网、城域网承载能力不断提升，高速大容量光网络传输系统实现规模化部署，“大容量、低时延、高可靠”的互联网骨干网基本建成。出疆带宽和城域网出口带宽持续拓宽，互联网省际出口带宽达到10381.6 Gbps。

新疆作为我国重要的边境地区，与8个国家接壤，是我国通向中亚、南亚、西亚及欧洲的主要陆路通道。目前，在霍尔果斯、阿拉山口、阿图什、塔什库尔干、喀什等边境地区已建成11个国际通信信道出入口，已开通中哈、中吉、中巴、中塔方向的共26条跨境国际光缆系统，承接国际数据专线近百条，初步打通了经巴基斯坦到印度洋、经中亚到西亚、经俄罗斯到欧洲的陆地信息传输大通道。

乌鲁木齐区域性国际通信业务出入口局和国际互联网转接点，已具备连通我国与中亚、西亚、南亚等地区的13个国家的国际语音业务、数据专线业务以及国际互联网转接的能力，初步形成了丝绸之路经济带西向、北向国际信息大通道布局。国际卫星通信网络建设持续推进，已建成喀什卫星地面站，可实现与中亚、中东、欧洲及非洲等地区的卫星通信。

2. 新型通信基础设施建设已成为新的重点

近年来，新疆把以5G为代表的新型基础设施建设作为信息通信业的头等大事来抓。截至2022年年底，全区已累计建成5G基站32779个，全疆所有地级市城区、县城城区和90.53%的乡镇镇区实现5G网络覆盖，已建成5G虚拟专网90个，5G终端连接数达1151.5万户。目前，各大运营商均已完成5G核心网的建设，并具备大带宽、海量接入、低时延和网络切片的网络能力。随着5G核心网的建成，我区通信网络已具备V2X(Vehicle to X)能力，即车与车、车与基站、基站与基站之间能够通信的业务能力。

物联网是重要的数字基础设施，对于推动物联网的应用与发展，特别是公共服务基础设施和市政基础设施数字化转型，具有重要的支撑作用。目前，我区窄带物联网(NB-IOT)已实现县级以上城市、兵团团镇级以上主城区普遍覆盖，以及重点区域深度覆盖，物联网感知设施布局场景不断拓展。有三家基础电信企业已建设了物联网平台，提供物联感知的网络及管理服务。

工业互联网是工业企业实现数字化转型的重要载体。近年来，自治区加大了工业互联网的建设步伐，特别是在工业互联网内网改造、5G技术应用、工业互联网安全、工业互联网标识解析二级节点建设方面取得了显著成效。建设完成了新疆工业互联网网络安全态势感知平台、新疆工业互联网数据安全追溯平台，工业互联网网络、平台、安全体系初步形成。由特变电工建设的我区第一个工业互联网标识解析二级节点已投入运行。

3. 算力基础设施建设受到重视

算力设施是承载算力的载体，是构建计算体系中最重要的基础支撑底座。算力的发展也为算法、数据处理与传输提供有力支撑，驱动技术、产业、应用创新不断突破。数据中心是承载算力的基础设施，包含计算、存储、通信能力以及环境、安全等配套能力，并服务于社会计算所需的数据服务系统。云计算数据中心、边缘数据中心、绿色数据中心、智能计算中心和超级计算中心等新型数据中心已成为数据中心建设和发展的重点。

截至2021年年底，我区在用面向社会提供服务的大型数据中心共有10个(其中在建数据中心1个)，中小型数据中心有41个，大型数据中心设计的标准机架量为27.8万个(2.5 kW)，主要分布在乌鲁木齐、昌吉、克拉玛依。在用数据中心共建成13.2万个标准机架，除支撑和服务区域内的算力需求外，还可向区外提供算力服务。

4. 新技术基础设施建设开始起步

云服务平台已覆盖到全区各地州县市，可提供大量vCPU的云主机、云终端、云存储以及计算、存储、GPU计算、网络、安全、密码应用等240余项云服务。

我区在区块链、人工智能、大数据等新一代数字技术基础设施建设方面才刚起步，尚未建成可以面向社会提供服务的相关基础设施。

5. 融合基础设施建设有序开展

融合基础设施主要是指通过深度应用物联网、互联网、大数据、人工智能等现代数字技术，实现传统基础设施的数字化转型，使得传统基础设施在数字技术的赋能下具有支撑和服务数字社会和公共服务的能力。

截至2022年年底，全区已基本完成"集约化智慧市政综合管理平台"分级、分步建设，该平台通过整合现有市政基础资源，运用大数据、云计算、人工智能、物联网、区块链、5G、北斗通信等数字技术，构建了集"供水、排水、环卫、供热、燃气、道路交通设施、城市排水防涝、园林绿地、轨道交通、停车场"于一体的智慧市政基础设施，打造了感知、分析、服务、指挥、监察"五位一体"的市政基础设施管理与服务新模式。

智慧能源基础设施是融合基础设施的重要组成部分。目前新疆的国网网络、云平台、物联管理平台等数字化基础设施初具规模，企业中台建设初见成效，具备全网、全业务支撑能力。

在交通基础设施数字化融合方面，已建立了可在大范围全方位发挥作用的实时、精准、高效的交通运输综合管理和控制系统，并重点在交通大数据、智能交通管理系统、导航设备及系统、高速公路信息化、ETC、智能停车、智能公交、考试系统、车路协同自动驾驶等方面推进数字交通基础设施建设。完成了以交通感知"一张图"为核心、以"交通地理信息服务平台"为基础的综合交通基础设施全生命周期地理信息资源中心建设，实现了地理信息、交通规划、设计、养护及交通资产数据等多源信息的集合。

（二） 新疆数字产业化发展开始发力

数字产业是以数字技术的研究、开发、咨询、服务和数字产品的研究、开发、生产、制造以及数字资源的采集、传输、存储、加工、处理、应用而形成的产业。数字产业是数字经济发展的核心，也是数字经济中科技含量最高、创新能力最强、技术发展最快的产业。

截至2021年，新疆数字产业化规模达408.68亿元，占数字经济的9.61%，同比增长34.10%，是历年来增长最快的一年。这主要得益于霍尔果斯市三优富信光电半导体产业园项目、新疆铭威电子科技有限公司投资建设的"一带一路"产业园及信创工程的实施。尽管数字产业化总量在数字经济中占比较小，但数字技术的发展却能促使数字化能力不断提升、数字化进程不断加快。数字技术在实现产业化的过程中，对传统产业不断进行渗透、融合和数字化，促使传统产业变革创新，从而催生经济发展的新业态、新模式、新手段、新途径。此外，它还不断影响以数字化为主导的经济发展形态，并对传统经济发展形态进行变革、融合、创新。因此，数字产业的发展也将直接影响产业数字化进程。

新疆数字产业发展主要聚焦在具有明显特色和优势的电子新材料产业，以及依托服务于区域数字化而形成的特色软件和信息技术服务业、通信服务业、互联网产业等。

1. 电子信息制造业的发展突出特点特色

新疆电子信息制造业的发展策略主要是发挥区域、能源、资源的特色与优势，重点是发展以硅基、铝基、铜基为主体的电子新材料以及电子信息产品。通过多年的努力，新疆已经成功探索出一条“煤-电-硅一体化”和“煤-电-铝一体化”的特色发展路径，并成为硅基新材料上游和前端产品全球主要集聚区、全球最大的绿色新能源基础材料供应基地以及我国最重要的电子新材料研发生产基地。

（1）硅基电子新材料产业由弱到强

一是产业规模迅速扩大。新疆硅基电子新材料产业产值持续增长、产品种类不断增加、产量不断扩大，部分产品的产量居于全国前列，如图 1－1 所示。

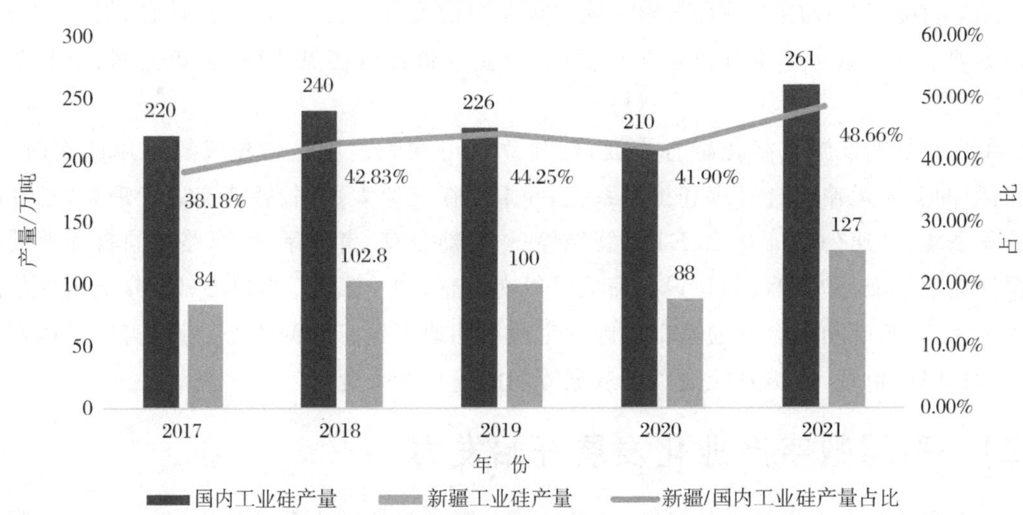

图 1－1　2017—2021 年新疆/国内工业硅产量占比

二是产业集聚初步形成。依托“煤电硅一体化”发展路径，新疆硅基新材料产业形成以晶体硅和有机硅为主的两条产业链，主要集中分布在准东经济技术开发区、鄯善工业园区、甘泉堡经济技术开发区、八师石河子经济技术开发区、新源工业园区等地。

三是产业升级初见成效。单晶硅、有机硅、半导体碳化硅晶体等项目相继成功投产，填补了新疆电子新材料领域的空白，加快了产业转型升级的步伐。工业硅在开拓国际国内市场的同时，就地向高技术高附加值产品转化升级，转化率由“十三五”初的不足 2％达到目前的 22％，产品系列由单一的晶体硅发展为多晶硅和有机硅两大系列。多晶硅就地转化率从零提升到 13％，随着工艺技术水平提高，持续向电子级多晶硅、半导体级单晶硅产业链方向发展。

（2）铝基电子新材料产业发展形成优势

近年来，新疆铝基电子新材料发展迅速，截至 2022 年上半年，新疆高纯铝及铝合金产能已达 11.5 万吨，约占全国产能的 55.5％，排名全国第一；已建成电极箔生产线 431 条，月度产能743.7万平方米，占全国的37.3%，排名全国第一；并具备以下特点：

一是铝基电子新材料基地初步建成。经过20多年的发展，新疆已成为国家重要的电解铝生产基地，同时初步形成了电解铝—圆铝棒和铝线杆、电解铝—高纯铝—扁锭—电子铝箔—电极箔、电解铝—高纯铝—氧化铝粉—蓝宝石等几条铝产业链，成为我国重要的铝基电子新材料基地。

二是铝基电子新材料企业队伍不断壮大。目前，我区铝基电子材料产业已经具有新疆众和等近10家骨干企业，并已具备形成铝基电力电子材料延伸产业链、完善产业集聚、壮大产业规模的基础，同时碳化硅衬底材料、蓝宝石衬底材料、铜基电力电子材料等电子新材料产业也在发展壮大。

三是铝基电子新材料产能持续提升，质量不断提高。通过多年的攻关和产业化，新疆铝基电力电子材料龙头企业新疆众和已形成"能源(一次)—高纯铝—高纯铝/合金产品—电子铝箔—电极箔"电子新材料循环经济产业链，(一次)高纯铝产能达18万吨，高纯铝产能达5.5万吨，电子铝箔产能达3.5万吨，电极箔产能达2300万平方米，在高纯铝靶材、高压电子铝箔新材料研发和产业化能力、技术和工艺方面处于国际领先水平，可为航空航天、电子工业、军事工业装备提供高质量关键基础材料。

(3) 电子信息产品制造业实现零的突破

近年来，新疆的电子信息产品制造业有了较大的突破，从进行电子信息产品组装加工起步，到中科曙光、长城集团落户新疆生产计算机、服务器，再到正威集团打造面向"一带一路"的产业园，生产制造智能终端，以及安徽三优光电在霍尔果斯建设半导体产业园，以面向丝绸之路经济带为主的电子信息产品制造业已经显示出强劲的发展势头。

截至2021年年底，全疆电子产品组装加工企业达到160余家，其中南疆140余家，北疆20家，吸纳就业达到2.5万余人。电子产品组装产业已经成为自治区继纺织服装产业之外的第二大劳动密集型产业。

目前，新疆已经汇聚了正威集团、安徽三优光电、中科曙光、长城集团等著名企业。这些企业分别在乌鲁木齐、霍尔果斯等地建厂，办产业园区，开展手机、个人电脑、智能终端、服务器产品的设计、研发、生产、制造以及半导体芯片的封装、测试和生产，产品已远销中西亚、东南亚、欧洲、非洲及美洲等地，位于乌鲁木齐的"新疆'一带一路'"产业园和位于霍尔果斯的"半导体产业园"正在建设之中。面向丝绸之路和中西亚的电子信息产品出口加工基地正在逐步形成。

2. 软件和信息技术服务业呈现快速发展态势

软件和信息技术服务业(以下简称"软件业"或"软件产业")是关系国民经济和社会发展全局的基础性、战略性、先导性产业，具有技术更新快、产品附加值高、应用领域广、渗透能力强、资源消耗低、人力资源利用充分等突出特点，对经济社会发展具有重要的支撑和引领作用。发展和提升软件产业，对于推动产业数字化转型，培育和发展战略性新兴产业，建设创新型国家，加快经济发展方式转变和产业结构调整，提高国家信息安全保障能力和国际竞争力具有重要意义。

(1) 软件信息服务业有待突破

新疆软件业起步于20世纪80年代，主要以信息系统集成服务和简单小型应用软件开发为主，至21世纪初逐步形成了以维哈柯文软件开发为特色的多语种软件与信息服务业。随着自治区数字化发展的深入推进，新疆软件业也在不断发展壮大，涌现出熙菱信息、立昂技术、红友软件、公众信息等一批骨干企业，涉及大数据、云计算、物联网、人工智能等领域，业务覆盖软件产品开发、应用软件开发、系统集成、运行维护、数据资源采集、数据处理加工等，并初步形成了以软件开发、系统集成、软件评测、信息工程监理、信息咨询服务为节点的产业链。从新疆软件行业协会会员企业各年度的主营业务收入情况(表1-1)和主营收入趋势图(图1-2)可以看出：

表1-1　2012—2021年自治区系统集成企业主营业务收入情况统计表

年　份	企业总营业收入	主营业务增长率	软件业务收入	信息系统集成业务收入	软件产品业务收入	信息技术咨询服务业务收入	数据处理和运营服务业务收入
2012	79.7	11.62%	—	28.8	8.3	3.2	1.6
2013	106.76	33.95%	—	34.78	10.2	4.22	7.49
2014	104.31	−2.29%	47.01	29.66	6.87	3.81	6
2015	112.27	7.63%	42.3	20.42	14.6	2.5	3.6
2016	116.97	4.18%	34.1	18.2	18.1	2.6	3.9
2017	161.87	38.38%	43.14	82.37	9.8	2.9	8.7
2018	177.3	9.53%	45	102.98	4.7	2.18	8.3
2019	176.68	−0.35%	50.27	98.9	7.23	26.38	10.98
2020	156	−11.7%	38.01	73.59	6.65	17.8	9.18
2021	169.75	8.81%	43.09	74.32	5.48	19.75	12.67

① 产业规模呈现出增长势头：2021年，我区信息技术企业实现主营业务收入169.75亿元，比上一年增长8.81%；软件业务收入43.09亿元，比上一年增长13.36%，其中：信息系统集成业务收入1.47亿元，同比增长34.86%；软件产品业务收入5.48亿元，比上一年下降17.59%，且连续三年下降；信息技术咨询服务收入19.75亿元，比上年增长10.95%；数据处理和运营服务业务收入12.67亿元，比上一年增长29.28%；嵌入式系统软件业务收入1.43亿元，比上一年增长50.52%。

② 企业规模稳步扩大：截至2021年12月底，我区计算机信息系统集成企业数量达835家，比上一年增加83家；软件企业215家，比上一年增加25家；通过ITSS运维成熟度评估企业180家；3家企业通过ITSS云计算服务能力评估。

③ 产业效益出现回升：2021年，我区系统集成参检企业实现利润总额11亿元，同比增长37.5%，增速比总营业收入的增速高28.69%。超亿元企业总数达33家，比上一年同期增加10家，占利润总额的55.09%。其中年收入达5000万元以上企业66家、2000万元

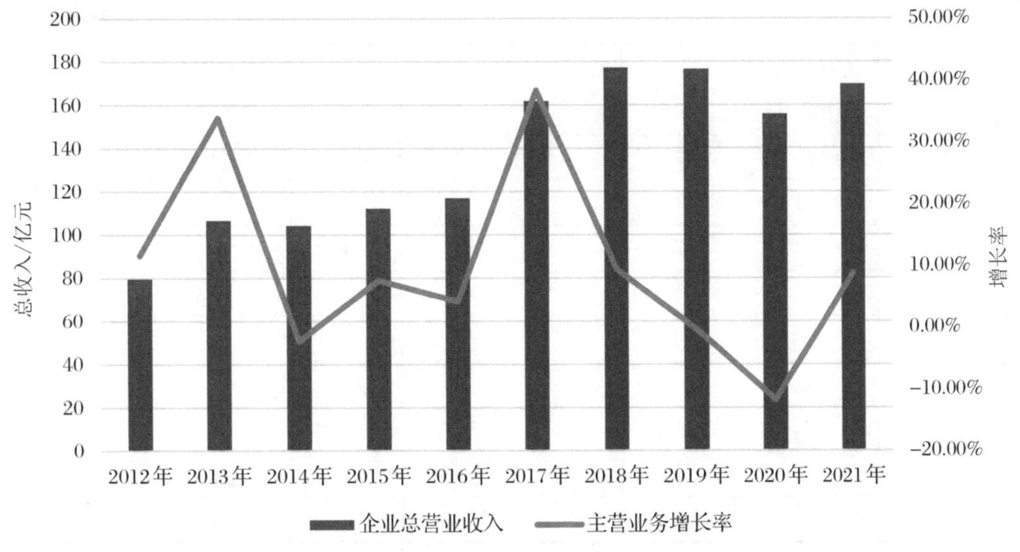

图 1-2 "十三五"期间自治区系统集成企业主营业务收入情况

以上企业 178 家,均比上一年有所增加。

④ 创新能力进一步增强:2021 年,全年累计研发投入 5.13 亿元,比上一年增加 0.34 亿元,占总收入的 3.02%。企业拥有软件著作权共计 5257 项,比上一年增加 793 项,增长率 17.26%;软件产品 711 个,比上一年增加 18 个,增长率为 2.59%。我区信息系统集成企业中,通过 ISO 质量体系认证的共计 373 家,较上一年增加了 27 家;通过 CMMI 认证的共计 22 家,比上一年新增 4 家;获得安防资质的共计 529 家,获得涉密资质的增至 61 家。

⑤ 产业布局进一步优化:2021 年,在全区,乌鲁木齐仍然为企业主要集聚地,达到 565 家,占系统集成企业总数的 74.53%;其次是巴州、克拉玛依、昌吉、伊犁、阿克苏等地区。巴州企业数量排第二,达到 37 家;昌吉州集成企业数量排第三,达到 26 家,占比达 3.43%。地州以小微企业居多,一般规模都不大。2022 年巴州企业数量增长较快,博州填补空白,增加一家集成企业,克州依然为空白地区。2022 年新疆各地区的系统集成企业分布情况如表 1-2 所列。

表 1-2 2022 年新疆各地区的信息系统集成企业分布情况表

地州/市	系统集成能力评估总数/家	甲级/家	乙级/家	丙级/家	丁级/家	软件企业评估总数/家	ITSS 评估总数/家
乌鲁木齐	577	126	133	189	129	184	
巴州	37	3	8	15	11	2	
克拉玛依	32	6	11	13	2	5	
昌吉	29	1	6	13	9	4	
伊犁	21	1	3	11	6	2	
阿克苏	18	2	2	7	7	1	

续表 1－2

地州/市	系统集成能力评估总数	甲　级	乙　级	丙　级	丁　级	软件企业评估总数	ITSS评估总数/家
喀什	13	2	2	3	6	0	
哈密	13	1	0	7	5	0	
石河子	6	2	2	1	1	1	
塔城	5	0	0	3	2	0	
阿勒泰	3	0	0	2	1	0	
和田	2	0	1	1	0	1	
吐鲁番	2	0	0	1	1	0	
博州	1	0	0	0	1	0	
克州	0	0	0	0	0	0	

⑥ 重大项目承揽能力有所弱化：2021 年完成系统集成项目总额为 74.32 亿元，比上一年增加 0.73 亿元。从项目所属领域来看，政府、能源、教育、电信、金融 5 大领域项目占比较多，为系统集成项目主要客户（各大领域的占比如图 1－3 所示）。从项目承揽情况看，完成 500 万～1000 万元的项目 379 个，比上一年增加 143 个；完成 1000 万～1500 万元的项目 32 个，比上一年减少 42 个；完成 1500 万元以上的项目 54 个，比上一年减少 62 个。

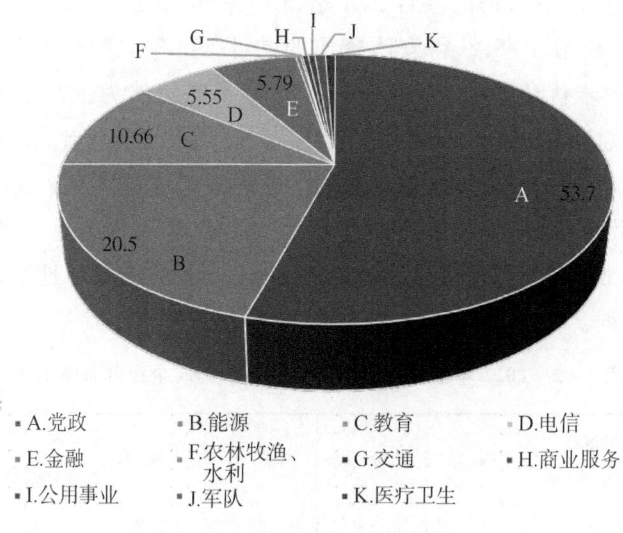

图 1－3　各大领域项目占比情况

（2）通信服务业稳步发展

自治区通信服务业近年来发展较为平稳，随着 4G、5G 通信网络的建设，电信业务保持着良好的增长势头。2021 年，全区电信业务总量完成 379.3 亿元，电信业务收入实现 260.1 亿元，较上年同期增长 9.4%。

截至2021年年底，我区移动电话用户达到2965.4万户，比上一年同期增加118.8万户，移动电话普及率达到每百人117.5部；移动宽带用户普及率达到每百人95.7部；固定宽带接入用户普及率45.1部/百人，家庭宽带接入用户(家庭)普及率120.2部/百户。移动互联网用户达到2519万户，较上年同期增长3.8%，增速居全国第22位；IPTV(网络电视)用户达到992.5万户，较上年同期同比增长17.7%；物联网终端用户达到850.0万户，较上年同期增长38.6%，增速居全国第10位；非话音业务收入完成149.5亿元，较上年同期增长8.5%，增速居全国第21位，占电信业务收入比重为90.8%，其中：移动数据流量业务收入完成75.6亿元，较上年同期增长3.8%，增速居全国第5位，占非语音业务收入比重达50.6%，通信行业发展情况见图1-4。

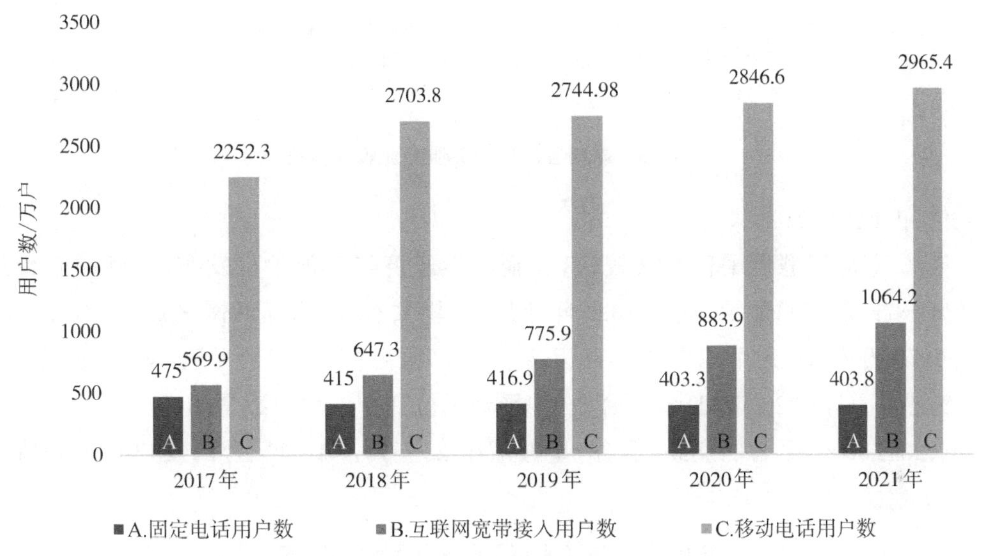

图1-4 2017—2021年自治区通信服务业发展情况

(3) 互联网产业蓬勃兴起

新疆互联网产业近年来发展迅速，以互联网运营服务、互联网内容服务以及基于互联网的各种平台类、服务类业态为主，除三大运营商及广电网络外，一大批中小企业应运而生，并为新疆互联网产业发展做出了重要贡献。

截至2021年年底，新疆移动互联网终端用户数达3106.6万户，较2020年年底增长71.9万户，同比增速为2.4%；截至2020年，新疆互联网和相关服务业企业342家，互联网业务收入59.98亿元，其中互联网接入及相关业务收入2.15亿元，信息服务收入50.40亿元，互联网平台收入4.39亿元，互联网安全服务收入0.27亿元，互联网数据服务收入0.32亿元。由此可以看出，新疆互联网业务收入来源单一且不均衡，主要业务收入来自信息服务收入，互联网产业发展情况如图1-5所示。

新疆互联网信息服务主要是网站浏览、电子商务、电子政务、新闻资讯、搜索服务、社交服务、网络音视频服务、网络游戏、生活服务、实用工具、在线旅游等。其中综合搜索类网站以99.0%的用户覆盖率位居各类网站首位。在移动端，通讯聊天类的用户覆盖率占

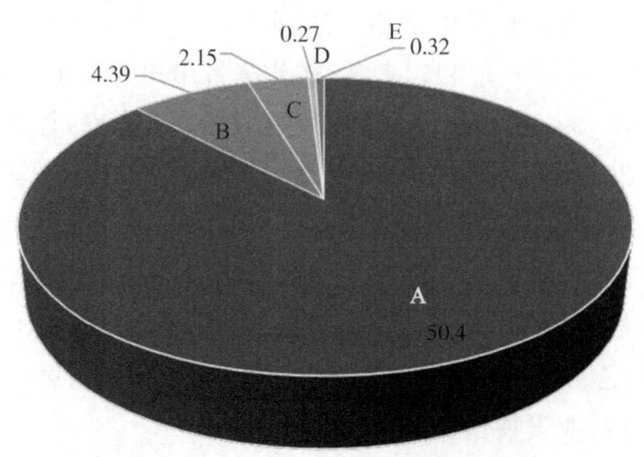

图 1-5　新疆互联网相关服务业收入情况

据第一位，占比为 91.2%。

近年来，新疆互联网平台发展较快，新疆大学经济与管理学院发布的《新疆平台经济发展调研报告(2022)》显示：截至 2021 年年底，全疆共有 37 家互联网平台企业，注册单位用户 390.78 万家、个人用户 1749.00 万人、交易(服务)2609.55 万笔，交易(服务)金额 2663.62 亿元。与 2020 年相比，平台数量、平台单位和个人用户数量增速依次为48.00%、70.65%、231.99%，平台的交易(服务)金额减少 2.95%。不同平台的用户和服务情况如表 1-3 所列。

表 1-3　新疆互联网平台用户及服务情况表

平台类型	单位用户数/万家	个人用户数/万人	交易(服务)次数/万笔	交易(服务)金额/亿元
行业信息服务(大数据)平台	386.81	1501.15	480.65	424.48
跨境电子商务平台	0.21	1.37	1.99	1.09
工业互联网平台	0.0084	—	66.50	0.39
大宗商品交易(服务)平台	0.93	2.09	22.51	95.02
供应链平台	2.40	43.98	307.24	2138.51
本地生活平台	0.42	200.41	1730.66	4.13
合计/平均	390.78	1749.00	2609.55	2663.62

(三)　新疆工业数字化从深度融合迈向转型升级

新疆工业系统积极推进智能制造、绿色制造、工业互联网应用等，大力促进大数据、云计算、人工智能等新一代信息技术与产业的深度融合，工业系统数字化进程加快推进，数字化成效凸显。以工业互联网、智能制造等为代表的新生产模式、新业态不断涌现，带动技术创新，推动产业升级，助力企业转型。我区在推动工业系统数字化进程中，加快了数字化管理、智能化生产、网络化协同、个性化定制、服务化延伸等新模式的应用，生产装备和经营管理数字化水平大幅提升，行业骨干企业数字化、网络化转型加速。制造业在激发市场活力和推动转型升级上取得积极进展。

课题采用问卷调查的方式对新疆484家企业（样本企业主要涉及我区石化、装备制造、轻工、食品、纺织、采掘、电力、建材、医药等行业，涵盖大、中、小、微型企业）进行了调查，从数字化基础、数字化业务、数字化集成、数据采集与应用、数字化成果以及数字化发展六个维度对我区制造业数字化发展的现状进行了分析，结果如下：

1. 不同规模企业关键业务数字化应用各显特色

新疆制造业不同行业、不同规模企业在研发设计、生产制造、供应链、质量、能源、设备健康、安全环保等七个关键业务层面数字化应用情况如图1－6所示。

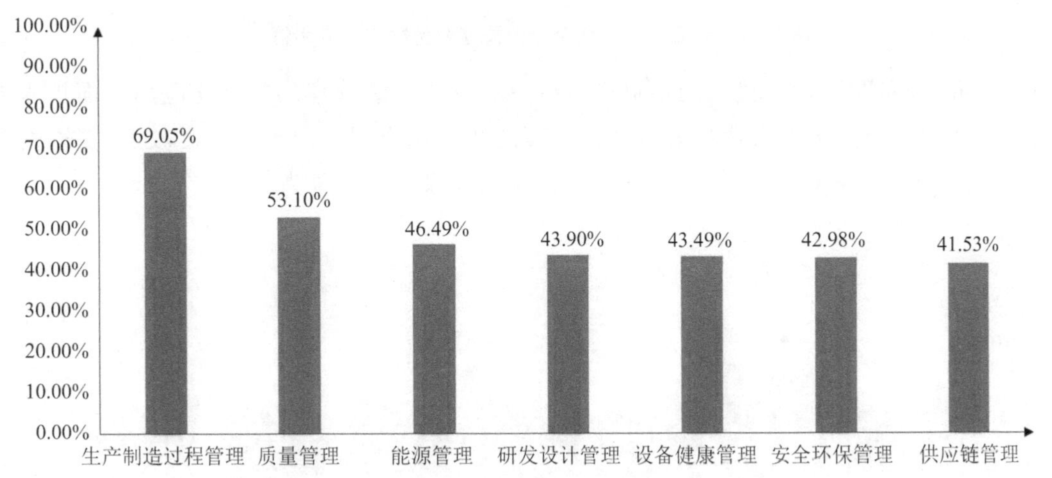

图1－6 新疆工业企业关键业务数字化应用情况

从图1－7可以看出，企业规模大小与关键业务数字化应用情况基本呈正相关，大中型企业关键业务数字化应用情况较好，而小微型企业投入情况稍差。中小型制造企业更关注生产制造过程管理方面的数字化应用，质量管理方面次之，其他关键业务中数字化应用情况占比基本持平。

从图1－8可以看出，装备制造、医药及食品行业的产品创新设计较为频繁，普遍会更关注研发设计管理方面的数字化应用；医药、食品及装备制造业，普遍关注生产制造过程管理方面的数字化应用；医药和食品行业对先进控制和实时优化方面的数字化应用的需求和投入较大；装备制造业则更重视建立柔性化生产体系，以满足其生产制造过程中的个性化需求；轻工、食品行业对供应链管理关注较多，多以供应链集成运作以及产供销数据集成方面的数字化应用为主；食品和医药行业更关注质量管理，以产品质量全流程追溯方面的数字化应用为主；石化、采掘等高耗能行业在能源管理的数字化应用方面投入力度较

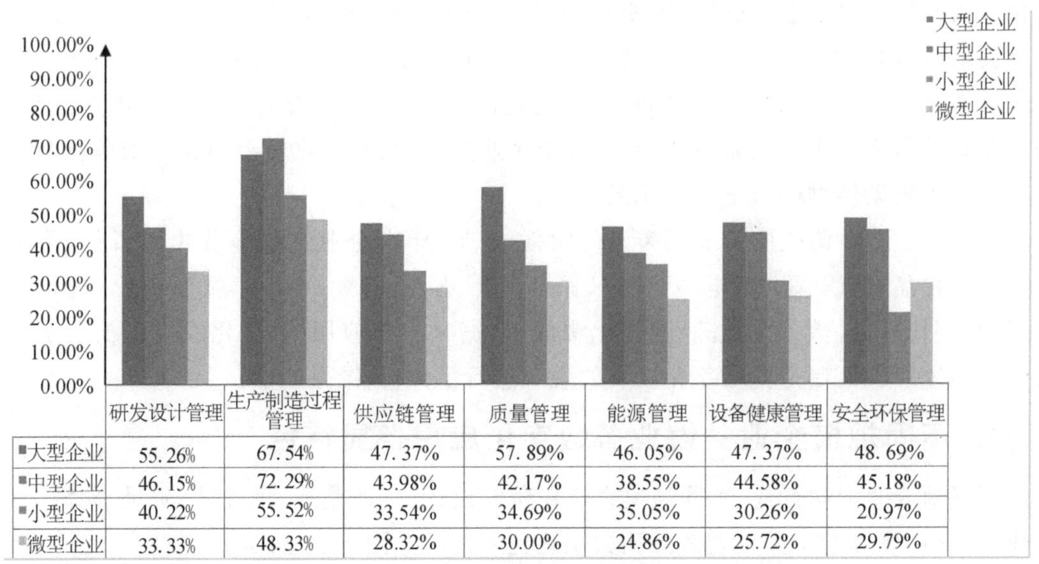

	研发设计管理	生产制造过程管理	供应链管理	质量管理	能源管理	设备健康管理	安全环保管理
大型企业	55. 26%	67. 54%	47. 37%	57. 89%	46. 05%	47. 37%	48. 69%
中型企业	46. 15%	72. 29%	43.98%	42.17%	38.55%	44.58%	45.18%
小型企业	40. 22%	55. 52%	33.54%	34.69%	35.05%	30.26%	20.97%
微型企业	33. 33%	48. 33%	28.32%	30.00%	24.86%	25.72%	29.79%

图 1－7　新疆不同规模企业的关键业务数字化应用情况

大；以采掘、装备制造业为代表的重资产型行业在设备健康管理的数字化应用方面投入力度较大；建材、石化、采掘行业在安全环保管理的数字化应用方面投入力度较大，多以安全环保监测与预警、相关应用系统的互联互通、安全环保动态处置为主。

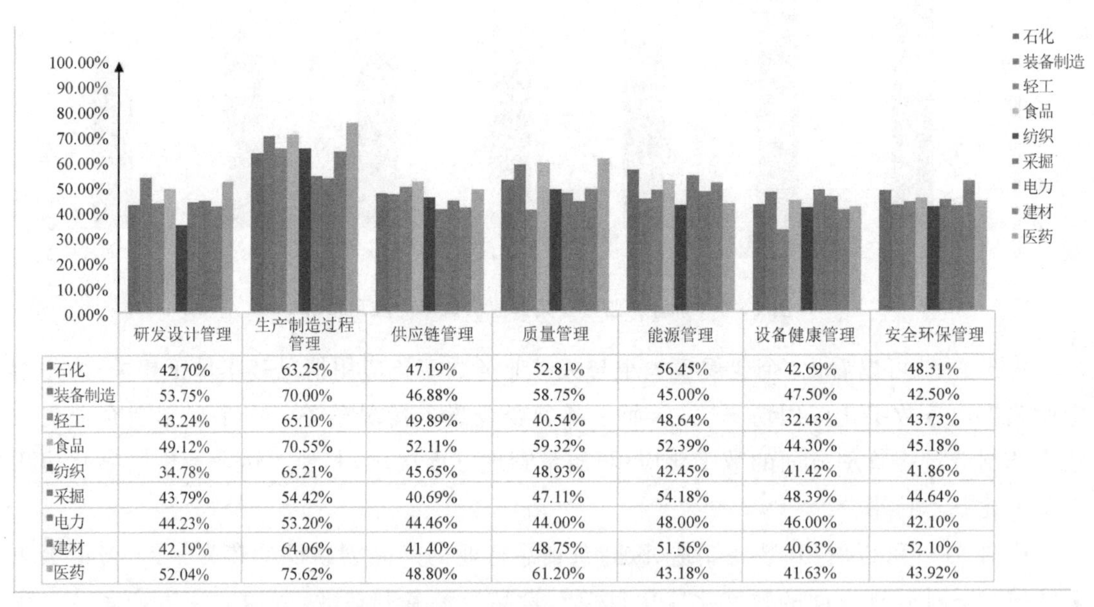

	研发设计管理	生产制造过程管理	供应链管理	质量管理	能源管理	设备健康管理	安全环保管理
石化	42.70%	63.25%	47.19%	52.81%	56.45%	42.69%	48.31%
装备制造	53.75%	70.00%	46.88%	58.75%	45.00%	47.50%	42.50%
轻工	43.24%	65.10%	49.89%	40.54%	48.64%	32.43%	43.73%
食品	49.12%	70.55%	52.11%	59.32%	52.39%	44.30%	45.18%
纺织	34.78%	65.21%	45.65%	48.93%	42.45%	41.42%	41.86%
采掘	43.79%	54.42%	40.69%	47.11%	54.18%	48.39%	44.64%
电力	44.23%	53.20%	44.46%	44.00%	48.00%	46.00%	42.10%
建材	42.19%	64.06%	41.40%	48.75%	51.56%	40.63%	52.10%
医药	52.04%	75.62%	48.80%	61.20%	43.18%	41.63%	43.92%

图 1－8　新疆不同行业关键业务数字化应用情况

2. 工业企业数据采集与应用受到重视

生产现场数据的采集与分析是企业进行物料跟踪、制订生产计划、落实产品维护以及其他生产管理的基础，是实现数字化转型的关键。在数据采集方面，39.02％的企业搭建了数据采集与监视控制系统(SCADA)、分散式控制系统(DCS)等,实现了部分关键设备数据采集;29.27%的企业采用了制造执行系统(MES)、条码追溯系统等,实现了车间物料、库存、生产进度等的数据采集;26.83%的企业搭建了企业资源计划管理(ERP)系统,实现了产供销数据采集;17.07%的企业集成多种软硬件系统设备,实现了产品全生命周期的数据采集。26.50%的企业能够利用数字化手段开展综合决策,59.30%的企业停留在局部数据分析和简单可视化上,其余企业在数据应用方面有所欠缺。

3. 工业企业数字化取得的成效

从图1-9中我们可以看出,70.73%的企业在内部数字化集成方面有所应用。其中,58.34%的企业实现了财务与业务的数字化集成,覆盖面较大;10.50%的企业实现了全业务过程数据资源的全面集成;内部数字化集成水平较低导致企业间产业链协同存在一定困难,仅有10.40%的行业骨干企业实现了企业间产业链主要业务协同。这说明,当前新疆制造业企业内部数字化集成水平还不高,企业之间在实现主要业务产业链协同方面还有较大的差距。

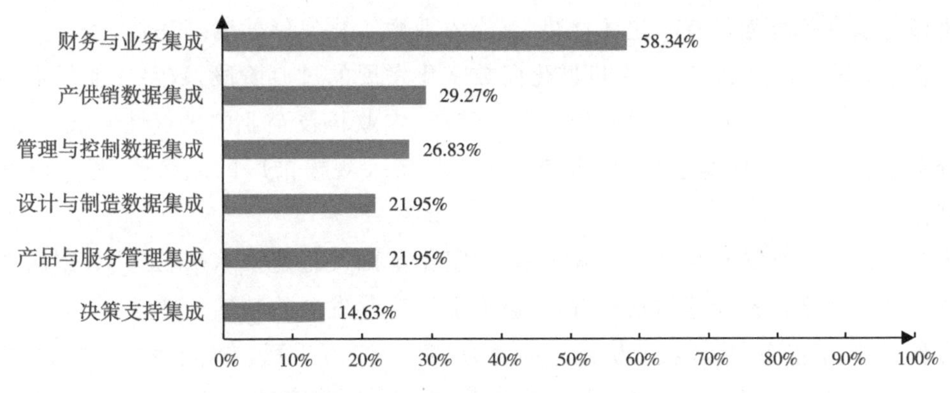

图1-9 企业内部数字化集成情况

4. 工业企业数字化基础进一步加强

在传统数字化设备投入方面,我区制造业企业数字化基础较为薄弱。近年来,虽然工业企业加大了数字化基础设施的投入,生产设备的数字化率达到了47.20%,但仍较全国低4.80%(全国生产设备数字化率51.80%);在现代数字技术应用方面,我区制造业企业引进和应用的数字技术主要是数字移动技术、机器人、物联网以及智能传感器设备,而5G技术、区块链、边缘计算以及3D打印的应用相对较少。

在我区制造业企业中,约有75.82%的企业设置了数字化管理部门,并启用了数字化管理人才管理企业的数字化工作。其中45.66%的企业数字化管理部门是作为二级部门设立在其他业务部门下的,16.94%的企业数字化管理部门是作为专职一级部门独立设置的,还有13.22%的企业是将数字化、管理变革、模式转型及业务流程优化等业务集成到一个专职一级部门。在我区工业企业中约有一半以上的企业,在企业管理与技术人才中数字化人才严重不足,仅占15%左右。

在所调研的企业中，制造业企业实施数字化带来的社会经济效益还不够突出，特别是实施数字化转型战略后企业核心竞争力、创新能力的提升方面还不够显著，但数字化为企业所创造的直接或间接经济效益较为明显。例如，企业能源消耗降低了 9.65％，生产成本降低了 9.78％，产品质量提高了 9.18％，生产效率提高了 13.43％。

（四） 新疆农业数字化亮点多

新疆农业数字化发展总体上可以概括为发展基础好、产业需求强、应用有亮点、科技力量弱、本地化成果少、政产学研用融合不够。

1. 农业数字化发展概况

国内有学者从数字化基础设施、数字化生产要素、数字化经营体系和数字化外部条件四个方面选取指标，构建数字农业综合评价指标体系，对各省区数字农业发展水平进行评价，新疆在西部地区排名第 2，在全国排名第 9。这反映出由于新疆连片耕地面积大、农业集约化程度高，其棉花、番茄等农产品及加工产业较为发达，在农业资源禀赋、农业基础、农业机械化水平等方面具有一定的优势，具有农业数字化发展的良好基础。

从总体上看，我区农业正处在机械化向数字化发展的过渡阶段，数字农业发展刚刚起步，本地化科技力量薄弱，主要以高校和科研院所、农业科技企业的试点性实践示范为主，大都分布于农业园区、实验基地，技术产品还不具备大规模推广的成熟度、稳定性和普适性条件。

从支撑数字农业发展的农业机械化率、数字化基础设施建设水平、公共数据服务体系和农业劳动力数字化素养等因素来看，新疆农业数字化发展的基础条件是：

截至 2021 年年底，我区农业机械总动力为 2921.41 万千瓦，农作物耕种收综合机械化率达 85.12％，机耕率达 97.16％，机播率达 93.16％，机收率达 61.01％，位居全国前列。新疆农业正处在机械化基本完成、向数字化转型的攻坚阶段，已完成 5904 个行政村、1962 个曾是深度贫困村的村子及兵团连队的光纤宽带建设，实现通信网络全覆盖，行政村 4G 网络覆盖率已达 99％以上，数字农业基础设施条件已经具备，但尚缺少功能完备、市场主体充分接入的数字农业综合服务平台；新疆农村人口占比 42.7％，拥有高中以上文化程度的人口占比 29％，南疆四地州少数民族人口占当地人口的 83.74％，其中农村人口使用国家通用语言文字的能力较低。受教育程度低的农民难以学习、掌握和应用数字技术，也缺乏采集、处理、加工相关数据的能力，农民的数字化素养低是新疆农业数字化发展的主要制约因素，也影响了新疆数字农业生态系统的形成。

2. 农业各产业数字化特点纷呈

（1）种植业数字化水平稳步提高

种植业生产机械化、数字化水平稳步提高，粮、棉、油等主要大田作物基本实现播种、植保、收获的机械化，自动导航辅助驾驶拖拉机、数字化采棉机得到规模应用，卫星遥感、无人机在土地测量、病虫害防治、精准施肥、作物长势监测等领域的应用不断深入，农机、农艺与机械化、数字化深度融合，节约了劳动力，提高了生产效率，也推动了农业生产力提升。

数字化灌溉、无人机喷药等先进技术在新疆农业生产中得到了广泛应用，促进了农业规模化、集约化经营，降低了生产成本，增产增收效果十分明显。

(2) 林果业数字化效果显著

新疆林果业数字化基础平台建设取得成效，平台包括林果业资源现状、基地建设、科技支撑、加工转化、“两张网”建设、质量与标准等六部分，以图、文、视频、数据合一的形式，在一张图上呈现全区林果资源、科技服务、加工收购等林果业全产业链数据内容，直观展示自治区林果业发展现状，分析产业发展短板和市场需求，强化产业链信息化管理。初步解决了此前自治区林果业一直面临的资源不清、数据分散的问题，并将连通新疆的林果基地、疆内收购市场和疆外销售市场数据，以增强平台对新疆林果业发展的感知和服务能力。

(3) 畜牧业数字化全面展开

自治区搭建了新疆畜牧兽医大数据平台，实现了全疆 11 个畜禽种类、200 余万养殖户以及各地畜禽养殖企业数据资源的采集与管理，平台处理数据累计达 1.45 亿余条。目前全区约有 5055 名畜牧兽医行政和事业单位管理人员以及 150 余万个养殖场(户)在线使用该平台，实现了新疆畜牧业数据的动态监管、实时分析和资源共享。

数字化养殖开始起步，已建成的数字化养殖基地，集成应用了养殖环境监控、畜禽体征监测、精准饲喂、智能挤奶捡蛋、废弃物自动处理、网络联合选育等技术。全疆牧区大力推广应用北斗卫星放牧系统；重点水产养殖区开展了水体环境实时监控、饵料自动精准投喂、水产类病害监测预警、循环水装备控制、网箱升降控制等技术集成应用。

(4) 农田水利数字化特点突出

新疆水资源数字化监测与监控系统建设取得较大成效，已建成了覆盖全疆的取用水监控体系和水资源管理信息平台。建成了 1244 个国家监控用水单位监测站点，并将 3 个重要饮用水水源地纳入水质自动监测系统。全疆河道外颁证许可用水量监测覆盖率达到 81.7%，总用水量监测覆盖率达到 64.3%；水旱灾害防御数字化程度不断提高，已在全疆 73 个山洪灾害防治县建立了水雨情监测站网、县级监测预警平台，建立了自动水雨情监测站 1100 余处；并已建成全疆水库视频监控平台和连接水利厅、地州、县(市)、水库四级的安全生产视频监控平台和调度体系，接入了 516 座水库的视频监控数据；初步建成新疆灌区水利工程信息管理系统；水利数据资源整合力度不断加大，整合了全疆河流、湖泊、水库等 30 类水利对象基础数据，实现“一个库”“一张图”。

(5) 农产品加工业数字化步伐加快

农产品加工业数字化步伐加快，粮油、棉花、乳品等大宗农牧产品加工装备和生产线的数字化及智能化水平不断提高。面粉加工龙头企业加快数字化进程，建成了数字化、智能化面粉生产线，经营管理数字化水平不断提高，电子商务、智能物流应用开始普及。乳制品企业数字化、智能化程度不断提高，骨干企业乳制品加工生产线全面实现自动化、智能化，经营管理数字化应用基本普及。

（6）农村电子商务全面推进

近年来，新疆有共计 57 个县市获批国家电子商务进农村综合示范县，各示范县普遍建立了涵盖县（市）电商服务中心（产业园）、乡镇电子商务服务站、村级电子商务服务点的三级农村电商服务体系，初步打通农村快递物流“最后一千米”。

农村电商推进“工业品下行、农产品上行”的作用日益显著，2021 年我区农村网络零售额实现 241.4 亿元，同比增长 41.6%；地产农产品网络零售额 153.0 亿元，其中水果、坚果、草药分别实现网络零售 92.1 亿元、27.2 亿元、10.9 亿元，位居农产品网络零售前三名，如图 1-10 所示。

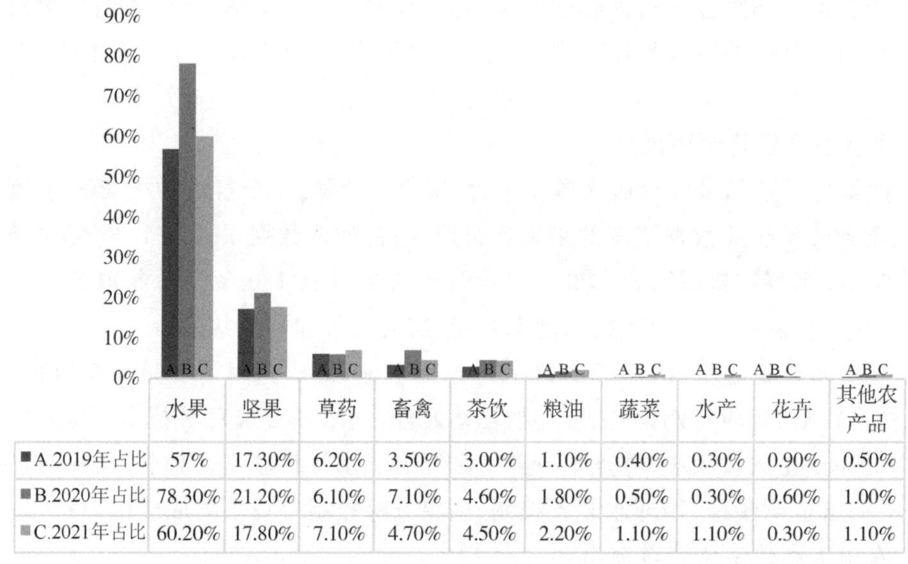

	水果	坚果	草药	畜禽	茶饮	粮油	蔬菜	水产	花卉	其他农产品
■A.2019年占比	57%	17.30%	6.20%	3.50%	3.00%	1.10%	0.40%	0.30%	0.90%	0.50%
■B.2020年占比	78.30%	21.20%	6.10%	7.10%	4.60%	1.80%	0.50%	0.30%	0.60%	1.00%
■C.2021年占比	60.20%	17.80%	7.10%	4.70%	4.50%	2.20%	1.10%	1.10%	0.30%	1.10%

图 1-10　新疆农产品的电商销售情况

我区还建设了特色农产品疆内收购和疆外销售“两张网”，打造了一体化农产品流通和农业大数据综合服务平台，提供 B2B 交易撮合、供应链金融、仓储加工物流等配套服务，引导果农进行电子交易结算，年均外销果品 640 多万吨，让新疆特色农产品“走出去”的路越来越宽。

（7）农业机械数字化取得新成效

近年来，围绕新疆特色优势产业的重大需求，新疆机械研究院股份有限公司等骨干企业研制了一批大型数字化智能化农机装备，有力支撑了我区农业机械数字化发展。

新疆机械研究院股份有限公司（新疆新研牧神科技有限公司）研制了自走式玉米收获机、青饲料收获机、秸秆饲料收获机、辣椒收获机、籽瓜收获机、耕整地机械等 6 大类 40 余种产品。在 4YZT－7/8 型玉米籽粒联合收获机基础上，正在开展大型谷物及大豆联合收获关键技术研究及智能装备研制与示范应用。钵施然智能农机股份有限公司先后研制了 3 行、5 行、6 行等类型棉花收获机、机械式系列播种机、气吸式系列精量播种机、残膜回收机、打药机等农机装备。铁建重工新疆有限公司先后研制了六行箱式采棉机、六行采棉打包机、六米宽割幅的青贮机以及三行打包机等，其中六行箱式采棉机、六行打包机已经进行量产，自主研发的 4MZD－6 型采棉机的整车监测控制系统可实现智能控制、自动监测、故障自诊断及危险报警等诸多功能，获得中国好设计金奖。受此带动影响，截至 2021 年，新疆采棉机拥有量达 7800 余台，棉花机采率达到 87.9%。

（五） 新疆服务业数字化步伐加快

近年来，我区服务业数字化转型步伐加快，电子商务正迈向高质量发展的新阶段，网上外卖、在线办公、在线医疗、在线教育、网络直播等数字服务蓬勃发展，数字金融、数字支付体系日益完善，智慧物流、数字交通对实体经济支撑能力不断提高，智慧卫生健康、数字文化旅游、网络教育拓展了人民群众美好生活新空间。

1. 电子商务发展提质增效

新疆电子商务发展迅速。2021 年，全区电子商务交易额达到 2604.6 亿元，同比增长 17.1%。全疆网络零售额实现 509.6 亿元，同比增长 22.3%，较全国高出 6.6 个百分点，较电子商务交易额增长率高出 5.2 个百分点，在全国占比 0.4%，较上年同期提升 22.3 个百分点，如图 1－11 所示。

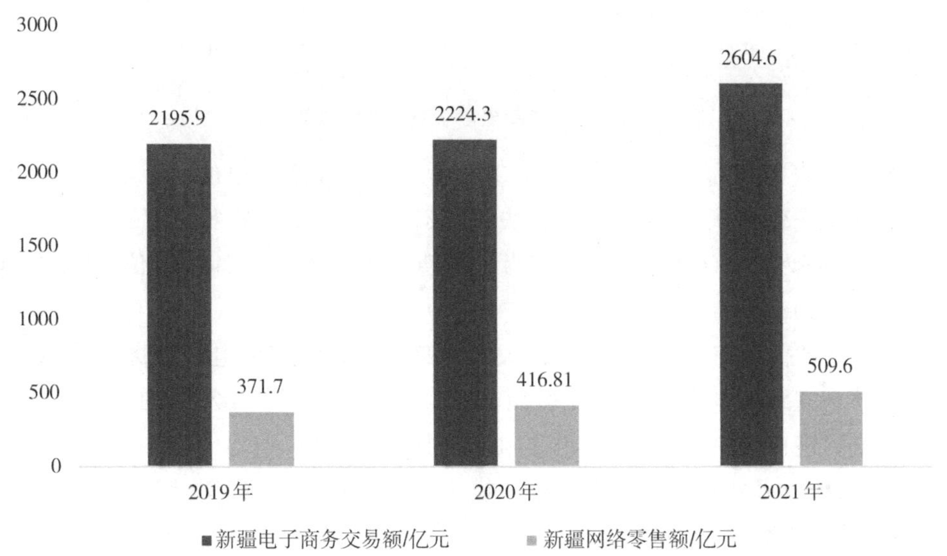

图 1－11 近三年新疆电子商务交易情况

2021 年全年疆内企业通过网上（第三方平台）销售实现零售额 427.2 亿元，比上年增长 41.3%，增速比上年提高 13.7 个百分点，居全国第 5 位。新疆本地消费者通过第三方平台（网购）实现零售额 1147.9 亿元，比上年增长 11.2%，占新疆社会消费品零售总额的 32.0%。其中，实物商品网上零售额 283.00 亿元，增长 35.3%；限额以上批发零售企业通过公共网络实现商品销售增长 1.1 倍；限额以上住宿业单位通过公共网络实现的客房收入比上年增长 1.0 倍;限额以上餐饮业单位通过公共网络实现的餐费收入增长 34.0%。实物型网络零售额和服务型网络零售额分别达 358.2 亿元、151.4 亿元,在网络零售额中分别占比 70.3%、29.7%。食品保健销售在实物型网络零售额中占比 62.1%,排名居第 1 位;在线餐饮、在线旅游、生活服务、休闲娱乐等服务型网络零售占据总量的 90%以上。其中,餐饮品线上团购、外卖销售最为火爆,带动在线餐饮 92.1 亿元,在线旅游、生活服务、休闲娱乐分别实现网络销售 27.3 亿元、19.83 亿元、4.9 亿元,如图 1-12 所示。

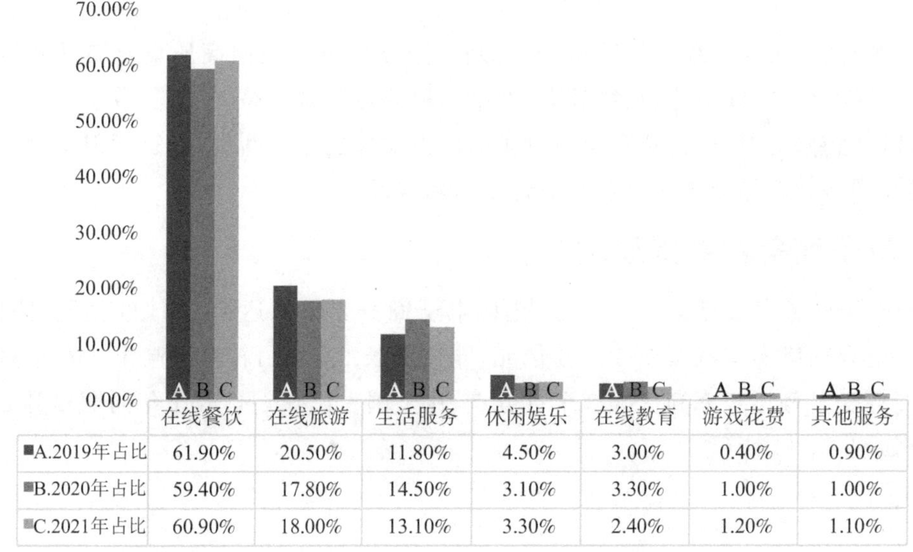

	在线餐饮	在线旅游	生活服务	休闲娱乐	在线教育	游戏花费	其他服务
A.2019年占比	61.90%	20.50%	11.80%	4.50%	3.00%	0.40%	0.90%
B.2020年占比	59.40%	17.80%	14.50%	3.10%	3.30%	1.00%	1.00%
C.2021年占比	60.90%	18.00%	13.10%	3.30%	2.40%	1.20%	1.10%

图 1-12 近三年新疆电子商务在线服务情况

2021 年我区直播电商实现交易额 29.3 亿元。开设直播基地的示范县有 54 个,直播基地合作的主要平台依次为抖音、淘宝、快手,其次是京东、拼多多、唯品会等,全区在快手、抖音平台直播交易额(GMV)超过 10 万元的直播带货主播共计 182 位,其中抖音平台 80 位,快手平台 102 位。

新疆已设立乌鲁木齐、喀什、阿拉山口、伊犁四个国家级跨境电子商务综合试验区,初步形成以乌鲁木齐跨境电商综试区为引领,各口岸跨境电商错位发展的雁阵模式。已实现跨境电商直购进口(9610)、一般出口(0110)、网购保税进口(1210、1239)、企业对企业直接出口(9710)、出口海外仓(9810)全部业务模式落地。乌鲁木齐、喀什等地已开行 5 列跨境电商班列,目的地包括莫斯科、布达佩斯、阿拉木图、塔什干等"一带一路"沿线城市。2020 年 5 月,乌鲁木齐跨境电商综合试验区公共服务平台上线运营,"1210 网购保税"进口业务内测成功,成为国家批准设立的第五批 46 家跨境电商综合试验区中首家完成"1210"业务开通并成功实现交易的综合试验区。2020 年 10 月,新疆跨境电商一站式购物平台——西大门线上商城正式上线运营,解决了新疆消费者海淘慢的难题。

近年来,我区大宗商品交易平台、供应链平台、本地生活服务平台有所发展。其中安居广厦平台已成为很多乌鲁木齐人买卖房屋的常用平台之一,其服务涉及新房、物业、二手房、家居、家装五大领域;新疆农资交易平台聚焦"互联网+农业",中泰智慧供应链平台包括供应链采购平台和供应链营销平台，可提供电子合同、业务规范、风险管控等服务；金风科技供应链协同平台（SCC）打通了采购需求申请、采购合同管理、合同执行过程管理、供应商开票、付款申请、付款明细查询等端到端流程闭环管理和在线协同。百事联城乡一体化电子商务和信息服务平台提供便民缴费、便利金融、信息查询、票务预定、快递收发、旅游服务、维汉双语商城等服务，以及全疆第一个支持多语言手机 App 和微信小程序订餐的平巴乐外卖平台。

2. 物流业数字化已成为产业发展的主流

我区聚焦现代物流高质量发展需求，加快推进现代物流数字化、网络化、智慧化赋能，构建智能高效、低碳绿色现代物流体系。新疆交通运输物流公共信息平台、乌鲁木齐中欧班列集拼集运智能场站平台系统等数字平台建成投入使用。

自治区重点建设的乌鲁木齐空港国际物流园区等 18 个物流园区，加快创新驱动发展，由以往的单纯依靠运输、仓储、商贸等传统模式运营，逐渐向现代数字化物流转型，并向着“互联网＋物流”“物流＋商贸”等多元化业态发展，加快园区的转型升级。

其中，乌鲁木齐临港国际物流园加快打造全疆智慧物流中枢，顺丰、中通等国内快递电商物流企业正紧锣密鼓地实施智能分拣、信息化管理等项目建设。新疆顺丰丰泰产业园将建顺丰西北运营中心、智能分拨研发与应用中心、冷链物流中心、智慧地图开发与包装实验中心等；中通快递新疆智能科技电商快递物流园集智能化快递分拨、快运转运、电商云仓以及冷链仓储等功能于一体；海鸿国际食品物流港、中疆物流昌吉物流货运周转基地、阿克苏商贸物流产业园、喀什远方国际物流产业园加快物流园区数字化建设。

3. 金融业数字化成为促进产业发展的新动能

金融监管服务数字化水平不断提高，依托自治区一体化政务服务平台已在全区范围内全面实现小额贷款公司、融资担保公司、典当行政务服务事项“一网通办”。

网上银行和手机银行快速普及，中国银行等央行新疆分行、招商银行等行业性银行新疆分行、新疆银行等地方性银行普遍建立了网上银行或手机银行。

移动支付应用场景不断丰富，新疆银联与自治区相关部门在一网通办、税款缴纳、社保收缴等方面紧密合作，已实现全区教育、社保、公积金、企业信息查询等高频政务服务在中国银联“云闪付”App 上线，让公共服务更加高效快捷；新疆银联培育传统商圈商户数字化营销能力，以跨场景引流、精准化营销等数字化服务为商户经营赋能；新疆的移动支付手段正向乡村加速延伸。新疆人民银行通过找准上线特色农产品、建立长效保障机制、引导相关机构争取政策优惠支持等举措，发挥移动支付基础设施优势，聚焦新疆特色优质农产品，深入推进“移动支付＋特色农产品”，全区已建成乌鲁木齐等 16 个移动支付“引领县”，建立了移动支付县域商圈；智慧交通与移动支付加快融合，全疆推广实施 61 个公交移动支付项目，覆盖 14 个地州市、7 个直辖县级市、39 个县域。

4. 交通服务业数字化快速推进

近年来，新疆交通服务业数字化发展稳步推进。重点推进“互联网＋”在交通建设、公路养护管理、道路运输、路政执法、海事管理等主要行业管理中的应用，先后实施综合交通运输调度和应急指挥系统、高速公路联网电子不停车收费(ETC)、危险货物道路运输安全监管系统、交通运输信用信息管理系统、交通运输行政执法综合管理信息系统等重点数字化工程；围绕新疆高速公路“建设、管理、养护、运维、服务”等，推动全域、全要素、全周期数字化建设，实现高速公路全路网感知、全天候通行、全流程管控、全过程服务；2022 年 1 月，新疆高速公路“智慧云”平台启用，实现了高速路网的管理运维数字化；2022 年 4 月，新疆交通公众出行信息服务网和“新疆路网”微信公众号经过改版升级后正式上线；乌鲁木齐市加快建设智能交通系统，挖掘交通科技管理效能，构建精细化勤务管理、可视化指挥调度、快速化警情处置、智能化灯控配时、多元化交通诱导、同步化预警研判的智慧交通管理新模式，实现城市交通治理能力新提升。

5. 卫生健康服务业数字化势在必行

新疆卫生健康领域数字化稳步推进。全区 198 家二级及以上公立医疗机构已完成医院信息系统(HIS)、电子病历和临床检验检查等主要业务系统的建设；完成居民电子健康卡注册 680.52 万张；已有 245 家医疗机构接入政府建设的监管系统。

全民健康数字化建设加快，形成覆盖全区公立医疗卫生机构，基于居民电子健康档案、电子病历、全员人口管理的医疗卫生和计划生育数字化体系基本架构，实现全疆范围内基本医疗信息系统互联互通；建成了自治区全民健康信息平台，实现对上联通国家全民健康信息平台，对下联通市县两级人口健康信息平台以及对全疆各级平台的标准化、规范化管理；完成全疆 245 家医疗机构医院信息系统、电子病历和临床检验检查等主要信息系统的接入和 1451 家基层医疗卫生机构信息的系统部署和数据迁移，已将自治区基层医疗卫生机构管理信息系统、全民健康体检管理信息系统、公共卫生服务系统等 8 个卫生健康业务信息系统接入全民健康信息平台，实现了数据共享。

加快推进“互联网＋医疗健康”进程，已建立人口全覆盖、生命全周期、工作全流程的医疗健康信息化工作机制，形成“互联网＋医疗健康”服务新模式；加快发展新型医疗健康服务模式，搭建信息服务云平台，拓展“互联网＋医疗健康”服务领域，已接入二级(含)以上公立医疗机构共 169 家；建成以自治区人民医院和新疆医科大学第一附属医院两个远程会诊中心为核心的自治区远程医疗服务云平台，实现自治区—地—县远程医疗全覆盖，加快推进卫生健康新模式、新业态，加速建设紧密型县域医共体，2021 年，全区已组建了 106 个医共体；自治区人民医院、新疆医科大学第一附属医院等 38 家医疗机构获批互联网医院，能够为病人提供普通常见病和慢病复诊、慢病续方、健康咨询及互联网护理咨询等服务，截至 2022 年 8 月，全区互联网医院累计服务患者 204191 人次。

6. 文化旅游业数字化成为共识

自治区加快推进新一代数字技术与文化和旅游业的融合应用，深入实施“互联网＋公共文化”，推动文化工程数字化转型升级、资源整合，加快数字图书馆、文化馆、公共文化云服务体系建设，丰富公共数字文化资源，广泛开展数字化网络化服务。加强旅游数字基础设施建设，深化“互联网＋旅游”，加快推进以数字化为特征的智慧旅游的发展。

自治区围绕实施文化产业数字化战略，以科技创新提升文化生产和内容建设能力，提高文化产业数字化发展水平。着力建设数字文化云展览、云娱乐、线上演播、数字艺术、沉浸式体验等新型公共文化设施和新业态。建成覆盖自治区—地州市—县市区三级的新疆数字文化馆，新疆数字图书馆打造了以“昆仑讲坛”“尚书品读”“书香佳苑”“昆仑山书院”为代表的全民阅读品牌，形成了“月月有主题、周周有活动、天天有服务”的服务模式，提供图书推荐、数字资源、线上展览、名师讲坛等网上服务，以及图书借阅、续借、推荐、预约、咨询等线上、线下融合服务；建成包括可沉浸式体验的“新疆历史古迹一站游”、“文物活化舞台剧”和“全景科普服务观众”新疆数字博物馆，为观众打造了一个“一站式”畅游新疆历史古迹的文旅长廊；建成“艺术新疆”数字云平台，收录电子图书 20000 种、音频 5000 集、视频 2000 集，能够为艺术爱好者提供新疆艺术剧院数字展厅、游・新疆、舞・新疆、乐・新疆、听・新疆、乘着歌声游新疆等线上服务。

新疆加快推进智慧旅游建设，着力构建旅游大数据中心、智慧旅游管理平台、智慧旅游营销及服务平台等“一中心两平台”，加快建设统一的旅游信息化平台，提升新疆旅游数字化水平和公共服务能力，为游客提供全文化旅游要素平台，实现便利化、数字化、智能化的智慧服务。2020 年，作为新疆智慧旅游营销及服务平台的“一部手机游新疆”正式上线运行；伊犁已初步建成旅游大数据中心、“文化旅游综合监管指挥平台”和畅游伊犁一机游；阿勒泰开发了“智游阿勒泰”、“大喀”冰雪等手机客户端（App）和微信小程序；喀什将 12 县市的优势旅游资源集中联合打造成智慧旅游平台，通过“丝路风情，醉美喀什”一个主题，打响一个口号“不到喀什不算到新疆”，提供线上、线下“一站式、一条龙”服务；主要景区数字化建设加快推进，巴音布鲁克等 15 个景区入选 2021 中国智慧景区影响力 TOP300 排行榜，全疆智慧景区数量居全国前列。

7. 教育数字化促进了教育现代化

已建成自治区—地（州、市）—县（市、区）—乡镇（街道）四级教育行政专网，建设并部署新疆教育管理公共服务平台、教育电子政务平台、教育政务视频会议平台、新疆基础教育资源公共服务平台、新疆维吾尔自治区学籍管理服务平台等平台；开发部署了新疆教育考试查询系统、新疆维吾尔自治区高中学历查询系统、新疆教师招聘计划管理系统等应用系统，连接并推广应用了全国教师信息管理系统、全国中小学生学籍信息管理系统、全国中等职业学校学生管理信息系统、全国学前教育管理信息系统、全国中小学校舍信息管理系统等。

新疆基础教育资源公共服务平台已建设完成并上线运行，建立起全区优质教育资源共建共享机制，15 年教育全学段、全学科、多语种资源供给体系基本形成。新疆基础教育资源公共服务平台已有实体资源 130 多万条，总量超过 500 TB，新疆平台已与国家平台顺利对接，全区中小学教师实名注册率接近 100%，平台已进入普遍应用阶段。

全面开展“国家中小学智慧教育平台”推广应用工作，充分发挥国家平台在服务学生自主学习、服务教师改进教学、服务农村提高质量、服务家校协同育人、服务“停课不停学”中的重要作用，构建“线上线下融合、课内课外融通”的教育新生态，提高课堂教学质量、促进优质教育资源共享、推进家校协同育人、支撑应急状态停课不停学。

二、新疆数字经济科技支撑和创新能力现状

新疆数字经济的科技支撑包括科技资源投入、科技组织运行实施和科技产品产出三部分。通过科技资源的投入，在科技组织的运行实施下，形成符合经济和社会发展需求的科技产品，并构成一个完整的科技支撑体系，成为从属于社会经济系统并为其服务的子系统。其中，科技资源是科技支撑体系的政策和物质基础，主要包括科技政策（鼓励科技发展的法律、法规、政策）、人力（从事科技研究开发的专业人员及其他为科技研究与开发服务的人员）、财力（科技研究与开发经费即 R&D 经费）、物力（用于科技研究与开发活动的实验室、科研仪器、设备）；科技组织是科技支撑体系的实体或主体，是科技活动的实施者或承担者，包括政府科研机构、企业研发机构、高等院校及其研究机构、非营利研究机构、民营研究机构及进行信息采集加工和科技中介服务的机构；科技产品产出是科技支撑体系的产出成果，包括以各种形式存在的科学理论和技术，如论文、专著、专利技术、生产设备、新产品样品、软件著作权、软件产品等。

数字经济科技支撑体系则是指一个区域内支撑服务于数字经济发展的科技资源投入、科技组织运行实施和科技产品产出所构成的科技支撑体系。

（一） 新疆数字经济科技支撑体系建设开始起步

受数据采集条件的限制，有关新疆数字经济科技支撑的数据很难全面收集到，也很难从整个新疆科技支撑体系中剥离出来。为便于研究，我们尽可能地将与数字经济相关的高等教育、科研机构、研发机构、技术推广应用、成果转化、技术服务、产业园区等科技支撑状况整理出来，通过与国家和发达省市及其他产业的情况进行比较，以此得出新疆数字经济发展科技支撑体系的现状。

1. 新疆数字经济发展的科技资源投入稳步增长

（1）高度重视促进数字经济发展的法律法规的建设

科技创新是科技资源的重要组成部分，对于推动科技支撑体系建设具有十分重要的作用。科技政策包括通过立法或当地党委政府文件等方式出台的一系列支持科技发展的推动、促进、鼓励、优化、奖励、保障等政策、法规、举措，如《中华人民共和国科学技术进步法》、《国家科学技术奖励条例》、《中华人民共和国促进科技成果转化法》以及财政部科技部 2021 年出台的《中央引导地方科技发展资金管理办法》、科技部财政部 2017 年出台的《国家重点研发计划资金管理办法》等。

近年来，自治区高度重视数字经济的相关立法工作，先后制定和颁布了《新疆维吾尔

自治区信息化促进条例》、《新疆维吾尔自治区通信设施建设和保护条例》、《新疆维吾尔自治区网络安全管理条例》和《新疆维吾尔自治区关键信息基础设施安全保护条例》等法律法规。为推动和促进数字经济发展，自治区党委发布了《关于促进新疆数字经济发展的意见》，自治区政府和有关部门出台了《促进新一代信息技术和制造业融合发展意见》、“十四五”信息产业（电子产品）、两化深度融合、大数据、数字新疆等发展规划，推进数据要素发展举措，纺织服装、服饰行业、中成药生产中小企业数字化转型试点实施方案，开展5G应用“扬帆”试点示范行动、5G＋工业互联网试点示范行动企业数字化应用场景解决方案行动等一系列政策和举措，促进和推动了自治区数字经济的发展。

（2）数字技术研究开发人才培养体系基本形成

从事数字技术研究开发的科技人才指从事数字技术研究开发的专业人员及其他为数字技术研究与开发服务的人员。

在新疆，以高校为主体的数字技术人才培养体系已基本形成。全区56所高校中，基本都开设了与数字经济相关的专业。其中与电子信息相关的专业有电子信息工程、电气工程及自动化、电子科学与技术、通信工程等学科；与软件和信息技术服务业相关的专业有计算机科学与技术、软件工程、信息安全、数字媒体技术、网络空间安全、计算机应用技术、信息与计算科学、数据科学与大数据技术、地理信息科学等专业；新疆农业大学等开设了智慧农业专业；新疆理工学院等高校开设了电子商务专业；新疆大学等开设了机电工程、电气工程、自动化等相关专业。其中有许多专业都是近两年才开设的，其招生数量有限，师资和教学条件尚不完备。

目前我区本科生培养阶段专业设置较齐全，但招生规模较小；据测算每年全疆56所高校数字技术相关招生人数占比约为15%；研究生培养阶段主要以计算机应用和软件理论为主，包括人工智能、多语种信息处理、网络安全、大数据分析、软件工程等研究方向，也有一些数字技术与相关学科融合型的研究方向，大都是以应用型研究为主，基础理论研究较少。2020年全疆研究生培养情况是：毕业生7640，其中硕士7399人，博士241人；每年招生13246人，其中硕士12600人，博士646人；在校研究生32492人，博士2186人，硕士30306人，具有研究生招生资格的高校及研究所共12所。

我区以研究机构为主体的人才培养机制尚未建立，仅有三家尚不完整的数字技术研究机构，其中只有新疆理化技术研究所可以培养少量的研究生（含硕士和博士）。

（3）数字企业成为我区数字技术人才主要聚集地

在新疆，数字经济人才主要聚集在数字技术企业中，但层次不够高，以本专科为主。据新疆软件行业协会的统计：2021年，我区信息系统集成企业从业总人数为3.28万人，比上年增加0.48万人。其中，技术人员2.73万人，与上一年相比，增加0.54万人。从学历构成来看，硕士以上学历人数0.04万人，占从业总人数的1.21%；本科学历1.01万人，占从业总人数的30.79%，大专学历1.31万人，占从业总人数的40%。我区从事信息化项目管理的人员共计5583人，比上一年增加397人。

（4）与数字经济相关的科技投入逐年增加

科技投入是指开展科技活动的投入，科技投入的主要作用就是支持科技支撑体系建设。科技投入包括研究和发展活动、科技成果的转化和应用活动、科技服务活动三大部分。其中研究和发展活动包括基础研究、应用研究和试验发展；科技成果转化和应用活动包括设计与试制、小批试制、工业性试验等；科技服务活动包括计量、标准、统计等科技投入。其中一个区域每年用于支持科学技术研究、科技开发和实验的所有财政和社会资金的投入也称为研发投入（R&D），研发投入是科技投入中最重要也是最主要的部分。R&D投入是测度国家R&D规模、评价国家R&D整体实力的重要指标，也是衡量一个区域综合创新能力的重要标志，研发投入强度是指R&D与GDP之比，它不仅是测度一个国家R&D投入强度的重要指标，也是评价一个国家经济增长质量和经济发展潜力的重要指标。显然，越是科技实力强、经济发达的区域，其R&D投入强度就越大。

近年来，自治区在数字经济发展领域的科技投入从无到有，从少到多，不断增加。投入的领域和方向主要有硅基铝基电子新材料的研发、软件技术标准的制定、检验检测平台的建设、重点实验室的建设、数字技术的应用、产业数字化关键技术、核心技术的研发等。

2021年，自治区设立数字产业重点研发专项1个、数字技术创新条件（人才、基地）建设专项10个、数字科技成果转化示范专项2个。

（5）与数字经济相关的科技设施的建设步伐加快

科技设施是指用于数字技术研究与开发活动的实验室、科研仪器、设备以及相关科技服务平台。

科技平台是指区域内所拥有的大型科学仪器设备和研究实验基地、自然科技资源保存和利用体系、科学数据和文献资源共享服务网络、科技成果转化公共服务、网络科技环境等物质与信息保障系统，以及以共享为核心的制度体系和专业化技术人才队伍的建设情况。科技平台作为提高科技创新能力的重要基础，已成为国家创新体系的重要组成部分、政府管理和优化配置科技资源的重要载体、开展科学研究和技术创新活动的物质保障，是提升科技公共服务水平的重要措施和有力抓手，也是服务于全社会科技进步与技术创新的基础支撑体系。

数字技术的研究、开发、应用除了必须要有强有力的数字基础设施（包括信息网络、算力、新技术、终端类、融合等基础设施）支撑外，还必须要有相关的科技设施（包括系统软件、工具软件、数据库、模型库、云服务平台）的支撑。

近年来，自治区高度重视数字化相关科技设施的建设，特别是2011年乌鲁木齐市投资20亿元启动建设新疆软件园，用5年的时间建成了占地近220亩，建筑面积达40余万平方米的设施配套、功能齐全、西部地区最好的软件园，并成为新疆数字经济发展高地。与此同时，克拉玛依市投资兴建了占地3.5平方千米的“克拉玛依云计算产业园”，目前园区已成为我区重要的数字产业发展基地，并成为我国重要动漫网游产品渲染基地。目前，新疆软件园和克拉玛依云计算产业园已着手强化技术设施的建设，为入园企业提供公共服务的软件平台、软件系统和软件工具等，如克拉玛依云计算产业园已配置了大型渲染软件,解决了我区动漫网游企业必须到发达地区渲染的难题。

2. 支撑新疆数字经济发展的相关科技组织的建设加快

科技组织指政府科研机构、企业研发机构、高等院校及其研究机构、非营利性研究机构、民营研究机构及进行信息采集加工和科技中介服务的机构等。

在有关部门的高度重视下,近年来我区数字经济相关科技组织的建设步伐加快、力度加大,取得了较好的成效,对提升我区数字经济的科技创新能力发挥了重要作用。

截至 2021 年年底,我区已拥有 3 家数字技术科研机构,分别是新疆电子研究所、中国科学院新疆理化技术研究所、喀什地区电子信息产业技术研究院,6 个数字技术类自治区重点实验室,10 个数字技术类自治区工程技术研究中心,1 个国家认定的企业技术中心,6 个自治区企业技术中心,数字技术高新技术企业 350 个,2 个数字技术类产业园区。

3. 与数字经济相关的科技产出逐步增加

科技产出是指科技组织的各种成果产出,包括论文、专著、专利技术、生产设备、新产品样品、数据库、软件产品等。

数字经济相关的科技产出主要体现在论文、专著、专利及软件著作权和软件产品上。限于数字技术研发和科技创新的基础与实力,我区在论文、专著和专利方面还比较薄弱,如 2021 年我区获得数字技术方面的相关专利还不足 50 件、高校及相关科研单位发布的 SCI 数字技术方面的论文也只有 20 篇左右,但新疆每年取得的软件著作权和研发的软件产品增长较快。2021 年,我区企业拥有软件著作权共计 5257 项,比上年增加 793 项,增加了 17.26%;软件产品 711 个,比上年增加 18 个,增加了 2.59%。

(二) 新疆数字经济的科技创新能力逐步提升

科技创新是指创造和应用新知识、新技术、新工艺,采用新的生产方式和经营管理模式,开发新产品,提高产品质量,提供新服务的过程。科技创新一般分为知识创新、技术创新和管理创新三种类型。

区域创新能力即区域科技创新能力,是指一个地区将新知识转化为新产品、新工艺、新服务的能力。区域创新能力不等于科技能力,也不等于科技竞争力,但科技能力和科技竞争力是区域创新能力的基础。它不仅是区域经济获取竞争优势的决定性因素,而且也是解释地区经济繁荣程度差异的重要因素。在经济全球化时代,一个国家或区域具有的科技创新能力,也标志着其在世界产业分工链条中所处的位置,反映了其产业发展的活力,科技创新能力是一个国家或区域社会经济发展活力的体现。科技创新能力的基础则是科技支撑体系,在强化科技能力和科技竞争力的同时,一定要强化科技支撑体系建设,只有完整健全的科技支撑体系,才能使科技能力和科技竞争力得到充分释放,才能将科技能力和科技竞争力转化为区域科技创新能力,从而不断提升区域的科技创新能力。因此,强化科技支撑体系建设是提高科技创新能力和激活区域经济发展的关键。

纵观数字技术演进迭代发展的历史，我们不难发现，数字技术从1946年第一台电子计算机诞生到现在的77年时间里，从最初单纯的计算技术、电子技术到集成电路技术、计算机技术、软件技术，再到互联网技术、移动互联网技术、计算机技术与通信技术广播电视技术的融合，再到云计算、大数据、区块链、人工智能技术，再到现在的数字孪生、元宇宙技术，无不是在强大的科技支撑下，经过持续的创新实现了不断的迭代演进发展。数字技术的不断创新不仅实现了自身迭代演进发展，也促使和带动了社会经济各个行业各个领域的创新发展，支持和支撑了各个行业各个领域的理念创新、技术创新、产品创新、模式创新、服务创新、管理创新。数字技术是到目前为止唯一一个由于技术迭代演进发展而促使社会经济发展形态产生变革，使人类社会经济发展形态从工业经济到数字经济，并使数据成为生产要素和重要的战略资源的技术。

1. 新疆数字基础设施科技创新能力初步形成

数字基础设施特别是新型数字基础设施是数字技术的先导性、基础性、前沿性技术，一般都是在国家科技力量支撑下取得突破和进展，如5G计算、云计算平台、人工智能算法训练模型等无不是当今数字技术领域的顶尖技术。

近年来，在加快数字基础设施建设的同时，也提升了数字基础设施建设的科技创新能力，如克拉玛依云计算产业园区落户的碳合水冷数据中心、中科曙光建设的液冷数据中心，均创新了数据中心冷却技术，提高了数据中心的PUE值；同时也支撑和提高了数字化的创新能力，如云计算、区块链、移动互联网、人工智能等平台的搭建，为相关数字企业和产业数字化转型提供了基础和条件，也为其创新开发、创新服务提供了可能。

2. 新疆软件和信息服务业科技创新能力稳步提高

新疆软件产业从无到有、从小到大，经历了近40年的发展，产业规模已近千亿，软件企业已超过千家。产业的科技创新能力不断增强，已涌现出熙菱信息、红友软件、公众信息、立昂技术等创新型软件企业，这些企业不仅可以承担重点科研项目，也能够研发出具有相当市场价值的软件产品，不仅在我区推广应用，而且销售到全国。如红友软件开发的石油勘探数据库、油气生产综合平台、油气水井生产信息管理系统等软件产品在中石油等三大油田公司得到广泛应用；熙菱信息针对大数据应用、网络信息安全等领域开发了一系列有影响力的软件产品并销售到全国各地；这些企业不仅在本地有研发中心，而且在北京、上海、西安、成都等地设有研发中心。以新疆大学、中国科学院理化技术研究所为主体的创新团队在多语种软件开发领域取得了突出的成果，特别是在稀缺语料资源智能翻译方面达到了国内领先水平。从整个产业来看，产业整体科技创新能力正在不断提升。

3. 工业数字化科技创新能力已有较大突破

经过多年的沉淀和积累，我区重点工业企业或骨干企业已经形成较强的科技创新能力，特别是石油石化、煤化工、输变电、装备制造、硅基铝基新材料等行业相继建立了一批“国家地方联合工程研究中心”“国家级企业技术中心”等创新平台，实现了产品、技术、服务的创新，同时在两化深度融合、工业互联网、智能制造等方面形成了较强的创新能力。如新疆油田公司用近20年的时间持续不断地努力，建成了国内第一个“数字油田”和“智慧油田”；特变电工通过承担工信部智能制造专项，建成了输变电行业的第一个“数字车间”“数字工厂”，实现了电力电缆、特种变压器的智能制造。此外，在纺织行业、制药行业、矿产采掘业等行业领域的数字化创新应用也都取得了一系列的成果。

4. 农业数字化科技创新能力初步形成

我区已初步形成高校、科研服务机构和企业“三位一体”的数字化科技创新能力。如新疆农业大学、石河子大学等高等院校，专业设置齐全，师资力量强，科研基础扎实；自治区农口主要行业创办的研究院所，汇集了较强的研究人员，奠定了扎实的研究基础，具有优越的研究条件，形成了一批有影响力的研究方向和研究成果；新疆农业信息化工程技术研究中心以及新疆设施农业智能化管控技术重点实验室等一批数字农业的新型研发机构，成为新疆数字农业发展的重要支撑服务力量；新疆农业资源区划和遥感应用中心等一批自治区专业技术推广服务机构，在开展专业技术推广应用过程中，也把数字技术在农业系统中的推广应用作为自己的重要职责和主要任务。近年来，国家、自治区不断加大农业数字化建设投入力度，科技部、农业农村部、林草局等各部委及自治区相关厅局都设立了专项予以支持，各地州也从不同渠道加大了资金支持力度。其中，国家科技重点专项“工厂化农业关键技术与智能农机装备”和12个重点科技研发课题支持了一批农业数字化项目；2020年农业农村部数字农业试点项目重点支持了大田种植数字农业、园艺作物数字农业、畜禽养殖数字农业和水产养殖数字农业建设试点；国家数字农业创新应用基地建设项目，包括国家数字种植业、国家数字设施农业、国家数字畜牧业和国家数字渔业创新应用基地；自治区科技厅实施了“设施农业信息化智能化技术集成与示范”、“新疆现代化灌区绿色高效用水技术研究与集成应用”和“新疆智慧农场关键技术与装备研发应用”重大科技专项；自治区农业农村厅先后实施了新疆农业农村大数据平台建设项目等。自治区农业数字科技支撑机构的建设、农业数字化科技投入的加大，促进和推动了新疆农业数字化科技成果的产出，也促进和提升了新疆农业数字化科技创新能力。

特别值得一提的是新疆七色花信息科技有限公司研发的“畜牧兽医大数据平台”及子系统现已在新疆14个地州和新疆生产建设兵团全面推广应用，并在四川、云南、吉林等多个省市展开试点应用，入选了2020年工信部企业上云典型案例。

2021年，农村信息化及智慧农业关键技术研发与应用和新疆草原蝗虫暴发机理及监测预警技术研发与推广应用2个项目获得自治区科技进步奖一等奖。

5. 服务业数字化科技创新能力建设力度进一步加大

近年来，我区服务业数字化创新能力建设步伐加快，建设力度进一步加大，在电子商务、物流、金融、交通服务、医疗卫生、文旅、教育等行业领域，通过不断增强人才培养的力度、由相关高校开设相关专业、建立相关数字化研发和支撑机构、支持相关研究开发和示范应用项目等手段，进一步提高服务业数字化的科技创新能力。

在电子商务方面:新疆财经大学、新疆理工学院等 6 所高等院校开设有电子商务专业;行业科技支撑机构有新疆商务厅信息中心及新疆电子商务产品质量监督检验中心;电子商务众创空间及服务平台有"梨城众创空间"等 6 家,星创天地有"哎呦喂星创天地"等 4 家,从事电子商务服务的园区主要有新疆电子商务科技园区、阿拉丁电商产业园、阿拉山口跨境电商科技园区;自治区科技厅支持电子商务创新能力建设项目 21 个。建成 57 个电子商务进农村综合示范县,已经建立起涵盖县(市)电商服务中心(产业园)、乡镇电子商务服务站、村级电子商务服务点的三级农村电商服务体系。

在物流数字化方面:新疆农业大学等 3 所高等院校开设有电子商务、物流管理、现代交通等相关专业或学院,并设有物流工程研究所、果品精深加工与贮运保鲜工程技术研究中心等专业研究机构;面向智慧物流领域的众创空间有亚欧丝路众创空间、霍尔果斯国际创客港、创客云咖星创天地等;近年来,自治区科技厅支持物流数字化研发项目 14 个。

在金融数字化方面:新疆从事金融数字化教育的有新疆财经大学、新疆科技学院两所院校,科研单位有新疆财税信息工程技术研究中心;近两年来,自治区科技厅支持"农业产业链金融服务平台开发与应用"等数字金融研发项目 4 个。

在交通数字化方面:新疆农业大学设有交通与物流工程学院以及交通信息技术研究室、智能交通实验室;新疆交通职业技术学院设有人工智能工程学院、物流工程本科专业和智能交通技术专科专业;行业科技支撑机构有新疆交通科学研究院等 4 家单位;近两年来,自治区科技厅支持"高速公路智慧运行综合信息管理平台的研发与示范"智慧交通研发项目 5 个。

在医疗卫生数字化方面:新疆医科大学和石河子医科大学开设有"信息管理与信息系统""医学检验学""医学影像学"等数字技术相关专业。设有生物医药大数据研究中心、计算机教学实验中心、医学工程研究所等教育科研机构;行业科技支撑机构有自治区卫健委信息中心和自治区卫生健康统计信息中心;近两年来,自治区科技厅支持了"新疆远程医疗关键技术体系建设及应用"重大科技专项和"基于智能病案可信归档系统的医疗过程无纸化办公平台开发与应用"等 19 个数字医疗项目,有 4 项科技成果获自治区科技奖励。

在文旅数字化方面:新疆大学、新疆艺术学院等 5 所高等院校下设了国际文化交流学院、旅游学院、设计学院、传媒学院、文化与传媒学院、文化艺术学院等二级学院及相关专业,并设有"文化与旅游发展研究中心""全域全季旅游文化创新研究中心""中国新疆与中亚智慧旅游""历史文化旅游可持续发展重点实验室"等研究机构,自治区还创建了新疆旅游研究院、新疆数字遗产与智慧旅游工程技术研究中心、新疆智慧广电全媒体技术重点实验室等专业研究机构;行业数字化支撑机构有新疆旅游宣传推广中心、新疆艺术研究所等;拥有搏梦工场等 6 个众创空间服务平台;近年来,自治区科技厅支持"北庭文旅融合数字化关键技术研究与应用"重大科技专项等 4 个数字文旅科技项目;文旅厅设立产业发展专项支持了 15 个数字文旅项目。

在教育数字化方面:新疆师范大学和新疆教育学院下设有计算机科学技术学院、信息科学与技术学院,开设有计算机科学与技术、软件工程、网络工程、现代教育技术、广播影视节目制作、数字媒体应用技术、现代教育技术、计算机应用技术、数字媒体艺术设计等专业;设有各类实验室9个;行业科技支撑机构有新疆教育管理信息中心、新疆教育科学研究院、新疆电化教育馆、新疆中小学远程教育中心等;近年来,自治区科技厅支持教育数字化研发项目1个。

自治区服务业数字化科技创新能力建设已经取得了一定成效,并初步建立了一批人才培养、科技研发、技术服务、成果推广机构,形成了一定的数字化创新能力。自治区软件企业围绕服务业数字化发展需求,研究开发了一批优秀的软件产品,对推动和促进服务业数字化创新发挥了重要作用。例如,新疆冠新科技公司开发的"基层医疗机构一体化平台"产品已在全疆得到推广应用。

三、新疆数字经济发展科技支撑和创新能力存在的问题

2021年新疆数字经济增速是12.97%,占GDP的比重为27.36%。单纯从新疆来看,似乎我们的数字经济发展得还不错,但与全国的数据相比,就会发现巨大的差距,同期全国数字经济增速是16.2%,占GDP的比重是39.8%,更不要说和东部发达地区比了。再看全球47个主要经济体数字经济占GDP比重为45%,同比名义增长15.6%,高于同期GDP名义增长2.5个百分点,其中发达国家数字经济占GDP比重为55.7%,发展中国家数字经济占GDP比重为29.8%。通过对这些数据的比较,我们就会发现新疆数字经济发展的水平和质量甚至远低于发展中国家的平均水平。造成这种差距的原因固然很多,但科技支撑不足和创新能力薄弱一定是一个重要原因。

(一) 数字经济发展科技支撑能力严重不足

我区数字经济科技支撑能力严重不足,体现在以下几个方面:

1. 科技政策贯彻落实不力

尽管自治区出台了一系列促进和推动数字经济发展的法律法规和相关政策,然而从实施效果来看,我区对中央和各部委出台的促进数字技术与产业发展的相关政策领会不深、吃得不透、执行不力、落实不好,基本上以转发为主,且没有贯彻落实的相关举措。而自治区自己出台的政策大部分是以部门名义发布的,发布的层级不够,影响力有限,总体来说,绝大部分文件针对性不强、措施不力,不好落地、不易实施,因而落实不到位,执行不得力,最关键的是不抓落实,基本是流于形式。没有像东部发达地区那样,由党委政府专题研究、专门部署数字经济发展的相关工作,把文件精神作为具体任务、目标、要求和举措,且指定专班或专门的部门贯彻落实相关工作。

2. 数字经济科技投入严重不足

2020年,新疆投入研发(R&D)经费61.6亿元,占比GDP的0.49%,在全国排名第28

位，倒数第五；在2011—2021年10年期间，全国科技投入强度从1.91%增长到2.44%，而新疆则一直徘徊在0.45%～0.59%之间；新疆科技研发投入的重点主要是农业、水利及环境保护，数字技术方面的科技研发投入几乎可以忽略不计。如2021年，在自治区级立项科技新项目1689个中，重大科技专项7个，没有一个是数字技术相关项目；重点研发专项20个，数字产业相关项目仅占1个；创新条件（人才、基地）建设专项1157个，数字技术相关项目不足10个；科技成果转化示范专项398个，数字技术相关项目仅有2个。数字技术相关项目在所有科技项目中的占比仅为0.3%。

3. 数字技术科技组织极少

截至2021年年底，在全疆106个科研机构中仅有3家数字技术类专业研究所（占比3%），分别是新疆电子研究所、中国科学院新疆理化技术研究所、喀什地区电子信息产业技术研究院。其中，新疆电子研究所已被改制为研究所股份有限公司，中国科学院新疆理化技术研究所只有一个内设的多语种信息处理研究室，科研人员仅有30多人，喀什电子信息产业技术研究院则是由电子科技大学和喀什地区于2021年联合创办的专业研究机构，尚在组建之中。

在自治区共有111个重点实验室（其中：国家重点实验室1个，省部共建国家重点实验室4个，自治区重点实验室106）；在106个自治区重点实验室中只有6个属于数字技术类，占比仅6%；在自治区129个工程技术研究中心中，数字技术类研究中心仅10个，占比7.8%（其中5个国家工程技术研究中心，无一个是数字技术类研究中心）；20家国家认定企业技术中心中数字技术类企业只有1家，占比5%；305家自治区企业技术中心中数字技术类企业技术中心只有6个，占比0.2%。在954家高新技术企业中，数字技术类占350个，占比37%；在19个高新技术产业开发区（园）（其中国家级2个、自治区级17个）只有2个属于数字技术类（新疆软件园、克拉玛依云计算产业园），占比10%。

以上数据显示，除数字技术类高新技术企业占一定的比例外，其他的占比均极低。显然，在我区本就很少的研发机构中，与数字技术相关的研究机构、实验室、工程技术中心基本是寥寥无几，且仅有机构也都创建时间短、研究开发基础较弱、创新能力不足。

4. 数字化科技人才严重匮乏

新疆数字化人才匮乏，体现在多个方面：

一是人才培养跟不上，虽然新疆各高校均设有数字技术相关专业，但主要是以本专科为主，且招生数量有限，关键是毕业生留在新疆工作的寥寥无几，根本无法满足本地数字化人才的需求。目前，我区只有新疆大学、中国科学院新疆理化技术研究所和生态地理研究所具有数字技术相关的博士点，每年招生仅30人左右，每年与数字技术相关的硕士研究生招生占比不足5%。显然，数字技术高层次人才培养严重不足。

二是数字技术科技人才难以引进，由于新疆数字技术研究机构少，数字企业规模小，难以承担重大项目或重点工程，缺乏技术应用和发挥的平台，以及待遇差、收入低、竞争力弱等原因，很难吸引到相关人才到新疆发展。

三是本地数字化人才由于平台小、发展的机会少、能力很难得到提升，学术和业务交流不多，很难有机会参与新技术研发及重点项目、重大工程的建设，导致本地数字技术人才大量外流，进一步加大了人才短缺，形成恶性循环。

缺乏育人用人留人的氛围和环境，是造成新疆数字技术人才短缺的重要因素，也是根本原因。

5. 数字技术科技设施严重缺乏

数字技术的研究、开发、应用除了必须要有强有力的数字基础设施（包括信息网络、算力、新技术、终端类、融合等基础设施）支撑外，还必须要有相关的科技设施（包括系统软件、工具软件、数据库、模型库、云服务平台）的支撑，由于新疆缺乏数字化公共服务平台建设，即使是一些有规模有实力的龙头企业以及相应的园区也缺乏新的软件工具、软件平台，这自然会严重影响我区数字化创新能力的提高。例如，长期以来我区缺乏制作网络游戏和动漫系统的渲染软件，致使我区动漫和网游企业必须到发达地区才能完成相关的开发任务，这在很大程度上阻碍和影响了我区本来很有潜力的动漫和网游产业的发展。

6. 科技产出微乎其微

虽然我区在软件著作权和软件产品方面有一定的产出，但无论是纵向与其他省区相比，还是横向与其他专业相比，我区数字技术领域的科技产出都微乎其微。2021 年，我区数字技术相关的发明专利数在全区的发明专利数中占比不足 4%，发表的论文占比不足 0.2%。其他的科技产出就更鲜见了。

相对于东部发达地区以及其他行业或领域的科技支撑能力，仅从所搜集到的不完整数据来看，我区数字经济发展所面临的科技支撑体系政策缺乏、人才匮乏、队伍贫乏、投入不足，这说明新疆数字经济发展科技支撑体系不健全、结构不合理、基础十分薄弱、能力严重不足。数字经济科技支撑体系不健全、能力薄弱自然会影响到新疆数字经济的发展活力和创新动力，也难以支撑数字经济的创新发展。

（二） 数字基础设施缺乏科技支撑，创新乏力

新疆在数字技术的基础理论、新型材料、新工艺、新方法等基础研究领域缺乏条件和基础，在数字新型基础设施建设方面也远远落后于发达地区，特别是网络、算力、新技术、终端、融合类的基础设施建设严重滞后，导致通用基础性、专业技术性和泛在使能性的基础设施支撑与服务能力不到位，从而严重制约和影响了我区云计算、大数据、区块链、人工智能、数字孪生等现代数字技术的创新发展以及与传统产业的深度融合，进而制约和影响我区数字经济创新发展的动能。

1. 信息基础设施建设的科技支撑不足

新疆区域内特殊的地理环境，给新疆信息基础设施建设带来了许多挑战，由于新疆基本没有信息基础设施相关技术的研发和创新能力，致使长期困扰新疆的信息基础设施建

设难题得不到解决，既影响了新疆信息基础设施建设的进程，也影响和制约了新疆数字技术的创新应用与发展。

(1) 传输距离长、节点布局多，导致时延高

新疆地处西部边陲，与国家骨干网连接的传输距离超过2000多千米以及多节点布局，使新疆与国家主干网络的连接时延过高，平均超过200毫秒，这一致命缺陷严重制约和影响了对时延要求高的相关业务，特别是互联网业务在新疆的发展和应用。大带宽、广联接、低时延是现代数字技术对信息传输的基本要求，也是数字产业创新发展的前提，如何创新解决这一制约和影响我区互联网业务及数据处理业务的瓶颈是我们必须解决的重大问题。

(2) 盲区多、堵点多，影响互联网用户的体验和获得感

新疆通信基础设施建设由于面广、线长等制约因素，导致许多高速公路沿线、旅游景区、边境线以及山区、草原、牧场、小村落的移动信号还没有覆盖到，盲区多、堵点多，给游客、边民、牧民带来了诸多不便，尤其是影响了互联网用户的体验和获得感，也严重影响了抢险、救灾等突发应急状态的通信保障。如何创新研究覆盖面广、穿透力强、建设成本低的基站是新疆加速通信网络基础建设需要解决的难题。

2. 新型基础设施建设的科技支撑能力急需提高

虽然新疆的通信基础网络设施建设保持与全国同步，但新型基础设施建设却严重滞后。随着数字技术的飞速发展，以数字技术为支撑、以信息网络为基础，为经济、社会发展及居民生活提供感知、传输、存储、计算及融合应用等基础性信息服务的公共设施体系，包括信息网络基础设施、算力基础设施、新技术基础设施、融合基础设施，已经成为重要的新型基础设施。新型基础设施建设已经成为一个区域促进创新发展，大力发展数字经济的重要抓手。新型基础设施在建设模式上、运行方式上、服务模式上与通信基础设施有着本质的区别。新型基础设施建设没有引起我区相关部门的足够重视，其在很大程度上是将新型基础设施建设等同于通信基础设施建设——其建设、运营、服务过于依赖电信运营商，因而在自治区层面没有采取促进推动新型基础设施建设的措施，使我区新型基础设施建设严重滞后，在很大程度上制约和影响了我区的数字经济发展。

我区新型基础设施建设除了在建设模式、运行方式、服务模式上存在问题之外，还存在以下问题：

(1) 物联网接入及应用服务能力需要加快提升

物联网基础网络建设还仅限于城市，建设主体还是以运营商为主，工业领域的接入网、感知网建设还没有展开。受传感器种类、多样化产品的供给能力影响，新疆物联网应用还主要集中在水电气表计量、收费、井盖、路灯、烟感、燃气泄漏等市政设施方面。5G传感模组还未形成有效的产业链，5G大容量接入的能力尚未得到有效的应用。

(2) 工业互联网安全保障能力尚需进一步提升

在工业互联网建设中，新疆现有通信网络基础设施可为企业内网改造、企业外网建设

及互联网接入提供可行、可用的网络通信供给能力，但随着企业对互联网运行依赖程度的提高，网络安全问题将日显突出，对安全解决方案的需求将更为迫切，但由于内网工控设备型号多、协议复杂，对网络安全问题考虑不够充分，与互联网链接有可能带来不确定的安全性问题。工业互联网体系化服务能力还需进一步强化。工业互联网最后一千米的企业网、感知网、数据采集网络、视频网络等接入网络建设还需要加快。

(3) 正在面临失去算力基础设施建设优势的危险

随着国家对一体化算力枢纽布局的明确和智算中心的推进及布局，特别是 2021 年国家“东数西算”工程的实施，我区数据中心产业的发展受到了很大的影响。按照国家对全国一体化算力枢纽布局，新疆不在其中并被排除在全国算力数据中心集群之外，这使得新疆数据中心建设在国家整体布局中的地位被大大弱化(政策性鼓励无法获得、目标客户转向算力枢纽节点的数据中心集群采购服务)，利用“东数西算”的市场壮大我区算力产业，将新疆作为国家数字化基础设施建设基地的战略机遇将会丧失，提升新疆算力基础设施为全国供给能力的机遇在减少。

(4) 数字新型基础设施建设缺乏技术支撑

云计算、大数据、区块链、人工智能是现代数字技术的代表，其相关基础设施的研究、开发、建设和应用需要强有力的科技创新能力支撑。我区虽然在数据中心的建设、运行、管理和服务方面已有了较好的基础，但在云计算架构的基础设施建设能力上，特别是对智能计算、并行计算、超大规模计算等高并发、高强度、大容量的技术供给严重不足；区块链、大数据、人工智能相关的基础设施建设相关的科技支撑创新能力还十分薄弱。

3. 融合基础设施的科技支撑能力十分薄弱

城市基础设施的数字化还处于融合应用的初级阶段，城市基础设施在运行、管理、服务等方面数字化的科技支撑创新能力还十分薄弱，其科技支撑和创新能力基本上还是以依靠发达地区为主，还缺乏有优势的本地支撑服务机构。

电力系统面临着“双碳”政策下的体系变革，风、光、电等可再生能源并网运行的智能化管理，大电网源网荷储互动能力、用户供需互动能力、传感信息采集能力还不够。

交管部门之间缺乏有效的信息整合和共享，对现有数据的开发和利用不足，信息采集的技术及设备配套还不能满足需要，特别是公路电子收费、交通信息服务、交通运行监管、集装箱运输、营运车辆动态监管等需进一步强化数据的开放共享，以促进和推动大数据、人工智能技术在交通运营、管理、服务中的创新应用，推动交通行业的数字化进程。

(三) 电子信息制造业的科技支撑能力严重不足

1. 硅基铝基电子新材料的科技支撑能力需要进一步提升

近年来，在自治区的大力支持下，新疆硅基、铝基电子新材料产业的科技支撑创新能力有了较大的提升，创建了新疆有色金属研究所、新疆铝基电子材料工程技术研究中心、新疆光伏工程技术研究中心、新疆有色金属资源综合利用工程技术研究中心、新疆高纯硅材料工程技术研究中心,新疆光伏材料制备与应用技术重点实验室、新疆铝基电子电工材料重点实验室等一批研发机构,形成了较强的科技创新能力。但研发能力和水平与新疆在全球的产能占比还不相称,特别是在基础材料、工艺、加工等方面还有较大的差距,硅基铝基新材料向电子级、半导体级新材料延伸力度还不够,进程还比较缓慢,还没有真正形成电子新材料产业生态,电子新材料科技支撑科技创新生态体系还没有形成,尚没有建立相关的权威检验、检测机构,新疆的高等院校还没有设置相关的专业,行业协会、专业学会尚没有充分发挥作用,高规格高水平高层次的学术会议、论坛、峰会、展览等反映一个区域产业发展科技氛围的活动几乎没有。最关键的是其数字化融合度还很低,产业数字化转型的任务还较艰巨,特别是已经建立和形成的创新能力还主要集中在产业自身,还没有建立数字化融合的支撑能力,也没有形成数字化融合的创新能力。

2. 电子信息产品制造业的科技含量还很低

新疆的电子信息产品制造业规模小、能力弱,尚没有形成产业规模,除近两年引进落地的正威集团、三优富星外基本上都是以促进南疆农民就业为主,以从东部地区产业转移的劳动密集型来料组装为主,没有什么技术可言。

(四) 科技引领软件产业创新发展的能力不足

软件和信息服务业的创新能力主要体现为系统软件、工具软件、应用软件的开发创新能力,特别是具有系统的、健全的、完整的软件产业生态体系是创新能力的关键。新疆目前仅有平台尚不健全、设施尚不齐全、服务尚不周全的新疆软件园和克拉玛依云计算产业园,只能提供场地环境服务,还不能提供算力、终端、技术与服务平台、模型等基础性、专业性和使能性的服务。新疆软件企业的开发人员大都是由非专业性的程序员构成,缺乏软件开发专业性、规范性的训练,人员构成不合理,缺乏中高端的系统分析师、高级程序员,软件开发缺乏流程化、文档化。尚没有专业从事软件开发的研发机构(包括研究所、实验室、技术中心等)和培训机构,虽然新疆的主要高校都设有计算机科学等专业,且新疆大学软件学院是我国为数不多的专业软件学院之一,但是毕业的学生大都流向东部发达地区。这些问题的存在导致大部分新疆软件企业基本上只能开发一些简单的应用软件,且开发方式落后、开发水平不高、开发质量低成本高,更不用说系统软件、工具软件的开发研发能力。这也是至今为止我区尚没有一个品牌软件产品或在某一个行业或领域拥有有影响力的软件产品,没有形成在国内有影响力的软件企业的原因。

总体上,新疆软件信息服务业基础薄弱、人才匮乏、缺乏竞争力,主要表现在以下方面。

1. 产业整体规模小、实力弱、效益低

受人才和技术条件的制约,新疆软件产业整体上规模小、实力弱、效益低、创新能力不足,大多数是仅有几十人的中小企业,软件开发能力较弱,基本上是以信息系统集成、运行

维护、技术服务为主。近年来，全国软件产业快速增长，2021 年全国软件业的增长率是 17.7%，新疆不增反降，这固然有这几年新疆总体发展形势的影响，但企业自身创新发展能力不足也是重要因素。

2. 研发投入少、技术水平低、缺乏核心竞争力

从上面所讲的软件产业现状不难看出，我区绝大部分软件企业在新技术、新产品研究开发方面投入少。近 20 年，我区仅认定软件企业 204 家、软件产品 774 个，平均每年新增软件企业不足 10 家、软件产品不足 40 个，软件企业缺乏核心竞争力。在自治区信息化发展进程中，无论是电子政务还是各行各业的重大信息化工程和重点信息化项目，新疆的软件和信息技术服务企业几乎都没有机会直接承接，绝大部分都是外地企业中标后分包给本地企业，新疆的企业基本上只能承接一些技术含量不高、以本地服务为主的中小项目。对 2021 年信息化招标项目的统计分析显示，新疆软件企业中标项目数占比不到 3.5%，这一方面说明我区软件企业缺乏核心竞争力，另一方面也说明我区的软件企业缺乏能力提升和发展的机遇。

3. 人才匮乏、研发能力弱、资信力低

软件产业属于技术密集型产业，对企业员工的素质和能力要求比较高，然而由于新疆软件企业规模小、实力弱、水平低，导致企业难以吸引和留住人才。我们在对 21 家软件和信息技术服务企业的调研中发现，在被调研的企业中博士仅占 0.35%，硕士也只有 3.84%，本科生占比 63.29%，专科生占比 32.52%；研发人员仅占总人数的 19.93%。与发达地区的软件企业相比，这样的人才结构显然是没有竞争力的。20 多年来，软件企业累计承担或参与自治区级以上技术创新项目仅 40 余项，几乎没有承担或参与国家级科研项目，只有很少的企业得到自治区财政资金或项目支持。由于缺乏人才，企业很难发展壮大，也很难研发出优秀的软件产品，同时也很难提高企业的资信，特别是很难获取国家级的各种资质，而在相关项目招投标的过程中资质是重要的资信，因而新疆企业自然也就没有机会参与或承担重大项目或重点工程。

4. 软件产业的特点不显著、特色不鲜明

以新疆软件和信息技术服务业在全国的排名，如果没有一定的特点或特色是很难有发展或突破的空间的。然而，新疆实际是有发展特色软件和信息技术服务业的空间的，20 世纪末 21 世纪初新疆就着手推动维哈柯语言文字信息处理技术的开发研究，并取得了很好的成效，既解决了新疆少数民族信息处理的需求，缩小了各民族之间的数字鸿沟，也为发展新疆特色多语种软件和信息技术奠定了扎实的基础，为向中西亚拓展软件和信息服务外包拓展了空间。但遗憾的是，新疆没能在共建“一带一路”中抓住这个特点、发挥这个特色，下大气力狠抓猛推多语种软件信息服务业的发展，也没能创出品牌，形成规模和影响力。

5. 软件产业发展动力不足、政策支持不够

软件作为重要的战略性新兴产业，各地都采取各种措施加以扶持和推动，但长期以来，新疆对软件产业的发展重视不够，缺乏政府对软件产业发展的指导和推动，自治区和各地州都没有出台支持软件产业发展的特殊政策，制定的规划也得不到落实，软件产业的发展既缺乏内生动力也缺乏外在推力，参与软件产业发展的基本都是个体私营者，国有企业和民营资本很少介入软件产业(近年来，已有新疆交建投等国有企业参与)，这是造成新疆软件企业小、实力弱、水平低的一个重要原因。另外，新疆长期缺乏软件产业发展基地，绝大部分软件企业都分布在小区民宅之中，看不见摸不着，没有形成很好的产业生态和产业链。新疆软件园建成之后，许多软件企业想迁移到软件园，但是各区的工商、税务部门以各种理由不予办理。与此同时，各区又纷纷采取对策办起了小园区、小基地，又形成大分散小聚集，并且园区基地之间又形成竞争，使企业无所适从，无法形成软件产业发展的良好生态和合作机制。

6. 政府指导不够、科技支撑不足、创新能力不强

新疆软件产业发展缺乏有效的政策引导和支持，产业自身发展又缺乏动能，没有龙头标杆企业引领，中小软件企业科技意识差，对新技术敏感度不够，自主创新能力不足、要么跟着东部发达地区跑，要么被市场牵着鼻子走。科技支撑不足、创新能力不强是新疆软件发展缓慢、没有形成竞争优势的重要原因之一。

7. 信息服务业创新服务需要进一步提升

新疆的信息服务业起点高、起步快、发展迅速，但由于新疆地广人稀，经济欠发达，通信基础设施建设投入大，建设难度大，特别是人均数字化消费能力相对发达地区要低，使得新疆的通信服务业发展与发达地区相比还有较大的差距。比如，面对数字化浪潮对通信服务业的冲击，通信服务业转型升级步伐不够快，话音业务、传输业务、链接业务、机房租赁托管业务、终端服务业务、普通电信业务等传统通信服务仍然占据较大比重；互联网服务、内容服务、行业应用解决方案服务、增值服务等新业务、新服务、新产品创新不够；特别是南疆地区以及乡村基层，服务模式单一、服务方式简单、服务能力不强，三大运营商不是差异化发展，相反同质化竞争激烈。

8. 互联网产业结构简单，产业链条亟待补全

2020年新疆互联网业务收入59.98亿元，在全国排第19位，低于全国平均水平30.76%。互联网业务主要是信息服务业，以三大运营商业务为主，而其他业务都是短板，没有互联网行业头部企业。数字服务核心产业仍然存在规模偏小、层次偏低、创新能力弱、产业体系不完善等问题。大数据、人工智能、物联网等产业尚处于起步阶段，新产业、新业态、新模式相对匮乏，尚未培育出具有区域影响力的平台型企业。互联网行业、电商主体及平台经济规模较小，对数字经济增长支撑作用有限，资源整合和服务能力较为薄弱。

(五) 科技支撑工业数字化、创新驱动产业发展能力不足

我区工业企业整体科技支撑创新体系不完善,特别是科技支撑创新能力的基础尤其不足,大多数企业研发费用低于全国平均水平。相当多的制造业企业仍采用较为落后的设计研发手段,设计能力薄弱,技术创新能力不足,市场竞争力不高。工业软件、信息基础设施、工业控制系统安全、工业互联网等相关技术的应用、研发、投入和建设均与产业发展不相适应,也远远落后于发达地区,在一定程度上影响制约了新疆制造业的智能化改造和数字化转型。

1. 工业数字化转型水平整体还比较低、两极分化

虽然近年来我区工业数字化进程持续推进,但由于起步晚、力度小、速度慢,2021 年我区工业数字化转型发展水平整体得分仅为 43 分,与全国平均水平 54.50 分相差近 12 分,在全国排第 28 位;新疆两化融合发展指数只有 70,与全国平均水平 86.70 相差了 16.7 分。在数字化基础表征指标中,新疆生产设备数字化率为 42.30%,数字化研发设计工具普及率为 39.50%,关键工序数控化率为 45.00%,应用电子商务比例为 40.30%,均远低于全国平均水平。以物联网、云计算、大数据为代表的新一代数字技术在工业行业中的应用参差不齐,各个细分行业的数字化水平还处在不同的阶段,有的行业刚开始在生产、经营、管理和服务中推广应用,有的行业却已经进入数字化深度融合阶段,而装备制造业的骨干龙头企业则已经开始推进数字化转型。总体来说,新疆工业领域各个行业的数字化转型呈现出龙头企业和骨干企业步伐快、强度大、投入多,中小企业则进程缓慢、强度小、投入少的特点。

2. 数据采集与集成基础薄弱,能力不足

我区工业企业对实际生产过程中相关数据缺乏有效的采集和分析,且多数企业仍处于数据应用的感知阶段而非行动阶段,覆盖全流程、全产业链、全生命周期的工业数据链尚未构建;内部数据资源散落在各个业务系统中,特别是底层设备层和过程控制层无法互联互通,形成“数据孤岛”;外部数据融合度不高,无法及时全面感知数据的分布与更新,且数据未能充分有效利用,欠缺对相关模型、方法的探索与应用,企业尚没有利用数据为企业的决策优化管理创造价值。

3. 企业数字化战略不清,愿景目标不明确

新疆工业行业数字化尚处于起步阶段,大部分企业还没有制定数字化转型战略,既没有明确的数字化愿景和目标,也缺乏系统性的思考。特别是中小型制造业数字化转型还处于早期的发展阶段,系统化和场景化的规模应用还没有形成,一些重要的标准规范缺失、行业监管体系不完善、解决方案不全面,基本上都还是以局部数字化改造为主,缺乏转型的完整性、全面性和系统性,难以发挥整体效应。

4. 企业数字化盈利模式不明朗，投入意愿不强

制造业数字化转型尚未形成有经济效益的良性成长模式，缺少有效反映转型价值的评估标准，企业的投资回报率难以明确，影响企业对数字化转型的投入。

5. 数字化系统设施薄弱，数字化升级改造难度大

目前大部分工业企业的网络、设备、数字化系统等资源配置均比较薄弱，这增加了企业数字化升级改造的难度。两化融合数据显示，新疆企业生产设备数字化率为 45.10%，较全国平均水平低 5.70%；数字化研发设计工具普及率为 44.50%，较全国平均水平低 29.20%；基础数字化信息系统覆盖占比仅水平 29.27%。因设备数字化改造与信息系统升级成本较高，且中小企业普遍存在融资难、技改窘等问题，制约着数字化升级改造。

6. 缺乏深入推行精益生产管理模式和卓越绩效理念

实现创新制造不仅需要智能化技术(人体四肢)，还包括数字化系统(中枢神经)，关键还要具备精益运营作业能力(头脑)。很多企业虽然已经意识到精益管理的重要性，但没有从根本上改变整个企业的生产模式，精益管理与数字化信息系统脱节，精益生产管理名存实亡。

7. 尚未形成系统的产学研用创新体系

目前，新疆工业系统尚没有建立系统的以企业为主体、产学研用相结合的创新体系。高等院校、科研院所与企业拥有不同的评价机制和利益导向，各自创新活动的目的严重分化，科技成果转化受阻，无法形成迭代优化的机制；企业自主创新能力弱，创新不活跃，关键核心技术与高端装备对外依存度高，对数字化转型发展的支撑作用有限。

(六) 农业数字化科技创新能力急需提高

新疆农业数字化发展面临的主要问题是农业产业化水平低，关键因素是农民数字化素养低，主要瓶颈是“小农经济”，关键环节是农业装备数字化水平低，主要矛盾是数据共建共享机制不健全、专业化机构和人才保障能力不足、重建设轻应用，资金投入不足、企业自我数字化发展能力弱。

1. 以企业为主体、产学研用深度融合的数字农业创新体系尚未建立

从我区数字农业科技支撑机构现状来看，长板是高校、农业研究机构和农业科技推广应用体系较为完善，并建立了一批数字农业重点实验室、工程技术研究中心等科研平台，在数字农业理论研究、技术开发等方面做了大量工作；短板是有实力影响大的农业龙头企业数量少、规模小，涉农企业数字化转型存在人才、技术、资金等多方面制约因素，专注于数字农业、智慧农业发展的数字技术企业数量少(仅有 17 家)，且普遍规模较小，创新能力不强，研发投入有限，难以针对产业链长、作业复杂、标准化低、生产周期长的农业生产，研

究开发通用性数字化、智能化产品。大多数企业主要通过定制开发、系统集成、运维服务等方式参与数字农业建设，往往回报率较低、投入产出比不高，制约了这些企业的发展。我区以企业为主体、产学研用深度融合的数字农业创新体系尚未建立，高校、科研机构和企业在数字农业创新发展方面结合不够紧密，理论创新、技术创新与产品创新脱节，成果转移、转化滞后，数字农业科技与产业“两张皮”问题还十分突出，数字技术理论创新与数字农业生产实践相脱离的问题亟待解决。

2. 科技资源投入不够均衡，产业主体得到的数字农业科技支持偏少

近三年，自治区科技重大专项支持的数字农业项目共计有 6 个，另外还有 29 个课题，其中 6 个项目由高校研究院所和企业各承担 3 项，29 个课题由高校研究院所承担 20 项，企业仅承担 9 项，不足三分之一，且集中在棉花智能加工装备研制项目上。

近三年，自治区科技重点研发计划支持的数字农业项目共计 8 个项目 21 个课题，其中 8 个项目中高校和科研院所承担 4 个半，企业承担 3 个半，21 个课题中高校和科研院所承担 16 项，企业承担仅 5 项，不足四分之一。在一些产学研合作共同承担的重大、重点数字农业科技项目中，各方在课题设置、技术产品研究开发中还存在不协调、不融合问题，高校、研究院所承担的理论性、基础性技术研究课题，与企业承担的数字化产品研制和产业化推广课题脱节，高校研究院所的理论和技术成果不能够很好地支撑产品研制，企业产业化推广不能很好地应用高校研究院所的研究成果，严重影响了科研经费应有的绩效。

3. 数字农业科技成果转化能力弱，形成的品牌产品少

由于我区以企业为主体产学研用深度融合的数字农业创新体系建设滞后，近年来我区大部分数字农业相关项目和课题主要由高校和科研院所承担，但这些项目取得的成果基本没有形成数字农业产品。在近五年登记的 65 项数字农业相关软件产品中没有一项是由这些科研项目产生的，更不用说形成拳头产品了。高校承担的数字农业项目和课题，大多偏重理论和技术研究，考核指标也主要是论文、专利和人才培养数量等，基本没有产业化和经济效益指标，因此产业化的压力比较小，研究成果难以形成产品，推广应用的难度也就更大。科技资金四两拨千斤的作用没有充分发挥，往往是项目验收基本意味着资金效益的结束，缺乏企业和专业化机构进行科技成果孵化、转化落地，由财政资金投入而产出的科技项目成果离进入市场参与竞争仍存在距离。

另一方面，企业开展的数字农业研究项目虽然更加注重产品的形成和产业化推广，但大多存在人才、技术储备不足，把握数字农业、智慧农业技术前沿不够准确，项目及产品理论、技术高度不够，创新性不强、含金量不高的问题，很难形成具有很强市场竞争力的拳头产品。

4. 数字农业同质化研究现象严重，支撑能力不平衡

我区各高校涉农学科设置差别不大，在数字农业领域开展的研究趋同，与自治区农业科研机构在数字农业研究方面大量重叠、交叉，很大一部分力量集中在了农情大数据、农

产品溯源大数据、智慧灌溉技术等领域，不少项目在不同部门和机构、不同时期重复立项、反复研究，却没有形成有较大的市场影响力、经济效益显著的产品或平台，对农业数字化转型的支撑作用不明显。

信息技术企业面向社会需要，研发了农产品质量安全类软件产品20项，数字农业管理类软件产品13项，农田水利数字化软件产品9项，农产品流通类软件产品8项，畜牧业管理数字化软件产品7项，农产品加工数字化软件产品7项，而支撑种植业、养殖业生产数字化的软件产品仅有1项。一方面，这些数字农业产品存在大量低水平重复开发，特别是在质量溯源、大数据管理、数字灌溉等领域尤为严重，除新疆七色花信息科技有限公司等相关产品和平台在农业、畜牧业得到规模化推广应用外，其他产品市场占有率普遍不高。另一方面，这些数字农业产品结构很不合理，主要服务于政府侧，偏重于农业经济管理和农产品市场监管，在这些方面供给过剩、竞争激烈；而直接服务于农业经济主体，支撑种植业、养殖(畜牧)业、林果业数字化生产、储运、加工、流通的技术和产品比较少，产品或平台普遍科技含量低，通用性、适用性差，迭代升级速度缓慢，难以满足农业产业化企业、合作社、家庭农场(牧场)、农牧民个体等各类经济主体数字化需要，尚不能对农业经济主体数字化转型提供有效支撑。

(七) 服务业数字化科技创新能力急需加强

1. 电子商务规模小、产业链不完善

一是电子商务规模小、缺乏有影响力的电子商务平台、产业发展集中在价值链低端；二是电子商务双循环格局构建缓慢，跨境电商产业链不完善，尚处在发展的萌芽期；三是B2B电商模式发展滞后，中小企业电子商务应用普及率不高，龙头企业建立的供应链电商平台对行业电商引领带动不够。

2. 物流数字化进展缓慢，科技支撑能力不足

一是物流业整体数字化转型缓慢，现代物流高质量发展的支撑能力不足；二是丝绸之路经济带核心区商贸物流中心建设缓慢，物流业融入"一带一路"发展不够。

3. 金融数字化不平衡，跨境金融数字化缓慢

一是金融业数字化转型不平衡；二是丝绸之路经济带金融中心建设缓慢；三是区域和跨境金融征信信息系统建设滞后。

4. 交通数字化应用水平需进一步提升，数字基础设施建设不完善

一是交通数字化应用水平不高；二是交通运输企业数字化转型缓慢；三是交通道路数字基础设施建设不完善。

5. 医疗卫生数字化成效还不突出，重建设轻应用比较普遍

一是医疗行业整体数字化发展相对滞后；二是对重大疫情防控数字化水平低，管控工

作粗放；三是卫生健康数字化重建设轻应用现象还比较普遍，应用成效还不够显著。

6. 文化旅游数字资源供给不足，数字文化影响力需进一步提高

一是数字文化创作能力薄弱，数字文化资源供给不足；二是丝绸之路经济带核心区文化科教中心建设滞后，数字文化传播力、影响力亟待提高；三是智慧旅游平台低水平重复建设，重管理轻服务，促进旅游业提质增效不明显。

7. 教育数字化基础研究不够，需加强总体规划和顶层设计

一是数字教育的基础研究不够；二是教育机构的数字化建设缺乏科学理论支撑和顶层设计；三是数字教育资源开发建设落后，开放共享不够。

从整体上看，新疆服务业数字化发展在科技支撑、创新能力方面存在的主要问题有：一是高校相关专业少，数字服务业人才培养滞后；二是科研和技术服务机构少，数字服务业创新能力薄弱；三是科技和产业项目支持力度小，数字服务业科技产出低、成果少；四是数字化改革滞后，数字服务业双循环格局尚未建立。

四、加快新疆数字经济发展科技支撑和创新能力建设的思路及面临的主要任务

要加速发展新疆的数字经济，就必须改变新疆数字经济发展科技支撑体系不完整、科技创新能力不足的现状，着力解决数字经济发展在科技支撑和创新能力方面存在的主要问题，加快提升新疆数字经济发展的科技支撑能力，提高新疆数字经济发展的科技创新能力。我们认为可从以下几个方面突破，以促进和提升新疆数字经济发展的科技支撑和创新能力。

（一） 加快数字经济发展科技支撑体系建设，着力提升区域科技创新能力

从新疆数字经济发展现状及在科技支撑和创新能力方面存在的问题来看，要加速新疆数字经济发展，就必须着力加强数字经济科技支撑能力的建设，尤其是要强化科研院所、高等院校为主体的科技支撑能力，加大政府的政策引导与支持，切实解决我区数字技术研究和数字经济发展科技支撑的短板、缺项和不足，着力提升我区数字经济科技支撑的能力和水平，本着有所为有所不为的原则，找出我区数字产业化和产业数字化的优势和特色，以及可以突破的领域和方向，通过加强政策支持、加大资金投入、加快引进人才和队伍，建设特点突出、优势明显的新疆数字技术研究创新基地、高水平研究开发队伍、高质量科技创新平台、高起点数字产业园区、高标准科技创新能力。只有这样，新疆数字经济科技支撑能力才能有较大提升，才能有力支撑新疆数字经济的快速高质量发展。

1. 加速构建数字技术研究开发体系

针对我区数字技术研究开发基础薄弱、能力不足的现状，下决心动员组织各方面的力量，调动各方面的积极性，加速构建自治区数字技术研究开发体系，组建各类形式的研发机构，形成数字经济创新能力，因为有研发平台才能吸引投资、汇聚人才、集聚技术、承担项目、形成成果。各种类型的研发机构既是最好的研发平台，也是科研开发体系的重要组成部分，更是将相关领域的顶尖专家、高层次人才、相关技术向新疆聚集的平台。

一是积极培育和创建国家和自治区数字经济领域重点实验室。发挥我区数字技术在某些领域的优势和特色以及已经形成的研发能力，如硅基电子新材料、铝基电子新材料、多语种自然语言处理等专业等，可首先支持创建自治区重点实验室，在此基础上再积极争取创建国家重点实验室。积极支持培育高校、骨干企业创建大数据、智能制造、人工智能、工业互联网应用、网络与数据安全、数字化融合等自治区重点实验室。积极组建成立面向数字丝绸之路建设的“数字丝绸之路研究院”和“‘一带一路’数字技术研究院”，重点建设“一带一路”多语言国际科技合作交流平台，积极推动国家科学中心在新疆设立分中心、国家实验室在新疆设立基地。

二是出台相关政策，鼓励支持民间资本、社会力量和企业创办专业的数字技术研发机构或新型研发机构。根据专业特点和行业需要，由龙头企业牵头，联合国内有实力有影响的高校和科研机构在新疆创建新型研发机构或专业的研究机构，以攻克影响和制约数字化融合与数字化转型的关键技术、核心技术，以支撑和服务行业、产业的数字化转型，实现高质量发展。

三是鼓励支持创建各类技术创新中心、工程技术中心。鼓励支持各产业链的龙头企业围绕产业重大战略需求、重大工程项目、重点研发需求，与相关高校、科研机构建立国家级、自治区级或联合模式的以数字化融合为突破点的技术创新中心、工程研究中心、企业技术中心、技术研究中心等，推进产学研用合作，着力提升产业的数字化融合能力和创新能力。如新疆硅基电子新材料、铝基电子新材料作为自治区战略性新兴产业发展的重点，必须建设国际一流的硅基、铝基电子新材料研发和产业化工程技术数字化研究中心，为硅基、铝基新材料产业数字化发展提供坚实技术支撑，全面加快硅基铝基产业集群高质量发展，积极创建国家级硅基铝基新材料工程技术数字化研究中心，打造全球高端硅基铝基电子新材料研发和产业化基地。自治区重点实验室、自治区工程技术研究中心、企业技术研发中心建设应向数字经济领域倾斜，对已经获批建设的数字技术科技创新平台应加大支持力度，并给予长期稳定的经费支持。对现有自治区级数字技术科技创新平台进行优化重组，完善评估考核和分类支持机制，按照考核结果给予长期稳定经费支持；对取得重大科研成果、绩效评价优秀的给予奖励，有条件的应积极支持申报国家级的科技创新平台，并给予专项资金支持。

四是建设特点突出、特色鲜明的新疆数字技术研究创新基地。

鉴于新疆数字技术发展的基础以及人才、条件的制约与限制，新疆不可能与发达地区比拼竞争，只能充分发挥自身的优势和特点，利用好资源、能源、区位优势，找到自身的比较优势，通过与发达地区科研院所、龙头企业合作，在特点突出、特色鲜明的领域实现突破，例如在硅基铝基电子新材料方面，面向数字丝绸之路的多语种软件和信息技术服务；着力发挥我区在硅基铝基电子新材料和多语种软件产业发展的基础、能力和条件，积极争取国家和兄弟省市的大力支持，汇集相关领域的顶尖专家、学者，着力把新疆建设成为国家硅基铝基新材料现代产业体系的重要基地和国家多语种软件产业服务外包基地，努力打造世界级硅基铝基新材料产业集群、多语种软件产业服务外包集群。

五是积极争取国家和 19 个援疆省市的支持，加快建设具有特色和优势的数字经济科技支撑体系，特别是国家重点实验室、研发中心、技术中心等研发机构的建设，通过资金、技术、人才等多种方式帮助新疆建立健全数字经济科技支撑体系，采取联合创建、设立分支机构、支持创建、转移技术、派驻专家等多种形式帮助新疆建立相关的科技支持机构，切实增强新疆数字技术研发的基础、条件和能力，切实提升新疆数字技术的研发能力。

2. 改革创新高等教育数字化人才培养体系

高校是我区数字经济相关人才最重要的培养基地，也是主要的来源。为加强我区数字经济发展专门人才（含专业人才和复合型人才）的培养力度、加快培养速度，对我区高校专业设置和课程安排进行改革创新已经势在必行。

从我区高等教育体系来看，专业结构已经不能适应数字化发展的需要，也不能满足数字经济发展对相关人才的需求，专业设置仍然以传统的学科划分为主，与数字技术相关的新兴学科明显不足或偏少，常规专业的课程安排也缺乏与数字化相关的基础课程，培养出来的学生数字化素养不高，还要进行二次学习，培养的学生还是以本专科为主，高层次、高水平、能力强的学生寥寥无几。为此，必须改革创新新疆的高等教育体系，调整配置专业结构，为数字经济发展培养输送优秀人才，特别是以下七个方面。

一是各高校大幅调整、增加与数字技术相关的专业，对各高校现有专业设置进行梳理，充实加强数字经济相关专业，淘汰撤销不能适应社会需求的专业。

充实加强数字经济教师特别是高层次的教师；对非数字经济专业的课程安排应增加数字经济基础知识及融合知识相关的课程。

对现有非数字技术类专业进行优化改革，调整增加数字技术与传统专业融合的专业，补齐急需专业、扩大融合专业，淘汰一些没有市场需求就业困难的专业。

优化各个专业的课程设置，不管什么专业都要安排一定课时的数字技术基础知识和数字技术与相关专业融合应用的基本知识，使每一个从高校毕业的学生都具有一定的数字化素养，不管是什么专业都具备一定数字技术与相关专业融合应用的技能，使高校毕业生一出校门就能成为数字经济发展的专门人才。

二是改革创新各高校的教研室设置，充实加强高校数字技术人才和融合型人才。要扭转和改变现有专业教研室与数字技术教研室以及数字技术教师和专业教师两张皮的问题，加速实现数字技术教研室专业化、专业教研室数字化。

鼓励支持数字技术教师了解学习融合技术，掌握数字技术的应用需求服务场景；鼓励专业课老师学习数字技术，掌握数字技能，了解数字技术应用方法解决方案。对专业课教师进行数字技术以及融合技术的系统培训，提升他们的数字化能力，以适应其数字化教学和科研的需要。

三是大力增强数字技术及融合型高层次人才培养力度，特别是博士研究生、硕士研究生的培养力度，扩大招生规模，提高教育质量。

加快高端人才的培养，在有条件的高校增设数字经济相关学科的博士、硕士学位授予点，没有博士学位授予点的我区高校与对口援疆省市高校建立联合培养机制，大幅增加博士、硕士的招生规模，鼓励支持企业业务骨干积极报考博士，提升我区企业骨干人才的研发水平和创新能力。

通过多种途径培养多种类型高素质人才，鼓励支持在职在岗年轻有为的一线骨干人员到高校不脱产深造，高校可创新研究生培养方式，专门招收在职研究生、委培研究生、定向研究生，以提升基层一线人员的理论水平和研究能力。

四是鼓励支持高等院校教师积极开展科学研究，承担国家和自治区相关科研课题。面对我区科研人员极度匮乏的现状，高校教师是我区重要的科研力量，应充分调动和发挥他们的科研积极性和能动性，为他们创造条件营造纷纷，制定激励措施，在搞好教学的前提下，深入一线，深入基层，了解需要寻找合作承担课题，尤其是要支持他们将教学科研生产紧密结合，鼓励支持科技成果的转移转化，让科研成果产生价值，发挥作用，造福社会。

五是各地州市与对口援疆省市建立教育援疆机制和数字经济人才培养机制。大幅度地选派高校各专业的教师到对口援疆省市的高校进行数字经济相关知识的学习培训，提升各专业教师的数字化素养，成为数字经济的复合型教师；增加数字经济高端人才的培养力度，鼓励支持高校教师到对口援疆省市高校攻读博士、硕士；尽快提高我区高校数字经济教师队伍的水平和质量。

六是鼓励支持高校独立或与企业联合创办各类研究室、实验室、技术中心、研究中心、工程中心以及新型研发机构，最充分地发挥高校的科研条件、科研基础和科研能力，最大可能地释放高校的科研开发的活力。

七是大力支持产学研，支持新疆高校与国内著名企业教育机构开展合作，共办数字经济相关的专门学院，培养社会急需的高层次实用人才。

鼓励支持高校企业双向互动、相互联动，鼓励支持高校教师参与企业的技术研发，做企业技术创新的领头人，鼓励支持教师以技术、成果入股参股或兴办企业。

鼓励支持高校教师到软件企业做科技特派员，帮助软件企业提升创新能力，加速科技创新。

鼓励软件企业与相关高校合作建设实训基地，培养锻炼学生的应用技能，也为新疆软件企业优先选人用人创造机会和条件。

鼓励支持高校、园区、行业协会举办数字经济相关专题培训班，不断提高数字经济从业人员的业务能力和技术水平，加快其知识更新速度。

3. 加快数字技术的人才引进和培养

数字经济的发展离不开人才，而新疆发展数字经济最大的瓶颈和制约因素就是人才匮乏，无论是技术人才还是管理人，才特别是高端人才更是新疆的短板。聚集人才、用好人才是关键，实施数字经济人才工程，加快人才的培养和引进，高水平建设数字经济科技研发队伍，是推动数字经济发展的当务之急。

加强引进人才、着力用好人才、加快培育人才，多措并举壮大人才队伍。

(1) 加大人才引进力度

在引进人才方面，要不唯地域引进人才、不求所有开发人才、不拘一格用好人才。要采取各种措施不惜代价重点引进行业专家、顶尖人才、领军人才、关键人才、核心技术紧缺人才和急需人才。

一是针对特定学科专业方向，如高校学科建设的带头人、重点实验室、研究室、创新中心、工程技术中心、技术中心的创建人等，可采取短期引进、不求所有但求所用的方式，任务明确目标明确，主要是完成学科或相关研发机构的建设，培养研发骨干，建立研发体系和长效合作机制，培养研发能力，既能解除引进人才的顾虑，又能解决用人急需的问题。

二是鼓励支持对口援疆省市向对口援助地州派遣数字经济方面的专门人才，既能缓解地州数字化人才紧缺的问题，又可以发挥援疆省市在数字经济发展方面的优势，形成对口支持的合作机制。

三是针对自治区重大数字化工程、重点数字化项目、数字产业的发展，聘请国内外有影响力的专家做顾问，指导、帮助制定规划、进行顶层设计和问诊把脉，确保工程、项目和产业发展不出方向性、路线性的错误和问题。

四是鼓励支持骨干龙头企业聘请数字化融合专家，指导、帮助企业制定数字化融合规划、进行顶层设计，指导数字化进程以及数字化过程中重大问题的解决，提振骨干龙头企业的数字化信心，加速数字化进程，取得数字化成效，实现数字化转型。

(2) 用好现有人才

在加大人才引进力度的同时，更要着重思考如何创造条件用好人才，让人才愿意留下来，发挥更大价值。每一个新疆人，包括仍在新疆工作的以及在疆外工作的新疆人都对新疆有着极其深厚的感情。他们深爱新疆，愿意为新疆的发展付出所有的努力，甚至放弃一切，我们要为他们创造基础、营造氛围、提供条件，让他们的愿望能实现、情怀能释放、才智能发挥、付出能认可、贡献能有成效。

同时要抱着不求所有、但求所用的态度，让人才即使不在新疆也愿意为新疆的发展贡献力量。首先要充分发挥本地现有数字经济人才的作用，特别是在疆院士、天山领军人才、天山学者的作用，新疆现有数字经济人才最了解新疆、热爱新疆，为新疆的发展作出了积极贡献，应该充分调动他们的积极性，发挥好他们的作用，让他们有认同感、荣誉感、成就感，让他们有事做能做事，让他们深感暖心温馨安心，用好现有人才既是对现有人才的信任和肯定，也是很好的示范和引领，让更多的人看到新疆是一个善用人才的大舞台，也是各类精英各领风骚施展才能的大舞台,更是吸引人才的很好案例。

一是用好新疆已有的数字经济各类人才。目前在新疆党政机关企事业单位尚有一批有一定数字化基础(包括相关专业的毕业生、在数字化实践中锻炼出来的业务骨干)的数字经济人才,用好他们是解决新疆数字经济人才匮乏最好最快也最容易做到的举措。也许他们技术还不全面、能力还不强、水平还不高,但只要相信他们、信任他们、培养他们、重用他们,给他们机会,应该用不了许久,他们就会脱颖而出,成为数字经济发展的专门人才、优秀人才。因为他们热爱新疆、熟悉新疆、盼望新疆能够发展得更美好,他们把自己毕生的希望寄托于新疆,因而会不讲条件不计代价地更加努力地去学习、探索、奋斗,勇承担敢担当是他们的品质。因此,应该将培养的重点、使用的重点放在他们身上,让他们担重任挑重担,让他们有被认可感、有成就感、有荣誉感。

二是充分调动疆外新疆人热爱家乡的积极性,发挥他们在数字经济相关领域的影响力,为新疆数字经济的发展献计献策贡献力量。目前,在国内外有一大批活跃在数字经济领域的新疆人,他们或者是著名的专家,或者是国内外一流数字企业的高管,或者是区域数字经济发展的主管,他们有着丰富的数字化人才、技术、成果资源,这些人都有着极深的新疆情怀,或者是从小在新疆长大,现在父母仍在新疆,或者是曾经在新疆工作过,都希望新疆能够尽快发展,也非常愿意为新疆的发展贡献力量。自治区应该指定专门机构收集整理这些疆外数字化人才的信息,并建立沟通机制专人对接,向他们及时通报新疆数字经济发展状况,了解他们的发展情况,征询他们对新疆数字经济发展的建议,适时邀请他们回新疆考察调研,开展学术交流并与相关研发机构和企业建立合作机制。这是解决新疆数字经济人才短缺最经济最高效的举措。

(3) 进一步加大人才的培养力度

积极培养产业发展急需的技术和技能人才,不断优化和完善人才结构。除了要充分发挥区内大中专院校培养人才的重要作用,还要发挥区外高校为我区培养人才的重要作用,特别是充分调动 19 个援疆省市的积极性,建立联合培养数字经济中高端人才、紧缺人才培养机制,举办专门的数字经济培训班,数字技术学习班,采取短训班、专业班、学历班、委培、实训等多种形式,帮助新疆各地区、各行业培养各类数字经济管理人才、紧缺人才、专门人才;针对企业数字化管理人才、技术人才匮乏的现实,可在援疆省市和我区的数字技术骨干企业、龙头企业双向选派企业管理人员、技术人员到对方挂职锻炼,实战训练,以提高我区企业高管的管理水平、技术人员的研发能力,同时增进了解、增强合作,以此提升和促进我区数字经济人才创新能力。

4. 高速提升数字经济科技创新能力

企业是创新主体,要提升新疆数字经济整体科技支撑能力,就必须加大对数字经济企业创新能力的支持和培育,从政策上、资金上、项目上鼓励支持企业强化创新基础、改善创新条件、培育创新人才、优化创新环境、筛选创新项目,使得企业想创新、敢创新、能创新。既要保护、鼓励和支持科技创新能力弱的中小企业创新的积极性,也要不遗余力地支持关键技术、核心技术集中攻关创新。

一是自治区科技项目应向数字经济优势产业倾斜。自治区科技重大专项和重点研发计划每年应拿出一定的资金支持有能力有条件的数字企业进行新技术、新产品的创新研究，切实提升我区数字企业的科技创新能力，着力解决我区数字经济核心优势产业中的技术创新难题。

二是支持龙头和骨干企业联合申请项目。支持龙头和骨干企业联合区内外上中下游、产学研用等力量组建创新联合体，承担自治区重大专项或重点研发项目，采取财政资金支持、企业按比例配套方式开展联合攻关，着力解决数字经济发展的技术瓶颈，对获批国家项目的单位、地方政府应给予财政配套支持。

三是加强与国内优势企业和科研院校合作，建设一流的研发创新基地。支持以行业龙头企业牵头，联合区内相关企业和研究院、高等院校组建自治区级创新中心和技术中心。支持龙头企业会同相关科研院所建设基于硅基、铝基和多语种软件产业链创新链延伸的具有研发、实验、中试、检测、专利保护、标准、人才培养等综合性的技术创新和基础技术平台，开展硅基下游新材料、高端铝及合金、高性能电子电力新材料及相关产业、多语种自然语言处理以及产业数字化的产品和技术攻关，为产业提供技术基础服务，推进技术创新和科研成果转化及产业化。

5. 着力打造特色优势数字产业的核心竞争力

围绕新疆多语种软件发展的关键技术、核心技术以及痛点、难点、堵点进行集中攻关，组织国内外顶尖的科研院所和企业，邀请著名的专家和学科带头人进行联合攻关，支持龙头和骨干企业联合区内外上中下游、产学研用等力量组建创新联合体；围绕着补链、强链、延链和新技术、新产品创新，设立自治区重大科技专项予以支持，或者采取政府支持、社会资本参与、企业投入等多种方式联合攻关、重点研发，着力解决数字产业发展的技术瓶颈。有关部门在策划重大科技项目时应邀请相关企业参与，在相关专家的支持下，围绕产业发展的重大需求形成科技重大专项和重点研发计划，使产业发展中的重大科技创新能及时得到政府和社会各方面的支持，既有利于快速打造特色鲜明优势突出的多语种软件产业，也有利于培育一批科技支撑好、创新能力强的龙头企业和骨干企业，迅速提升产业发展的科技支撑和创新能力。

6. 高起点建设数字经济产业园区科技支撑能力

好的产业发展园区既是产业集聚地，也有利于构建产业链、形成产业发展生态，更是促进产业发展的科技支撑平台、服务平台、创新平台。因此，创建功能全面、服务完善的产业园区是促进数字经济高质量发展的重要举措。

虽然目前我区已初步形成了准东经济技术开发区、鄯善工业园区、甘泉堡经济技术开发区、八师石河子经济技术开发区、新源工业园区等硅基铝基产业园区以及新疆软件园、克拉玛依云计算产业园、新疆电子信息产业园等数字产业园区，但从整体来看，各园区产业聚集度不高、产业链不完整、产业生态不健全。园区的功能不全面、服务不完善，对企业科技支撑和创新发展支持不够。

一是要按照现代产业园区建设的要求，依据各园区已经初步形成的特点、特色和优势进行科学规划、准确定位，发挥优势、突出特点、形成特色，形成各产业园区优势互补、上下游协同、产业链衔接、生态健康的合作机制，而不能同质化恶性竞争。自治区应加强统筹协调、政策指导、规范引导，促进各园区高质量、高水平、高速度发展，将每个园区都打造成为特色鲜明、特点突出、优势明显的自治区乃至国家级的发展基地。

二是要加强软件产业园区建设。可由新疆软件园牵头，联合乌鲁木齐云计算产业基地、克拉玛依云计算产业园、新疆信息产业园成立新疆数字产业园，成为新疆数字产业的聚集区。通过设立专项资金，实施重大科技工程，将新疆数字产业园建设成为新疆数字产业创新发展示范区和高质量发展先行区，打造新疆数字经济科技创新引领高地，探索一园多地的建园模式。

7. 加速完善数字产业科技支撑创新发展生态

数字经济科技支撑创新发展不仅是能力、平台、队伍、人才、条件建设，还必须加速建立健全数字经济科技支撑创新发展的生态体系，包括：

一是加强行业标准规范建设。组建硅基、铝基新材料产业和多语种软件产业标准推进联盟，建设产业标准创新研究基地，协同推进各产业链关键领域的标准制定，特别是能耗、环保、质量、安全等方面在严格执行国家政策及行业准入标准的基础上，对标国际、国内一流标准，进一步提升行业话语权，不断增强产业在国内的引导力、影响力。

二是建立健全各产业链产品质量检验检测体系。根据各行业各领域的发展情况，按照轻重缓急，采取引进、培育、建立、合作的方式，由政府主导企业参与，建立与国际接轨的先进的第三方检验检测机构，为产业提供业内认可的权威的公平公正的检验检测服务。

三是建立健全的咨询服务体系。围绕硅基、铝基新材料以及多语种软件产业的发展需求，引进、培育、建立相应的咨询服务机构，为相关企业和产业发展提供技术、金融、保险、担保、信贷、知识产权、政策等咨询服务，支持企业上市、发行债券、短期融资债券，引导风险投资、私募股权投资等支持产业发展融资举措。研究创新适合产业发展特点的信贷品种，降低企业融资成本。

四是激发产业科技创新与学术交流氛围。积极与国家相关部门以及国内外有关行业协会、学会合作，定期不定期地在新疆举办硅基、铝基新材料，多语种软件及现代数字技术应用发展的高层次、高水平、高规格的峰会、论坛、发布会、交流会和展览会，邀请行业国内外著名专家、学者、企业家来疆考察、调研、指导并举办报告会，形成浓厚的产业科技创新氛围，打造品牌，形成影响力，助力产业发展；每年由政府支持行业高校、科研院所和企业组织参加国内外重要的数字技术峰会、论坛、博览会、展览会，及时了解学习数字技术的最新发展动态。

五是进一步深化国际交流合作。积极引导硅基、铝基新材料及多语种软件企业加强国际交流合作，加大宣传和支持力度。支持优势企业参加国际展览展会，参加国际技术和标准化组织，开展技术交流和合作，推动产品走向国际市场，充分运用好国际规则，进一步提升我区硅基、铝基新材料在全球产业供应链中的话语权和份额；加快硅基新材料及高端铝、铝合金、高性能电子电力新材料产业升级，将新疆打造成为全球领先的研发和产业化基地和多语种软件外包服务基地。

（二） 着力提升新基建支撑数字经济发展的能力

数字基础设施是数字社会的基石，5G、物联网、大数据、工业互联网、人工智能、区块链等现代数字技术的高速发展，与制造、物流、农业、交通、医疗等传统产业的不断深度融合，将为经济社会发展、生产生活方式提供持续性变革的巨大动能，并促进数字基础设施的演进升级和重构。推动数字基础设施高质量发展必须革故鼎新，构建更加多元化、更富弹性、协同有效的推进机制。我区数字基础设施建设应紧密衔接数字化改革、数字经济发展和数字新疆建设的需求，以新网络、新算力、新技术、新终端、新融合协同发展为主线，高标准建设高速、泛在、安全、智能、融合的数字基础设施体系。

1. 着力提升网络承载和数据传输能力

围绕新疆通信网络与国家主干网络接入距离长、转接点多导致新疆信息传输网络时延长、效率低的突出问题，通过科技创新，优化出疆光缆的布局，探索研究利用电力、铁路、公路等行业部门的专线以及卫星通信等多种方式改善、提升、优化新疆信息传输网络的服务能力，提高服务质量，为新疆加速拓展互联网业务提供技术支撑。

2. 着力强化新疆在数字丝绸之路中的重要地位

新疆作为我国西向开发的桥头堡、丝绸之路经济带的核心区，已经拥有 26 条国际光缆，建设并开通了乌鲁木齐区域国际通信业务出入口局，开展了国际语音和互联网转接业务。进一步发挥新疆所拥有的区位优势，落实习近平总书记关于新疆应成为枢纽中心的重要指示，使新疆成为链接亚欧的信息传输网络枢纽，成为数字丝绸之路和亚欧信息高速公路的重要节点。进一步提升乌鲁木齐国际通信出入口局的地位，建设完善乌鲁木齐国际通信出入口局业务功能，使其成为继北京、上海、广州之后我国第四个真正意义上的国际通信全业务出入口局，并在此基础上建设乌鲁木齐国际互联网交换中心、国际互联网域名解析中心，使新疆成为真正意义上的国际通信和网络传输枢纽，为新疆开展互联网增值业务，发展互联网服务业、大数据产业奠定基础，支撑支持中国互联网巨头落地新疆对外开展互联网业务。

3. 着力加强新一代信息基础设施建设

数字基础设施呈现出新的特点和形态，应进一步向高速、泛在、安全、智能方向发展，使数字化平台、智能终端等设施成为数字基础设施的重要组成部分。新型基础设施是以新发展理念为引领，以技术创新为驱动，以信息网络为基础，应面向高质量发展需要，提供数字转型、智能升级、融合创新等服务的基础设施体系。因此，加强数字基础设施建设对落实网络强国战略、加快建设“数字新疆”、支撑全区数字化改革,促进经济社会高质量发展,实现新时代战略目标具有重要意义。而我区恰恰在新一代数字基础设施建设方面认识不到位、措施不到位、行动不到位,结果就是新基建不到位,成为制约和影响我区数字经济发展的重要因素。我们必须提高认识、转变观念、迅速行动,积极探索新基建的投资模式、建设方式、运行模式、服务模式,使我区新基建的建设运行服务进入快车道,成为新热点、新亮点。

4. 着力提升数字基础设施服务能力

如何结合新疆实际,创新数字新产品、数字新服务是新疆通信业创新发展的关键。通信服务业加快转型升级是当务之急,从传统的以话音服务业向综合信息服务业转变,从以链接为主的信息传输服务向信息内容服务转变,从以信息集成应用服务商向产业数字化解决方案提供商转变,从机房租赁托管服务向云服务转变,充分发挥平台优势,积极与软件和信息技术服务企业合作,建立健全的互联网应用服务和综合信息服务生态。

(三) 着力提升数字产业创新能力

我区数字产业的发展一定要发挥区位、资源、能源优势,突出特点和特色,围绕优势产业强化科技支撑、提升创新能力,在产业加速发展的同时,以支撑和服务我区优势产业的数字化转型,实现我区经济高质量发展,主要思路包括以下几个方面。

1. 着力强化硅基、铝基电子新材料创新能力

随着数字化技术的飞速发展,微电子技术的迭代升级,硅基、铝基电子新材料的发展空间越来越大,价值链越来越长,战略价值越来越高,越发受到各国的重视。我区经过多年的努力,充分发挥能源、资源的优势,着力强化“煤电硅(铝)材一体化”绿色发展模式,使我区成为全球重要的硅基、铝基新材料基地,产能和产量均位居全球第一。在此基础上,未来我区硅基、铝基新材料发展的重点和主要任务就是:着力强化产业发展基础和科技创新能力、补齐产业链、完善产业生态,加速上游产品在本地的消纳消化、着力向价值高端化的产业中下游电子级半导体级新材料延伸和发展,努力构建产业链完整、价值链高端、就地转化率高、循环经济特征明显、具有国际竞争力的硅基铝基电子新材料现代产业体系,着力打造世界级硅基、铝基电子新材料产业集群,把新疆建成国家硅基、铝基电子新材料现代产业体系的重要基地,为国家电子新材料产业和新疆经济高质量发展提供支撑和保障。

2. 着力构建面向欧亚的电子信息产品出口加工产业能力

我区电子信息产品制造业应紧紧抓住丝绸之路核心区和数字丝绸之路建设的机遇,充分发挥中欧班列的优势,面向欧亚大市场,合理布局电子信息产业园区,在来料加工组装的基础上,逐步向中高端的产品生产制造发展。充分发挥霍尔果斯经济特区的优势,利用好中哈霍尔果斯国际边境合作中心特有的政策,在已初步形成电子信息产品制造业的

基础上，积极引进国内外电子信息产品制造龙头骨干企业，打造面向欧亚的电子信息产品出口加工产业园。

3. 着力提升特色优势软件产业的创新能力

软件技术是数字技术的核心和关键技术，软件技术开发能力就是数字产业的核心创新能力，软件技术发展的强弱不仅影响到软件产业的发展，更是直接影响到大数据、人工智能、区块链、互联网应用、数字孪生以及元宇宙技术的发展和应用，也直接影响到产业数字化的进程。因此，必须加快软件产业的发展，加速提升软件企业的创新能力。针对新疆软件产业发展规模小、实力弱、水平低、创新力和竞争力不强的现状，必须采取强有力的举措，夯实软件产业发展的基础、壮大软件产业规模、增强软件企业实力、提高软件企业创新能力和水平，使软件产业能够有力支撑新疆数字产业的发展，能够支撑和服务于新疆的产业数字化，成为促进和推动新疆数字经济发展的重要动能。

(1) 着力提高软件产业的创新能力

切实加强对新疆软件产业发展的支持，通过政策、资金、项目等多种方式引导、支持和鼓励软件产业发展，促进软件企业做大做强做优。

一是切实支持骨干软件企业的发展。各级政府和国有资本投资的数字化项目优先采购新疆本土软件企业的产品与服务；对于一些规模大技术含量高的项目，可由新疆软件企业牵头会同国内顶尖企业共同投标承担，使新疆软件企业有更多机会在实践中锻炼成长、发展壮大，新疆的软件人才有更多的机会参与新技术新产品的开发，提高能力，增长才干。

二是着力强化对新疆软件企业高层管理人员和骨干技术人才的培训。通过在本地或发达地区组织专题培训班、专题研讨班的方式，邀请著名科研院所的专家对企业经理和工程师进行中短期的培训，以提高他们的经营管理水平和能力，提升软件技术人员的创新能力，组织软件企业经理到发达地区的软件园、著名软件企业考察调研，使其开阔眼界、开拓思路。

三是加快本地软件人才的培养。鼓励支持新疆软件企业通过人才引进的方式，吸引急需的高端人才来企业指导帮助研发人员，以实战实训的方式培养新疆企业的软件研发人员，将软件产业列入产业援疆计划，建立发达地区著名软件企业对口帮扶新疆软件企业的机制，通过技术合作、项目合作、人才帮扶的方式，让新疆企业和人才在合作中锻炼、合作中成长、合作中发展。

四是充分发挥软件园及产业基地的作用。加快软件企业的聚集，加强本地企业的合作交流，建立软件产业不同领域的合作联盟，由领军企业牵头中小企业参与，并逐步健全产业链完善产业生态。软件园和产业基地要发挥主体作用，也要和发达地区优秀软件园建立合作机制，引进他们的先进管理服务理念、思路和举措，为企业提供全方位的优质服务，切实帮助企业克服和解决创新创业中的困难和问题。

五是建立软件产业发展基金。鼓励支持软件企业开发自治区数字化发展中急需的新技术新产品，鼓励支持骨干软件企业积极参与和承担自治区重大科技和重点研发计划，在每年科技重大专项和重点研发计划项目指南制定的过程中，应更多地考虑自治区数字化发展的需求，将急需攻关解决的数字化关键技术列入项目指南。

六是加快公共服务平台的建设。软件技术研发需要较大的投入，一般中小企业很难建立健全相关的开发平台或相关的技术支撑服务平台，这也是新疆软件企业规模小、水平低、创新能力差的重要原因之一。自治区特别是软件园区和产业发展基地应针对新疆数字化发展的需求，建立相应的软件开发和服务平台、提供相关的软件开发支撑工具、系统，使新疆中小软件企业能够借助这些公共开发服务平台创新创业，研究开发新技术新产品。

（2）着力培育壮大区域特色软件产业

新疆软件的特色和优势就是多语种软件和信息服务业，多年来我区多语种软件开发已经有了较好的基础、培育了一批骨干力量和企业，也形成了较强的创新能力。我们应抓住数字丝绸之路建设和丝绸之路核心区建设的新机遇，面向丝绸之路沿线和欧洲各国小语种数字化发展的迫切需求以及我们东部发达地区数字产品外销亚欧大市场的远景，充分发挥新疆在多语种软件开发产业已经形成的良好基础以及人才汇集、技术领先的优势，利用好新疆与中西亚多语言文化交融交汇的优势，积极发展面向中西亚的多语种软件与信息服务外包产业，做大做强新疆的多语种软件产业，提升影响力，打造特色品牌，将新疆打造成为国家重要的软件与信息服务外包产业基地、多语种软件服务业创新基地、多语种嵌入式软件开发创新基地，着力打造一批实力强、规模大、水平高、创新力强、有影响力的软件和信息服务产业企业，成为数字丝绸之路战略和丝绸之路核心区建设重要的推动者和实践者。

一是利用新疆已有基础，在自治区多语种重点实验室基础上创建“中西亚多语种自然语言处理国家重点实验室”。以更好地集中我国阿勒泰语系、阿拉伯语系、印欧语系数字技术研发科技资源，吸引更多的中亚、西亚、南亚国家专家、学者共同研究解决多语种信息处理关键技术，面向数字丝绸之路建设，突破中西亚多种自然语言文字处理（智能识别、智能理解、智能翻译、智能合成）关键技术，构建起中文信息资源与阿勒泰语系、阿拉伯语系、印欧语系信息资源精准、高效、即时相互翻译平台，构建“一带一路”多语言国际交流平台，畅通丝绸之路经济带经济、文化、贸易、科技等信息资源，为丝绸之路经济带“五通”提供有力技术支撑。

二是发挥新疆多语言文化交汇优势，创建多元网络文化大数据合作区。充分发挥新疆多元文化和多语种资源与技术、人才优势，聚集一批多语言网络文化创意企业、科研院所，着力推动先进网络文化，建设先进网络文化主阵地，打造优秀网络文化产品，有效遏制民族分裂、极端宗教思想和敌对势力在网络空间的蔓延、渗透、侵蚀。汇集亚欧各国数字文化创意资源和人才，建成集虚拟现实、增强现实、全息成像、裸眼 3D、元宇宙、文化资源数字化处理、互动影视等数字文化原创中心，建设数字文化多语种机器翻译中心，实现优秀中华文化资源与丝绸之路各民族优秀文化资源的智能互译，打造丝绸之路经济带创作、传播先进网络文化平台，建成数字丝绸之路现代文化交流、交融、创新、合作的示范区。

(3) 着力培育优势软件企业的创新能力

长期以来,我区的软件企业基本都没有国家资本的介入,民间资本创建的中小软件企业由于先天因素,经营管理能力和水平相对较低,重要的自治区重大数字化工程、重点数字化项目,包括电子政务以及国企的数字化项目都很难涉足和进入,这也是新疆软件产业发展缓慢的重要原因。

因此,组建成立"自治区数字产业集团公司"或"数字新疆投资发展集团公司"(以下简称"数字新疆公司")势在必行。数字新疆公司作为新疆软件业的国有企业、龙头企业和骨干企业,将扛起新疆软件产业发展领头羊的大旗,通过与国内外相关行业企业的合资合作,再组建成立若干专业运营公司、平台公司,和各地州国资委合作组建成立地州分公司,带领自治区的中小软件企业,承担自治区数字基础设施、数字政府以及行业数字化、产业数字化的重大项目、重点工程,承担自治区重要的数字基础设施、数字化平台的运营服务,还可以推动自治区数字化发展投融资机制改革,搭建市场化融资平台,拓宽融资渠道,实现多元化融资,有效缓解财政压力,构建我区数字产业投资发展的长效机制。数字新疆公司将作为自治区数字产业发展重要的投融资平台、自治区重要数字基础设施建设运营主体、自治区重要数字化应用平台的运营服务主体;自治区重大数字化工程和重点数字化项目的业主;作为自治区数字产业发展生态的主导者,建立完善自治区数字产业生态体系,引领新疆软件和信息服务产业的发展,从整体上提升新疆软件产业发展的规模、实力和创新能力。

(4) 着力提升关键技术的研发创新能力

软件技术日新月异,新技术新方法层出不穷,要及时引导软件企业转型升级,特别是对大数据、云计算、人工智能、物联网、移动互联网、工业互联网、数字孪生、元宇宙等新技术的跟踪学习,尤其是在技术发展的萌芽期,绝不能等到技术已经成熟并普遍应用才去学习。应鼓励支持软件企业创新发展,引导企业瞄准市场潜力大、业务基础强、客户关系好的领域深耕发展,把优势产品、核心技术做优做强,不能人云亦云、跟风炒作,更不能同质化竞争。

(5) 着力强化应用软件的开发能力

除多语种软件和信息服务之外,新疆软件产业可以突破并形成优势的方向就是应用软件。围绕新疆产业数字化的庞大市场和巨大潜力,应重点培育和推进应用软件开发企业的发展壮大,特别是面向新疆能源、化工、战略性新兴产业以及农牧业、服务业等行业应用软件的开发。要引导、支持、帮助在不同行业领域已经具备一定技术、服务基础的企业,精耕细作深入调研各个行业领域的需求,了解其业务流程、发展模式、经营理念,运用大数据、人工智能等数字技术开发出适销对路的产品、技术和服务,在相关行业形成优势。例如,红友软件在石油行业、冠新软件在卫生健康领域、七色花信息科技在畜牧业、熙菱信息在大数据领域、立昂技术在云计算、特变电工在工业互联网领域,等等。在新疆市场取得领先优势还可以冲向内地市场,如果我们在新疆重点优势产业的每个细分领域都能形成一两家龙头软件企业,新疆的软件产业不仅能够迅速发展,也将加速新疆传统产业的数字化进程，促进传统产业的数字化转型，新疆数字经济的发展也将进入快车道。

（6）着力健全产业链、完善产业生态

任何产业都有其完整的产业链和完善的产业生态，这是一个产业健康快速高质量发展的必然要求。新疆软件产业链还很不完整，产业生态还不完善，如产业上游的咨询、规划、设计、标准规范制定、人才培养，产业中游的研究开发及服务平台、质量检验检测、能力评估，产业下游的运行、维护、服务等相关环节还缺乏相关的企业或能力，有些虽然有但能力不强水平不高，还不能被行业接受，这些产业链中的缺失严重影响了产业的健康发展，必须下大力气补齐缺链少链、想方设法强链优链，建立以“咨询服务—规划设计—软件研发—系统集成—运行维护”为核心的产业链，进一步完善产业发展生态，为产业健康快速发展营造良好的氛围、健康的环境。

（7）着力强化应用带动需求驱动产业发展

市场带动、需求驱动是产业发展的重要途径。加快产业数字化转型既能够实现传统产业的转型升级提质增效，同时也可以提升新疆软件企业的创新能力，促进和带动新疆软件产业的发展和壮大。特别是一些数字化基础好、潜力大、效果显著的行业和领域，通过实施重大工程重点项目重要的基础设施来推进产业数字化进程，如通过搭建数字新疆遥感平台，可带动遥感数据接收与分发、处理与分析、应用与展示等方面的应用，提升海量数据的管理与分析能力，实现数据汇聚、感知监测、多维监测体系和数字孪生技术的融合，为建设数字新疆提供基础技术支撑。

4. 着力把新疆打造成为数字丝绸之路的重要节点

如何结合新疆实际，创新数字新产品、数字新服务是新疆通信业创新发展的关键。通信服务业加快转型升级是当务之急，从传统的以话音服务业向综合信息服务业转变，从以链接为主的信息传输服务向信息内容服务转变，从以信息集成应用服务商向产业数字化解决方案提供商转变，从机房租赁托管服务向云服务转变，充分发挥平台优势，积极与软件和信息技术服务企业合作，建立健全互联网应用服务和综合信息服务生态。

（1）着力推进在新疆建设国际数据保税区

通过推动乌鲁木齐国际通信全业务出入口局及国际互联网交换中心和国际互联网域名解析中心的建设，为在新疆（乌鲁木齐或霍尔果斯中哈国际边界合作区）建立数字保税区创造条件、奠定基础，拓展数字产业新赛道。

数据保税区就是建立由海关和国家网信部门联合监管的特殊区域，执行保税港区的税收和外汇政策，集数据保税存储、数据出口加工、大数据业务承载、大数据交换与传输、数字内容分发、互联网平台服务等功能于一身。数据资源管理采取“境内、关外”的政策，即数据保税区通过国际陆路光缆与国际通信网络相连，与国内通信和信息网络物理隔离，国家相关部门对数据内容实行封闭管理，境外数据资源进入保税区，实行保税管理；境内数据资源进入保税区，视同出境，用于贸易和传播的数据资源，如影视节目、数字文化创意等，可享受出口退税政策。数据资源进入国内，视同进口，依照我国法律法规，接受相关部门的内容审查。数据保税区内企业数据交易享受免税政策，对来自境外的数据提供承载、存储、清洗、处理、加工等大数据服务。数据保税区的建设将极大地促进和推动新疆互联网产业创新发展。

数据保税区是国家综合保税区政策在数字经济中的延伸和重要发展，丝绸之路经济带数据保税区既是我国发展面向丝绸之路经济带大数据产业的重要载体，也将是数字丝绸之路数据资源集散和中转的主要枢纽。

（2）着力推进丝绸之路经济带数据中心建设

打造丝绸之路经济带数据中心，带动和促进新疆数据中心产业的发展，为丝绸之路经济带沿线国家提供离岸国际数据资源的承载、存储、清洗、灾备等服务；研究丝绸之路经济带沿线国家和地区政策法律、经济发展、税收制度和信息化水平，挖掘分析大数据应用需求和消费市场，探索建立平等互利、合作共赢的大数据国际合作机制。

（3）着力发展多语种文化内容产业

在数据保税区建立智慧、高效的中亚、西亚、南亚多语种信息资源加工处理平台，多语种文化资源翻译平台，提供流程外包、内容翻译等多语种信息技术服务外包；提供一体多元的亚欧多语种文化大数据创作、翻译和内容分发服务；承载丝绸之路沿线国家大数据创新、创业服务，为亚欧国家培育和发展一批大数据企业，积极探索“丝路”大数据共商、共建、共享新机制。

5. 着力推动我国互联网平台企业向亚欧拓展市场

充分发挥数据保税区特殊功能，吸引阿里、腾讯、百度等我国优秀的互联网平台企业入驻数据保税区，足不出户就可以向欧亚各国拓展业务、提供服务，可极大地促进和推动我国互联网企业走向世界，同时也将聚集一批国内外领先的大数据、云计算企业和科研院所，形成亚欧大数据创新资源集聚、市场开发共享的发展新格局，也必将促进和推动新疆成为互联网产业创新发展的新高地。

（四） 着力推动工业数字化转型

我区工业行业总体上数字化基础还比较薄弱、科技支撑体系不健全、创新能力不强，但已经有了很好的开端，并在部分领域进行了有益的探索和尝试，实现了突破，取得了成果和经验，为全行业的数字化发展创造了条件。工业行业整体上数字化发展的思路、重点和主要任务包括以下几个方面。

1. 加快向以工业互联网为载体的制造服务业转型

工业互联网作为企业数字化转型的基石，通过政府引导，多方企业协同，构建企业内各生产要素以及产业链间各环节泛在互联、全面感知、智能优化、安全稳固为特征的工业互联网，为大规模个性定制、智能化生产、网络协同制造、服务型制造等新型生产服务方式的转型提供有力的基础支撑。

(1) 加快工业互联网平台的建设与推广应用

以我区具有产业规模和技术优势的输变电装备、新能源装备、农牧机械、纺织机械等装备制造业以及石油石化、煤炭、煤化工、高纯铝、多晶硅等领域，以龙头企业为主导，从单点创新到系统突破，培育形成一批技术先进、行业深耕、能力强的细分行业工业互联网平台。

围绕我区企业发展需求和行业痛点，特别是钢铁、石化等原料与产品价格波动频繁、设备资产价值高、排放耗能高、安全生产风险大的流程性行业，重点针对全价值链一体化、生产优化、能耗及安全管理等方面；轻工、医药等种类少而规模大的制造行业，产品质量和生产效率要求高，个性化需求大，重点针对大规模定制、产品质量优化、生产管理优化和产品后服务市场等方面；新能源装备、工程机械等多品种小批量制造行业，产品结构复杂、价值高、生命周期长，重点针对网络协同制造、供应链高效管理、设备远程运维等方面，设计开发一批轻量级数字化制造信息系统和工业 App，以及智能生产、远程服务、网络协同的工业互联网应用解决方案，以降低中小企业数字化转型门槛，推动低成本、模块化工业互联网设备和系统在中小企业中的部署应用，使其能够按需获取业务解决方案，逐步形成大中小企业各具优势、竞相创新、梯次发展的数字化产业发展格局。

(2) 以梯次模式加快由制造向制造服务的数字化转型

按照企业数字化的基础、条件和能力，新疆制造业按以下三个梯次开展基于工业互联网由制造向制造服务的数字化转型：

一是面向数字化基础薄弱的中小企业，侧重于企业内部生产率的提升，即利用工业互联网打通设备、产线、生产和运营系统，通过连接和数据智能，提升生产率和产品质量，降低能源资源消耗。

二是面向大中型骨干核心企业，如新能源装备、纺织机械、农牧机械等企业，面向企业外部的价值链提升，即利用工业互联网打通企业内外部产业链和价值链，通过连接和数据智能全面提升协同能力，实现产品、生产和服务创新，推动业务和商业模式转型，提升企业价值创造能力。

三是面向大型龙头集团型企业，面向开放生态的平台运营，即利用工业互联网平台汇聚企业、产品、生产能力、用户等产业链供应链资源，打通数据的连接与共享，实现资源的智能化配置，推动相关企业的生产运营优化与业务创新，打造面向第三方的产业生态体系和平台经济。

2. 进一步深化数字化应用的深度和广度

数字化应用系统是制造企业运行的智能中枢神经。针对我区制造业中不同规模、不同数字化水平的企业数字化应用系统梯次搭建需求，通过基础平台、数字化制造平台、智能制造平台在深度与广度上的拓展与集成，企业借助智能“神经系统”实现智能设计、合理排产、科学决策，提升设备使用率，监控设备状态，指导设备运行，让智能装备如臂使指。

(1) 为中小企业搭建基础应用服务平台

对于我区中小企业，需要进一步完善企业资源计划管理(ERP)、产品数据管理

(PDM)、客户关系管理(CRM)等数字化基础平台,及制造执行系统(MES)、智能仓库管理系统(SWMS)等数字化制造关键系统,实现企业资源计划、研发设计、客户关系等基础信息的管理,以及生产管控、仓储管理等数字化制造信息的管理,以更低的成本、更灵活的方式补齐数字化能力短板,实现数字化研发与精益化生产。

(2) 为成长型中等企业推广应用数字化制造平台

对于我区成长阶段的中型企业,基于前期已投入使用的基础平台,进一步实施部署产品全生命周期管理(PLM)、MES、WMS 及工业 App,实现对产品全生命周期数据管理与协同应用、生产管控与质量追溯、供应链物流管理、生产过程运行监控以及市场互动,逐步挖掘系统在更广更深范围内的应用。拓宽 MES 业务广度和深度,加强其与其他信息系统的集成与协同,以提供快速反应、有弹性、精细化的制造执行环境。

(3) 在骨干和龙头企业开展智能制造平台应用示范

对于我区具备产业规模和技术优势的农牧机械、能源装备、纺织机械、工程机械、汽车及交通运输机械等装备制造业,以及石化、采掘、轻工等龙头企业,加强数据管理能力、云平台应用能力、产品/生产过程的仿真优化,以及远程诊断、协同制造、智能运营等智能服务方面的投入,搭建智能制造平台,通过系统集成,提高数据利用率,形成完整的数字化生产和管理流程。支持产品质量管理从产品末端控制向全流程控制转变,生产效率和产品效能的提升实现价值增长,以及大规模个性定制模式的创新,大幅提升企业数字化、智能化水平。

3. 全面提升制造领域的装备智能化

我区制造企业装备的自动化、智能化、精密化、绿色化水平普遍较低,而装备智能化是实现智能制造的突破口,致力于我区制造业智能工厂建设的三大装备层的改造升级,助力数字化智能工厂的落地。

(1) 加快应用智能生产设备

面向农牧、汽车等装备制造业,引进数控加工中心、增材制造技术、智能工业机器人和三坐标测量仪及其他柔性化制造单元进行自动化排产调度,达到少人/无人值守的全自动化生产模式。

(2) 加快智能检测设备的推广应用

面向钢铁、纺织行业,采用基于 5G 技术的产品表面质量检测应用,实现产品生产过程中实时智能化无损检测,及时发现表面质量缺陷,保证良品率;面向食品、药品等流程制造行业,实时监测生产线上各项质量指标,动态分析和预测预警,对生产过程控制中的行为识别与轨迹追踪,实现产品全生命周期质量追溯。

(3) 加快智能物流设备的配置和应用

面向装备制造、纺织、轻工等行业,针对特定产品的加工、装配流程和工艺中自动物料和智能管理的需求,配合生产线执行管控,建立涵盖智能叉车、AGV 小车、码垛机器人、自动分拣设备等的智能物流系统,减少人力成本消耗和空间占用,大幅提高管理效率,致力于实现智能工厂中智能物流系统高效运转。

4. 全面提升基于精益生产模式的企业数字化管理创新能力

实现数字化转型需要AT智能自动化技术(人体四肢),IT数字化信息系统(中枢神经),关键还要具备OT精益运营作业能力(头脑)。粗放式制造生产管理方式蚕食着我区多数制造企业本已薄如刀刃的利润,深入推行精益生产管理模式势在必行。

(1) 深入推行精益生产管理模式

对于我区起步型中小微企业,以持续追求浪费最小、价值最大的生产方式和工作方式为目标的管理模式,实现按订单驱动、拉动式生产、看板式管理、流水化作业和标准化工位等精益化管理模式,通过数字化手段提高信息流与物流准时化联动的规则,由粗放迈进精益。

(2) 不断优化创新卓越绩效和精益生产管理模式

对于我区大型龙头企业,引进卓越绩效和精益生产管理理念,并结合企业实际情况创新性建立卓越绩效和精益生产管理模式,建立公司扁平化组织架构和职责分工,依托精益生产管理思路和质量改进工具进行5S管理、完善工作流程和标准,秉承持续改进态度创新企业管理工作,向卓越公司迈进。

5. 构建基于5G的智能生产与智能工厂

各行业生产流程不同,加之智能化水平不同,则其智能工厂搭建的侧重点不同。统筹推进我区5G网络建设与覆盖,以及物联网、云计算、区块链、人工智能等新型信息基础设施的建设,助力面向重点行业中特定应用场景的5G+智能生产开发项目实施,面向我区流程制造、离散制造、消费品制造行业持续推进不同模式的智能工厂搭建。

(1) 构建5G+智能生产典型应用场景

搭建连接机器、物料、人、信息系统的基础信息网络,建立多通信模式异构的边缘层,对生产、物流、质检、传感器等资源要素进行接入与管理,实现工业数据的全面感知、动态传输,实施面向我区重点行业中特定应用场景的5G+智能生产开发项目:5G+工业网关及物联平台系统、5G+智能巡检系统、5G+UWB移动资源高精度定位系统、5G+AGV智能物流系统、5G+AR智能运维系统等。

(2) 持续推进不同模式的智能工厂建设

智能工厂作为实现智能制造的重要载体,构建智能工厂是实现智能制造的前提。通过构建智能化生产系统、网络化分布生产设施,持续推进面向我区不同行业不同模式智能工厂的建设。我区石化、纺织、医药、食品等流程制造领域,侧重从生产数字化建设起步,基于品控需求从产品末端控制向全流程控制转变,打造从生产过程数字化到智能工厂模式;机械、汽车、家电等离散制造领域,侧重从单台设备自动化和产品智能化入手,基于生产效率和产品效能的提升实现价值增长,打造从智能制造生产单元(装备和产品)到智能工厂的模式;家电、服装、家居等距离用户最近的消费品制造领域,侧重开展大规模个性定制模式创新,打造从个性化定制到互联的智能工厂模式。

6. 加快工业大数据与数字孪生技术在产品全生命周期中的应用

针对我区输变电设备、新能源装备、农牧机械、纺织机械、石油机械、载重汽车等特色优势复杂装备，涉及机械、电气、控制、力学、信息等多学科耦合，基于工业物联网及智能工厂共享的产品全生命周期数据，采用工业大数据及数字孪生技术在我区复杂产品研发设计、生产制造全过程管理以及设备预测性维护等各个环节的应用，实现产品“设计—生产—运维—反馈设计”闭环控制。

(1) 加快推广数字孪生+产品研发设计

针对复杂产品设计过程中的多学科耦合问题，通过数字孪生技术实现反馈式设计、迭代式创新和持续性优化，加速产品研发，缩短产品上市周期。

(2) 加快应用数字孪生+生产制造全过程管理

针对我区离散与流程行业生产过程中存在的工况复杂、工艺多变、能耗量大的问题，通过工艺参数设计与仿真、生产过程建模与优化控制、产线能耗数据实时监控、工厂运行状态的实时模拟和远程监控，助力敏捷制造和柔性制造，降低能耗，保障企业安全高效运行，提高生产效率。

(3) 加快推进数字孪生+设备预测性维护

针对我区新能源装备、农牧机械、纺织机械、石油机械等高端智能装备，依托现场数据采集与数字孪生体分析，提供产品故障预测与健康管理、远程运维等增值服务，提升用户体验，降低运维成本，强化企业核心竞争力。

7. 工业典型行业数字化转型的重点和主要任务

工业系统行业广领域多，其数字化发展的路径和模式不可能完全一样，个性化特点比较突出。为此，本章对我区装备制造业等五个主要行业的数字化发展的路径、方向和主要任务进行了探索研究，分列如下：

(1) 装备制造行业数字化的重点和主要任务

新疆已初步建立以输变电设备、新能源装备为特色优势，农牧机械、纺织机械、石油机械、载重汽车等为主的“新疆制造”产业体系。在新发展理念的指引下，“新疆制造”集群格局正在形成，智能制造步伐加快，创新能力日益增强，部分产业和产品已达到国内外先进水平，具有较强的竞争力。

装备制造业属于典型离散型制造业，处于制造业价值链的高端环节，具有客户需求个性化、小批量、多品种、及时交货的市场需求、供应链分散、技术知识密集等特点。而设计与制造环节数据集成困难，研发设计周期长，物料库存不精准、仓储高昂，供应链管理更多依赖于工作经验，生产管理模式僵化粗放等是新疆制造业面临的主要问题，也是制约我区装备制造业快速发展的核心问题。我区装备制造业数字化的重点和主要任务是：

① 研发设计由独立分散向网络协同转变：传统独立设计模式存在数据交流不畅、企业协同水平不足等问题，易导致后期较高的设计修改率。提高企业研发设计数字化水平，采用数字孪生和云协作平台等技术，对产品进行模拟仿真、设计数据交互、工艺设计优化，解

决计算机辅助设计(CAD)到计算机辅助制造(CAM)的集成问题，降低样品试制成本，保障设计方案的协调与适配，提高研发设计协同化水平，缩短产品上市周期。

② 面向产品全生命周期的数据管理：加强企业生产、检测、物流等设备层面数字化的改造升级，实现生产过程的自动化、数字化；提升企业制造环节生产过程关键工序数控化率；围绕线下设备线上化、线上设备互联互通开展设备网络层面的建设，实现底层设备横向互联以及与上层系统纵向互通的连接，提升设备联网率。完善企业资源计划管理(ERP)、产品数据管理(PDM)、客户关系管理(CRM)等信息化基础平台，实施部署产品全生命周期管理(PLM)、MES及工业App的应用，加强MES与其他数字化信息系统的集成，实现生产管控、质量追溯、物流管理、运行监控等应用。

③ 生产管理由粗放向精益化转变：装备制造行业传统的管理模式以人为主，具有变动性大、作业管理混乱、管理无法落地且追溯性差等弊端。基于价值流对业务流程进行优化，打通部门之间、人机之间、设备之间的数据壁垒，实现以节拍式拉动、看板式管理、流水化作业和标准化工位等精益化管理模式，推动生产制造透明化、部门合作协同化、资源调配高效化，节约管理成本、提高管理效率。

④ 物料管理精细化：传统的仓储模式能够缓解一定的物料需求压力，但产生了相应的存储空间、物流调配、流转资金等高昂的仓储成本。利用立体仓库、无线射频识别(RFID)等装置及云计算、大数据等新一代信息技术，对物料进行标识及精细化管理，实现排产、仓储、运输和追踪的按需调度和优化，降低库存量，节约现金流。

⑤ 供应链管理由重经验向重需求转变：多数企业在原料、生产、运输、市场等环节的运营都是独立、单向的，各企业在制定供应链计划时更多地依赖工作经验，导致产业链供需双方无法针对需求动态调整。聚焦人、传感器、生产设备和库房、物流等节点的互联互通，推动供需双方相关数据互联互通，以信息流加速物流、资金流、技术流有效流动，加快从经验导向到需求导向的模式转变。

⑥ 生产制造型向服务型制造转变：传统装备制造业价值链条通常止于产品进入营销环节之前，除简单的售后服务外，很难实现从卖产品向卖服务转变。通过有效挖掘服务制造链上的需求，延长产品价值链，打造新产业、新业态，培育竞争优势。构建线上线下一体的营销服务平台，通过分析大量用户交易数据精准识别客户需求，提供定制化的交易服务和以客户为中心的极致体验、精细化售后服务；优化物流体系，提供高效和低成本的加工配送服务。通过与金融服务平台结合，实现既有技术的产业化转化，实现新的技术创新模式和途径；企业通过监控分析装备运行工况数据与环境数据，实时提供装备健康状况评估、运行状态预测、故障预警和诊断、远程运维等服务。

(2) 石化行业数字化的重点和主要任务

截至2021年，我区拥有规模以上石油和化工企业454家，分布在23个石油化工产业园区内，并已建成国内最大的氯碱化工基地、国家重要的石油化工基地。“十四五”期间，将重点以延链、补链、建链、强链为主攻方向，形成独(山子)—奎(屯)—克(拉玛依)石化基地四个千亿级产业集群。

石化行业属典型流程型行业，具有能源消耗大、工艺过程复杂、危险性高、环保压力大等特征。我区大多数大中型石化流程企业都进行了信息化系统的建设，但是数据分析及决策等在生产运行管控、安全环保、设备健康管理等方面的应用研究较为匮乏。其数字化发展的重点和主要任务是：

① 生产自动化闭环控制：利用物联网、大数据、工业互联网等技术搭建生产自动化闭环联动管控中心，集生产运行、全流程优化、环保监测、分散式控制系统(DCS)控制、视频监控等多个信息系统于一体，通过对设备运行状态及生产全流程数据的自动采集及分析，实现生产管理在线控制、生产工艺在线优化、产品质量在线控制、设备运行在线监控、安全管理在线可控的智能化管理。同时优化生产经营计划在线高效编制及动态跟踪滚动调整，提升全流程优化能力，支撑协同，实现采购、生产、物流的协同，解决生产运营各环节的上下贯通、集中集成、信息共享、协同决策，提高企业生产运营过程的全面监控、全程跟踪、深入分析和持续优化能力。

② 安全管理从人工巡检向智能巡检转变：

一是生产安全监测与控制，利用物联网、地理信息等技术，实时采集炼化生产过程中的各类安全数据，结合安全生产监控模型，对生产异常状态和安全风险实时报警，实现安环实时监测、分析和风险预测等智能化功能，保障工厂生产安全。

二是管道智能巡检，在管道内外利用传感器、智能阴保桩、管道巡检机器人、无人机等数据采集工具，地下管线三维地理信息系统(GIS)可视化应用，以及连接地理、气象等环境数据，实现管道内外运行状态的全面感知和实时监测，快速定位管道异常状况，提升应急处置能力。

③ 设备管理从黑箱管理向健康管理转变：石化行业属于流程型行业，任何设备的非计划停机都可能会对整个生产过程造成影响，设备的安全、稳定、长周期运行是工厂的基本保障。

一是设备状态检测，通过对物理设备的几何形状、功能、历史运行数据、实时监测数据进行数字孪生建模，实时监测设备各部件的运行情况。

二是远程故障诊断，将设备的历史故障与维修数据、实时工况数据，与故障诊断知识库相连，利用机器学习和知识图谱等技术，实现设备的故障检测、判断与定位。

三是预测性维护，构建产线数字孪生体，实时采集各项内在性能参数，提前预判设备零部件的损坏时间，主动及时进行维护服务。

(3) 轻工行业数字化的重点和主要任务

新疆轻工业经过 60 多年的发展，现已形成了门类较为齐全的生产体系，有食品、烟草、塑料等 38 个细分行业，涵盖衣、食、住、行、用、娱等消费领域。部分细分行业已初具规模、地位凸显。新疆是全国最大的番茄制品生产出口基地和甜菜糖生产基地、全国重要葡萄酒生产基地及大型葡萄酒企业主要原料供应地、亚洲最大的松木家具出口基地、全国重要的香精香料生产基地、西北五省区最大的塑料制品基地，塑料节水器材产量居世界第一。

轻工产品大多属于消费品，市场营销与用户体验是数字化转型的关键。存在技术更新速度快、产品研发周期短、产品同质化程度高、用户需求个性化等特点。此外食品、药品等细分行业的生产条件要求严格、质量标准高、产品保质期短。我区轻工业普遍存在品牌影响力较弱、资源/能源利用率低、产品自主创新能力欠缺等问题。解决上述问题是我区轻工行业数字化发展的重点和主要任务。

① 全生命周期质量追溯：轻工产品具有种类与单品产量大、物流追踪链复杂等特点，对于食品、药品等细分行业，质量可追溯更是消费者重视的需求和功能，建立产品全生命周期可追溯体系使企业既能取信于消费者，又能获得实现产品质量持续改进所需的系统完整的数据资源，以更好地满足消费者需求。建立覆盖产品全生命周期的质量管理体系，实施全链条智能追溯工程，推动追溯信息互通共享、通查通识和融合应用。通过区块链、物联网、工业互联网标识解析等手段，追溯产品的原产地或上游配件供应商，加强从原料采购到生产销售的全流程质量管控，搭建工艺参数及质量在线监控系统，提高产品性能稳定性及质量一致性。

② 高效精准生产与数字化营销：市场营销与用户体验是轻工业数字转型的关键。积极探索建设互联工厂，用机器人替代工人、建设精密装配机器人社区实现并联式生产；通过高级计划系统根据客户订单自动排产来满足用户个性化定制需求；通过通用化和标准化的不变模块与个性化的可变模块来实现高度柔性生产；针对客户个性化需求精准营销，建设线上线下全方位数字化营销渠道；通过对智能产品和互联网数据的采集，针对用户使用行为、偏好、负面评价进行精准分析，这样有助于对客户群体进行分类画像，可以在营销策略、渠道选择等环节提高产品的渗透率。

③ 绿色低碳数字化：以从源头削减污染物为切入点，革新传统装备，鼓励使用清洁生产关键技术。加快实施节能环保技术改造，以用地集约化、原料无害化、生产洁净化、废物资源化、能源低碳化为重点，培育绿色化生产方式，改造并形成一批绿色车间/工厂。推进塑料、陶瓷、玻璃产业等的节能降耗，开展企业绿色产品设计示范，推动企业节能减排，采用先进的技术实现污染物的持续稳定削减，强化重点行业废水废气的治理，提高污水回收处理能力，加强水资源的综合利用。

④ 基于大数据的自主品牌培育：持续推进我区轻工业质量品牌标准建设，培育代表我区优势产业、区域特色和城市形象的商标品牌，树立品牌标杆。利用大数据分析挖掘研究消费者需求，判断行业发展趋势，寻找差异化卖点，通过品质附加、渠道附加、交付条件附加、形象附加、情感附加等举措，建设综合附加值的营销体系，集中可感知的附加值进行产品开发和品牌推广；引导企业加强商标品牌培育，推行先进的质量控制技术，完善质量管理机制，制定品牌管理体系，提升企业品牌创建能力和核心竞争力，在保证技术领先和质量稳定的前提下，加大品牌宣传力度。

(4) 纺织行业数字化的重点和主要任务

近年来，新疆纺织服装产业规模不断壮大，产业整体实力和发展水平得到提升，已形成较为完备的基础设施与产业配套。在我区多项优惠政策推动下，形成以纺织为基础，覆盖织造、印染、成衣的完整产业链以及纺织机械、染料助剂、纺织技术服务等辅助型行业，产业集群效应初步显现，数字化、智能化发展趋势日益显现，产业转型升级步伐加快。

我区纺织业普遍面临着产品质量自主创新能力弱、产品同质化、附加值低、物流成本大、环境污染严重，纺织品牌策划、终端零售能力和供应链整合能力相对薄弱，体系建设较为粗放等问题。而我区纺织业发展比较优势则主要体现在：优质棉花资源丰富、土地使用成本低、电价优势明显、人力成本优势以及地处“丝绸之路经济带”向西出口的区位优势等。因此，新疆纺织产业数字化发展的重点和主要任务是：

① 生产制造柔性化：面对多批次、多品种、小批量这一常态化问题，从封闭的传统式流水生产线向柔性制造单元组成的快反模式转变。研究纺纱、化纤、印染等不同领域的智能制造单元技术，使用新型、高效棉纺织工艺设备、自动落纱细纱长车、紧密纺纱技术和粗细络联合机等，集成全自动化、智能化纺纱柔性生产线，生产高品质、高附加值产品，降低产量能耗比，推动企业由劳动密集型向资金、技术密集型转化；通过采集和分析“人机料法环测”等数据，实现生产过程控制与柔性化生产，提高快速响应能力；整合客户需求要素与供应链能力，由需求拉动产业能力升级与产品研发，实现消费者前端创新与产业供应链的集聚整合。

② 生产制造网络化：通过各智能生产单元间、生产单元与车间管理系统间以及各单元内部的智能纺纱机械之间的互联，实现各层次信息的共享和数据传输以及物流和信息流的统一，是实现全厂管控一体化的必要条件。通过建立车间数据模型支撑生产过程的自动化处理，提取生产单元的生产状况并采用大数据分析技术，解决数据驱动下的车间制造过程监控、工艺优化、资源管理、计划调度、节能降耗等问题是当前纺织行业数字化转型需要突破的重点。

③ 产品全生命周期质量追溯：以物联网、工业互联网模式重构企业内部生产运行模式，链接棉花预处理、棉条机、纺纱机、织布机等生产设备，采集设备工况、产量、效率、能耗等主要生产数据，实现生产设备间互联互通，打造覆盖纺纱、服装面料、辅料等原材料采购到设计、工艺、制造、仓储物流以及使用维护全过程精细化质量追溯体系，对各环节的数据进行实时严密监控，对其在全生命周期中的状态进行仿真预测，对质量异常情况进行实时反馈、快速追踪和处理。不断完善企业质检体系，借助机器视觉等研发面向纺纱产品的表面质检系统，致力于产品质量的整体把控。

④ 纺织服装产业集群化：构建工业互联网服务平台，助力纺织服装产业集群化发展，推动业务与商业模式的集成创新，提升产品附加值，延长产业链。规划布局合理、分工明确、错位发展、各具特色的纺织服装园区和产业集群，调整产品结构，增强深加工能力，加强专业化服务协作生产体系，避免同质化、低水平竞争，控制单纯的追求大、强或注重规模和数量而轻效益的发展。

⑤ 持续推进绿色制造：优化产品结构，自觉淘汰落后工艺和设备生产的非绿色产品，加快调整企业产品结构，积极开发高附加值低污染产品；从产品开发、设计、原材料的选用、生产过程、成品包装、使用、服务等环节，进行产品生产链全过程控制，实行清洁生产，

开展产品全生命周期分析。

(5) 采掘行业数字化的重点和主要任务

采掘行业是新疆工业的支柱性产业，主要包括油气田、煤矿、金属和非金属矿山、钾/钠/硝石盐矿等的勘探、开发及生产。

目前，新疆采掘行业数字化应用的整体水平并不高，管理水平有待提高，处于初级发展阶段，具有工艺流程复杂、故障风险较高、资本设备密集、生产条件多变等特征，面临着生产风险高、设备管理难、物流成本高、环境污染大等行业痛点。其数字化发展的重点和主要任务是：

① 由人工为主、向无人化的智能安全开采转变：依托工业互联网平台动态采集边缘侧数据，结合井下机器人、智能传输机等设备，利用机器视觉、深度学习等技术实现无人生产或少人生产，切实提高采掘安全生产能力，使得无人生产、少人巡视、远程操作成为可能。

一是智能自主生产。企业可依托工业互联网平台，通过“边缘数据＋云端分析”实现采矿机、传输带等设备的自动识别、自主判断和自动运行。

二是故障辅助诊断。结合机器视觉技术对皮带、矿仓等易发生故障的设备进行自动巡检，帮助维修人员及时调整设备状态。

三是风险预警管理。实时采集空气成分、设备振动等数据，结合瓦斯浓度、设备寿命等模型分析，实现矿区事故风险提前预警，提高事故灾害防控能力。

② 矿山管理由人工向虚拟集成转变：矿山管理涵盖采矿、掘进、运输、提升、排水、通风等复杂流程，需解决矿机、矿车、矿工等系统综合协调问题，管理要求高、范围广、难度大。当前，部分采掘企业数字化和智能化水平仍然较低，部分流程还处于纸质单据时代。通过数字孪生、虚拟现实等技术打造虚拟矿山，将直观展现矿山的地形环境、地表地物、井下矿道等情况，还原矿山的复杂环境和生产状态，提高企业对矿山安全隐患的洞察力、处置安全事件预案的有效性、事故处理的及时性和事故分析的科学性。

③ 矿物运销由被动排队向智慧运输转变：传统运输物流成本较高，部分矿区物流园区缺乏场站管理，车辆混乱无序。通过集成基于蜂窝的窄带物联网(NB－IoT)、RFID、全球定位系统(GPS)、智能识别等技术，为汽车搭载智能模块，动态监测矿车运载、排队等情况，有利于提升排队管控、分流调度、称车过磅、装载卸料的智能化、自动化水平，有效减少偷矿换矿、以次充好、车队拥挤等事件发生，节约运输成本，提高运输效率。

④ 生态修复由宏观设计向精准计量转变：我区矿区多位于气候干旱、降水量少、生态环境脆弱等地，开采带来的环境污染和生态破坏问题日益突出。集成无人机、三维虚拟仿真、多维度数值模型分析及现场实时监测等技术，可为开展生态修复提供技术支持。

一是解决方案储备。利用工业互联网平台储存水、土、气、草、畜等生态基础信息，收录各地乡土植物种植质资，形成生态恢复组合数据库，丰富生态恢复方案。

二是辅助个性定制。收集矿区及周边的历史生态数据资料，追溯原生植物、分析搭配群落、探寻演变规律，因地制宜实施决策辅助。

三是生态实时监控，基于工业互联网汇聚监测点信息，汇总分析环境土壤的 pH 值、光、湿度、气压等生态数据，支撑精准、实时的监测指挥。

(五) 着力加快农业数字化转型

针对我区直接支撑农业生产的数字化技术、产品创新能力薄弱，数字技术、数字装备体系不完善，缺乏技术含量高、通用性好、市场竞争力强的拳头产品，缺乏面向特定农业生产场景的较为完整的数字化技术、产品、装备、平台集成解决方案的情况，应着力加强农业生产全产业链数字化创新与应用。针对农业数字化重大需求(见图 1-13)，农业数字化的重点和主要任务是：

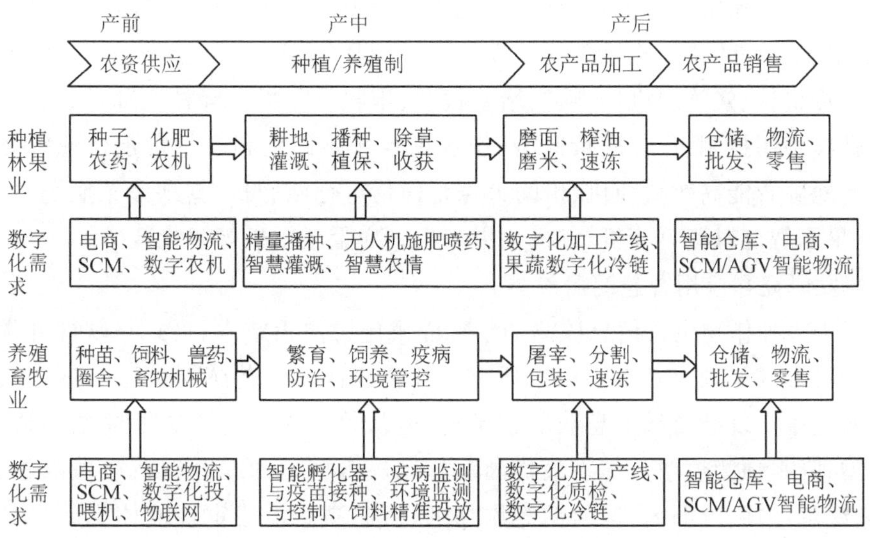

图 1-13 农业生产全产业链数字化需求

1. 加强数字农机装备的研究开发

(1) 研发和应用数字种植机械

围绕绿色化、高效化、智能化的发展要求，面向我区棉花、小麦、玉米、番茄、辣椒等种植机械优势领域，强收获机械长板，补栽种、植保机械短板，填补林果机械空白，重点研究柴电混合动力、纯电动、氢能动力、甲烷动力等自走式农机装备中应用的关键技术；研究高效驱动与传动、动力输出、能量智能管理，以及与作业机具、功能部件的协调控制等新型动力系统关键技术；研究自走式农机装备动力系统、行走与动力输出、作业部件及功能部件、作业质量、自主作业等总线控制技术，创制新型高效动力系统和智能控制单元；研究场景构建、环境识别、路径规划、自主避障、机群协同等无人化作业共性关键技术；研究机器作业工况在线感知、收获作业优化调控等技术与系统，集成创制土地精整、物料加装、种肥播施、农药精施、自主喷灌、高效精准采收与转运等智能化农机装备。

(2) 开发研究和应用数字养殖(畜牧)机械

面向猪、牛、羊、鸡等畜禽的养殖，重点研制数字化、智能化饲料投喂装备，通用型智能化环境感知与通风、控温装备，数字化畜禽粪便高效清除、无害化处理、综合利用装备，智能化禽苗孵化装备，数字化疫病监测及疫苗接种准备。在畜牧业领域，重点突破豆科牧草种子高效采集、高速低扰动多品种混播补播、多年生饲草料作物机械化建植复壮、有序输送与高质量切制、自适应保质收获、品质营养保全处理等关键技术，研发饲草精细播种、仿形平茬与切割、高秆饲草料高通量切割输送、高质切碎和籽粒破碎、自适应抛送、全程作业质量在线测控等智能化关键装置，创制饲草饲料种子采收、高效建植、营养保全等全程智能作业装备。

(3) 开发研究和应用肥药智能作业装备

重点研究肥药施用靶标识别定位、肥药对靶施用控制、药液漂移防控、肥料位置精准投放控制、水肥药一体化实施控制等关键技术，研制变量喷头、自清洁过滤、在线混药/肥、风送风力调控机构、穴施肥机构、喷头堵塞报警、排肥故障报警等核心部件；研发基于靶标定位识别精准施用控制、作业质量监测、作业场景智能识别和自主行走作业等系统，创制大型地面高地隙智能高效喷药机、田间大株距作物对靶施肥机、露地蔬菜肥药精准喷施装备、宜机化果园智能对靶喷药机、宜机化果园穴式变量施肥机等智能装备。

(4) 开发研究和应用智慧灌溉设备

开展基于多种作物生长信息监测的精准灌溉施肥决策技术、模式与软件开发，液体肥沉淀结晶颗粒形成机理及其影响因素研究。攻克我区农业传感器试验与标定关键技术、研究开发农业生产复杂场景信息获取技术；搭建从单一灌溉施肥决策模型到结合作物耗水预测模型、降水预测模型及作物最优灌溉施肥决策模型的综合性精准灌溉施肥决策系统；开发新型悬浮剂、分散剂、抑制剂等添加剂，研制高悬浮稳定性液体肥新产品、生产工艺和装置设备，实现液体肥新产品的量产和规模化推广。

(5) 研发和应用数字化农产品初加工机械

利用太阳能、空气能、地热能等清洁能源技术和数字化技术，研发快速预冷、节能干燥、绿色储藏、低温压榨、高效去皮脱壳、畜禽屠宰、冷链物流等关键技术与数字化装备。围绕果蔬、畜禽、水产品等鲜活农产品保质增值，发展预冷、保鲜、冷冻、清洗、分等分级、分割、包装等初加工机械。围绕粮食、油料、棉花等耐储农产品减损增效，发展脱壳、清选、烘干、储藏和膨化保鲜等数字化加工机械。发展“互联网＋初加工机械化”，推动生产主体进行设施与装备数字化、智能化升级改造，推进农产品初加工机械化与信息化、智能化融合发展。

2. 研究开发和推广应用农业生产信息智能感知技术

(1) 卫星-无人机遥感技术

重点研究关键农情参数(苗情质量、物候期、植株养分和水分、色素、叶面积指数、生物量、成熟度、产量、品质、灾情、收获指数等)高分遥感机理模型与定量解析技术；研究复杂场景下全口径田块边界、农作物空间分布、播收进度等智能识别与高精度制图技术；研发作物长势遥感信息与农学模型耦合的地块级农作物高精度产量品质测报技术；研发农情信息田间原位传感测量与无人机低空遥感高效感知技术。

（2）新型传感器和智能感知技术

研究田间作物生命信息原位无损感知机理，设计和制备适合新疆特色优势作物（小麦、棉花）的柔性传感器，实现作物关键生理参数（叶面温度、叶面湿度、生长率、植物茎流等）的原位、无损感知。研制高可靠低成本土壤温湿度、土壤养分（氮、磷、钾）、二氧化碳浓度等传感器，研究基于图像识别、人工视觉的病虫草害、作物苗情智能感知等技术。

3. 种植业数字化技术集成与应用

围绕小麦、玉米、棉花、蔬菜、水果等生产全过程，重点构建天空地一体化观测体系，大力推广遥感技术在墒情、苗情、长势、病虫害、轮作休耕、产量监测等方面的应用，配套建设田间综合监测站点、物联网测控系统，实现生长环境和作物本体的实时数据采集；广泛应用数字化、智能化精准耕整地、智能催芽育秧、水肥一体化、精量播种、养分自动管理、智能施药施肥、农情自动监测、精准收获等数字化设备设施，建设农业生产过程智能化管理系统，实现高精度自动作业。

4. 畜牧业数字化技术集成与应用

围绕猪、牛、羊、鸡等畜禽养殖，重点开发自动化精准环境控制系统，改造升级畜禽圈舍通风、温控、空气过滤和环境监测等设施设备，实现饲养环境自动调节；开发建设数字化精准饲喂管理系统，配置电子识别、自动称量、精准上料、自动饮水等设备，实现精准饲喂与分级管理；改造产品收集系统，实现集蛋、挤奶、包装自动化；改造畜禽粪便清理系统，实现自动清理；开发建设畜禽疫病监测预警系统，实现对动物疫病的预警、诊断和防控；开发建设繁殖育种数字化管理系统，配置动物发情智能监测装备，构建种畜遗传评估系统，提高种畜繁殖效率。

5. 设施农业数字化技术集成与应用

重点开发建设工厂化育苗系统，构建集约化种苗生产信息管理系统，实现育苗全程智能化管理；开发建设环境监测控制系统和生产过程管理系统，集成应用自动气象站、环境传感器、视频监控、环境控制、水肥药综合管理等设施设备，研发相关管理系统，开展病虫害自动监测预警、生产加工过程管理、专家远程服务，实现智能化生产；开发建设产品质量安全监控系统，实现生产全程监控和产品质量可追溯；建设采后商品化处理系统，对清洗、分级、包装等设备实施智能化改造，提升采后处理全程自动化水平。

6. 渔业数字化技术集成与应用

围绕淡水鱼、虾、蟹等的养殖，重点开发建设在线环境监测系统，集成应用水质检测、气象站、视频监控等监测设备，实现大气和水体环境的实时监控；按照湖泊、水库、池塘、工厂化和网箱养殖等不同类型，进行适宜的信息化改造，集成应用配置水下视觉、饵料自动精准投喂、水产类病害监测预警、循环水处理和控制、网箱升降控制等信息技术和装备，配置便携式生产移动管理终端，提升水产养殖的机械化、自动化、智能化水平；构建鱼病远程诊断系统和质量安全可追溯系统，推广应用品质与药残检测、病害检测等数字化设备。

7. 农村电商与网络销售

大力发展农村电商新模式。发展直播电商、社交电商、县域电商等新模式，综合利用线上线下渠道促进农产品销售，构建工业品下乡和农产品进城双向流通格局。

完善农村电商服务体系。发挥国家电子商务进农村综合示范县引领带动作用，完善县(市)电商服务中心(产业园)、乡镇电子商务服务站、村级电子商务服务点的三级农村电商服务体系，加快农村、牧区光纤和移动宽带网络建设，提高农村电商科技支撑服务能力。

建立健全农村快递物流体系。发挥邮政在农村地区寄递中的基础性作用，统筹邮政、快递、交通、供销、商贸流通等相关资源，推广共同配送模式，推进“快递进村”。

8. 农业生产经验管理数字化

加快农业产业化企业、大型农场、农业合作社等生产主体数字化转型，推广应用农业企业资源计划管理(ERP)、供应链管理(SCM)、客户关系管理等数字化系统，构建基于数据驱动的快速响应市场需求、动态调整生产计划、精准管理资源库存、智能分析预警决策的生产经营管理系统。开发建设适应中小规模农业生产经营主体(小微企业、小农场、合作社等)需求的农场管理系统、集成解决方案、信息服务平台，推动中小规模农业生产经营主体“上云用数赋智”，加快小微企业、小农场、合作社等数字化转型。深入实施互联网+农业，促进农业生产经营主体管理系统与电商平台、采购商系统等对接，强化产业链、供应链协同，发展互联网与一二三产业深度融合的现代农业生产经营模式。

9. 农业大数据开发应用

农业管理决策大数据开发利用。发挥数据要素价值，加强政府与市场协作，开拓种源安全、重要农产品供需平衡、农业防灾减灾、农产品质量安全、高标准农田建设、农村宅基地利用、农业农村经济运行等大数据应用场景，构建智慧分析预测模型集群，为重大决策提供基于大数据的智慧解决方案。

农业生产大数据开发利用。拓宽农业生产空天遥感、物联网、互联网等数据获取渠道，构筑农业农村全时空四维数字空间，开发各类业务数据图层应用，发挥大数据在生产管理、市场营销、金融保险等方面的作用。

农业监测预警大数据开发利用。加强农业农村统计监测数据采集的广度、深度、时效性和可靠性，完善农产品供需平衡分析和监测预警大数据系统，强化农产品市场大数据对农业生产的引领作用。

农产品质量安全大数据开发利用。运用大数据、物联网、区块链等现代信息技术，推进农业企业、合作社和农户实施“阳光农安”工程，开展农产品产前产中产后全过程的质量安全控制，全面提升农产品质量安全管理水平。完善农产品质量安全追溯管理信息平台功能，推广应用“承诺达标合格证追溯码”模式，实现从田间到餐桌的全程可追溯。构建国家一省一市一县四级农产品质量安全风险监测在线化、数字化管理系统，推动风险预警、专项整治、执法监管数字化。

（六） 着力加快服务业数字化进程

1. 深化创新驱动，促进电子商务高质量发展

（1）强化技术应用创新

引导电子商务企业加强创新基础能力建设，提升企业专利化、标准化、品牌化、体系化、专业化水平，通过自主创新、原始创新，提升企业核心竞争力，推动新一代数字技术在电子商务领域的集成创新和融合应用。加快电子商务技术产业化，优化创新成果快速转化机制，鼓励电商平台企业拓展产学研用融合通道，为数字技术提供丰富电子商务产品和应用。支持电子商务企业加大数字化科技研发投入，提高运营管理效率，创新应用场景，提升商贸领域网络化、数字化、智能化水平。

（2）鼓励业务模式和业态创新

发挥电子商务对价值链重构的引领作用，鼓励电子商务企业挖掘用户需求，推动社交电商、直播电商、内容电商、生鲜电商等新业态健康发展。鼓励电子商务企业积极发展远程办公、云展会、无接触服务、共享员工等数字化运营模式，不断提升电子发票、电子合同、电子档案、电子面单等在商贸活动中的应用水平。大力发展数据服务、信息咨询、专业营销、代运营等电子商务服务业。鼓励各类技术服务、知识产权交易、国际合作等专业化支撑平台建设。

（3）推进电商企业深化协同创新

促进电子商务企业协同发展，发挥电商平台在市场拓展和产业升级等方面的支撑引领作用，加强数据、渠道、人才、技术等平台资源有序开放共享，强化创新链和产业链有机结合，推动产业链上下游、大中小企业融通创新。推进电子商务平台与工业互联网平台互联互通，协同创新，推动传统制造企业“上云用数赋智”，培育以电子商务为牵引的新型智能制造模式。支持发展网络智能定制，引导制造企业基于电子商务平台对接用户个性化需求，贯通设计、生产、仓储、物流、管理、服务等制造全流程，发展按需生产、个性化定制、柔性化生产、用户直连制造（C2M）等新模式。支持发展网络协同制造服务，实现企业网上接单能力与协同制造能力无缝对接，带动中小制造企业数字化、智能化发展。

（4）加快绿色低碳发展

引导电子商务企业主动适应绿色低碳发展要求，建立健全绿色运营体系，加大节能环保技术设备推广应用，加快数据中心、仓储物流设施、产业园区绿色转型升级，持续推动节能减排。落实电商平台绿色管理责任，完善平台规则，引导形成绿色生产生活方式。

（5）提高跨境电子商务科技支撑能力

创新发展丝路电商合作框架，积极参与“中国-中亚电子商务合作对话机制”，推进合作机制建设，丰富合作层次。提高乌鲁木齐、喀什、阿拉山口三个国家级跨境电子商务综

合试验区科技创新能力，加快电商产业园数字化转型，大力引进阿里、京东、拼多多等平台企业，加强电商网络、物流驿站在中亚、南亚和西亚等丝绸之路经济带沿线布局，培育发展跨境电商新模式、新业态，深度融入“丝路电商”。

2. 加快物流数字化转型升级

(1) 加速物流园区数字化

加快物流新技术应用标准化进程，推动传统物流园区、物流中心、货运场站等物流基础设施的数字化改造升级，打造智慧物流园区、智慧口岸、数字仓库等设施网络。开展智慧物流枢纽(园区)建设试点，推进园区基础设施全方位数字化感知和智能化互联。基于5G网络和智慧物流枢纽的支持，积极探索和推进无人机、无人驾驶货车、自动分拣机器人、智能快件箱(信包箱)等智能装备，以及自动感知、自动控制、智能决策等智慧管理技术在物流领域的应用。

(2) 深入推动物流全产业链的数字化

推动货物、货运场站、运输工具、物流器具等物流要素数据化，促进物流大数据采集、分析、应用，推进智慧物流组织模式创新。依托物流枢纽、物流园区开发建设综合物流信息服务平台，推动促进供应链上下游企业、政府部门服务平台、交通物流公共服务平台、重点物流枢纽综合服务平台等平台间的互联共享，促进物流服务层面运行融合，支撑“通道＋枢纽＋网络”的物流组织和服务模式创新。完善中欧班列数字运营平台服务功能，打通中欧班列订舱、物流信息查询、交易结算、保险代理等业务流程，实现“一站式”集成服务。

(3) 强化物流监管数字化

发挥国家物流枢纽和示范物流园区的示范引领作用，加强集中安检设施和智慧化监管平台建设，提升入园作业效率。加强物流服务安全监管和物流活动跟踪监测，深化5G、物联网、北斗卫星、视频采集等技术在物流企业运输车辆中的应用，实现货物全过程追溯、责任可倒查。推动物流监管数据与公安、交通等部门的共享互认，实现主要交通物流节点、安检节点的数据共享、提前申报和监管互认。加强智慧物流监管平台及协同机制建设研究，探索建立与货物品类和企业安全风险等级挂钩的安全管理制度。

3. 强化金融数字化科技支撑

(1) 完善金融数字化基础设施

优化基础设施布局，推进绿色高可用金融数据中心和先进高效算力体系建设，促进数字金融服务适度竞争，建设资源更均衡、供给更敏捷、运行更高效的金融信息基础设施。推动数字金融基础设施互联互通，完善重点领域信贷流程和信用评价模型，进一步完善征信体系构建。

(2) 提升金融服务百姓民生水平

综合运用区块链、5G、边缘计算等技术打造多层次、广覆盖的金融服务新模式，推动数字融资、数字函证等不断成熟完善，提高金融服务的触达能力。切实保障金融消费者在使用智能化金融产品和服务过程中的合法权益，着力解决老年人、残障人员等弱势群体面临的数字鸿沟等问题。加强涉农金融产品创新，加快城市地区优秀金融科技实践成果在乡村应用推广。扩大金融服务半径，提升服务效率，构建以安全为前提、以百姓为中心、以需求为导向的数字普惠金融服务体系，实现普惠金融健康可持续发展。以线上为核心，探索构建5G手机银行等新一代线上金融服务入口，持续推进移动金融客户端应用软件(App)、应用程序接口(API)等数字渠道迭代升级，建立“一点多能、一网多用”的综合金融服务平台，实现服务渠道多媒体化、轻量化和交互化，推动金融服务向云上办、掌上办转型，以融合为方向，利用物联网、移动通信技术突破物理网点限制，建立人与人、人与物、物与物之间智慧互联的服务渠道，将服务融合于智能实物、延伸至客户身边、扩展到场景生态，消除渠道壁垒、整合渠道资源，实现不同渠道无缝切换与高效协同，打造“无边界”的全渠道金融服务能力。

(3) 增强金融有效支持实体经济能力

支持市场主体运用数字技术重构金融服务流程，在保障数据安全和个人隐私前提下，深化跨行业金融数据资源开发利用。完善中小企业融资综合信用服务基础设施，加强水、电、煤、气等企业信用信息归集共享，提高中小企业融资可获得性。建立健全交易报告制度与交易报告库，增强金融市场透明度。优化产业链、供应链金融供给，将金融资源配置到经济社会发展的关键领域和薄弱环节，实现各类企业特别是民营、小微企业金融服务的增量、扩面、提质、增效。发挥大数据、人工智能等技术的“雷达作用”，捕捉小微企业更深层次融资需求，综合利用企业经营、政务、金融等各类数据来全面评估小微企业状况，缓解银企间信息不对称问题，从而提供与企业生产经营场景相适配的精细化、定制化数字信贷产品；运用科技手段和基础设施动态监测信贷资金流向、流量，确保资金精准融入实体经济的“关键动脉”，提高金融资源配置效率，支持企业可持续发展。

(4) 强化丝绸之路经济带核心区金融中心科技支撑

加强与国际和区域金融市场、规则、标准的软联通，推动规则、规制、管理、标准等制度性开放，构建面向丝绸之路经济带的数字金融政策，完善数字金融监管政策，积极承接我国与中亚五国数字金融合作任务，加快与上海合作组织国家在移动支付领域的合作，不断拓宽电子商务、商品零售、生活服务、旅游出行、文化娱乐、教育培训、医疗健康等移动支付应用场景。加强与周边国家在区域和跨境金融征信领域合作，积极推进“信用上合”跨境信用平台建设和应用，推动数字金融服务走出去。加强与周边国家在数字货币领域的交流与合作，利用物联网、区块链、大数据等技术，建立大宗商品贸易采用数字人民币交易结算机制，促进贸易畅通。

(5) 完善金融科技创新监管体系

加大监管基本规则拟订、监测分析和评估工作力度，探索金融科技创新管理机制，提升穿透式监管能力，防范发生系统性金融风险。强化金融科技监管，全面推广实施金融科技创新监管工具，加强金融科技创新活动的全生命周期管理，筑牢金融与科技风险的“防火墙”，推进金融科技跨境金融服务的全球治理。

（6）强化数据安全保护

严格落实数据安全保护法律法规、标准规范，综合运用声明公示、用户明示等方式，明确原始数据和衍生数据收集目的、加工方式和使用范围，确保在用户充分知情、明确授权的前提下规范开展数据收集使用，避免数据过度收集、误用、滥用。建立健全金融数据全生命周期安全管理长效机制和防护措施，运用匿踪查询、去标记化、可信执行环境等技术手段严防数据逆向追踪、隐私泄露、数据篡改与不当使用，依法依规保护数据主体隐私权不受侵害。建立历史数据安全清理机制，利用专业技术和工具对超出保存期限的客户数据进行及时删除和销毁，定期开展数据可恢复性验证，确保数据无法还原，确需作为样本数据保存的，应经用户同意并进行去标识化处理，移入非生产数据库保存，确保用户隐私信息不被直接或间接识别，切实保障用户数据安全。

4. 加强交通数字化关键技术研发

（1）加快交通基础设施数字化

加快交通基础设施智慧化升级改造，稳妥有序地推动重要路段智能化升级改造，打造若干条具有智慧效能的线路或车道。加快高速公路和普通国省道重点路段以及隧道、桥梁、互通枢纽等重要节点的交通感知网络覆盖，深化高速公路电子不停车收费系统（ETC）门架等路侧智能终端应用，推进载运工具、作业装备的智能化。推进交通运输基本要素的全面数字化，实现各种交通基本要素信息的汇聚、开放、共享、互认。促进多种运输方式信息共享，实现交通运输行业数据交换“无障碍”，推动客货运输基本数据和信息服务的全覆盖，实现全业务的数字化。

（2）加快交通监管服务平台建设

加强交通运输数字化工作的顶层设计，完善交通行业业务数字化发展总体框架，实现监管服务数字化。积极推进交通数字化重点工程建设，有效提升交通运输网络安全水平，全面完成。建设“一网、一图、一中心和三大平台”，实现跨部门、跨层级、跨区域的数据交换、信息共享和业务协同，有效支撑工程建设、公路管理、道路运输、路政执法、安全应急等领域业务开展。

（3）加快综合交通大数据开发与应用

以“数据链”为主线，推动跨部门数据融合的综合交通服务大数据平台建设，鼓励在交通路网监测、规划咨询、决策支持、运行管理等领域开展大数据产业化应用。推进大数据、互联网、人工智能、区块链、云计算与交通运输行业融合，积极发展“互联网＋便捷交通”“互联网＋高效物流”。大力倡导“出行即服务（MaaS）”，逐步实现交通调查、电子收费、手机信令、众包众筹等多源数据融合应用，为旅客提供“门到门”全程出行定制服务，让出行服务更简单、更便捷、更舒适。

（4）推进公路数字化应用示范

有序开展智慧交通示范，充分发挥新疆地域优势和自身特点，依托国家新一代控制网工程建设等，积极参与国家交通基础设施网与运输服务网、信息网、能源网等融合示范，谋划布局智慧高速公路建设，为无人驾驶、车路协同、无线充电、自由流收费等提供测试实验环境。

(5) 培育发展交通数字化新模式、新业态

大力推进大数据、车联网、移动互联网、人工智能、区块链等现代数字技术在交通运输领域应用服务，加强智慧公路、自动驾驶、绿色建造、无人机物流、无人仓等先进产品引进和技术转化。积极开展北斗卫星导航系统、高分辨率对地观测系统、高精度地图、BIM 技术应用，有序推动分时租赁、网约车、共享单车、冷链运输、无车承运人及网络货运平台等新业态、新模式发展，持续深化高速公路 ETC 门架及路侧系统、智能移动终端应用。鼓励应用智能仓储和分拣系统、自动化装卸系统、物流机器人等先进技术装备，积极推进公路交通装备升级换代和标准化改造。

5. 加快医疗卫生健康行业数字化

(1) 加强顶层设计

面向医疗卫生健康各业务实际需求，统筹各业务板块功能，破解信息化建设碎片化、项目化难题，构建整合型、一体化信息服务平台，转向高效、联动、智慧型管理模式。鼓励医疗卫生机构主动探索 5G、人工智能等新技术的医疗场景开发和应用。努力做好提质增效，惠医便民。

(2) 完善全民健康信息平台

完善平台支撑架构和基础功能，实现数据采集与交换、数据治理与展现、信息资源存储和管理、平台主索引和注册服务等功能。推动县(市、区)健康信息集成，涵盖公共卫生、计划生育、医疗服务、药品供应、综合管理等业务应用系统的资源共享和业务协同。加强信息安全保护，建立自治区级信息安全监管平台、电子认证服务监管平台，建设安全保障系统。

(3) 提高医疗卫生机构数字化服务能力

全面实施国家卫生健康信息化标准、规范，研究制定自治区卫生健康数据开放、指标口径、分类目录、交换接口、访问接口、数据质量、协同共享、安全保密地方或团体标准，以及相关规范和框架，畅通大数据在部门、医疗机构之间的共享通道。实施基层数字化能力提升工程，完善基层医疗卫生数字化管理系统，加强基层标准化应用和安全管理。规范基层医疗卫生机构内部管理、医疗卫生监督考核、远程医疗服务保障等重要功能。以家庭医生签约为基础，推进居民电子健康档案的广泛使用。建设电子健康卡平台，督促医疗机构进行院内用卡环境与流程改造，实现医疗机构全流程、全场景应用和医疗健康服务“一卡(码)通”。

(4) 深化“互联网＋医疗”服务

推进互联网与卫生健康业务相融合，覆盖全区公立医疗机构的远程医疗支撑体系。完善自治区互联网医疗服务监管平台，从事前提醒、事中控制、事后追溯实现对互联网医院的全过程监控和管理。加强“互联网＋医疗健康”跨境远程服务能力建设，推进与丝绸

之路经济带沿线国家跨境服务联通平台建设，推进医疗机构、公共卫生机构和口岸检验检疫机构的信息共享和业务协同。

(5) 构建突发公共卫生事件监测预警处置系统

完善现有自治区公共卫生信息服务平台，加快构建基于症状、因素和事件等多源数据、多点触发的综合监测预警系统，提升公共卫生风险评估和预警能力。全面总结分析新冠肺炎疫情防控经验教训，发挥大数据、人工智能、云计算等数字技术在疫情监测分析、病毒溯源、防控救治、资源调配等方面的支撑作用，建立健全覆盖疾控部门、医疗机构、基层社区组织和社会公众的重大传染病检测系统、流调系统、救治管控系统、报告系统和智能决策系统，实现纵向到底、横向到边的重大疫情数字化管控和统筹调度。推进疾病预防控制数据与电子病历、健康档案等信息集成与共享，在传染病疫情监测、病毒溯源、高风险者管理、密切接触者管理等方面发挥数据支撑作用。构建突发公共卫生事件的信息数据采集、监测预警指标体系，建立规范化、标准化的预警报告与发布的标准和实施细则。

6. 着力推动文旅产业数字化转型

(1) 强化文化旅游数字化的基础研究

推进文化和旅游领域智能技术、体验科学技术研究，开展语言及认知表达、跨内容识别及分析等智能基础理论与方法研究，研发人机交互、混合现实等应用技术，推动智能技术在文化和旅游领域的创新应用。

(2) 提高文旅创作数字化智能化应用水平

集成应用面向大众的各类“人工智能＋”文化作品创作生产工具，开展云原生文化艺术作品的创作创新，提高文化作品的创作生产效率，降低大众参与文化艺术创作的技术门槛和难度，推动人工智能技术在艺术创作领域的应用，建立艺术创作的新模式。开展众筹众智众包在文化艺术创作领域的模式创新应用研究，研究传统艺术行业运用网络展开业务的各类创新工具、系统、方法、模式。开展文化和旅游行业大数据应用的算法模型、隐私安全、社会伦理等基础性研究，研发文化和旅游行业数据应用和智能处理的基础数据标准。研发大数据、人工智能辅助文化和旅游统计及数据分析的新方法和系统工具。

(3) 提高数字文旅资源开发建设能力

集成应用当代新文化资源数字化存储、开发和利用技术，研究文化场所数字化智能管理与利用技术，研发文化和旅游资源平台数字化采集、智能管理技术，推进优质馆藏资源数据库建设。开展文化和旅游数据多源获取、安全存储、分析挖掘、精准服务、高效利用等应用技术研究，支撑文旅大数据平台开发与应用。持续研究开发基于神经网络的智能机器翻译技术，不断完善丝绸之路经济带数字文化资源互译平台，提高优秀电影、电视、动漫、游戏、文学作品翻译效率和质量。

(4) 加快推进文化旅游服务的数字化转型

研究图书馆、文化馆、博物馆、美术馆、非遗保护中心、游客服务(集散)中心等公共服务设施数字化融合与集成技术，构建一站式文化和旅游公共服务智慧系统。开展旅游景区、度假区、休闲城市和街区、乡村旅游点数字化智能化设计、构建和服务技术研究，持续推进智慧化景区、景点开发建设，深化5G、大数据、人工智能、物联网、区块链等新技术在各类文化和旅游消费场景的应用。研发自主预约、智能游览、线上互动、资讯共享、安全防控等一体化服务和客户智能管理的智慧旅游平台，打造基于大数据、人工智能的旅游“智慧大脑”。加快景区及旅行社、酒店、餐厅、购物、娱乐和客运等涉旅企业的数字化进程。

(5) 深入研究开发文旅数字化安全技术

研究文化和旅游公共服务场所数字化安全评估预警算法和系统工具，安全监测与防控、防疫防灾、集聚人群安全监控、智能疏导、应急救援、事故反演和模拟仿真、可视化实时数据呈现与分析等关键技术，构建文化和旅游安全预警与可追溯管控平台。

(6) 积极培育文旅数字化融合产业

推进数字技术企业和旅游企业双向进入、融合发展。支持、鼓励有实力的IT企业携人才、资金、技术(或平台)，以投资、租赁、分成等多种形式，参与旅游景区、度假区、休闲城市和街区、乡村旅游点的数字化开发、建设和运营。支持IT企业依托自治区智慧旅游平台，向酒店、饭店、餐厅、商店、车站等机构和场所提供数字化服务，鼓励有条件的IT企业应用先进的理念和技术创办、收购、参股实体旅游企业。支持景区景点、交通运输、住宿餐饮、农家乐、旅游购物等实体企业与IT企业合作，加快物联网、云计算、人工智能等现代数字技术在“吃住行、游购娱”旅游全产业链中的应用，促进传统旅游行业企业的数字化转型升级。

7. 着力推动教育行业数字化转型

(1) 加强教育数字化的基础技术研究

在互联网、大数据、人工智能加速演进发展的背景下，加强基础教育、职业教育、高等教育、终身教育数字化理论、方法等基础研究，积极探索智能助教、智能学伴、人机共教、人机共育等教学模式，开展人工智能、大数据等在教育数字化中的应用研究，促进数据驱动的教学范式转型，开展大规模、长周期、多样态的教学观测，检验数字化教学方式的成效。探索智能化教学工具应用，开发适应性学习资源和智能学习服务，利用数字化手段开展有质量的在线答疑与互动交流服务，满足学生多元化和个性化的学习需要。探索线上线下混合培训模式，构建工作场所与虚拟场景相互融合的教学环境，开发应用虚拟仿真实训资源，建立职业教育全过程全方位育人新格局。研究随时学习、随地学习、按需学习和个性化学习等模式，构建基于互联网的开放式学习生态系统，助力实现高质量的终身学习。研究“互联网＋教育”促进基础教育资源均衡化的理论和方法，研究开发优质基础教育资源向落后地区、农村地区和弱势学校辐射延伸的数字化智能化技术和解决方案，逐步消除教育数字鸿沟。

(2) 提高校园数字化科技支撑能力

开展新型数字校园建设理论研究，构建融合互联网、移动互联网、物联网、人工智能、虚拟现实和增强现实等新一代数字技术的数字校园模型，制定相关标准规范，强化数字校园、网络化智慧化教学系统顶层设计，加快学校教学、实验、科研、管理、服务等设施的数字化智能化升级和互联互通数据共享，提升各类教室、实习实训室的数字化教学装备配置水平，实现多媒体教学设备在普通教室中全面覆盖，较先进的高清互动、虚拟仿真、智能感知等装备按需配备。开展数字化教育管理和服务理论研究，构建基于先进教育管理理论和方法的数字化模型，制定相关标准和规范，创新管理方式、提高管理效率、支撑教育决策的数字化模型，推广教育管理信息化优秀方案和模式。

（3）提高优质教育资源创新开发能力

运用虚拟现实、增强现实、元宇宙、人工智能等技术，开发虚实融合教学场景、智能导学系统、智能助教、智能学伴、教育机器人等新型教学工具，使数字教育资源更好地服务于师生的知识建构、技能训练、交流协作、反馈评价等教学活动。基于网络学习空间汇聚，针对各教育阶段与类型的不同需求组织优质数字教育资源，研究开发新形态数字化智慧化教材和教具，加强数理化、生物地理、语文思政历史、国家通用语言文字等数字化智能化教育资源开发应用，逐步实现与教材配套的数字教育资源全覆盖，建设支持育人全过程、动态更新的高质量数字教育资源体系。推动数字资源开发机构由以资源建设为主向资源建设与服务并重转型发展，建立线上线下融合的资源服务机制，发展数据驱动的智能化数字教育资源应用服务，积极探索数字化时代优质教育资源均衡化的实现路径。

五、加强新疆数字经济发展科技支撑和创新能力建设的建议

近年来，数字经济发展速度之快、辐射范围之广、影响程度之深前所未有，正在成为重组全球要素资源、重塑全球经济结构、改变全球竞争格局的关键力量。尤其是在当前遭遇疫情和经济逆全球化的双重打压下，数字经济对经济发展的稳定器、加速器作用更加凸显。

习近平总书记在党的二十大报告中强调：要加快发展数字经济，促进数字经济和实体经济深度融合，打造具有国际竞争力的数字产业集群。当前，我国数字经济已进入深化应用、规范发展、普惠共享的新阶段，并形成了横向联动、纵向贯通的数字经济战略体系。党中央、国务院对发展数字经济形成系统部署，数字经济顶层战略规划体系渐趋完备，行业与地方形成落实相关战略部署的合力，我国数字经济发展已具备了较强的政策优势。

但是，我区数字经济发展的基础相当薄弱，特别是科技支撑严重不足，创新能力不强，这将严重影响我区数字经济发展的后劲，也将阻碍我区数字经济发展的进程，制约我区数字经济发展的质量。对此，自治区应予以高度关注，真正重视，并从现在开始采取切实措施，加速我区数字经济发展的科技支撑和创新能力建设，力争用较短的时间使我区数字经济发展的科技支撑和创新能力有一个较大的提升，扭转我区数字经济发展科技支撑不足、创新乏力的局面，为数字经济高质量发展奠定良好的基础，提供强有力的支撑。为此，我们建议：

（一） 加快建设特点突出、特色鲜明的数字化科技支撑体系

没有强有力的科技支撑就不可能有强大的科技创新能力。显然，我区的科技支撑现状，正是影响制约数字经济发展的最突出问题，必须下决心花大力气强化我区的科技支撑基础，提升科技支撑能力。

1. 研究制定自治区数字经济科技支撑体系建设发展规划

建议自治区科技主管部门针对新疆数字经济发展科技支撑基础差、能力弱的现状，系统研究加强我区数字经济科技支撑体系建设的举措，出台相关政策，制定我区数字经济科技支撑体系建设发展规划，明确在未来一定时期内我区数字经济科技支撑体系建设的主要任务、目标和保障措施。

2. 设立自治区数字经济科技创新发展专项资金

针对我区数字经济科技支撑和创新中存在的科技资源匮乏（包括研发机构缺乏、支撑服务机构贫乏、科技设施不足）等问题，为加速提升我区数字经济科技支撑和创新能力，建议自治区设立数字经济科技创新发展专项资金，主要用于以下方面。

一是支持创建各类数字经济研发机构，包括国家和自治区重点实验室、工程中心、技术中心、研究中心（室）等。

二是支持数字技术发展和数字化融合中的重大科技问题、关键技术、优势软硬件产品的研究开发。

三是支持数字经济科技平台建设，包括大型通用软件、工具软件、系统软件、服务平台等。

四是支持数字技术企业各种标准、规范的引进使用，资质资信建立，专利申请，各种大型会议的举办，参加大型展览会、博览会等。

五是支持软硬件产品的检验检测。

3. 积极争取国家和对口援疆省市支持我区数字经济科技创新能力建设

积极争取国家对新疆数字经济重大工程重点项目的支持，加强与中央各部委、对口援疆十九省市在数字经济领域的合作，特别是支持新疆数字经济创新能力建设，积极争取中国科学院、中国工程院对新疆数字经济创新发展人才、技术方面的支持，快速提升我区数字经济科技创新的能力，包括以下三个方面。

一是建立中关村实验室、鹏城实验室、张江实验室、之江实验室等国家实验室支持新疆数字经济科技创新长效机制，着力引进高端智力、转移转化科技成果、开发建设数字经济重大科技项目。

二是建立国家实验室支持新疆工作协调机制，成立专门的工作部门（挂靠自治区科技厅或相关部门），落实各国家实验室落地对口单位，明确重点领域和方向并给予协调支持。

三是将支持帮助新疆发展数字经济工作作为对口援疆工作的重要内容，在各对口援疆省市指挥部设立数字经济组，负责协调统筹帮助当地推动数字经济发展工作，建立帮扶机制、制定帮扶规划、确定帮扶方向以及重点支持的人才、技术、项目、资金等。

4. 组建成立自治区数字经济研究院

自治区数字经济发展从宏观到微观都缺乏科技支撑，特别是在战略研究层面上更是处于空白状态，因此加强自治区数字经济发展宏观层面的科技支撑能力迫在眉睫。组建成立自治区数字经济研究院，重点开展自治区数字经济发展战略研究，为自治区制定出台数字经济发展政策、规划、顶层设计提供支撑和服务，为自治区数字经济发展提供决策咨询，同时将自治区数字经济研究院打造成吸引人才的平台、发挥人才价值与作用的舞台。

（二） 培育、用好、吸引数字经济发展高质量人才

无论是科技创新还是区域发展，人才是本，人才是关键。在我们调研的过程中，反映最强烈、诉求最多的就是人才问题。事实上，新疆也不仅仅是数字经济缺人才，各行各业都缺人才，但数字经济方面人才短缺尤为突出。我们也高兴地看到，严重制约和影响我区发展的人才问题已经引起自治区党委的高度重视，自治区党委已经采取了一系列稳住人才、吸引人才的重大举措，但是由于我区数字经济人才的极度匮乏和国内外数字经济人才的激烈竞争，我们建议自治区在数字经济人才方面采取更加特殊的政策，以进一步吸引和激励人才为新疆数字经济发展贡献才智，重点是以激发活力为核心，深化人才发展体制机制改革，充分向用人主体授权，积极为人才松绑，改革人才评价制度，完善人才激励机制，激励人才创新创造。

1. 建立自治区高校学科建设指导委员会

针对我区高校学科建设中专业设置、课程设置、师资配置不能适应数字化发展需要的现实，建议自治区人民政府聘请区内外相关专家组建成立自治区高校学科建设指导委员会，会同我区教育主管部门，对我区各高校的学科建设情况，特别是专业设置、课程设置和师资配置进行调研分析，从我区数字经济发展的现实需求以及国内外的先进经验，对我区各高校的专业设置、课程设置、师资设置进行优化，使新疆高校在未来能够为新疆数字经济发展培养更多更好的专业人才。

2. 自治区设立数字经济发展人才基金

为解决我区数字经济发展人才奇缺的问题，建议自治区在自治区人才发展基金中单列数字经济人才发展基金。除目前自治区各部门设立的各种人才专项资金外，重点解决数字经济人才的引进和培养。包括以下几个方面。

一是支持规模以上企业设立首席数据官（首席数据官的主要职责是负责统筹协调本企业数字化融合和数字化转型的总体规划顶层设计、负责本企业重点重大数字化项目的组织设施等）。支持方式：首席数据官的引进、培养、培训。

二是支持软件企业(包括大数据、云计算、人工智能等企业)设立首席架构师或技术总监(首席架构师的职责是负责研究确定本企业的技术方向、技术发展战略的制定、关键核心技术的攻关、组织协调重点产品技术的研发等)。支持方式:首席架构师的引进、培养、培训。

三是支持数字经济领域学科带头人培养,重点支持高校、科研机构和骨干龙头企业创建研究咨询机构的负责人。支持方式:学科带头人的引进、培养、培训。

四是支持特殊人才的引进,重点支持自治区数字技术发展、数字化融合中关键技术的攻关,自治区重大数字化工程、重点数字化项目的技术负责人。支持方式:定时、定期、定任务的中短期引进。

五是支持数字技术领域重点人才的能力提升。重点支持高校及企事业单位数字技术领域年轻有为(35 岁以下的博士及业务骨干)的重点人才。支持方式:以干带训,以训促干。

六是支持数字经济领域技术骨干能力提升,重点支持数字技术企业和传统产业企业技术骨干以脱产或不脱产方式进行学历提升教育,包括攻读数字技术相关专业的硕士、博士研究生或进修生。支持方式:培养、培训。

七是支持高级项目经理能力提升,重点支持软件企业的高级项目经理和传统产业的企业数字化主管。支持方式:培养、培训。

八是支持传统产业企业负责人数字化能力培养,重点支持规上企业主要负责人数字化素养和数字化能力培养。

3. 充分调动、发挥我区退休公职人员奉献新疆发展的积极性

近年来,我区有大量还相对比较年轻的公务员(大部分年龄在 55 岁左右)由于各种原因,按照满 30 年工龄办理了退休手续。这些同志总体综合素质高、业务能力强,而且了解新疆、热爱新疆、熟悉相关行业,十分可惜的是由于各种政策的限制和要求,这些年富力强的同志只能赋闲在家,无所事事,他们中间有相当多的同志其实愿意发挥余热,为社会做一些力所能及的事情。这与各方面人才奇缺的局面形成了鲜明的对照,建议有关部门向上海等地学习,将这些离退休的同志组织起来,按照每个人的能力、体力和企业的需求,由组织派遣向企业提供咨询服务或技术支持,这样既能解决企业缺人的问题又能发挥退休人员的才干,是缓解人才压力、满足人才需求最经济最便捷的好办法。

(三) 加快新基建,为数字经济发展提供新动能

国家战略指明数字基础设施发展新方向,数字新疆建设对数字基础设施提出了新需求,信息技术高速融合发展赋予数字基础设施新动能。数字基础设施是数字化的基石,因此必须加强加快数字基础设施建设,改革新基建的建设模式,找准新基建的重点和突破点。

1. 鼓励参与投资建设运营服务新疆的新基建

新基建的建设运营服务模式完全不同于传统的通信基础设施，传统的通信基础设施都是由电信运营商负责投资建设运营和服务，而新型数字基础设施的基本内涵则更加丰富，涵盖范围更加广阔，两者的典型特征既存在相似性，也存在较大差异性，并呈现出通用基础性、专业技术性、泛在使能性等典型特征，使得新基建在投资主体、建设模式、运营服务方式等方面都呈现出多样化，自治区应出台专门的政策，鼓励有意愿、有能力、有技术的投资主体参与投资建设运营服务新疆的新基建。

2. 着力争取将新疆列入国家一体化算力网络枢纽布局和数据中心产业集群

新疆具有发展数据中心产业的诸多优势和条件，并已有了良好的基础，但遗憾的是未能列入国家一体化算力网络枢纽布局和数字中心产业发展集群，这不仅将严重影响和制约未来新疆数据中心产业的发展，更重要的是将严重制约和影响与此紧密相关的大数据、云计算、人工智能等新一代数字产业的发展，也将影响我区数字经济在全国的战略地位。因此，自治区应多方努力，积极争取将新疆列入国家一体化算力网络枢纽布局和数据中心产业发展集群，这对于新疆发展数字经济的科技支撑创新能力具有极为重要的战略意义。

3. 着力争取国家支持建设乌鲁木齐全业务国际通信出入口局

新疆作为丝绸之路核心区，具有十分重要的战略位置，特别是作为亚欧的枢纽节点，其不仅是交通要道，也是信息传输大动脉，更是数字丝绸之路和亚欧信息高速公路的重要节点。将乌鲁木齐区域国际通信出入口局建设成为我国继北京、上海、广州之后的第四个全业务国际通信出入口局，建设新型互联网交换中心和国际互联网域名解析中心，实现我国互联网与周边国家互联网之间的对等互联。这不仅能扩展乌鲁木齐国际通信出入口局的功能，也是我们建设数字丝绸之路和亚欧信息高速公路的具体行动和良好开端，还是应对当前网络信息安全、保障我国国际通信网络安全、促进和推动丝绸之路沿线国家以及上合组织国家数字经济合作的重要举措，对于促进和推动新疆数字经济发展的科技支撑和创新能力建设具有非常重要的战略意义，自治区应想方设法积极努力争取！

（四） 加速提升我区数字经济发展的科技创新能力

数字产业是数字经济的核心产业，更是推动产业数字化的关键，因此加速数字技术的研究开发和推广应用，培育壮大数字产业规模，特别是加快培育发展软件骨干企业、龙头企业，对于促进和推动产业数字化极其重要。对此，有以下几点建议。

1. 加快构建数字经济发展双循环格局

充分发挥新疆的区位和地缘优势，贯彻落实习近平总书记关于新疆的战略定位和高质量发展的要求，紧紧抓住发展的历史机遇，加快改革开放步伐，把自身的区域性对外开放战略融入国家丝绸之路经济带建设、向西开放的总体布局中,利用好国内国际两种资源和两个市场,构建数字经济“双循环”发展格局。

2. 着力推动创建“数字丝绸之路的核心枢纽与数字产业合作试验区”

积极推动数字丝绸之路建设,既是贯彻落实习近平总书记关于数字丝绸之路建设的倡议,也是促进和带动新疆数字经济发展的难得机遇。新疆应积极争取中央支持,包括以下几个方面。

一是参照亚投行模式,由我国政府发起倡议,亚欧国家广泛参与,在新疆组建数字丝绸之路投资与发展公司,统筹推进数字丝绸之路天地一体化信息高速路与核心枢纽(数字经济产业园)建设。

二是整合新疆区域内国际通信资源,建设并打通南、中、北三大陆路信息通道,建设运营“丝路星座”卫星互联网,构建天地一体化数字丝绸之路高速网络。

三是加快建设数字丝绸之路乌鲁木齐核心枢纽,积极推进未来网络(IPv9)技术标准和体系架构研究,建设综合性互联网域名服务中心,开发部署 IPv9 根域名服务器、顶级域名服务节点和权威域名服务器,部署 IPv4 根镜像服务器、顶级域名服务节点和权威域名服务器。

四是建设绿色超大规模数据中心,为丝绸之路经济带沿线国家提供大数据存储、备份、加工和业务承载等数据支撑;推动新疆与丝绸之路经济带沿线国家数字经济合作,将乌鲁木齐打造成为数字丝绸之路核心枢纽和数字产业国际合作示范区。

3. 努力打造外向型数字贸易和数字服务产业

充分发挥新疆多语种文化资源和软件技术优势,发展数字文化创意产业,开发文化资源数字化技术,开发建设多种自然语言互译平台和多语种数据资源加工处理平台,着力培育发展多语种软件、流程外包、内容互译、大数据、云计算、卫星观测定位等信息技术服务外包产业,大力培育和发展外向型数字服务、数字传媒、数字娱乐、数字出版等数字内容服务产业,创建国家数字出口服务基地和技术创新中心。

4. 强化新疆软件园和克拉玛依云计算产业园建设

软件园不仅是软件企业的聚集地,也是吸引软件企业和软件人才的平台,更是软件行业(包括云计算、大数据、人工智能、区块链等现代数字技术)创新创业的舞台。因此,打造好软件园对于区域软件产业的发展至关重要。经过多年的建设,新疆软件园和克拉玛依云计算产业园已经有了良好的基础,并已经成为新疆软件产业和云计算产业重要的聚集地,形成了一定的品牌影响力,但还存在体制机制不顺等问题,特别是新疆软件园由于土地属于兵团、建设运营管理属于地方,这严重影响和制约着新疆软件园的可持续发展,而且乌鲁木齐市本身也没有形成合力,各区自建的产业园区与软件园形成竞争格局,致使新疆软件园入园企业数量从 2020 年开始大幅下滑。园区的功能和配套设施尚不完善,招商引资也受到了影响。

建议自治区高度重视新疆软件园和克拉玛依云计算产业园的建设与发展，出台专门政策，使各部门齐心协力支持两个园区的发展，将新疆软件园打造成为西部软件名园，使两个园区成为支撑和服务新疆数字经济发展的重要载体。园区重点面向数字丝绸之路建设与应用需要，着重开发适应“一带一路”沿线国家需要的多语种信创软件产品，打造国家信创软件研发出口基地。

5. 争取国家支持新疆建设数据保税区及“数字丝绸之路大数据发展先行区和试验区”

在积极争取国家支持新疆建设乌鲁木齐全业务国际通信出入口局、国际互联网交换中心和国际互联网域名解析中心（简称“一局两中心”）的同时，还要积极争取数据保税区的建设。“一局两中心”的建设将为数据保税区的创建推进奠定基础，同时也可以充分利用和发挥位于霍尔果斯的中哈国际合作中心的作用。高位推动阿里、京东、百度、腾讯、抖音、携程等世界一流互联网企业落地数字保税区，加快“丝路电商”、“数字人民币”、移动支付、移动出行、即时通信、社交媒体等在沿线国家落地应用。

数据保税区的建设不仅可以充分发挥和利用一局两中心及中哈国际合作中心的优势和作用，更重要的是它将对数字丝绸之路建设产生重要影响，也将对新疆发展大数据产业具有十分重要的战略意义，自治区应尽全力向国家积极努力地争取支持数据保税区的建设，并使新疆成为数字丝绸之路大数据发展先行区和试验区。

6. 将霍尔果斯打造成为我国重要的电子信息出口加工基地

霍尔果斯具有独特的地缘优势和区位优势，有中哈国际合作中心的支撑，又是中欧班列的枢纽节点，是发展来料加工、出口服务难得的口岸区，这两年三优光电的成功经验已验证了霍尔果斯是发展电子信息产品出口加工的理想之地。建议自治区充分发挥霍尔果斯的这一优势，积极争取国家有关部门支持霍尔果斯创建电子信息产品出口加工基地。

7. 打造新疆数字产业的领头羊

针对新疆数字企业没有国家队、缺乏领头羊的现状，建议自治区尽快组建以新疆国资为主体的新疆数字产业集团公司。新疆数字产业集团公司将成为我区软件产业发展的骨干企业和领头羊，担负起自治区重大数字化工程、重点数字项目投资、建设、运营、服务的重任。

8. 积极推动国家在新疆实施一批数字化重大工程和重点项目

充分发挥新疆的地缘和区位优势，紧抓丝绸之路核心区及数字丝绸之路建设的机遇，积极推动国家实时启动实施一批支撑服务于数字丝绸之路建设和上海合作组织的数字经济重大项目，不仅有利于加快新疆数字经济高质量发展，也将大大提升新疆数字经济发展的科技支撑创新能力，更是举国家之力、汇集 19 个援疆省市资源建设丝绸之路核心区、发展新疆数字经济的重要举措、最佳路径。项目建成之后新疆将成为丝绸之路名副其实的核心区，并成为我国与上合组织成员国数字经济合作的平台。为此，课题组在充分调研分析的基础上提出了7个促进和推动数字丝绸之路及上海合作组织数字经济发展紧密相关的重大项目。

(五) 加速产业数字化进程，实现数字经济高质量发展

数字经济发展的主体是产业数字化，而新疆的产业数字化更是数字经济发展的主战场。加强产业数字化的力度、加快产业数字化的进程、实现传统产业的数字化转型，既是发展数字经济的需要，也是实现新疆经济高质量发展的必然选择和主要路径。面对数字产业对产业数字化难以为继的支撑服务能力和产业数字化基础差、起点低、发展不平衡的双重压力，必须以坚韧不拔的毅力、壮士断腕的决心和改革创新的魄力推动产业数字化，特别是要强化产业数字化的科技支撑创新能力建设。以此有以下四点建议。

1. 建立政产学研用产业数字化创新体系

政府引导鼓励支持各大产业龙头企业牵头，按照产业分类组建成立由高校、科研院所、行业协会和相关企业参加的产业数字化发展联盟，聚焦自治区各细分产业数字化发展的重大需求，发挥各自优势，形成合力，促进产业数字化产学研用深入融合。建立人员交流沟通机制，促进科技创新紧密对接市场，政府财政资金引导，各类市场主体、行业组织等社会力量广泛参与，通过市场化、社会化方式汇聚和优化配置社会资源，深入推进产业数字化进程。

一是鼓励支持各大产业龙头骨干企业联合高等院校、科研院所和行业上下游企业共建数字化创新中心，以产业数字化转型重大需求为牵引，围绕各产业数字化的关键技术、核心技术和重大科技问题，在国家、自治区重大科技专项的支持下集中攻关，打造新型共性技术平台，突破跨行业跨领域数字化关键共性技术和装备的突破，集成应用数字技术、产品、装备和平台，构建一批特点鲜明、特色突出的产业数字化应用场景，示范引领带动全疆的产业数字化健康发展。

二是鼓励支持软件骨干龙头企业联合高等院校、科研院所创建工程技术研究中心、重点实验室、产业技术研究院等产业数字化新型研发机构，围绕产业数字化重大需求，突破一批数字化智能化关键技术，研制一批产业数字化拳头产品，形成一批在各个产业细分领域具有整体解决方案和服务能力的数字化龙头企业。

2. 全力推进产业数字化进程

各产业主管部门牵头，会同数字产业相关部门，对相关产业的数字化发展现状进行深入调研分析，在此基础上研究制定产业数字化发展规划，对产业数字化进行顶层设计，出台推进产业数字化的政策，围绕产业数字化发展的难点、痛点，提出具体的解决方案和措施。鼓励支持软件企业深入重点企业、骨干企业开展技术支撑和服务，并研究开发相关产品、提出整体数字化解决方案。鼓励支持相关企业在不同领域开展数字化试点示范，探索

数字化的最佳路径,优先发现和解决数字化进程中的创新能力问题。

3. 全面提升产业数字化创新能力

鼓励支持现有国家、自治区和企业、高校建立的重点实验室、研究室、产业工程中心、产业技术创新中心、产业工程技术中心以及各种产业科技支撑机构的数字化融合,实现其数字化转型,为产业数字化提供科技支撑和创新能力,引导科研机构、高等院校、企业等开展产业数字化关键技术的研发和应用,促进科技要素的有效聚合,提升产业数字化的原始创新能力,促进和推动产业数字化创新发展。

4. 建立稳定的数字经济财政投入机制

整合各级各类产业数字化建设资金,采取以奖代补、先建后补、贷款贴息等方式鼓励社会资本投入产业数字化,建议财政引导成立“自治区级产业数字化发展基金”,引导社会力量、工商资本、金融资本投入产业数字化科技创新能力建设。加大科技专项资金对产业数字化关键共性技术研究和重大装备研制的支持力度,不断提高产业数字化科技创新能力。加大科技资金对产业数字化新模式、新业态的支持力度,创建一批产业数字化应用新场景。加大科技资金对产业数字化新型研发机构、产业发展联盟的支持力度,持续提高产业数字化创新发展能力。

第二章　新疆数字基础设施发展科技支撑和创新能力研究分报告

数字基础设施是数字社会为社会生产和居民生活提供公共服务的物质工程设施，是用于保证国家或地区社会经济活动正常进行的公共服务系统，是社会赖以数字化生存发展的一般物质条件，也称之为新型基础设施(简称“新基建”)。

新基建是数字经济时代贯彻新发展理念，吸收新科技革命成果，实现国家生态化、数字化、智能化、高速化、新旧动能转换与经济结构调整，建立现代化经济体系的国家基本建设与基础设施建设。新基建主要包括：

一是信息基础设施，主要指基于新一代信息技术演化生成的基础设施，比如，以5G、物联网、工业互联网、卫星互联网为代表的通信网络基础设施，以人工智能、云计算、区块链等为代表的新技术基础设施，以数据中心、智能计算中心为代表的算力基础设施等。

二是融合基础设施，主要指深度应用互联网、大数据、人工智能等技术，支撑传统基础设施转型升级，进而形成的融合基础设施，比如，智能交通基础设施、智慧能源基础设施等。

三是创新基础设施，主要指支撑科学研究、技术开发、产品研制的具有公益属性的基础设施，比如，重大科技基础设施、科教基础设施、产业技术创新基础设施等。伴随技术革命和产业变革，新型基础设施的内涵、外延也不是一成不变的，也将不断地演进变化。

数字基础设施作为以数据创新为驱动、通信网络为基础、数据算力设施为核心的基础设施体系，具有纵深渗透及集约整合的能力，对有效打破信息界限、知识界限、产业界限、空间界限，促进供需互动、产业跃升等提供强力支撑；还将为经济赋能发挥关键作用，并持续优化调整产业相关布局、结构、功能和发展模式；通过发挥“数字”新型生产要素的巨大潜力，特别是对传统基础设施的数字化转型与赋能，将打通经济社会发展的信息“大动脉”，进一步促进和推动传统行业数字化转型，为经济社会数字化转型提供关键支撑和创新动能。

数字基础设施是建设网络强国、数字中国的先决条件，也是推动经济社会高质量发展的关键支撑，一个区域的新型基础设施发展状况代表和反映了该区域数字经济发展的水平和潜力，同时也表明了对该区域数字经济发展的支撑与服务能力。因此，各地都在想方设法加快新基建的步伐，加大新基建的力度，培育新动能、激发新活力，提升公共服务、社会治理等方面的数字化智能化水平，以抢占未来数字经济发展的制高点，取得数字经济发展的领先优势，为数字经济发展必需的人才、技术、产业聚集奠定基础、创造条件、赢得机遇。

一、数字化基础设施建设与发展现状

(一) 信息基础设施建设稳步推进

1. 通信基础设施建设成效显著

通信基础设施是经济社会发展的战略性公共基础设施。“宽带中国”战略实施以来，我区加大了通信网络基础设施建设力度，加快了建设步伐，取得了显著成效，已构建起高速畅通、覆盖城乡、质优价廉、服务便捷的宽带网络，为社会和公众提供了用得上、用得起、用得好的信息服务载体。

(1) 通信网络承载能力不断增强

① 接入网资源建设加速推进：光纤网络已覆盖我区全部中心城区、县城、兵团各师、重点产业园区以及乡镇团场和重点连队，全区光缆线路总长度达到 156.5 万千米。通过第六、七、八批电信普遍服务试点工作，目前已实现全区行政村宽带网络全覆盖。农村地区宽带网络使用率持续提升，城乡数字鸿沟逐步缩小。

固定互联网宽带接入端口达到 2350.9 万个，随着千兆光纤网络的部署，全区 10G—PON 及以上端口占比达 19.5%，500 M 及以上用户占比达 27.8%。

移动网络中 2G 网正在逐步完成退网，3G 到 5G 移动电话基站 23.8 万个，其中：4G 基站 14.9 万个，5G 基站数 3.3 万个。

② 骨干网承载能力建设不断提升：各基础电信企业(新疆电信、新疆移动、新疆联通、新疆广电)均已建成两条主用出疆光缆路由。(星星峡—兰州、若羌—格尔木双路由出疆)。此外，第三条出疆光缆也在建设中(沿 G7 京新高速方向出疆)。骨干网、城域网承载能力不断提升，高速大容量光网络传输系统规模部署，软件定义网络和网络功能虚拟化技术大幅提升网络智能调度能力。“大容量、低时延、高可靠”的互联网骨干网基本建成。出疆带宽和城域网出口带宽持续拓宽，互联网省际出口带宽达到 7 500 Gbps。互联网协议第 6 版(IPv6)在网络各环节规模部署，骨干网、城域网、接入网以及基础电信企业数据中心全面完成 IPv6 改造，并已具备 IPv6 业务开放能力。

③ 国际通信能力不断提高：新疆作为我国重要的边境地区，与 8 个国家接壤，是我国通向中西亚及欧洲的主要陆路通道，构建链接中西亚及欧洲信息传输通道是数字丝绸之路建设的重要内容。目前，在霍尔果斯、阿拉山口、阿图什、塔什库尔干、喀什等边境地区已建成 11 个国际通信信道出入口，已开通中哈、中吉、中巴、中塔方向共 26 条跨境国际光缆系统(分别为中哈 17 条、中吉 4 条、中巴 3 条、中塔 2 条)，承接国际数据专线近百条，打通了经巴基斯坦到印度洋、经中亚到西亚、经俄罗斯到欧洲的陆地信息通道。

乌鲁木齐作为区域性国际通信业务出入口局和国际互联网转接点，已具备疏通我国与中、西、南亚等地区 13 个国家(通过与境外运营商共建跨境传输系统实现互联，已开通俄罗斯、哈萨克斯坦、吉尔吉斯斯坦、塔吉克斯坦、乌兹别克斯坦、德国、英国、西班牙、美国等方向的国际电路)的国际语音业务、数据专线业务以及国际互联网转接的能力(跨境数据专线方面承载了中国工商银行、中国建设银行、中国石油、阿里巴巴等百余家用户国际以太网专线;承接了中、西亚国家国际互联网的转接业务,但由于该区域的国家数字经济发展水平较低,目前业务量还较少。据中国联通统计,该转接业务在整个中国联通的国际业务量中占比尚不足 5%。),初步形成了丝绸之路经济带西向、北向国际信息大通道布局。国际卫星通信网络建设持续推进,中国电信新疆分公司、中国联通新疆分公司已分别建成喀什卫星地面站,信号可覆盖中亚、中东、欧洲及非洲等地区。

(2) 新型通信基础设施建设已成为重点

① 5G 建设步伐加快:近年来,自治区将以 5G 为代表的新型基础设施建设作为信息通信业的头等大事来抓,着力推动《"双千兆"网络协同发展行动计划(2021—2023 年)》《5G 应用"扬帆"行动计划(2021—2023 年)》《新疆维吾尔自治区促进 5G 网络建设发展意见》《新疆维吾尔自治区 5G 通信基础设施专项规划》等政策文件的贯彻落实,全力加快 5G 建设。建立调度协调机制,及时协调解决选址难、进场难、审批难、场租高、电价高等"三难两高"的问题。各大电信运营商积极争取集团公司支持,采取各种倾斜政策,加大对新疆的支持力度,目前已累计建成 5G 基站 3.3 万余个,全疆所有地级市城区、县城城区和 90.53%的乡镇镇区实现了 5G 网络覆盖,5G 终端连接数达 1215.7 万个。

5G 与实体经济加速融合。目前已建设 5G 专网 108 个,有力推进了工业、农业、医疗、教育、文旅等 13 个行业应用领域的 5G 重点行业应用。

目前,新疆电信、移动、联通、广电网络公司均已完成 5G 核心网的建设,已全面具备大带宽、海量接入、低时延和网络切片的网络能力。

② 物联网建设全面展开:物联网是重要的信息基础设施,对于推动物联网应用与发展,特别是公共服务基础设施和市政基础设施数字化转型具有重要的支撑作用。目前,我区窄带物联网(NB-IoT)已实现县级以上城市、兵团团镇级以上主城区普遍覆盖以及重点区域深度覆盖,物联网感知设施布局场景不断拓展。

在平台建设方面,我区电信、移动、联通三家基础电信企业均已建设了物联网平台,提供物联感知的网络及管理服务。通过针对性、可视化的数据感知服务,为构建数字孪生城市底座能力中枢、聚集物联网产业链资源共建应用生态提供了平台支持。

平台兼容多制式(2/3/4G、NB-IoT、Wi-Fi)、多协议(MQTT、LWM2M、Modbus、HTTP、TCP、JT/T808)海量感知设备的统一集中管理。通过终端模型和规则引擎,实现终端的标准化快速接入及灵活配置,通过适配包括水表、井盖、路灯、烟感、燃气、门磁等在内的多种设备,将有效支撑和服务于远程智能抄表、设备运行状态监测、智能井盖监控、无线烟感、燃气监测等多种业务场景,目前已在我区城市水、电、气、市政应用服务中得到快速应用,物联网终端数量已达 931 万户。

③ 工业互联网建设加速推动:工业互联网是工业企业实现数字化转型的重要载体。近年来,自治区加大了工业互联网的建设步伐,特别是在工业互联网内网改造、5G 技术应

用、工业互联网安全、工业互联网标识解析二级节点建设方面取得了显著成效；建设完成了新疆工业互联网网络安全态势感知平台、新疆工业互联网数据安全追溯平台，搭建了较为完整的工业互联网网络、平台、安全体系。5G＋工业互联网“扬帆”行动融合应用持续推进，初步建成低时延、高可靠、广覆盖的工业互联网网络基础设施，并支撑服务于输变电、石油化工、新材料、纺织等领域的40余家企业的智能制造应用。

当前，我区工业互联网融合应用向重点行业加快拓展，形成平台化设计、智能化制造、网络化协同、个性化定制、服务化延伸、数字化管理全生命周期的应用模式，在产业级和企业级形成的赋能、赋智、赋值作用不断显现。

我区规模以上企业根据自身所处行业特点，通过持续推进两化深度融合，不断强化自身数字化转型能力。以特变电工、金风科技、八一钢铁为代表的制造企业在平台化设计、智能制造方面都取得了相应的成效，企业内部网络建设进一步支撑了企业管理和生产的数字化。

作为工业互联网的基础设施，特变电工建设的标识解析二级节点已投入运行，陆港集团和克拉玛依油田两家标识解析二级节点正在建设当中；自治区灾备中心承建的新疆工业互联网网络安全态势感知平台建成并投入运行，为乌鲁木齐水业集团等多家企业提供工业互联网网络安全服务。新疆信息通信网络服务中心承建的新疆工业互联网数据安全追溯平台也已调测完毕，即将上线运行。两个平台的建设为我区工业互联网的发展提供了网络和数据的安全保障。

在工业互联网服务平台方面，我区已有企业基于自身智能化发展的需要建设了相应的服务平台，如特变电工配合标识解析应用搭建的“中疆数字云平台”等，但从业务范围和规模来看，与工业互联网平台基础设施的定位还有一定差距。需要在网络化协同、个性化定制、服务化延伸方面不断完善其基础设施的属性。

④ 车联网建设开始起步：随着新疆5G核心网的建设完成，我区通信网络已具备V2X (Vehicle to X)能力，即车与车、车与路、车与人之间进行通信的业务能力。目前，我区已建设了危险品运输车辆、公交及营运车辆、企业车辆运行管理平台十余家，可以提供运行轨迹监控、电子围栏、行驶路线管理等服务。

由中科天极公司开发研制的无人驾驶智能巡逻警用网联车已在克拉玛依投入使用。

2. 算力基础设施建设得到重视

算力设施是承载算力的载体，是构建计算体系中最重要的基础支撑底座。当前数字技术（如云计算、大数据、人工智能等）加速创新，数字化应用层出不穷，促使数据加速增长，数据采集、数据存储与管理、数据传输与处理等对算力资源的需求急速增加。同时，算力的发展也为算法、数据处理与传输提供了有力支撑，驱动技术、产业、应用创新不断突破。

数据中心是承载算力的基础设施，包含计算、存储、通信能力以及环境、安全等配套能力，并服务于社会计算需求的数据服务系统。数据中心的服务模式正由主机托管、主机租赁等提供环境、网络服务为主的传统数据中心向提供算力服务的新型数据中心演进。

新型数据中心是以支撑经济社会数字化转型、智能化升级、融合创新为导向，以5G、工业互联网、云计算、人工智能等应用需求为牵引，汇聚多元数据资源、运用绿色低碳技术、具备安全可靠能力、提供高效算力服务、赋能千行百业应用，与网络、云计算融合发展的新型基础设施，具有高算力、高能效、高安全等特点。

新型数据中心包含云计算数据中心、边缘数据中心、绿色数据中心、智能计算中心以及超级计算中心等。云数据中心已成为算力资源的主流供应者；随着边缘计算的发展，部署在网络边缘、更靠近用户侧的边缘数据中心开始发展；在数据中心能力日益增强、规模越来越庞大的同时，其能耗问题也日益严重，“绿色数据中心”也成为数据中心发展的重要方向；智能计算中心和超级计算中心是新型数据中心的重要模式。

(1) 新疆数据中心建设快速推进

到2021年年底，我区面向社会提供服务的在用大型数据中心共有10个(其中在建数据中心1个)，中小数据中心41个，大型数据中心设计机架共27.8万个标准机架(2.5 kW)，主要分布在乌鲁木齐、昌吉、克拉玛依。在用数据中心共建成13.2万个标准机架。数据中心已用机架中主要为政企托管业务、云计算业务、渲染业务和部分大数据及人工智能应用。其中：

新疆电信在全疆按“2+16+X”部署大数据中心，总机柜数2万个；位于昌吉、乌鲁木齐、阿克苏的3个超大型数据中心达到了国家T3+级标准及三级等保要求，可输出35万核算力，各地市云节点可提供4.2万核云算力。

新疆移动公司建设了中国移动(克拉玛依)数据中心、中国移动(昌吉)数据中心，两座数据中心规划总机柜2.4万个。此外，还对地州机房进行了改扩建，面向自治区各委办局、全疆企事业单位、国内知名互联网、影视渲染企业等客户，提供6000余架机柜的IDC服务能力、5.8万核的算力网络服务能力。

新疆联通建设了位于昌吉市信息产业园和乌鲁木齐经开区的两个大型数据中心，机房按照国际T3+、国标A类机房标准建设，具有CQC A级认证，并已完成机房等保三级评测，提供4 kW/6 kW等多种规模机房模块。中国联通(新疆)云数据中心(昌吉)分3期进行建设，能耗评估指标PUE=1.2。一期建设28个模块化机房，合计有4600个机柜。新疆联通(开发区)云数据中心(乌鲁木齐)，能耗评估指标PUE=1.3，总体规划设计5000个机柜。此外还按照等保3级标准建设了9个地州不同规格的小型IDC机房，各地市云节点可提供5万核云算力。

克拉玛依云计算产业园区已落成华为云服务数据中心、碳和水冷数据中心等5个数据中心及算力中心项目，规划标准机柜15万个，已建成6万个，具备使用条件的突破3.6万个，已完成业务部署率达72%。

新疆中科曙光公司投资建设的乌鲁木齐市云计算中心，占地面积约28亩，建筑面积4.5万平方米，具备承载5500个机柜的能力；设计PUE≤1.3；目前一期2000个机柜的上架率达78%，二期3500个机柜于2022年年底投入使用。

阿克苏地区于2019年投资2.2亿元建设了建筑面积达8870平方米、拥有808个标准机柜的T3级数据中心，并于2020年正式投入使用。

（2）新疆数据中心业务开展情况

① 新疆电信数据中心业务实现全覆盖：新疆电信的数据中心主要为政企客户提供天翼云、HPC（高性能计算）服务和支撑保障能力，承载了自治区健康码系统、哈密智慧消防云平台和应急指挥调度平台、5G智慧矿山精益化管理、“5G＋工业互联网”智慧工业园，“5G＋远程会诊”、智慧旅游、数字新校园、“5G＋MEC”智慧商业综合体。兵团政务云、日报融媒体云等业务。

② 新疆移动数据中心业务特点突出：新疆移动的数据中心除满足通信运营商自身网络业务需求外，还为各政企单位提供机房租赁、私有云建设，为中小企业提供公有云服务；同时也承载了大量国内互联网应用的CDN加速业务；具体承载了自治区各委办局、全疆企事业单位、国内知名互联网、影视渲染企业的相关应用。

③ 新疆联通数据中心业务特色鲜明：新疆联通的数据中心主要为各政企单位提供机房租赁、私有云建设，为中小企业提供公有云服务；同时也承载了大量国内互联网应用的CDN加速业务和工业互联网、智慧农业、智慧园区、智慧医疗、智慧交通、VR/AR应用平台等方面的应用。

④ 克拉玛依云计算产业园区数据中心业务形成优势：克拉玛依云计算产业园除克拉玛依中石油数据中心支撑集团自有共享平台业务和新疆区域平台业务的内部应用外，其他四个中心均以为社会提供公共服务为主。其中，华为云服务数据中心承载华为公有云、政务云、公安云、教育云业务；移动公司数据中心除部分自用外，大量算力用于影视动漫渲染业务；自治区灾备中心承载自治区党委、政府委办厅局信息系统异地备份；碳和水冷数据中心提供影视动漫渲染、AI训练、IDC租赁经营服务。

（3）智能算力基础设施建设亟待突破

新疆电信、移动、联通三家基础运营商均在各自的数据中心中部署了一定数量的GPU算力，用于支持大数据、人工智能业务的应用。克拉玛依云计算产业园区内的数据中心针对渲染、科学计算、仿真模拟计算、智能网联计算空间应用的需求，部署了相应的智能算力，同时正在向国家申请智算中心的建设。

3. 数字新技术基础设施建设开始起步

（1）云计算基础设施建设取得成效

目前，我区云计算基础设施主要为部署于各数据中心的政务云和企业云。如中国电信昌吉数据中心部署的企业云，已为上千家企业提供上云业务，为企业提供云桌面等办公及企业管理服务，并针对各地州应用需求，打造了“一城一池”云池服务，积极推动县域企业上云用云。克拉玛依云计算产业园区为自治区十余家政府厅局提供了私有云服务，用于相关厅局的业务应用。

① 新疆电信“天翼云”覆盖全疆：新疆电信的“天翼云”服务已覆盖到全疆各地州的所

有县市，以云为核心，构建了端到端全光化、扁平化、智能化、差异化的基础网络和泛在、智能、高速、安全的5GSA网络、支撑算力灵活部署。

“天翼”全栈混合云面向多种类复杂行业场景提供专业的云服务，提供下沉至客户机房、厂区的产品，一站式解决客户从机房到应用的全量上云与维护服务。

“天翼云”在新疆已经形成差异化资源布局，可提供大量vCPU的云主机、云电脑服务以及云存储服务。各个地州一城一池，规模不等，部分数据中心建设采取自备模式，全力保障客户业务稳定运行；若干县域建设了客户厂区内的边缘节点、私有云节点，在布局上已经对全疆完成了“云覆盖”。

在云网建设上，新疆电信积极推进云改数转战略，以“2＋16＋X”统筹规划全疆资源布局，结合属地化接入需求，开展“一城一池”项目建设。截至2022年6月，“一城一池”天翼云资源已覆盖所有地州市，基本形成了南北疆2个省中心节点＋16地市浅边缘＋X县深边缘层次分明、灵活调度的云算力基础设施布局。为解决南疆四地州业务访问时延大的问题，建成了阿克苏自研桌面池。同时规模为2000 vCPU的吐鲁番信创云桌面资源池也已建成。

同时，为保障云网融合基础设施，新疆电信还完成了全疆数据中心DCI星形互联改造，建成超过4500台服务器的大数据中心，IDC机架资源达6813架（含合营），云数据中心算力超12.8万核，具备为百万党政军和大中型企业客户提供天翼混合云、HPC（高性能计算）服务和支撑保障的能力，能够满足各级用户低时延、大存储、高算力的需求。

② 新疆移动公司云计算业务成为新的增长点：目前新疆移动云计算业务在数据中心占比为65％，IaaS层产品提供云主机、专属云、容器服务、对象存储、云硬盘、云空间、虚拟私有云、云专线、抗DDoS、WAF等弹性计算、存储和云网络、云安全等服务；PaaS层产品包括中间件、云API、云数据库、视频服务、大数据等；SaaS层产品包括桌面云、中移党建、灯塔舆情等100余项优秀产品。通过推进云计算的“云网、云数、云智、云边”融合，逐步实现移动云向算力网络演进。

③ 新疆联通公司云计算业务助力产业数字化：新疆联通建设有行业云平台、政务云平台、骨干云平台以及昌吉、阿克苏、博州、巴州、塔城边缘云等共8朵云池。喀什、和田等多个地州的边缘云正在建设中。2023年将实现全疆“一地一池”全覆盖。

联通云在主要云池里提供从IaaS层到SaaS层的服务能力。IaaS层提供云计算资源、云存储资源、SDN网络资源、裸金属服务器、GPU服务器资源等10余款产品；PaaS层提供等保安全类能力（云安全网关、云防火墙、主机安全、日志审计、数据库审计、运维审计、云waf、云漏洞扫描组件）、密码服务类能力（云密码机、签名验签、VPN网关）、云数据库、容器平台、大数据分析平台等20余款产品；SaaS层提供工业互联网、智慧农业、智慧园区、智慧医疗、智慧交通、VR/AR应用平台等400余款产品。

④ 新疆中科曙光公司云计算业务支撑数字政府建设：新疆中科曙光公司针对新疆数字政府建设需要，与乌鲁木齐市建立了战略合作关系，以“企业投资建设、政府购买服务”的合作模式承接乌鲁木齐市的政务云服务。自2016年以来，新疆中科曙光公司在数据中

心的基础上先后建设了政务云计算平台、大数据智能化平台、密码应用云平台等服务平台，为乌鲁木齐市及市属各单位提供包括计算、存储、GPU 计算、网络、安全、密码应用等 240 余项云服务，承载了 30 余家单位共计 200 余套业务系统，为智慧旅游、智慧交通等民生服务、治安维稳和疫情保障等提供了服务支撑，成为乌鲁木齐市统筹规划、统一管理的重要的政务云基础设施。

其中，云计算基础平台基于曙光全自研全栈国产 Hygon x86 CPU 的服务器生态建设，规模近 200 节点，拥有 3 万余核 vCPU、10 TB 内存、2 PB 裸容量存储空间，可提供计算、存储、网络、安全、数据资源统一管理和调度为业务系统提供高可用的安全、运营和运维支撑平台能力。曙光云平台已通过等保三级 2.0 测评，云服务能力评估(ITSS)三级，以及云服务网络安全审查(增强级)。

大数据智能化平台配置了 20 多类主流大数据组件，可提供内存计算、流计算、图计算等多种数据计算能力，并已实现数据接入、数据处理、数据治理、数据组织、数据服务、数据安全等功能，已汇聚不同网络、部门、业务系统间的数据，利用强大的数据计算能力对数据进行清洗、转换、加工，深入挖掘数据价值，为各部门、各业务系统建设提供数据支撑保障，提供一站式的大数据平台服务。通用应用服务以大数据智能化平台为基础，开发了智搜系统、基础台账系统，其中智搜选题可提供精确搜索、模糊搜索、条件组合搜索、高级搜索、身份证 NFC 搜索、人脸比对搜索等多种数据检索查询服务，并已整合 40 余类 200 多亿条数据参与数据检索，致力于服务一线业务，降低大数据使用难度。基础台账系统用于基础数据的采集、数据的分级下发和重点专项数据核查反馈工作，支撑基层各项数据工作，减少重复性数据核实录入、解决因数据不全基层难以有效开展工作、支撑专项工作中数据上传下达核查分析等需求，提高了工作效率。

新疆中科曙光公司还在乌鲁木齐投资千万打造了 1100 平方米“数字新疆体验馆”项目，数字新疆体验馆旨在聚合云计算、大数据等行业生态伙伴，重点围绕数字政府、数字经济、数字社会和数字生态等典型场景，以打造“丝绸之路经济带核心数据节点”为建设主题，依托新疆产业布局及自治区“十四五”规划，展示新疆数字经济发展的丰硕成果，助力数字政府改革和数字经济高质量发展，使人切实感受到新疆数字经济发展的宏伟态势。

新疆中科曙光公司以乌鲁木齐政务云平台为基础，采用国产商用密码应用技术，于 2020 年建设完成了全疆首个全国产化密码应用云平台。该平台使用的设备全部通过国家密码管理局鉴定并获得商用密码产品型号证书，是乌鲁木齐市政务云平台基于国产密码技术建设的重要安全保障体系之一，为各政务信息化系统的安全稳定运行保驾护航。目前，密码云平台已通过自治区密码主管单位评审，并已在乌鲁木齐政务云项目中启用。

⑤ 阿克苏政务云平台成为地区重要的数字基础设施：阿克苏地区通过组建阿克苏云上信息产业集团有限责任公司，负责地区数据中心的运维，在此基础上投资建设了阿克苏政务云平台，为阿克苏地区各政务部门提供 PaaS 和 SaaS 层云服务。电子政务外网和互联网两大云资源池共有存储资源 558.5 TB，目前已为地区 51 家单位分配存储资源

503.55 TB。到2020年年底，已完成全地区56家单位应用系统向数据中心的整合迁移，共搬迁系统176个，设备1209台，腾退办公用房面积1050平方米，利旧机柜101个，有效将分散在各县(市)、各单位的信息系统及设备进行整合，在全疆率先实现信息资源的跨层级、跨地域、跨系统、跨部门、跨业务的整合迁移，打通了信息孤岛，拔掉了数据烟囱，充分发挥了数据中心作为新型基础设施的重要作用。

(2) 区块链基础设施建设进一步加快

① 区块链基础设施建设总体情况：区块链基础设施主要包括由平台类公链、垂直类公链、协议类公链形成的公链体系。针对行业应用场景不同，在公链的选择上也会存在不同。2021年8月，国家发布了针对工业互联网应用的“星火·链网”，它是第一个国家级的区块链基础设施，目前启动了在北京、广州、武汉、厦门、沈阳、济南主节点的建设。

由新疆特变电工建设的新疆标识解析二级节点目前正在对接“星火·链网”，在标识应用上提供区块链的防伪能力。

对应于区块链基础设施的公链建设，目前我区还没有开展建设。但新疆数字认证中心(简称“新疆CA”)和特变电工均在开展相关的前期工作，有望在不长的时间内形成相应的服务能力。此外，国网电力新疆公司、新疆各大电信运营商均在自身业务中开展了相应的应用。如新疆电信应用中国科学院新疆理化技术研究所开发的区块链技术，实现了相关业务的区块链部署，并与兵团政务中心合作成立了区块链应用机构。新疆移动公司基于“磐智”PaaS平台建设风控联盟链，部署11个数据节点、5个管理节点，涉及CMBaaS-EOS子链11个节点，用于保障消费者从合规渠道获得服务，及降低恶意欠费、流氓投诉给企业带来的风控成本等。

我区的区块链应用业已开始起步，今后对基础设施的服务需求将会不断加大，随着应用的深入，我区区域性区块链基础设施服务能力将不断增强。

② 新疆数字认证中心的“新密链”：新疆CA自2018年以来自主研发了一系列基于国产密码的区块链技术，建设了“新密链基础平台”“BaaS平台”“可视化平台”“电子数据存证平台”等区块链基础服务设施；建设了区块链技术的“丝路签电子缔约平台”和“信使医签平台”，为自治区信息中心、市监局、住房公积金等单位提供区块链技术解决方案、技术测试等工作；组建了区块链人才培养基地，开展区块链人才的培养。

(3) 人工智能基础设施建设急需加快

人工智能已日益融入经济社会的各个领域，成为产业转型升级、激发经济活力的新动能。在制造业中，人工智能已应用到质量检测、安全巡检、设备监控、排产排程、调度优化、工艺参数优化、销售预测、设备故障分析等各个环节。在农业领域，无人驾驶拖拉机等智能农机已可以独立耕作，智能病虫害监测系统已应用于精准、科学施药施肥。在城市交通方面，智能信控系统的运用大幅改善了城市拥堵。

随着应用的日益广泛、深入，人工智能技术的应用已从与各行业典型应用场景融合赋能阶段向效率化、工业化生产的成熟阶段演进。人工智能基础设施逐步成为不可或缺的关键能力。提供模型+大算力的AI基础设施已经成为推动数字产业化和产业转型的核心引擎。

人工智能基础设施为各行各业的人工智能应用提供标准化、自动化和模块化的算法工具和数据开放服务、大规模高效率的智能算力。有效解决在大规模应用AI中碰到的技术研发周期长、应用落地流程复杂、多端多平台多硬件适配难的问题。

目前,我区尚无提供人工智能基础设施服务的相关平台,但人工智能的应用在我区市政管理、智慧电网等很多方面都表现出了活跃的态势,这也对未来人工智能基础设施的建设提出了需求。近期,克拉玛依云计算产业园区依托碳和水冷数据中心建设的智能算力,联合华为、科大讯飞、海康威视、渲天下等开展了新疆人工智能算法训练与算力开放中心的国家重点区域人工智能示范项目的申报,已进入国家发展改革委储备库。项目如能如期实施,将在我区人工智能基础设施的建设上实现突破,为我区人工智能应用的快速发展提供有力的支撑。

目前,我区人工智能应用主要有以下几个方面:

一是国网新疆公司搭建人工智能"两库一平台",甄选1.7万余张优质样本,完成输电、变电场景11个模型的生产训练。建成统一视频监控平台,接入1782套抓拍设备,实现输电线路三跨风险智能分析和预警。应用人工智能技术,实现全疆1万余个摄像头的轮循智能分析,分析识别违章2800余项。

二是中国电信新疆公司自主开发的明厨亮灶和平安慧眼两款标准AI应用。其中:明厨亮灶应用重点可满足各级市场监管需求,提供厨师帽识别等AI能力;平安慧眼应用可满足政府等治理需求,提供人脸抓拍、车牌抓拍等AI能力。

三是在智能算力的建设方面,克拉玛依云计算园区在数据中心建设上加强GPU等智能算力的建设,并引入超算芯片研发企业,提高智能算力的供给能力。联合国内头部企业研制智慧网联汽车,先期研制的无人巡逻车辆已投入执勤巡逻工作。

四是新疆移动定位"连接+算力+能力"新型信息服务体系,依托智慧中台能力,打造了超50项面向外部客户的智慧中台能力,涵盖行业视频、协同办公、位置、物联网、边缘计算、AI、云计算、区块链等14个技术领域,助力千行百业数智化转型。包括:

中台赋能数字乡村,开启边疆乡村管理新模式。融合业务资源、空间地理信息、遥感影像数据等涉农政务信息资源,为喀什打造数字乡村"一张图"地理信息可视化平台,让乡村政务人员在"一张图"上管理多维数据。

中台赋能智慧畜牧,开启新疆养殖新时代。基于智慧中台物联网能力,为阿勒泰地区畜牧业养殖监管部门和经营主体打造了智慧畜牧一体化解决方案,包含智慧项圈、物联网卡、畜牧管理App、智慧牧场业务平台等软硬件应用,助力畜牧业的养殖及管理模式由传统化向信息化和智能化转型升级。

中台赋能数字政府,加速实现"双碳"目标。利用智慧中台物联网设备接入及管理能力为客户打造了OneNET城市物联网智慧管理平台,平台向下对接各类物联网感知终端,向上对接政府能耗监管平台;通过标准规范实现各场景物联网感知终端接入和能耗数据的整合,有效解决了客户终端无法统一管理和统一调度的问题。

中台赋能疫情防控，助力核酸检测信息登记。新疆移动对核酸登记采样采用OCR通用文字识别能力，秒级采集市民信息，准确率高，提升了信息登记效率并进而提高核酸检测速度，也为医护人员的安全又加上“一把锁”，减缓了因人员聚集而产生的疫情传播风险。

（4）大数据基础设施建设急需加强

随着5G、物联网、人工智能的快速发展和广泛应用，社会获取数据、处理数据的能力快速提升，数据爆发式增长。在数据巨量化、数据多样化、数据服务化的背景下，以云计算为基础的算力驱动型基础设施向数据驱动的大数据基础设施升级演进。

大数据基础设施通过统一的标准实现数据安全合规的共享及全场景、全类别、全生命周期的数据汇集，基于融合式中台，实现全域数据资产化、服务化、知识化；通过平台的生态能力和智能的数据资产知识网络，实现对经济社会发展的数据驱动；具有统一架构、全域化、平台化、智能化、安全合规五大特征。

目前，我区大数据应用日趋活跃，在城市管理、智慧安防、信息通信行业、电力行业都有成熟的应用，产生了辅助决策、赋能治理的实际作用。新疆移动通过建设大数据中台能力建设了伊犁文旅大数据分析平台、新疆交通应急位置能力大数据平台、精准政务大数据服务平台，发挥了基础设施作用。我区在电子政务的发展过程中建立的“人口、法人单位、空间地理和自然资源、宏观经济”等四个基础数据库，为我区大数据基础设施奠定了基础数据能力。随着我区数字政府建设的快速推进，基于“四库”的基础数据能力，融合、汇集各个部门、各系统数据并形成具有普遍服务能力的基础设施，将进一步推动我区数字政府、数字经济、数字社会的建设。

（二） 融合基础设施建设有序开展

融合基础设施主要是指深度应用互联网、大数据、人工智能等技术，支撑传统基础设施转型升级，进而形成的融合基础设施。

1. 智慧能源基础设施建设步伐加快

智慧能源基础设施是融合基础设施的重要组成部分，新疆能源基础设施主要由国网新疆电力公司建设，其建设的重点包括新型基础设施、核心业务、数据要素、网络安全等领域。网络、云平台、物联管理平台等数字化基础设施初具规模，企业中台建设初见成效，初步实现“数据等业务”，具备全网、全业务支撑能力。打造“网上电网”、基建平台、PMS2.0等电网生产数字化系统，深化人资、财务、物资、综合等经营管理业务应用，提高电力营销、交易等客户服务水平，电网生产、企业经营、客户服务等领域核心业务基本实现线上化。打造电力看经济、电力看环保、电力看征信等大数据产品，服务政府精准施策、社会治理。新能源云、基础资源运营等能源与数字融合的新业务、新业态、新模式快速发展。探索研究5G、人工智能、区块链等数字技术在生产、管理、服务等领域试点应用并取得良好成效。建成“可管可控、精准防护、可视可信、精准防御”的网络安全防御体系，网络安全防护能力显著提升。

网络基础设施建设，形成了以数据中心为载体、覆盖6+15的区级、地市节点、拥有4000台服务器及网络设备的基础设施能力；建设了自有出疆主、备10G的主链路通道，下行地市公司使用带宽1G的传输网络；建成了云平台（华为8.0版本），纳管302台物理主机的云平台，可支撑主要业务上云。

智慧物联建成具有百万级设备接入及设备管理能力的内外网物联管理平台，实现对边设备全寿命周期管理。

建设完成了包括数据、电网资源、技术三大中台的统一企业中台，实现数据统一管理、部署人工智能模型训练，服务于电网运营及维护。

在电网规划、建设、设备管理、安全监督、企业经营方面，开展全方位数字化建设，以提升建设、运行的质量及运营效率。在客户服务方面开展"网上国网"的推广与运营，实现16项业务"一次都不跑"，优化电力营商环境。在电力交易方面，开展电力交易平台本地化业务功能适应性改造，提升系统业务上线率，支撑电力市场交易业务实时运作。在数据应用方面，基于数据中台高效支撑多维精益、数字化审计、电费大数据分析与风险预警等80余个场景数据应用。

2. 智慧交通基础设施建设全面推进

新疆智慧交通基础设施建设按照《交通强国建设纲要》的总体要求，建立了在大范围内全方位发挥作用的实时、精准、高效的交通运输综合管理和控制系统，并重点在交通大数据、智能交通管理系统、导航设备及系统、高速公路信息化、ETC、智能停车、智能公交、考试系统、车路协同自动驾驶等方面推进智慧交通基础设施建设。在综合管理智能化方面，通过综合运用卫星遥感技术、云平台、大数据、数字孪生及地理信息技术，完成了以交通感知"一张图" 为核心的综合交通基础设施全生命周期地理信息资源中心建设，实现了地理信息、交通规划、设计、养护及交通资产数据等多源信息的集合。以"数据资源中心"为实体，按照交通业务应用设计了全交通数据模型，并分类存储。通过"交通地理信息服务平台"综合运用卫星遥感技术、云平台、大数据及地理信息技术，构建集地图数据、地图服务、地图应用、GIS工具、API服务等于一体的综合交通基础设施全生命周期地理信息资源中心，实现数据的高效存储与管理、服务接口的统一调用、地图资源的全面展示。应用"互联网地图发布服务平台"在整合基础地图、交通设施、路况信息等多源数据的基础上，打造基于交通数据"一张图"的可视化管理和分析平台，实现专业级交通数据的互联网服务标准化管理、发布和共享。

3. 智慧市政基础设施建设加速推动

新型智慧市政建设以提升市政管理水平、公共服务能力为重点，推动物联网感知设施、通信系统、新一代信息技术与市政规划、建设、管理、服务和产业发展全面深度融合，完善城市信息模型平台和运行管理平台，构建市政数据资源体系，成为市政基础设施数字转型的重要任务，也是城市大脑建设的突破点。由住建部统一标准、自治区住建厅推动建设的“集约化智慧市政综合管理平台”已完成了全疆分级、分步建设的绝大部分工作，构建了集“供水、排水、环卫、供热、燃气、道路交通设施、城市排水防涝、园林绿地、轨道交通、停车场”一体化的智慧市政的基础设施。

该平台通过整合现有市政基础资源，运用大数据、云计算、人工智能、物联网、区块链、5G、北斗通信等数字技术，打造集感知、分析、服务、指挥、监察“五位一体”的新型管理与服务模式。平台以提升市政管理水平、公共服务能力为重点，推动物联网感知设施、通信系统、新一代信息技术与市政规划、建设、管理、服务和产业发展全面深度融合。

市政综合管理平台包括平台应用系统和行业应用系统，其中平台应用系统包括业务指导、监督检查、综合评价、应用维护、城市大脑、指挥协调、公众服务、数据交换、数据汇聚系统，行业应用系统包括供水、排水、环卫、供热、燃气等系统，其平台架构与主要功能见图 2-1。

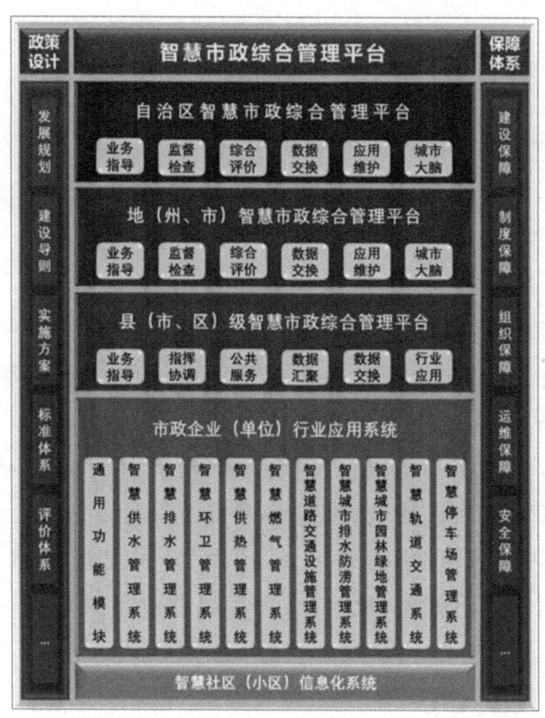

图 2-1 智慧市政综合管理平台架构

以智慧供水为例，通过供水在线监测与展示、供水 SCADA 实时监测与控制、DMA 区块漏损监测管理、供水动态水力模拟、供水营销客户服务、供水行业多级监管、供水设备资产管理、供水统计分析管理、市政消火栓管理的“产、供、销”全链条管理，对供水压力、水量、水质、流速等运行状态进行全面监测和风险预测，实现从“取水—输水—净水—配水—售水”源头到龙头的全面监管和全过程管理，及时发现问题并及时处置。

二、新疆数字基础设施建设科技支撑和创新能力存在的问题

(一) 信息基础设施建设的科技支撑不足

1. 通信网络基础设施建设的创新能力较弱

我区通信网络在技术和业务提供能力上均与全国的发展水平保持同步,为我区数字化建设提供了充分的保障,但在新型基础设施建设方面还有较大的差距,特别是在物联网、云计算、大数据、人工智能等新数字技术基础设施方面的科技支撑和创新能力还很弱,主要问题是:

(1) 传输距离长、节点布局多导致时延高

新疆地处西部边陲,与国家骨干网连接的传输距离超过2000多千米以及多节点布局,使新疆与内地网络的连接时延过高,平均超过200毫秒,这一致命缺陷严重制约和影响了对时延要求高的相关业务,特别是互联网业务在新疆的发展和应用。

(2) 盲区多、堵点多,影响互联网用户的体验和获得感

新疆位于祖国西部边陲,面积达近165万平方千米,边境线长5600千米,人口仅2400万,GDP仅1万多亿,出疆通道有限,使新疆通信基础设施建设的难度远远高于其他省区。尽管中央给予了新疆有力的政策支持,各大运营商对新疆的通信基础设施建设也给予了大力政策倾斜,特别是先后多次实施电信普遍服务行动计划及5G"扬帆行动",使得新疆通信基础设施建设总体上能够与全国保持同步,但是新疆通信基础设施建设仍然存在许多薄弱环节,尤其是盲区多、堵点多,特别是许多高速公路沿线、旅游景区、边境线以及山区、小村落的移动信号还没有覆盖到,旅游者、边民、牧民出行移动通信还很不方便,尤其是互联网用户的体验和获得感较差,抢险、救灾等突发应急状态的通信保障还需要进一步提升。

(3) 物联网接入能力还较弱

虽然新疆物联网接入发展较快,总量达到了800余万的规模,但受传感器的种类、多样化产品的供给能力影响,应用还主要集中在水电气表计量、收费、井盖、路灯、烟感、燃气泄漏等市政设施方面。5G传感模组还未形成有效的产业链、5G大容量接入能力尚未得到有效的应用、物联网整体应用场景不够广泛的问题,是制约万物互联、万物感知和丰富数据资料来源的重要方面。尽管目前物联网发展势头强劲,但结构性问题依旧不可忽视。

(4) 工业互联网安全保障能力尚需进一步提升

在工业互联网建设中,新疆现有通信网络基础设施、技术可为企业内网改造、企业外网建设及互联网接入提供可行、可用的网络通信供给能力。但随着企业对互联网运行依赖程度的提高,网络安全的问题将日显突出,对安全解决方案的需求将更为迫切,但由于

内网工控设备型号多、协议复杂，对网络安全问题考虑得不够充分，与互联网链接有可能带来不确定的安全性问题，这也是企业不敢轻易将内网外联的主要原因，也是现阶段企业对工业互联网应用最担心的问题。

工业互联网应用是企业数字化转型的重要途径，但现阶段针对具体应用还处在探索阶段，在技术和应用层面上还没有更多成熟的标准和可供参考的经验。虽然我区已建设了企业外网的网络、数据安全的感知和应对的能力，工业互联网标识解析基础设施建设得到了有效推进，但体系化服务能力的建设还需要进一步强化，特别是能够支撑和服务于工业互联网应用的企业还很少，工业企业尚缺乏自行开发应用的能力，尤其是政策宣传、技术交流、人才培养、资金支持等方面还比较薄弱，工业互联网发展与应用的生态体系尚未形成，这些是影响和制约我区工业互联网发展与应用的重要因素。

2. 算力基础设施建设的优势正在面临失去的危险

近年来，我区发挥区位、能源、资源优势，在算力基础设施建设方面，特别是数据中心建设方面取得了显著的成效，技术水平处于国内先进水平，在全国算力市场上具有较强的竞争力。我区数据中心建设的规模能力完全可以满足区内算力需求，并可保持一定的超前。

2020 年国家发展改革委发布了“全国一体化大数据中心协同创新体系算力枢纽实施方案”，方案根据能源结构、产业布局、市场发展、气候环境等综合因素考虑，在京津冀、长三角、粤港澳大湾区、成渝，以及贵州、内蒙古、甘肃、宁夏等地布局建设全国一体化算力网络国家枢纽节点，发展数据中心集群，引导数据中心集约化、规模化、绿色化发展，而新疆不在其列。随着国家对一体化算力枢纽布局的明确和智算中心的推进及布局，特别是 2022 年国家“东数西算”工程的实施，我区数据中心产业的发展受到了很大的影响。按照国家对全国一体化算力枢纽布局，新疆不在其中，并被排除了全国算力数据中心集群之外，这使得新疆数据中心建设在国家整体布局中的地位被大大弱化（政策性鼓励无法获得、目标客户转向算力枢纽节点的数据中心集群采购服务），利用“东数西算”的市场壮大我区算力产业，将新疆作为国家数字化基础设施建设基地的战略机遇将会丧失，提升新疆算力基础设施为全国的供给能力的机遇在减少。此外，新疆数据中心的用电价格完全没有显示出新疆丰富的能源优势，使得新疆数据中心在全国市场上的竞争力进一步下降，有进一步被边缘化的趋势（之前有意向入驻我区数据中心的内地企业，已选择入驻了甘肃、宁夏的数据中心）。这些来自全国算力市场的影响将滞缓我区算力产业的发展，也将影响到我区数字化发展的整体能力和活力。

3. 新技术基础设施建设缺乏有力的科技支撑

信息基础设施与新技术基础设施之间具有很强的相关性，通信网络、数据中心是云计算、大数据、人工智能的基础设施，物联网是重要感知数据的来源和对工业互联网的基础支撑。无论是技术发展还是应用均具有很强的系统性和关联性，在产业发展上也是相互支持，构成了完整的产业链。其中任何一个方面的弱项、短板都将影响整个系统的能力支撑，同时也将影响对整个社会数字化的能力支撑与服务。新疆的数字基础设施在基础网络服务方面的能力是能够满足今后一个时期数字化发展的要求，但是，针对自治区现代数字技术的发展与应用、对社会经济的数字化转型支撑与服务，新型信息基础设施还有不少弱项、短板和不足，这主要表现在：

(1) 云计算服务能力尚显不足，云服务、云应用市场需加速培育

我区在云计算架构的基础能力上，更多的是依靠内地的技术，在云计算架构的效率和稳定性上对智能计算、并行计算、超大规模计算等高并发、高强度、大容量的能力供给还不足。本地软件企业对高性能云计算的支撑服务能力还不足，SaaS 服务的软件供给能力距离国内先进水平还有不小的差距，对服务需求的支撑能力还急需提高。

此外，推动云计算发展与应用上还缺乏体系化的政策支撑，仅靠云计算企业的市场推广，应用市场的成熟和拓展进展缓慢，急需进一步优化云计算发展的环境，营造云应用、云服务的氛围，政府、企业、科研院所及行业协会、学会尚没有形成有效的联动机制，推广应用和发展云计算的生态体系还不健全。

(2) 区块链服务能力建设动能不足，应用需求市场拓展急需加强

虽然三大运营商和相关企业已在我区构建了支撑区块链发展的网络体系和技术支撑与能力，区块链技术的应用及研究也在加速推进，并初步具备了一定的实用场景，但目前新疆在区块链应用和发展方向上尚不明确、定位尚不明朗，还缺乏面向各方需求的相关政策引导，激活应用市场的动能不足。前期进入区块链服务市场的建设主体，在缺乏市场回报的情况下，无法快速迭代发展，难以形成满足未来区块链快速发展大规模应用需求的服务能力，也难以构建区块链产业的生态体系。

(3) 政务大数据开放共享不够，数据要素市场潜力急需释放

数字化的核心任务是发挥数据要素的作用，用数据赋能社会治理、生态建设、经济发展，促进发展方式转型升级。目前，新疆大数据应用服务支撑能力主要还是局限在常规问题的数据分析处理上，对多维度、大规模的大数据处理还缺乏深度和广度，特别是已经形成和积累的大量政务数据、巨量的空间地理数据中蕴藏的潜在价值尚没有得到有效开发利用，尽快开放政务数据资源，实现共享交换，是实现数据资源价值化的现实需要，也是促进大数据产业发展、提升大数据基础设施服务能力、带动新疆中小软件企业发展的重要举措。目前，新疆本地软件服务企业由于技术、水平缺乏竞争力，不能满足复杂大数据处理分析的应用需要，在我区提供大数据分析技术及服务的企业主要是内地企业。

(4) 人工智能应用潜能亟待释放、市场急需培育

虽然人工智能在我区相关行业已开展了应用，但由于在人才、产业规模上距离支撑人工智能应用与发展的巨大差距，使得人工智能技术的应用和发展与发达地区的差距越来越大，也导致市场主体在新疆发展、应用人工智能的意愿不强，行业缺乏未来发展的预期。此外，依托算力对大样本数据进行算法训练输出模型是人工智能基础设施的主要任务，而我区人工智能模型训练基础设施的能力建设却尚未开启。

(二) 融合基础设施科技创新能力还十分薄弱

电力系统面临着“双碳”政策下的体系变革，风光电等可再生能源并网运行的智能化管理，如何提升大电网源网荷储互动能力、用户供需互动能力、传感信息采集能力，推动“双碳”目标实现，是智能电网基础设施建设需要加强和提升的重点。当前，进一步推进5G在电网内的融合应用，也是智能电网基础设施建设的又一重要任务。

另外，电力应用连接千行百业、千家万户，积累了大量的应用数据，反映了经济社会的发展动态。如何做好数据的开放共享工作，是促进社会数字化发展的重要环节。

交通作为大动脉，它的智慧感知、智慧管理决定了人流、物流的畅通、高效更上新台阶的能力，是经济社会高质量发展的重要保障。针对具体建设中还存在的交管部门之间缺乏有效的信息整合和共享、对现有数据的开发和利用不足、信息采集的设备配套不足的问题，需要在顶层设计上加强统筹规划，加强科技创新智慧引领。

目前，智能交通应用相对成熟的是在ETC和车载导航方面，其他智能交通产业，如：公路电子收费、交通信息服务、交通运行监管、集装箱运输、营运车辆动态监管等领域还缺乏成熟的商业模式，需加强数据的开放共享，鼓励多方参与智慧交通的建设。公路交通网线路长、流量低，投资大、产出低将是新疆公路交通智能化建设面临的突出问题。

(三) 创新基础设施建设的科技支撑能力不足

新疆由于缺乏基础数字技术的研究和产业发展体系，数字技术的原创研发能力受基础、人才、产业、市场等因素的制约，远远落后于内地发达地区，数字化发展高度依赖内地的技术和企业，成体系的研发链条呈断链、缺链的状态，造成原创层面的缺失，数字化的发展更多体现在应用层。要想在短期之内改变现状，仅靠我区自身的基础、能力、条件很难实现，需要国家给予特殊政策，以加大加快新疆创新基础设施建设。因此，因地制宜、切合实际地制定我区数字化创新基础设施发展规划，是推动新疆创新基础设施的重要课题。本着有所为、有所不为的原则，围绕新疆的特色与优势，有重点有侧重地发展新疆创新基础设施，在特定领域形成研究、转化的链条，轻量化出发、开放性地与发达地区协同，是我区数字化创新基础设施建设发展的有效途径。

由于我区数字化应用的范围小、人才参与实践的机会少、市场的需求小，因此我区在数字化理念、实践经验方面明显落后于内地。从事数字化工作的同志缺乏接受相关知识的环境和机会，既无法从周边的应用里得到启发，也无长期置身发达地区应用环境的条件。科教基础设施中院校、研发机构、产业园区系统化的数字化人才培养难以解决人才的终身学习问题，培养的人才数量跟不上数字化发展的需要，基于数字化发展需要的人才队伍建设应有全方位的规划和考虑。明确各创新基础设施的定位及边界，建立协调互动的体系，以效益最优、切实生成创新能力的结果导向为原则，构建数字化创新的科教基础设施体系。

三、加强新型基础设施建设的科技支撑和创新能力的主要任务

数字基础设施是数字社会的基石，5G、物联网、大数据、工业互联网、人工智能、区块链等现代数字技术的高速发展，与制造、物流、农业、交通、医疗等传统产业的不断深度融合，将为经济社会发展、生产生活方式提供持续性变革的巨大动能，促进了数字基础设施的演进升级和重构。推动数字基础设施高质量发展必须革故鼎新，构建更加多元化、更富弹性、协同有效的推进机制。我区数字基础设施建设应紧密衔接数字化改革、数字经济发展和数字新疆建设的需求，以新网络、新算力、新技术、新终端、新融合协同发展为主线，高标准建设高速、泛在、安全、智能、融合的数字基础设施体系。

切实提升我区数字经济发展的科技支撑和创新能力

1. 加速通信基础设施建设的优化布局

围绕新疆通信网络与国家主干网络接入距离长、转接点多而导致新疆信息传输网络时延长、效率低的突出问题，通过科技创新，优化出疆光缆的布局，探索研究利用电力、铁路、公路等行业部门的专线以及卫星通信等多种方式改善、提升、优化新疆信息传输网络的服务能力，提高服务质量，为新疆加速拓展互联网业务提供技术支撑。

2. 着力强化新疆在数字丝绸之路中的重要地位

新疆作为我国西向开发的桥头堡，丝绸之路经济带的核心区，已经拥有 26 条国际光缆，建设并开通了乌鲁木齐区域国际通信出入口局，开展了国际语音和互联网转接业务，如何进一步发挥新疆所拥有的区位优势，落实习近平总书记关于新疆应成为枢纽中心的重要指示，使新疆成为链接欧亚的信息传输网络枢纽，成为数字丝绸之路和亚欧信息高速公路的重要节点。进一步提升乌鲁木齐国际通信出入口局的地位，建设完善乌鲁木齐国际通信出入口局业务功能，使其成为继北京、上海、广州之后我国第四个真正意义上的国际通信全业务出入口局，在此基础上建设乌鲁木齐国际互联网交换中心、国际互联网域名解析中心，使新疆成为真正意义上的国际通信和网络传输枢纽，为新疆开展互联网增值、发展互联网服务业、大数据产业奠定基础，支撑支持中国互联网巨头落地新疆对外开展互联网业务。

3. 着力加强新一代信息基础设施建设

数字基础设施呈现出新的特点和形态，进一步向高速、泛在、安全、智能方向发展，数字化平台、智能终端等设施将成为数字基础设施的重要组成部分。新型基础设施是以新发展理念为引领，以技术创新为驱动，以信息网络为基础，面向高质量发展需要，提供数字转型、智能升级、融合创新等服务的基础设施体系。因此，加强数字基础设施建设对落实

网络强国战略、加快建设“数字新疆”、支撑全区数字化改革，促进经济社会高质量发展，实现新时代战略目标具有重要意义。而我区恰恰在新一代数字基础设施建设方面是认识不到位、措施不到位、行动不到位，结果就是新基建不到位，成为制约和影响我区数字经济发展的重要因素。我们必须提高认识、转变观念、迅速行动，积极探索新基建的投资模式、建设方式、运行模式、服务模式，使我区新基建的建设运行服务进入快车道，成为新热点，作为新亮点。

4. 着力加快电信运营商数字化转型

如何结合新疆实际，创新数字新产品、数字新服务是新疆通信业创新发展的关键。通信服务业加快转型升级是当务之急，从传统的以话音服务业向综合信息服务业转变，从以链接为主的信息传输服务向信息内容服务转变，从以信息集成应用服务商向产业数字化解决方案提供商转变，从机房租赁托管服务向云服务转变，充分发挥平台优势，积极与软件和信息技术服务企业合作，建立健全互联网应用服务和综合信息服务生态。

四、加强新疆数字基础设施建设的科技支撑和创新能力的对策建议

习近平总书记 2022 年 7 月在新疆考察调研时强调：随着共建“一带一路”深入推进，新疆不再是边远地带，而是一个核心区、一个枢纽地带。习近平总书记对我区的战略定位，为新疆数字基础设施的建设确定了发展方向和目标。这就是围绕数字丝绸之路和丝绸之路经济带核心区的建设以及和新疆经济社会的发展目标加强数字基础设施建设，加强对数字新疆丝绸之路及新疆数字化发展的科技支撑，提升对丝绸之路核心区创新能力的支撑。

新疆的信息基础设施建设已形成了相应的规模和服务能力，具备了持续、快速发展的条件，同时也培养出了一批数字化基础设施建设人才，为我区数字化发展打下了基础。但在大数据、人工智能、区块链、工业互联网、车联网这些新技术领域型基础设施还较为薄弱，数字技术与传统基础设施融合发展还不够深入，数据中心建设在全国一体化算力枢纽建设布局下，面临着新的发展压力。

国家战略指明数字基础设施发展新方向，数字新疆建设对数字基础设施提出新需求，信息技术高速融合发展赋予数字基础设施新动能。数字基础设施是数字化的基石，因此必须加强加快数字基础设施建设，特别是新基建的建设模式，新基建的重点和突破点。

如何解决好当前发展中的问题，建设好与我区经济社会发展相适应的数字化基础设施，对照数字化基础设施的现状和差距提出以下建议：

（一） 加快新基建，为数字经济发展提供新动能

1. 鼓励支持多模式投资新基建的建设运行服务

新基建的建设运营服务模式完全不同于传统的通信基础设施，传统的通信基础设施都是由电信运营商负责投资建设运营和服务，而新型数字基础设施的基本内涵则更加丰富，涵盖范围更加广阔，典型特征既存在相似性，也存在较大差异性，并呈现通用基础性、专业技术性、泛在使能性等典型特征，使得新基建在投资主体、建设模式、运营服务方式都呈现出多样化，自治区应出台专门的政策，鼓励支持有意愿、有能力、有技术的投资主体参与投资建设运营服务新疆的新基建。

2. 着力争取新疆列入算力网络国家枢纽布局和数据中心产业集群

新疆具有发展数据中心产业的诸多优势和条件，并已有了良好的基础，但遗憾的是未能列入国家一体化算力网络枢纽布局和数字中心产业发展集群，这不仅将严重影响和制约未来新疆数据中心产业的发展，更重要的是将严重制约和影响与此紧密相关的大数据、云计算、人工智能等新一代数字产业的发展，也将影响我区数字经济在全国的战略地位。因此，自治区应多方努力，积极争取将新疆列入国家一体化算力网络枢纽布局和数据中心产业发展集群，这对于新疆发展数字经济的科技支撑创新能力具有极为重要的战略意义。

3. 着力争取国家支持建设乌鲁木齐全业务国际通信出入口局

新疆作为丝绸之路的核心区，具有十分重要的战略位置，特别是作为亚欧的枢纽节点，不仅是交通要道，而且是信息传输大动脉，更是数字丝绸之路和亚欧信息高速公路的重要节点。将乌鲁木齐国际通信出入口局建设成为我国继北上广之后第四个全业务国际通信出入口局，建设新型互联网交换中心和国际互联网域名解析中心，实现我国互联网与周边国家互联网之间的对等互联，不仅仅是扩展提升乌鲁木齐国际通信出入口局的功能，也是我们建设数字丝绸之路和亚欧高速公路的具体行动和良好开端，同时也是应对当前网络信息安全、保障我国国际通信网络安全的重要举措，还是促进和推动丝绸之路沿线国家以及上海合作组织国家数字经济合作的重要举措，对于促进和推进新疆数字经济发展的科技支撑创新能力具有非常重要的战略意义，自治区应想方设法积极努力争取！

（二） 出台相关政策鼓励引导支持新基建

对比国家和各省区市 2019—2022 年在数字化发展上制定、发布的政策，我区是最少的省区市。在工业互联网、云计算、大数据、人工智能、车联网等方面三年间没有结合国家政策制定出台相关的落实政策。政策的缺失，不仅影响了统筹、推动、鼓励数字化基础设施建设的积极性，也极大地影响了投资发展数字基础设施建设的积极性。因此，及时、全面地研究制定数字化发展的相关政策，鼓励、引导、支持行业发展，是促进和推动新疆数字基础设施建设的有效举措。

1. 加强对新型通信基础设施建设的政策引导

针对5G、物联网等新型信息基础设施建设，加强政策引导，鼓励、支持基础营运商积极投入建设，在“选址难、进场难、审批难、场租高、电价高”的“三难两高”的问题上配套相关支持政策，并予以有效解决。

2. 全面推动政企上云用云

针对地(州、市)县属中小企业、民营企业上云用云不积极不充分的问题，出台专项政策给予引导、支持、帮助，通过奖补、激励、技术辅导等举措推动各类企业上云用云。

3. 推动企业数字化转型

积极鼓励引导我区制造业开展数字化应用，有效解决我区制造业数字化转型中存在的行业间、大型企业和中小企业之间发展不平衡、不充分的问题，促进数字化转型均衡发展，提升我区制造业全产业链竞争力。

4. 引导鼓励数字产业化发展

在工业互联网平台建设、物联网深度应用、数据中心算力建设及地理空间布局、云计算创新发展、大数据、人工智能和区块链基础设施建设方面加强统筹规划，协调推进数字基础设施建设，引导产业规模化发展。在用能、用地、财税方面配套支持措施，有效解决高电价问题。通过产业引导社会资本参与数字基础设施建设。

5. 加快融合数字基础设施建设

针对能源、交通、水利、市政等传统基础设施体系庞大、数字化转型不平衡、不充分的问题，做好协同推进的政策安排。定位薄弱环节，加强一体化推进，加快传统基础设施的数字化转型，有效支撑服务社会经济的数字化发展。

(三) 加强新基建发展规划布局和顶层设计

1. 融入“东数西算”，作为“西算”的积极补充

在“东数西算”发展的大背景下，“西算”为我区算力基础设施建设带来了重要的发展机遇，也是新疆依托国内大市场加快发展的目标体现。做好国家一体化算力枢纽建设的算力补充，是我区在数据中心建设布局及算力建设上应综合考虑、着力落实的工作。要结合丝绸之路核心区定位，积极争取“西算”工作向我区延伸落地。

2. 加快全疆云计算能力的部署

构建以国资云为主体的全疆“核心算力节点＋一城一池＋边缘算力”基础设施架构，灵活兼容社会投资建设的算力资源，加快打造覆盖全疆的云计算服务能力。

3. 进一步推动通信网络提速工作

加强固定、移动通信接入网建设，推进 5G、光纤宽带建设和普及，增加接入便捷性，降低上云接入门槛，提高企事业单位、公众使用云资源的能力。

4. 加速核心区新基建，构建丝路算力枢纽

《新疆维吾尔自治区国民经济和社会发展第十四个五年规划和 2035 年远景目标纲要》中提出“推进国际光纤光缆工程建设，提高信息联通水平”“加强国际通信设施建设，实施数字丝绸之路经济带乌鲁木齐核心枢纽创新工程，建设丝绸之路经济带数据中心”。为我区核心区数字化基础设施建设明确了工作目标。

加强丝绸之路经济带核心区数字化基础设施落地措施的研究，并积极部署落实，是提高我区对内对外开放水平，用好国内大市场，吸引各类要素向新疆汇聚、产业向新疆转移；深化国际产能合作，拓展与丝绸之路沿线国家和地区多层次、多领域务实合作的迫切需要。

我区国际出入口关口局业务仅为国际数据专线和互联网转接业务，在推动我国数字化能力服务丝绸之路经济带建设方面急需实现创新发展。通过加强核心区数据中心建设，落地东部互联网在电子商务、社交媒体等方面的优质服务能力，建设核心区大数据分析、人工智能模型训练基础设施，为丝路沿线国家、地区提供生活、生产及智能算力服务。这些是体现核心区定位和作用的重要工作。

建议加强新疆国际关口局全业务能力的建设，积极试点建设丝绸之路国际数据自由港(数据保税区)。让“路”通起来、让服务跑起来。

(四) 加强数字化人才培养，提高全民数字化素养

1. 加大院校数字化人才培养力度

大专院校、职业技能院校针对数字化建设人才需求，结合学科建设，加大对工业互联网(重点包括工业控制系统、工业软件)、车联网(车载平台、平台通信及安全、车路网协同)、区块链、大数据、人工智能的专业人才培养。通过合作、引进、培训等方式提高师资水平和科研能力，形成专业人才培养的长效机制。

2. 加强数字化人才引才、留用

加强数字化高层次人才引进工作，在数字化及数字产业的发展上发挥领军作用。为人才营造就业、创业的良好环境，以事业留人、产业发展留人。

3. 加强数字化人才培训工作

加强人才培训工作，为人才提供交流学习的条件，通过建立终身学习机制，提高各层级专业技术人员在规划、建设、运维数字化基础设施等方面的能力。发挥对口援疆的优

势，加强我区专业技术人员与内地数字化建设发达省市的常态化交流，学习借鉴经验、加强技术成果的引进，提高我区数字化建设的能力和水平。

4. 加强科学普及，提升全民数字化素养

加强对机关事业单位干部、企业的干部职工、社会各界的干部群众的数字化知识的普及工作，帮助他们了解数字化发展取得的成果和发挥的作用。掌握数字化工具的应用，通过网上购物、出行导航、穿戴设备的使用，让更多的群众参与到数字化的应用中来。通过提高素养、方便生活的普及推广工作，形成全社会支持和推动数字化建设的良好氛围，推动数字基础设施又好又快发展。

第三章　新疆数字产业发展科技支撑和创新能力研究分报告

数字产业是以数字技术的研究、开发、咨询、服务和数字产品的研究、开发、生产、制造以及数字资源的采集、传输、存储、加工、处理、应用而形成的产业。数字产业是数字经济发展的核心，也是数字经济中科技含量最高、创新能力最强、技术发展最快的产业。

数字技术的发展促使数字化能力不断提升、数字化进程不断加快。数字技术在实现产业化的过程中，同时也对传统产业不断地进行渗透、融合和数字化，促使着传统产业变革创新，催生经济发展的新业态、新方式、新手段、新途径，也不断影响着以数字化为主导的经济发展形态，并对传统的经济发展形态进行变革、融合、创新。因此，数字产业的发展也将直接影响产业数字化进程。

新疆数字产业发展主要聚焦在具有明显特色和优势的电子新材料和以服务于区域数字化而形成的特色软件和信息技术服务业、通信服务业、互联网产业等。

一、新疆数字产业的发展现状

(一)　新疆电子信息制造业发挥优势、突出特色

新疆电子信息制造业的发展，主要是发挥区域、能源、资源的特色与优势，重点是以硅基、铝基、铜基为主体的电子新材料以及电子信息产品。自治区高度重视硅基、铝基、铜基新材料产业的发展，先后出台了一系列推动硅基、铝基新材料发展的政策，采取了一系列的措施，先后制定了“十三五”“十四五”发展规划，成功探索出一条“煤-电-硅一体化”和“煤-电-铝一体化”的特色发展路径，使新疆成为全球最大的绿色新能源基础材料供应基地和我国最重要的电子新材料研发生产基地。

1. 硅基新材料由弱到强

硅基新材料科技含量高，是战略性新兴产业不可或缺的重要材料，既是光伏新能源的基础材料，也是半导体芯片的关键材料，更可广泛应用于航空航天、电子信息、电力电气、纺织服装、石油化工、生物医药、新能源、机械、食品等几乎所有的工业领域和高新技术产业，市场空间广阔，发展潜力巨大。新疆硅基新材料产业发展具有扎实的基础和能源、资源优势，并已成为产业上游和前端产品的全球主要集聚区。

(1) 产业规模迅速扩大

新疆硅基新材料产业产值持续增长、产品种类不断增加、产量不断扩大，部分产品产

量居于全国前列。“十三五”期间，2020 年硅基新材料（不含工业硅）产业产值 186.7 达亿元，较 2015 年的 44.8 亿元增长了 3.2 倍；工业硅产量 86 万吨，约占全国的 41%，连续多年位居全国第一，产值达 92 亿元。随着技术工艺的持续创新，多晶硅、单晶硅、碳化硅晶体、有机硅、硅粉体材料等产品从无到有，由小到大。围绕电子级多晶硅产业，延伸氮化硅、氧化锆、气相二氧化硅产业链，硅基材料及其延伸产业已初具规模。2020 年多晶硅产量 24.3 万吨，较 2015 年的 3.1 万吨增长 6.8 倍；单晶硅产量 2.1 万吨；有机硅产量 22 万吨；第三代半导体大尺寸碳化硅晶体率先实现工业化生产，产量达 3 万片。

（2）产业集聚初步形成

依托“煤-电-硅一体化”发展路径，新疆硅基新材料产业形成以晶体硅和有机硅为主的两条产业链，主要集中分布在准东经济技术开发区、鄯善工业园区、甘泉堡经济技术开发区、八师石河子经济技术开发区、新源工业园区等地。乌鲁木齐市先进结构材料产业集群进入第一批国家战略性新兴产业集群发展工程，甘泉堡经济技术开发区成为乌鲁木齐市先进结构材料的核心承载区。“十三五”以来，太阳能级硅晶材料产业重心进一步向新疆转移，2020 年新疆已有多晶硅企业 4 家，均为全球产能前十企业，多晶硅产能 25.7 万吨，占全国的 60%以上，是全球多晶硅产业最为集中的地区。

（3）产业升级初见成效

一批单晶硅、有机硅、半导体碳化硅晶体等新材料相继成功投产，填补了新疆新材料领域产业空白，加快了产业转型升级的步伐。工业硅在开拓国际国内市场的同时，就地向高技术高附加值产品转化升级，转化率由“十三五”初的不足 2%达到目前的 22%，产品系列由单一的晶体硅发展为多晶硅和有机硅两大系列。多晶硅就地转化率从零提升到 13%，随着工艺技术水平提高，持续向电子级多晶硅、半导体级单晶硅产业链方向发展。多晶硅、单晶硅、有机硅向系列化、精细化、差异化及高性能方向发展，部分高端产品逐步替代进口，初步构建起上下游衔接、就地转化率高、循环经济特征明显、具有竞争力的硅基新材料现代产业体系。东方希望太阳能级单晶硅切片填补全疆产业空白。

（4）新能力持续提升

在重点企业或骨干企业相继建立了“国家地方联合工程研究中心”“国家企业技术中心”“高纯硅材料工程技术研究中心”“硅材料工程研究中心”等一批技术创新平台；建成了国内首个高纯晶体硅新材料智能工厂，初步构建了“装置间小循环、产业中循环、园区大循环”的绿色循环产业链，实现热电联产、多晶硅有机硅联产、锆硅联产和“三废”梯级循环增值利用。单晶硅智能化制造、大直径产品开发和先进硅料清洗工艺等处于行业领先地位。多晶硅副产物经分离提纯和深加工处理，成为光纤预制棒原料，实现资源综合利用和进口产品替代。

2. 铝基电子新材料形成优势

铝及铝合金具有特殊的化学、物理特性，不仅重量轻、导电性、导热性、耐蚀性好，而且强度高、具有良好的成形性和延展性，通过熔铸、挤压（或轧制等）和表面处理等多种工艺和流程，可以被加工成板、带、箔、管、棒、型、线、锻件、粉及膏等各种形态的产品，广泛应用于航空航天、交通运输、电力电子、印刷、化学工程等工业领域以及建筑、食品、家居日用品等日常生活领域，同时也是电子新材料的重要基础材料。

(1) 新材料基地初步建成

经过 20 多年的发展，利用优势煤电资源，新疆已成为国家重要的电解铝生产基地，同时初步形成了电解铝—圆铝棒和铝线杆、电解铝—高纯铝—扁锭—电子铝箔—电极箔、电解铝—高纯铝—氧化铝粉—蓝宝石等几条铝产业链，成为我国重要的铝基电子新材料基地。

(2) 新材料企业队伍不断壮大

目前，我区铝基电子材料产业已经形成以新疆众和股份有限公司为龙头、新疆荣泽铝箔智造有限公司、新疆西部安兴电子材料有限责任公司、新疆西部宏远电子有限公司为骨干的铝基电力电子材料，以正威(新疆)铜业有限公司、新疆亿日铜箔科技股份有限公司为重点的铜基电力电子材料，以新疆天科合达蓝光半导体有限公司为重点的碳化硅衬底材料，以新疆紫晶光电技术有限公司为重点的氧化铝蓝宝石衬底材料等产业。但除铝基电力电子材料产业已经形成了一定的规模优势，具备延伸产业链、完善产业集聚、壮大产业规模的基础外，其他产业仅是重点企业的点状分布，产业链协同配套难度较大。

(3) 新材料产能持续提升

通过多年的攻关和产业化，我区铝基电力电子材料龙头企业新疆众和已形成“能源(一次)—高纯铝—高纯铝/合金产品—电子铝箔—电极箔”电子新材料循环经济产业链，拥有(一次)高纯铝产能 18 万吨，高纯铝产能 5.5 万吨，电子铝箔产能 3.5 万吨，电极箔产能 2300 万平方米，在高纯铝靶材、高压电子铝箔新材料研发和产业化能力、技术和工艺方面处于国际国内领先水平，为航空航天、电子工业、军事工业装备提供了高质量关键基础材料。受新疆铝业基地的建设及电力发展的优势影响，先后有荣泽铝箔、西部安兴、西部宏远等企业落地奎屯、石河子，主要生产电极箔产品，已形成了乌鲁木齐甘泉堡经济开发区、石河子高新区、胡杨河经济技术开发区高纯铝及铝合金、电子铝箔、电极箔制造基地和产业集群。

截至 2021 年年底，我区高纯铝及铝合金产品产能 9 万吨，约占全国产能的 36%，占全球产能的 30%，其中新疆众和 5.5 万吨、天山铝业 4 万吨；电极箔 7100 万平方米，约占全国产能的 40%，占全球产能的 20%，其中新疆众和 2300 万平方米、西部宏远 1600 万平方米、西部安兴 800 万平方米、荣泽铝箔 1200 万平方米、广投桂东 1200 万平方米，实现经营业务总收入 110 亿元。

截至 2022 年上半年，全国主要高纯铝厂商总产能达 20.7 万吨，新疆产能 11.5 万吨(其中天山铝业 6 万吨、新疆众和 5.5 万吨)，约占全国产能的 55.5%，排名全国第一；全国已建成电极箔生产线 1134 条，月度产能 1990.6 万平方米，其中新疆 431 条线，月度产能 743.7 万平方米，占全国 37.3%，高于内蒙古(456.7 万平方米)和四川(445.6 万平方米)，排名全国第一。

3. 电子信息产品制造业实现零的突破

近年来新疆紧抓东部发达地区劳动密集型产业向西部地区转移以及“安可工程”实施的机遇，在自治区和工信部的大力推动和相关省市的大力支持下，电子产品组装加工业发展较快，从最初以解决南疆地区农村富余劳动力就业为主，推动南疆四地州发展电子产品组装加工业，到目前北疆乌鲁木齐、伊犁、博乐等也纷纷引入了具有一定技术含量的电子产品组装加工业。从最初的以LED节能灯、液晶显示模块、电视机、电脑、机顶盒、手机等外置设备耦合连接线、汇流箱、光伏支架、交直流配电柜等配套设备的组装加工，到长城电脑、曙光服务器以及资本密集型集成电路封测。2018年自治区出台了《自治区支持南疆四地州部分劳动密集型产业发展有关政策的通知》，对在南疆四地州发展电子产品组装加工业的企业给予运费和电价补贴，取得了较好的成效。

（1）电子产品组装加工业稳步发展

目前，电子产品组装产业已经成为自治区继纺织服装产业之外第二大劳动密集型产业。截至2021年年底，全疆劳动密集型电子产品组装加工企业达到160余家，其中南疆地区140余家、北疆20家，共吸纳就业2.5万余人。

（2）智能终端产品制造业开始起步

近年来，新疆电子信息产品制造业发展取得重大突破。2018年，世界500强正威国际集团入驻新疆，成立新疆铭威电子科技有限公司，主要从事智能终端产品的设计，研发、生产及销售，首台“乌鲁木齐造”手机于2019年3月正式下线，产品主要销往东南亚、欧洲、非洲及美洲，公司将在正威新疆“一带一路”产业园内建设智能终端产品的制造、产业链核心配件制造、软件开发、交易展示、商贸物流等产业项目，打造“产、学、研、居、旅、商、物、贸、金、总”的智能终端产业园区，并带动智能终端产业集聚发展。

（3）半导体产业实现零的突破

2020年，安徽三优光电科技有限公司在霍尔果斯市总投资100亿元建设的三优富信光电半导体产业园项目，仅用60天建设完成并投产，总建筑面积23.2万平方米，将建设60条SMT生产线和5000条半导体芯片封测生产线，围绕电子信息产业，吸引半导体封装测试类产业链企业落户，形成产业集聚，打造半导体产业园，力争通过2～3年时间，把园区半导体产业打造成投资过百亿、年产值过百亿级的产业园区，带动就业3000人。

（4）计算机制造业实现本土化

2019年，由中科曙光集团投资成立的新疆欣光信息技术有限公司，建成了年产服务器5万台、终端产品10万台的智能制造生产线（一期）；2020年，由中国电子信息产业集团在乌鲁木齐投资建设的中国长城（新疆）自主创新基地第一条年产30万台终端产品生产线投产，实现了计算机、服务器和笔记本电脑等产品的本土化生产。

由于缺乏核心技术以及基础条件的制约，新疆电子信息产品制造业仍处在起步阶段。

（二） 新疆软件和信息技术服务业呈现快速发展态势

软件和信息技术服务业（以下简称“软件业”）是指利用计算机、通信网络等技术对信息进行生产、收集、处理、加工、存储、运输、检索和利用,并提供信息服务的业务活动。软件业主要包括嵌入式软件、信息技术服务(数字内容产业、集成电路设计、数据处理与分析、运营服务、软件外包服务、信息技术咨询)、系统集成、软件产品(行业解决方案及应用软件、基础软件、中间件、支撑软件)、信息安全以及大数据、人工智能、物联网、数字孪生、元宇宙等技术或产品的开发与服务。

软件业是关系国民经济和社会发展全局的基础性、战略性、先导性产业,具有技术更新快、产品附加值高、应用领域广、渗透能力强、资源消耗低、人力资源利用充分等突出特点,对经济社会发展具有重要的支撑和引领作用。发展和提升软件产业,对于推动产业数字化转型,培育和发展战略性新兴产业,建设创新型国家,加快经济发展方式转变和产业结构调整,提高国家信息安全保障能力和国际竞争力具有重要意义。

1. 软件产业发展概况

新疆软件业起步于20世纪80年代,主要以信息系统集成服务和简单小型应用软件开发为主,至21世纪初逐步形成了以维哈柯文软件开发为特色的多语种软件与信息服务业。随着自治区信息化建设的深入推进,新疆软件业也在不断地发展壮大,涌现出熙菱信息、立昂技术、红友软件、公众信息等一批骨干企业,涉及大数据、云计算、物联网、人工智能等领域,业务覆盖软件产品开发、应用软件开发、系统集成、运行维护、数据资源采集、数据处理加工等,并初步形成软件开发、系统集成、软件评测、信息工程监理、信息咨询服务等产业链。

2. 软件产业聚集基地基本形成

(1) 新疆软件园

2010年动工,2014年建成的新疆软件园,占地218亩,总投资近20亿元,总建筑面积近40万平方米,已入驻企业500多家。历经10年的发展,目前新疆软件园已经成为自治区功能齐全、设施完善、服务一流的软件与信息服务创新高地,成为承接中东部地区相关产业梯度转移的重要功能平台,成为新疆发展软件业的战略载体。

(2) 克拉玛依云计算产业园

2012年11月动工兴建克拉玛依云计算产业园,占地3.5平方千米(一期)。目前,产业园区已成为自治区重要的软件创新研发基地,已引入上海艾特浦、中科天极、浪潮、海康威视优质企业150余家,吸纳就业1500余人,并聚集了华为云服务数据中心、中国石油数据中心(克拉玛依)、新疆维吾尔自治区重要信息系统异地灾难备份中心、中国移动集团(新疆)数据中心等大型数据中心项目以及国家信息中心电子政务外网西北数据中心和灾备中心、国家天地图克拉玛依数据中心暨北方灾备中心、中国航天集团西北卫星通信网基地、北京超图等国家重点项目和业内重要企业。2016年以来,克拉玛依云计算产业园区积极推动云计算行业应用聚集,将渲染行业作为重点并取得突破,截至2021年年底,已有"渲染大数据存储和世界影视数据库"和4家国内核心渲染平台企业落户园区,已建设3座渲染农场,"丝绸之路经济带影视动漫渲染基地"已建成全国单体规模最大的影视动漫渲染基地，部署渲染节点突破20000个，占全国总渲染算力的70%以上，累计参与制作国内外影视作品3000余部，该基地已成为国家“高算力低延时”应用示范基地和全国规模最大的渲染基地。

(3) 新疆信息产业园

2013年3月，自治区经信委批复新疆信息产业园项目落户昌吉市，产业园位于昌吉市南部新区，采取A区+B区+C区建设方式，规划总用地近2000亩(A区428亩、B区1400亩、C区73亩)，A区以电信数据中心为主，B区以移动和联通数据中心为主，C区位于中央商务区，主要建设新疆昌吉“互联网+”创业孵化产业园项目。围绕新疆信息产业园建设，昌吉市高起点、高标准规划，于2014年分别由IBM公司和宁波市规划设计研究院编制完成园区产业规划和城市设计规划。已投入2亿元，完成道路、电力、供排水等基础设施。截至2021年年底，电信、移动、联通三大数据中心一期建成运营，累计完成投资12亿元。布置机架8400个，使用率65%。已为腾讯、字节跳动、抖音和快手新疆用户、电信天翼云、自治区公安厅、兵团公安局、昌吉“雪亮工程”、农业银行等多家用户提供存储服务。到2025年三大运营商后期数据中心机房全部建成后，机架规模达30000个，具备存储、计算、网络服务能力。

(4) 乌鲁木齐市云计算中心

乌鲁木齐市云计算中心位于乌鲁木齐市高新区北区工业园，是中科曙光投资建设项目，于2015年10月在乌鲁木齐高新区开始建设，2017年一期建成投入使用，目前二期也已建成并投入使用，已具有10000多个机柜规模，主要提供智慧城市、社会管理服务、城市公共安全、多语种信息服务、电子政务、中小企业服务、新能源领域等云服务业务，可为500家以上的政府部门和企事业单位提供数据存储及处理分析等服务。

此外，还有新疆大学国家大学科技园、乌鲁木齐高新区等一批软件与信息服务业孵化器、创新创业基地、产业园区等正成为产业聚集、人才汇集的高地，为自治区软件与信息服务业发展提供了有力的支撑，承载了电子政务、电子商务、中小学教育、农村信息化、公共安全、网络新媒体、企业信息化等行业应用系统的开发与服务。

3. 软件产业主营业务不断增长

(1) 软件企业主营业务收入稳步增长

据新疆软件行业协会统计，截至2021年年底，新疆软件行业协会拥有企业会员759家，主营业务收入169.75亿元。在软件产品方面，主要是具有自主知识产权的多语种操作系统、办公系统、各类应用软件以及各类翻译软件。具体经营情况见表3-1所列。

759家会员企业全年行业实现利润总额11亿元，同比增长37.5%；实现信息服务总额为74.32亿元，比上年增加0.73亿元。

在759家会员企业中，年收入超亿元的企业有33家，比上年同期增加10家，33家企业实现利润占全部利润总额的55.09%。年收入达5000万元以上企业有66家，年收入达2000万元以上企业有178家，均比上年有所增加。

表 3-1　2021 年新疆软件产业收入情况

主营收入	主营收入同比上年增长/%	软件业务收入	软件业务收入同比上年增长/%	系统集成服务	系统集成服务同比上年增长/%	软件产品	软件产品同比上年增长/%	技术咨询服务	技术咨询服务同比上年增长/%	数据处理与运营	数据处理与运营同比上年增长/%	嵌入式软件	嵌入式软件同比上年增长/%
169.75	8.81	43.09	13.36	1.47	34.86	5.48	−17.59	19.75	10.95	12.67	29.28	1.43	50.52

从新疆软件行业协会所属企业会员 2012—2021 年收入情况来看，十年来新疆软件信息服务业仅增长了 90 亿元，增长幅度为 112%，而同期我国软件业务收入从 2011 年的1.84 万亿元增长到了 2021 年的 9.5 万亿元，十年增长了近 5 倍。具体经营情况见表 3-2 所列。

表 3-2　2012—2021 年自治区软件信息服务业主营收入统计表

年份	企业总营业收入/亿元	主营业务增长率/%	软件业务收入/亿元	信息系统集成业务收入/亿元	软件产品业务收入/亿元	信息技术咨询服务业务收入/亿元	数据处理和运营服务业务收入/亿元
2012	79.7	11.62	—	28.8	8.3	3.2	1.6
2013	106.76	33.95	—	34.78	10.2	4.22	7.49
2014	104.31	−2.29	47.01	29.66	6.87	3.81	6
2015	112.27	7.63	42.3	20.42	14.6	2.5	3.6
2016	116.97	4.18	34.1	18.2	18.1	2.6	3.9
2017	161.87	38.38	43.14	82.37	9.8	2.9	8.7
2018	177.3	9.53	45	102.98	4.7	2.18	8.3
2019	176.68	−0.35	50.27	98.9	7.23	26.38	10.98
2020	156	−11.7	38.01	73.59	6.65	17.8	9.18
2021	169.75	8.81	43.09	74.32	5.48	19.75	12.67

（2）软件企业实力不断增强

在 759 家会员企业中，从业人员总数为 3.28 万人，比上年增加 0.48 万人。其中，技术人员 2.73 万人，与去年相比，增加 0.54 万人。从学历构成来看，硕士以上学历人数 0.04 万人，占从业总人数的 1.21%；本科学历 1.01 万人，占从业总人数的 30.79%，大专学历 1.31 万人，占从业总人数的 40%。

在 759 家会员企业中，拥有 ISO 质量体系认证的企业 373 家、CMMI 认证企业 22 家，安防资质认证 529 家，涉密资质认证企业 61 家。拥有项目管理经理和项目管理高级经理 5583 人，比去年增加 397 人。

在 759 家会员企业中，拥有软件著作权 5257 项，比去年增加 793 项，增长 17.26%；认定软件产品 711 个，比去年增加 18 个，增长 2.59%；全年累计研发投入 5.13 亿元，比上年增加 0.34 亿元，占总收入的 3.02%。

在 759 家会员企业中，经认定为软件企业的有 204 家，熙菱信息和立昂技术于 2017 年初先后在深交所挂牌上市，另有 12 家企业在北京新三板挂牌上市。上市公司名单见附件一。新疆软件行业协会企业会员主要集聚在乌鲁木齐，占企业总数的 76%。但近年来，在全疆各地州也相继组建或成立了软件与信息技术服务企业，并呈快速发展趋势。其会员企业在全疆各地州的分布情况见表 3-3 所列。

表 3-3　2021 年新疆软件行业协会会员企业分布情况

地州/市	系统集成能力评估总数/个	甲级/个	乙级/个	丙级/个	丁级/个	软件企业评估总数/个
乌鲁木齐	577	126	133	189	129	184
巴州	37	3	8	15	11	2
克拉玛依	32	6	11	13	2	5
昌吉	29	1	6	13	9	4
伊犁	21	1	3	11	6	2
阿克苏	18	2	2	7	7	1
喀什	13	2	2	3	6	0
哈密	13	1	0	7	5	0
石河子	6	2	2	1	1	1
塔城	5	0	0	3	2	0
阿勒泰	3	0	0	2	1	0
和田	2	0	1	1	0	1
吐鲁番	2	0	0	1	1	0
博州	1	0	0	0	1	0
克州	0	0	0	0	0	0

(3) 规模以上软件企业主营业务收入有所下滑

工信部网站公布的数据显示，截至 2021 年自治区规模以上软件与信息服务企业(年主营业务收入 500 万以上的企业)共有 130 家，2021 年 1—11 月主营业务收入为 39.79 亿元，同比下降 1.6%；全年利润总和为 4.17 亿元，同比下降 12.6%。其中：软件产品收入 9.54 亿元，同比下降 10.5%，信息技术服务收入 29.22 亿元，同步上升 1.1%，信息安全收入 0.34 亿元，同比下降 19.2%，嵌入式系统软件收入 0.7 亿元，同步上升 51.1%。

表 3-4 所列是新疆软件与信息技术服务业(规模以上企业)近 5 年来主营业务收入情况。以表 3-4 可以看出，五年来新疆增加规模以上企业数量 10 个，增长 8.33%，软件业务收入、信息技术服务收入、从业人数都呈下降趋势。

表3-4　新疆软件和信息技术服务业经济指标统计(2016—2021年)

年　份	企业个数/个	主营业务收入/亿元	软件业务收入/亿元	软件产品收入/亿元	信息技术服务收入/亿元	从业人数/人
2016	120	82.8	46.7	10.9	35.1	13000
2017	131	93.78	54.53	14.21	40.23	9191
2018	129	114.18	76.43	20.82	33.77	11484
2019	128	113.56	76.3	13.58	47.96	12239
2020	115	107.67	62.36	12.63	47.64	11865
2021	130	85.05	39.79	9.54	29.22	11058

(数据来源:工信部)

(4) 软件产业创新能力有待提升

在科技创新方面,企业承担的科研项目有:自治区重点技术创新项目、战略性新兴产业项目、自治区重大专项等。互联网业承担的工程项目较多,近五年内承担的工程项目达130多个。在数字化产品方面,企业数字化产品有:信使签章,移动证书,统一身份认证平台,证书安全套件,丝路签,信使医签,新疆政务通,企业保姆,电子认证服务平台,工业领域安全态势感知平台,安全大数据中台软件,工控流量监测软件,基于安全蜜罐的威胁信息管理软件,安全流量监测软件,安全流量发生器,分布式网络安全扫描软件,基于区块链技术的内容管理系统,应用性能监控APM系统以及运维集中操作软件等一系列数字化产品及衍生服务。

在科技创新平台方面,企业已建立了“国产密码能力研发平台”“研发测试实验平台”“中国电信－CPS平台”“基于零信任、大数据的统一身份认证平台”“丝路电子签章和电子合同平台”“统一云密码能力平台”“基于区块链的政务数据共享交换平台”“元宇宙数字孪生研发平台”“液冷系统研发测试实验平台”“遵循spring cloud的java开发平台”“H5前端开发平台”“元宇宙区块链数字藏品NFT平台”“新疆智慧社区工程技术研究中心”“效能云平台”“新电云物联网可视化管控平台”“地下水资源智能管控云平台”“机房动力和环境监测平台”“基于工控安全的变压器运维平台”“新疆继续教育管理平台”“工程机械车载智慧平台”等一批技术创新平台。通过这些平台,有效推进大数据与感知硬件、核心软件及自有云平台等的融合提升。

新疆的软件和信息技术服务业已覆盖了云计算、大数据、智慧安防、5G应用、物联网、多语种信息处理、工业互联网、人工智能、信息安全、动漫、卫星应用、信创等领域,并已初步形成产业发展能力,研发了部分软件产品。

(三)　新疆通信及互联网业快速发展

1. 新疆通信服务业稳步发展

自治区通信服务业近年来发展较为平稳,随着4G、5G通信网络的建设,电信业保持良好的增长势头。截至 2022 年 6 月，全区电信业务总量完成 211.1 亿元。

- 电信业务收入达 164.7 亿元，较上年同期增长 8.2%，增速排名居全国第 17 位；
- 电话用户总数达到 3393.5 万户，较上年末新增 24.3 万户，较上年同期增长 2.5%，用户数排名居全国第 23 位，增速排名居全国第 18 位。
- 固定电话用户数达到 413.0 万户，比上年末增加 9.2 万户，较上年同期增长 2.1%，用户数排名居全国第 19 位；
- 移动电话用户数达到 2980.5 万户，比上年末增加 15.1 万户，较上年同期增长 2.6%，用户数排名居全国第 25 位，增速排名居全国第 18 位；
- 4G 用户总数达 1711.6 万户，较上年末减少 73.3 万户，较上年同期减少11.9%；
- 5G 用户总数达 784.7 万户，较上年末增加 210.5 万户，较上年同期增加92.1%；
- 固定电话普及率达 16.0 部/百人，移动电话普及率达 115.1 部/百人；
- 固定宽带接入用户普及率达 45.1 部/百人，家庭宽带接入用户(家庭)普及率达 120.2 部/百户。固定宽带高速率用户占比不断增长。固定宽带用户比上年末新增 103.7 万户，总数达到 1167.9 万户，较上年同期增长 16.9%，用户数排名居全国第 20 位，增速排名居全国第 4 位；其中，FTTH/O 用户比上年末新增 105.1 达万户，总数达到 1147.1 万户，较上年同期增长 17.5%，增速居全国第 3 位；在固定宽带用户中，20～100 M 速率用户占比达到 7.6%，100～500 M 速率间用户占比达到 66.9%，500～1000 M 速率间用户占比达 16.2%，1000 M 速率以上用户占比达到 8.5%；
- 移动互联网用户达到 2519.5 万户，较上年同期增长 3.8%，增速居全国第 22 位；
- IPTV(网络电视)用户达到 992.5 万户，较上年同期同比增长 17.7%，增速居全国第 6 位；
- 物联网终端用户达到 850.0 万户，较上年同期增长 38.6%，增速居全国第 10 位。
- 非话音业务收入完成 149.5 亿元，较上年同期增长 8.5%，增速居全国第 21 位，占电信业务收入比重为 90.8%，其中：移动数据流量业务收入完成75.6 亿元，较上年同期增长 3.8%，增速居全国第 5 位，占非话音业务收入比重达 50.6%。

2. 互联网产业发展蓬勃兴起

互联网产业近年来发展迅猛，以互联网运营服务、互联网内容服务以及基于互联网的各种平台类、服务类服务业态为主，除三大运营商及广电网络外一大批中小企业应运而生，并为新疆互联网产业发展做出了重要贡献。

(1) 互联网网民持续增加

截至 2021 年年底，新疆移动互联网终端用户数达 3106.6 万户，较 2020 年底增长 71.9 万户，同比增速为 2.4%。其中，新疆网民以男性居多，男性与女性比例约为 51.1:48.9；网民年龄以 30 岁以下群体为主，其中以 19～24 岁年龄段的网民占比最高，占比为 27.3%；在学历结构方面，大学本科学历网民为主要人群，占比达 48.3%；在职业结构方面,以在校学生人群为主,占比达 18.5%;在个人月收入方面,在 1000～2000 元的最多,占比为 37.3%。

(2) 互联网业务收入持续提升

工信部发布的互联网和相关服务业年度统计数据显示(图 3－1):2021 年新疆互联网和相关服务业企业数达 450 家,互联网业务收入 72.27 亿元,平均每家企业业务收入 0.16 亿元。

新疆的主要业务收入来自信息服务收入,互联网业务收入来源单一且不均衡。

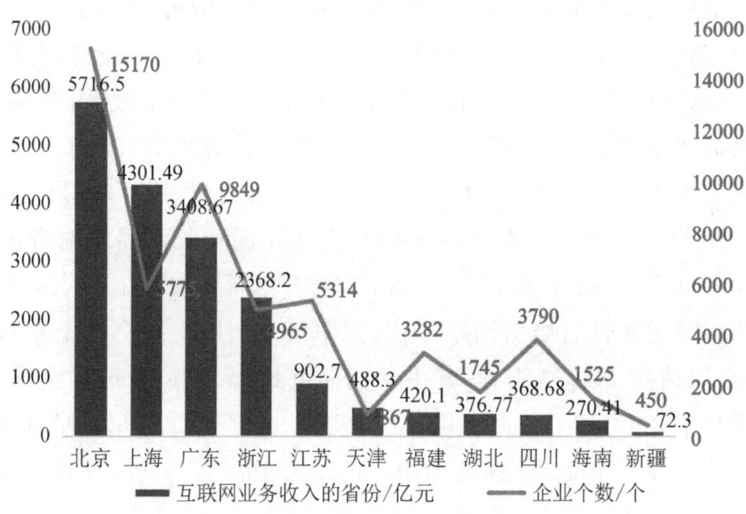

图 3－1　全国前十的省份互联网与新疆互联网业务收入与企业个数

(数据来源:工信部)

(3) 互联网应用持续深化

新疆互联网应用主要为网站浏览、电子商务、电子政务、新闻资讯、搜索服务、社交服务、网络音视频服务、网络游戏、生活服务、实用工具、在线旅游等。

2021 年,新疆综合搜索类网站以 99.0%的用户覆盖率位居各类网站首位。在移动端,通信聊天类的用户覆盖率占据第一位,所占比为 91.2%。

新疆网民最常使用的 App 应用主要以即时通信、短视频、移动购物服务为主。其中,微信以 89.5%的移动用户覆盖率位居榜首;抖音以 81.4%位居第二位;手机淘宝以 72.3%位居第三位。

在 PC 端上,按照月度访问量衡量,新疆网民访问页面量排在前三位的网站依次是淘宝网、百度搜索、腾讯网,访问次数分别为 3.27 亿次、2.58 亿次、1.05 亿次。

在移动端,从月度单机使用时长的指标项分析,微信、抖音和手机淘宝的优势明显,分列前三位,新疆网民月度访问时长分别为 22.4 小时、21.7 小时和 20.3 小时。

2021 年新疆移动网络应用发展非常迅速,从移动用户的角度看,通信聊天类的用户覆盖率占据第一位,所占比为 91.2%,其次是视频服务和实用工具,所占比例分别为 85.4%

和 78.1%。

2021 年新疆移动网络应用市场占有率方面，微信、手机淘宝和抖音位居前列，其中微信的优势更加突出，占比达到 89.5%，排名第二和第三位的是手机淘宝和抖音，所占比例分别为 81.4%和 72.3%。

3. 新疆互联网平台经济快速发展

近年来，我区互联网平台发展较快，新疆大学经济与管理学院发布的新疆平台经济发展调研报告(2022)显示：

截至 2021 年年底，全疆共有 37 家互联网平台企业，注册单位用户达 390.78 万家、个人用户达 1749.00 万人、交易（服务）达 2609.55 万笔，交易（服务）金额达 2663.62 亿元。与 2020 年相比，平台数量、平台单位和个人用户数量增速依次为 48.00%、70.65%、231.99%，平台的交易（服务）金额下降了 2.95%。

单位用户数增加主要是由行业信息服务（大数据）平台增加所致；个人用户数增加主要是由行业信息服务（大数据）平台、本地生活平台、供应链平台增加所致；平台的交易（服务）金额下降主要是由行业信息服务（大数据）平台的交易（服务）金额下降及部分新增的平台企业未填写交易（服务）金额所致；单位用户交易（服务）金额下降显著，主要原因是交易（服务）金额下降及单位和个人用户数大幅度增长共同影响所致。

（1）行业信息服务（大数据）平台是中坚

2021 年单位、个人用户数均排名第一，交易（服务）次数、金额均排名第二；与 2020 年相比，单位和个人用户数均大幅度增长，单位用户交易（服务）金额和总额均有下降。总体来看，行业信息服务（大数据）平台仍是新疆平台经济发展的中坚。

（2）跨境电子商务平台潜力巨大

2021 年单位用户数、个人用户数、交易（服务）笔数和金额均较小；与 2020 年相比，单位和个人用户数均有大幅度下降，降速依次为 97.95%、54.33%，但单位交易（服务）金额和总额上升很快，尤其是前者上升了 1050.00%。总体来看，跨境电子商务平台的体量还比较小，但提质增效显著，发展潜力巨大。

（3）工业互联网平台快速发展

2021 年单位用户数、交易（服务）金额在六类平台里均为最小，单位用户交易（服务）次数在六类平台里排名第一，平台活跃度高；与 2020 年相比，单位用户交易（服务）金额和总额高速增长，分别增长了 77.28%、77.27%，进入发展快车道。

（4）大宗商品交易（服务）平台交易增长较快

2021 年单位和个人用户数均比较少，但单位用户交易（服务）金额和总额在六类平台中分别排名第二、第三；与 2020 年相比，单位用户数、个人用户数和交易（服务）金额均有较大幅度的增长，且增长均集中在棉花行业，发展潜力较大，对拥有优势资源的各领域龙头企业是巨大的发展机遇。

（5）供应链平台影响力大幅提升

2021 年交易（服务）金额在六类平台中排名第一，单位用户数和单位交易（服务）金额均排名第二，个人用户数量、交易（服务）笔数均排名第三，影响力、活跃性在六类平台中排在前列；与2020年相比，个人用户数增幅巨大，交易（服务）金额小幅上升，企业单位用户数下降，因个人用户数快速增长引起单位交易（服务）金额下降。总体来看，供应链平台在成长过程中既要重视拓展单位用户，还要重点关注线上线下个体经营户（供应链平台的个人用户群体主要是线上线下个体经营户，终端消费者很少）在数字化背景下的创新发展诉求。

（6）本地生活平台面临挑战

2021年交易（服务）次数在六类平台中排名第一，个人用户数、单位用户交易（服务）次数均排名第二，交易（服务）金额排名第四，单位用户交易（服务）金额排名最后；与2020年相比，除个人用户数外，单位用户数、单位用户交易（服务）金额和总额下降幅度依次为26.32%、66.67%、56.48%。与其他平台相比，本地生活平台发展面临较大的困难。

（7）电子商务蓬勃发展

2021年，新疆电子商务额达2604.6亿元，增速17.1%；网络零售额509.6亿元，同比增长22.3%；实物型网络零售额、服务型网络零售额分别实现358.2亿元、151.4亿元，在网络零售额中分别占比70.3%、29.7%；服务型网络零售额在整体网络零售额中占比较去年同期提升2.8%，对电子商务发展的贡献持续增强；农产品网络零售额153.0亿元，增速25.9%；农村网络零售额实现241.4亿元，同比增长41.6%，较全国农村平均水平高出14.6%，在全国农村中占比0.8%，较去年同期提升0.1%，农村网络零售额地域贡献力持续扩大。

二、新疆数字产业科技支撑和创新能力存在的问题

纵观全球数字产业的发展史，也是一部科技发展史，可以看出数字产业是在强大的科技支撑下发展的，只有构建起强大的数字技术科技支撑体系才能推动和促进数字产业的创新发展。新疆数字产业之所以发展得如此缓慢且落后，原因较多，但从新疆软件产业发展科技支撑创新能力的现状不难看出，科技支撑创新能力的短板是制约新疆软件产业发展的重要原因。

1. 科技投入严重不足

根据国家统计局网站最新公布的数据，2021年研究与试验发展（R&D）经费，全国共投入研究与试验发展（R&D）经费27956.3亿元，其中新疆研究与试验发展（R&D）经费78.3亿元，全国排名第28位。

2021年全国各行业规模以上工业企业研究与试验发展（R&D）经费合计17514.2亿元，其中计算机、通信和其他电子设备制造业3577.8亿元。排名前十的省份及新疆研发投入如图3-2所示。

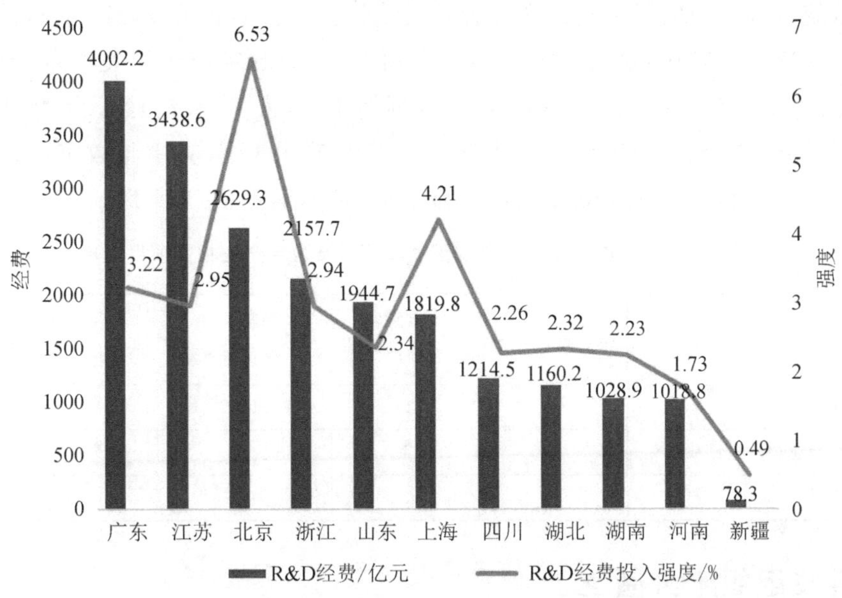

图 3-2 2021 年研究与试验发展投入排名前十的省份及新疆的情况

（数据来源：国家统计局）

根据国家统计局发布的全国科技经费投入统计公报中截取的 10 年来新疆的数据，新疆全行业研究与试验发展（R&D）经费投入强度（与国内生产总值之比）在 0.45～0.59 的区间，科研经费与 GDP 增长幅度基本保持一致。2021 年新疆研究与试验发展（R&D）经费投入强度为 0.49，仅是全国平均水平 2.44%的 1/5，在全国排名倒数第五，具体如图 3-3 所示。全国数字技术行业研究与试验发展经费（R&D）投入的平均水平为 2.44%，根据新疆科技厅项目立项情况来看，新疆的投入不足 1%。这有限的科研经费真正投入数字技术方面的微乎其微，因为新疆的科研重点一直都在农牧业、水利和生态环境保护方面。

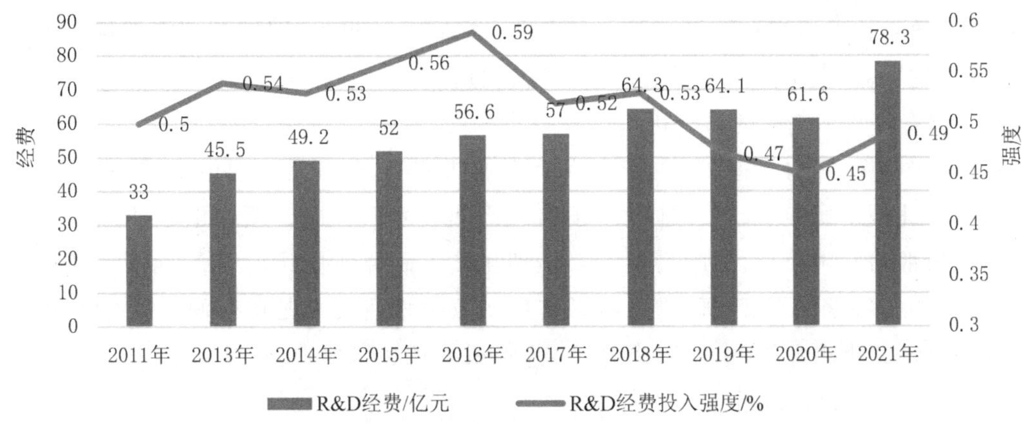

图 3-3 新疆 R&D 经费及其投入强度

（数据来源：国家统计局）

自治区统计局发布的国民经济和社会发展统计公报数据显示，2021年，自治区级科技新立项项目1689个，其中：自治区重大科技专项7个，无数字产业相关项目；自治区重点研发专项20个，数字产业项目占1个；自治区创新条件（人才、基地）建设专项1157个，数字产业项目不足10个；自治区科技成果转化示范专项398个，其中与数字产业相关的项目仅占2个。与其他产业相比立项数量明显不足，具体见表3-5所列。

表3-5 2021年新疆区级科技新立项项目及数字产业相关项目情况

类型 数量	重大科技专项	重点研发专项	创新条件建设专项	科技成果转化示范专项
立项数/个	7	20	1157	398
数字产业相关项目数/个	0	1	10	2
占比/%	0	5	0.8	0.5

2. 科技组织十分匮乏

新疆国民经济和社会发展统计公报显示，截至2021年年末，自治区拥有县以上部门属研究与技术开发机构106个，其中：自然科学研究与技术开发机构83个，科技信息与文献机构5个，转制科学研究与技术开发机构12个；拥有高新技术企业954家；拥有高新技术产业开发区19个，其中国家级2个，自治区级17个；拥有星创天地42个，其中国家级34个；拥有众创空间62个，其中国家级27个；拥有科技企业孵化器29个，其中国家级10个。国家发展改革委先后分两批对现有349家国家工程中心和国家工程实验室进行优化整合，经过严格评审，最终191家获准纳入新序列，新疆无一家。

从以上的数据中可以看出，全区已基本形成集高校、科研机构、重点实验室、工程技术（研究）中心、产学研合作基地、科技企业孵化器、产业园区与共享平台等多种形式的区域科技支撑体系，但是在这些科技支撑平台或体系中，和数字产业相关的创新平台数量极少，能够为数字技术研究和数字产业发展提供支撑服务的更少，即使个别能够提供也是一般性、简单的服务，根本无法满足数字技术发展的需要。

（1）仅有3家不完整的科研机构

在106个科研机构中有3家数字技术类专业研究所，分别是新疆电子研究所、中国科学院新疆理化技术研究所、喀什地区电子信息产业技术研究院。新疆电子研究所已被改制为研究所股份有限公司，中国科学院新疆理化技术研究所内设的多语种信息处理研究室，拥有由30多人组成的科研队伍，电子信息产业技术研究院是电子科技大学和喀什地区共同举办的二类事业单位，2021年成立，人员机构正在组建中。

（2）仅有9家自治区重点实验室

自治区拥有110个重点实验室，其中国家重点实验室5个（荒漠与绿洲生态国家重点实验室、省部共建中亚高发病成因与防治国家重点实验室、省部共建碳基能源资源化学与利用国家重点实验室、省部共建绵羊遗传改良与健康养殖国家重点实验室、省部共建农业机械重点实验室），无一个和数字产业相关。106 个自治区重点实验室中有 9 个属于数字技术类（新疆多语种信息技术重点实验室、新疆电子信息材料与器件重点实验室、新疆云计算应用重点实验室、新疆物联网感知与控制实验室、新疆教育云技术与资源实验室、新疆民族语音语言信息处理实验室、新疆信号检测与处理重点实验室、新疆社会安全风险防控大数据重点实验室、新疆智慧广电全媒体技术重点实验室）。

（3）仅有 10 家自治区工程技术研究中心

自治区拥有 129 个工程技术研究中心（其中 5 个国家工程技术研究中心：国家棉花工程技术研究中心、国家瓜类工程技术研究中心、国家风力发电工程技术研究中心、国家荒漠—绿洲生态建设工程技术研究中心、国家特高压变压器工程技术研究中心，无一个和数字产业相关），124 个自治区工程技术研究中心中仅有 10 个属于数字技术类（新疆铝基电子材料工程技术研究中心、新疆数字化设计与制造工程技术研究中心、新疆先进制造业工程技术研究中心、新疆机电行业基于物联网的机电一体化工程技术研究中心、新疆特种设备物联网与控制工程技术研究中心、新疆物联网公共安全共性应用工程技术研究中心、新疆云计算工程技术研究中心、新疆北斗卫星导航定位应用工程技术研究中心、新疆财税信息工程技术研究中心、新疆农业信息化工程技术研究中心）。在 20 家国家认定企业技术中心中，有数字技术类企业 1 家（特变电工股份有限公司技术中心）；在 305 家自治区企业技术中心中有数字技术类企业 6 个（新疆中泰信息技术工程有限公司技术中心、乌鲁木齐富迪信息技术有限公司技术中心、克拉玛依油城数据有限公司技术中心、沙雅钵施然智能农机有限公司技术中心、克拉玛依市华隆自动化测试有限责任公司技术中心、新疆数字认证中心技术中心）。

其中，数字技术类的工程技术中心普遍创新基础较差、创新能力较弱，支撑数字产业的工程技术中心数量较少，支撑数字产业发展的能力较弱。

（4）仅有 2 个数字产业园区

全区共有经国务院和自治区人民政府批准设立的各类园区 91 个，其中国家级的 23 个，自治区级的 68 个，但仅有新疆软件园和克拉玛依云计算 2 个数字产业园。

3. 数字经济人才培养能力不足

截至 2021 年，全国共有 3012 所高等教育学校（机构），其中中央部门办 118 所、本科院校 1270 所、高职（专科）院校 1486 所、新疆共有 55 所，低于全国平均水平，其中本科院校 19 所，高职（专科）院校 36 所，总数占全国的 1.8%，民办学校占全国民办学校的 3.64%。如图 3－4 所示，前十的省份都有中央部门办的学校，新疆无中央部门办的高校。

自治区教育部门提供的相关数据显示，截至 2021 年年底，新疆共有各类大中专院校 56 所，其中本科院校 19 所（211 大学 2 所），高职（专科）院校 37 所。2021 年新疆普通高校各类学生情况见表 3－6 所列。

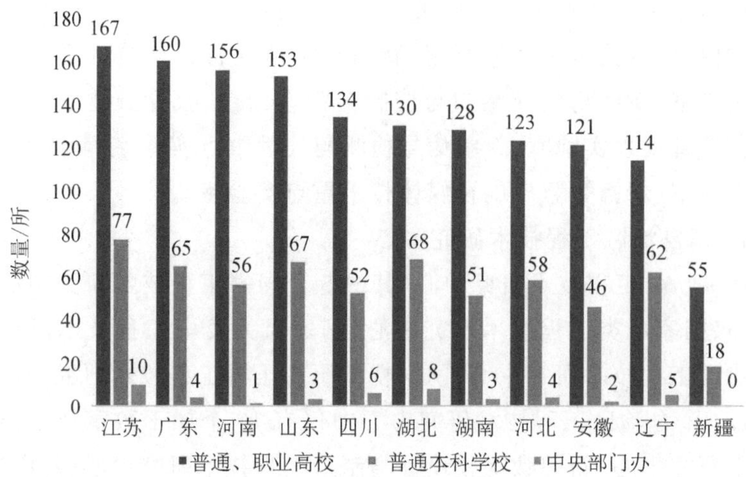

图 3-4 全国高校分布情况

表 3-6 2021 年新疆普通高校各类学生情况

研究生			普通本科生			中等职业		
招生/万人	在校/万人	毕业/万人	招生/万人	在校/万人	毕业/万人	招生/万人	在校/万人	毕业/万人
1.46	3.80	0.80	17.63	55.56	9.98	8.58	24.53	8.88

通过分析 56 个学校计算机专业和电子信息专业的招生人数，可以得知，其招生人数占比为 15%。

从表 3-7 我们可以看出：2021 年新疆高校中正高级职称教师的占比较全国平均水平低 46%，副高级职称占比较全国平均水平低 23%，其中有博士学位教师的占比较全国水平低 53%，显然新疆高校教师的层次较全国有较大的差距。而全疆数字产业相关的专任教师总量不足 3%。

全区 56 所高校中基本都开设了电子信息与软件信息服务相关的专业。其中与电子信息相关的专业主要有：电子信息工程、电气工程及自动化、电子科学与技术、通信工程等学科；

与软件和信息技术服务业相关的专业主要有：计算机科学与技术、软件工程、信息安全、数字媒体技术、网络空间安全、计算机应用技术、信息与计算科学、数据科学与大数据技术、地理信息科学等专业。本科培养阶段专业设置齐全，研究生培养阶段主要以计算机应用和软件理论为主，包括人工智能、多语种信息处理、网络安全、大数据分析、软件工程等研究方向，主要以应用型研究为主，基础理论研究偏少。2021 年教育部的统计数据显示，全区研究生培养情况为：毕业生 7991，其中硕士 7775 人、博士 216 人；计划招生 14591 人，其中硕士生 13807 人、博士 784 人；在校研究生 37968 人，其中博士 2714 人、硕士 35254 人。目前具有研究生招生资格的高校及研究所共 12 所（新疆大学、新疆医科大学、新疆农业大学、新疆师范大学、喀什师范大学、石河子大学、塔里木大学、伊犁师范学院、新疆财经大学、中国科学院新疆理化技术研究所、中国科学院新疆生态与地理研究所、中国科学院新疆天文台)。根据高校及研究所招生情况估算,研究生阶段数字产业相关的硕士研究生占比在5%以下,博士研究生招生量在50人左右,占比在4%,目前仅有新疆大学、中国科学院新疆理化技术研究所和中国科学院新疆生态与地理研究所具有数字产业化相关博士点。由此可以看出,数字产业高层次人才培养严重不足。

表3-7　2021年全国和新疆高校教师及科研机构结构情况对比

类别			全国	新疆
教职工及科研人员总体情况	教师总人数/万人	教职工人员	259	3.4
		专职教师	185.2	2.46
	正高职称	人数/万人	24.4	0.17
		占比/%	9	4.8
	副高职称	人数/万人	55.7	0.6
		占比/%	20.6	16.8
	中级及以下职称	人数/万人	105	1.7
		占比/%	38.9	48.29
	行政辅助人员	人数/万人	74.1	1.04
		占比/%	27.4	29.55
	科研机构人员	人数/万人	4.13	0.0025
		占比/%	1.5	0.07
教师学历构成情况	博士	人数/万人	51.38	0.32
		占比/%	27.75	13
	硕士	人数/万人	68.71	1.09
		占比/%	26.49	44.31
	本科及以下	人数/万人	65.09	1.04
		占比/%	35.15	44.28
教职工总数			270	3.52

4. 数字技术企业科技支撑乏力

自治区统计局的统计公报显示:2020年在26家规模以上数字技术类的企业中,有研发活动的企业仅有5家,设立研发机构的有6家,研发人员数量只有278人,其中研究人员80人;投入研发经费14307.2万元(主要是实验发展,没有基础研究和应用研究经费);开发新产品10个;申请专利数61个;申请发明专利19个,具体见表3-8所列。由此可以看出,大部分企业没有研发机构和研发投入,即使有也非常缺乏具有研发能力的人员。

表 3-8　新疆规上企业与数字技术类企业科研活动情况表

企业类别	企业总数	有研发活动的企业数/个	企业设立的研发机构数/个	拥有研究与实验发展人员/个	拥有研究人员/个	研究经费投入情况/万元	新产品开发项目数/个	专利申请数/件	其中发明专利申请数/件	有效发明专利数/件
全疆规上企业	3604	185	135	9167	3409	391938.6	1195	4427	1671	4580
数字技术类	26	5	6	278	80	14037.2	10	61	19	185
数字技术类占比/%	0.07	2.7	4.4	3.03	2.3	3.6	0.84	1.4	1.14	4.0

5. 科技产出贫乏

(1) 取得的知识产权极少

国家知识产权局的知识产权统计年报显示，2021 年全国共取得国家发明专利 586037 件，其中新疆取得 1154 件，在全国 34 个省区市排名第 28 位。新疆的发明专利授权数从 2014 年的 577 件增加到 2021 年的 1154 件，增长率为 34%，平均增长率达到 10%。表 3-9 列出了 2018—2021 年发明专利、实用新型专利、外观设计专利的申请数量和授权数量。

表 3-9　2021 年全国和新疆取得专利情况及新疆在全国的占比

类　别	申请情况			授权情况		
	发明专利/万件	实用新型专利/万件	外观设计专利/万件	发明专利/万件	实用新型专利/万件	外观设计专利/万件
全国	142.78	284.53	78.72	58.59	311.28	76.85
新疆	0.44	1.63	0.15	0.11	1.87	0.133
占比	0.31%	0.57%	0.19%	0.19%	0.60%	0.17%

由表 3-9 可知，2021 年全国国内发明专利申请量为 142.78 万件，新疆占比 0.31%；全国国内实用新型专利申请量 284.53 为万件，新疆占比 0.57%；全国外观设计专利申请量为 78.72 万件，新疆占比 0.19%；全国国内发明专利授权量为 58.59 万件，新疆占比 0.19%；全国国内实用新型专利授权量为 311.28 万件，新疆占比 0.6%；全国外观设计专利授权量 76.85 万件，新疆占比 0.17%。由此可以看出，新疆在专利方面占全国比重非常低，创新能力不足。从《2021 年新疆维吾尔自治区国家发明专利统计分析报告》可知，新疆数字产业的专利数不足 50 个，在全国的占比非常低。由此可见，新疆在数字技术方面的研发能力是非常薄弱的。

(2) 发表的科技论文和专著很少

新疆维吾尔自治区统计年鉴显示，自治区 2020 年共发表科技论文 19898 篇，出版科技著作 289 种。其中，高校发表科技论文 12738 篇，占比 64%，出版科技著作 178 种，占比 62%；规模以上企业发表 2865 篇，占比 14%；规模以上国有企业发表 785 篇，占比 4%；规模以上中小型企业发表 314 篇，占比不足 2%；规模以上计算机、通信和其他电子设备制造业企业发表科技论 3 篇。从发表论文的情况来看，企业明显低于高校。

《中国科技统计年鉴》2020 年的数据显示，全国共发表 SCI 论文 952910 篇，全国 31 个省区市中，北京发表 SCI 论文 132378 篇，排名第 1；江苏发表 SCI 论文 89749 篇，排名第 2；上海发表 SCI 论文 66308 篇，排名第 3；广东、陕西、湖北紧跟其后，分别排名第 4、第 5、第 6。新疆发表 SCI 论文 9482 篇，排名第 26，占比 0.57%，远低于平均值。全国 31 个省区市具体排名如图 3－5 所示。根据新疆高校与研究所的预估数据，其中数字产业方面的论文在 20 篇左右，占比 0.2%。由此可见，数字技术方面的论文数量明显低于其他领域方向。

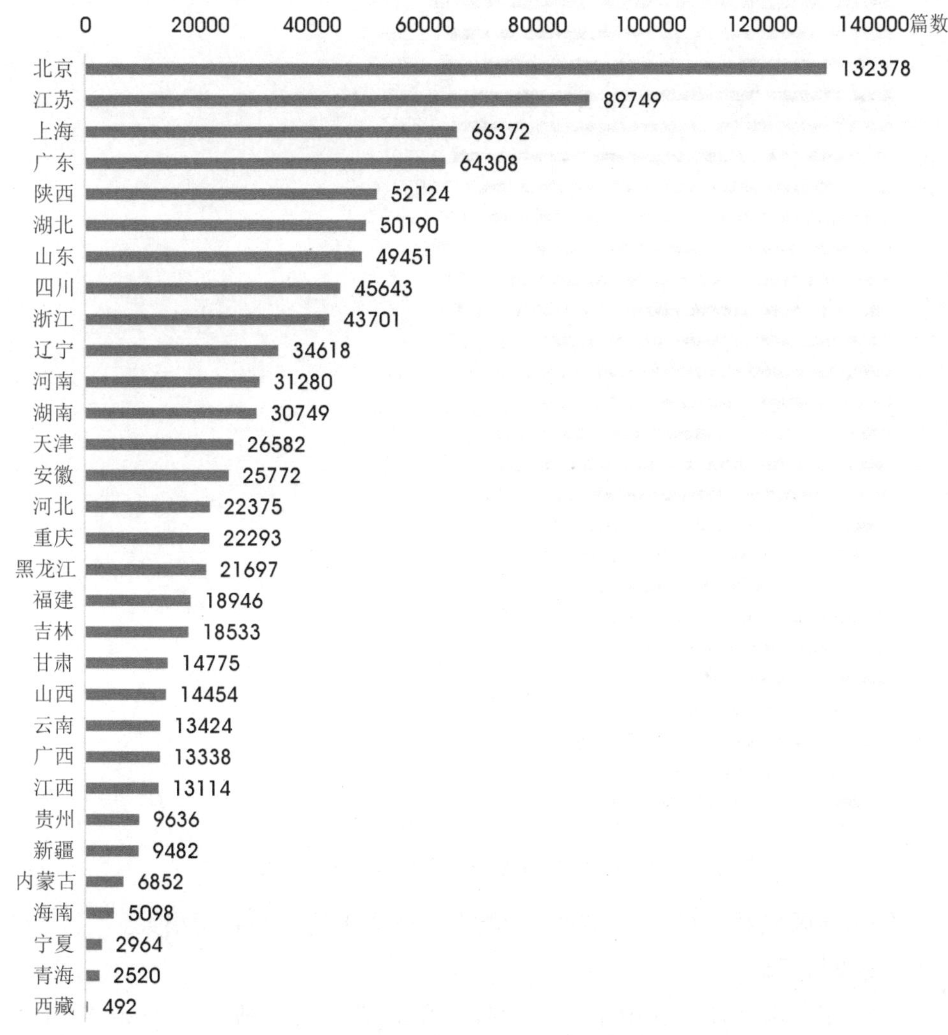

图 3－5　2020 年我国各省区市 SCI 论文发表情况

高被引论文能够在一定程度上代表其较高的学术影响力，是国内外公认的具有较高影响力的高水平研究成果。2017—2021 年，全国 34 个省区市高被引论文情况如图 3－6 所示，其中澳门和香港分别以 2.0427％和 1.9801％排名第 1 和第 2，湖南和湖北分别以 1.7823％和 1.6056％排名第 3 和第 4。福建、广东、河南、浙江、安徽和江苏分别排名第 5 至第 10。新疆以 0.6987％排名倒数第 1。

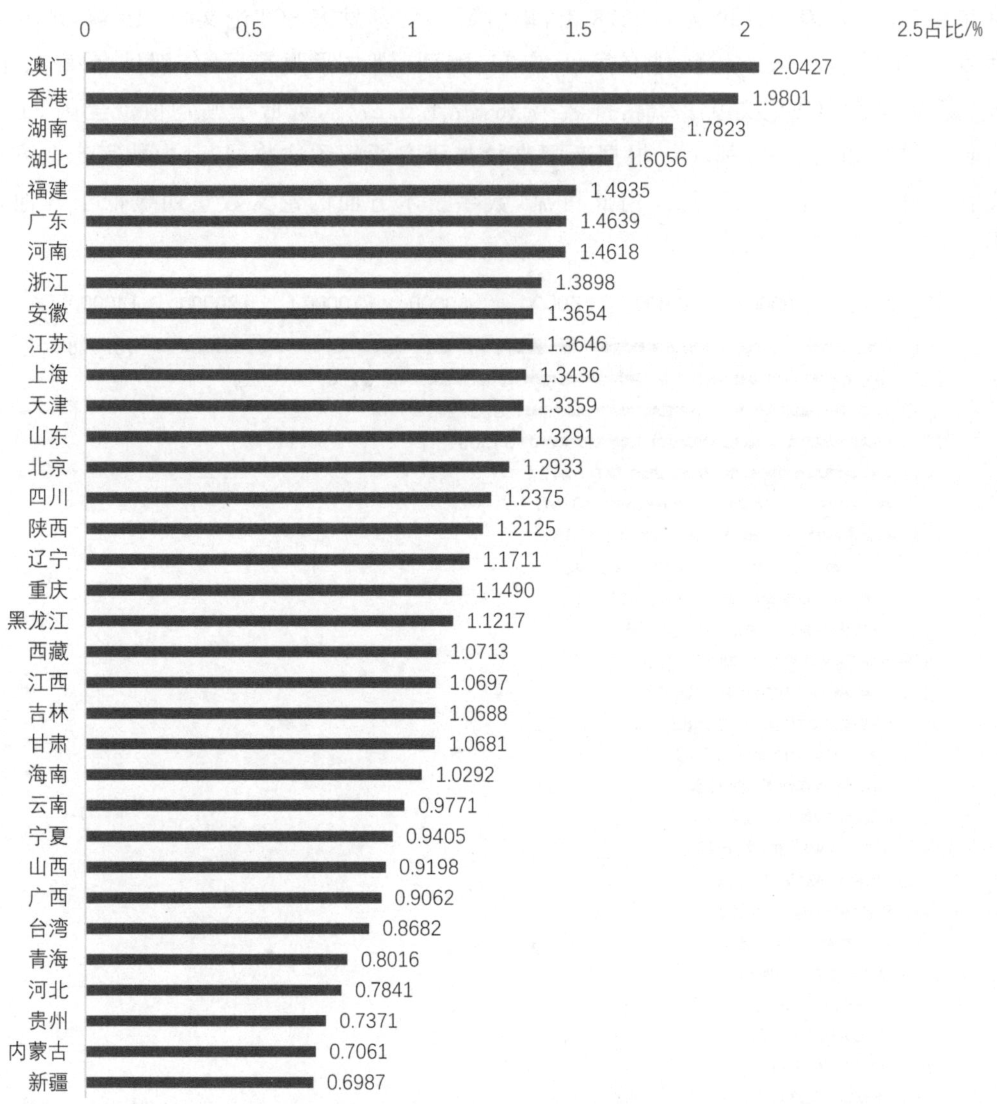

图 3－6　2017—2021 年我国各省区市高被引论文情况

由此可见，新疆在数字技术方面的创新能力与全国平均水平差距很大。

(3) 科技成果不显著

根据 2021 年新疆统计年鉴中重大科学技术研究成果及奖励数据和新疆科技厅官方网站公布的 2021 年自治区重大科技成果和获奖情况可知，2018—2021 年的新疆重大科技成果数变化不大，已经连续 3 年无国家级科技奖，具体见表 3－10 所列。

表 3-10 2018—2021 新疆获科技成果奖励情况

年 份	自治区级	奖励情况				
	重大科技成果	国家级	自治区级	一等奖	二等奖	三等奖
2018	302	2	144	27	54	63
2019	303		128	28	50	50
2020	353		130	33	59	38
2021	420		127	35	59	33

6. 数字产业创新能力薄弱

新疆数字产业除了科技支撑能力不足处，产业创新能力也较薄弱，特别是软件企业由于规模小、水平低、科技基础差，创新能力更是跟不上技术发展和市场的需求。经过综合分析可以得出，新疆电子信息制造业和软件产业创新能力主要存在以下问题。

（1）电子信息制造业创新能力急需提升

以硅基、铝基为主导的新疆电子新材料产业虽然近年来发展迅速，并已成为我国乃至全球重要的硅基、铝基新材料供应基地，但我们深知这主要还是凭借新疆的能源、资源优势，而产业发展的基础还很薄弱，特别是科技支撑还不够，创新能力还不强，这主要表现在：

① 产业链延伸不够：新疆初步形成的多晶硅和有机硅两条产业链仍处于产业上游粗加工环节，向产业链下游精深加工延伸不够，上游产品在本地向高附加值的中下游转化率较低，工业硅就地转化率仅占 22%，多晶硅就地转化率不足 13%；硅光伏、硅电子和硅合金产业链仍有待进一步开发。多晶硅和有机硅产业链存在企业数量较少、产业链条延伸不足、资源综合利用程度较低、产业配套不完善、产品低端化、高附加值产品少等问题。

② 产业创新发展不足：新疆硅基、铝基新材料产业技术创新链缺乏统筹布局，创新链资源配置亟待优化，产业发展与创新成果转化相脱节，创新成果产业化应用不畅。产业创新支撑不足，政策体系和投资环境不完善，相关政策支持滞后，对产业升级的支撑作用不强，企业发挥创新的积极性不高。

③ 产业生态培育不够：新疆硅基、铝基新材料产业的快速发展得益于新疆的能源、资源优势，硅基、铝基新材料产业的发展则主要依托技术、人才、市场，而这正是新疆的短板。尽管部分行业龙头企业在新疆布点建厂，但由于产业生态不健全、产业链不配套，又缺乏统筹和政策协调，这些企业也只能把新疆作为硅基材料的原料供应基地。

④ 产业缺乏强有力的科技支撑：新疆虽然硅基、铝基新材料产业已初具规模，产能已位居全国乃至全球前列，但到目前为止，即使像协鑫科技、合盛硅业、大全能源、新特能源、新疆众和等头部企业也大都是把生产基地部署在新疆，而其研发基地基本都在东部发达地区。新疆尚没有一家专业从事硅基、铝基新材料的研发机构，相关的检验、检测机构更是匮乏，高等院校没有设置相关的专业，行业协会专业学会尚没有有效发挥作用，高规格高水平高层次的学术会议、论坛、峰会、展览等反映一个区域产业发展科技氛围的活动几

乎没有。

⑤ 产业集聚水平不高：虽然准东经济开发区的硅光伏产业和鄯善工业园区的有机硅产业初具规模，但硅基新材料企业较少，产业结构较为单一，产业分布较为分散，区域间合作和差异化分工不足，与重点产业基地的定位还有较大差距，产业集聚水平亟需提高，产业聚集区的配套服务和科技支撑还不够。

⑥ 硅基铝基新材料企业数字化能力还需要进一步提高：尽管新特能源、新疆众和、大全、协鑫科技、合盛硅业等企业的数字化进程较快，在生产过程、生产流程、生产工艺等方面基本实现了自动化或数字化，但企业整体数字化转型还需要进一步加快，与世界先进水平还有一定的差距。

(2) 科技引领软件产业创新发展的能力不足

总体上新疆软件产业基础薄弱、人才匮乏、缺乏竞争力，这主要表现在：

① 产业整体规模小、企业数量少、效益低：工信部相关数据显示，2021 年全国软件和信息技术服务业规模以上企业超 4 万家，累计完成软件业务收入 94994 亿元，同比增长 17.7%，软件业利润总额 11875 亿元，同比增长 7.6%；而同期新疆软件和信息技术服务业规模以上企业仅有 130 家，累计完成软件业务收入只有 39.79 亿元，同比下降 1.6%，排名第 27 位；利润为 4.17 亿元，同比下降 12.6%，排名第 26 位，仅比西藏、宁夏、青海略高一点。虽然新疆软件行业协会拥有会员企业近 800 多家，但大多数是仅有几十人的中小企业，这些企业几乎没有软件开发能力，基本上是以信息系统集成、运行维护、技术服务为主。

② 研发投入少、技术水平低、缺乏核心竞争力：新疆绝大部分软件和信息服务企业在新技术、新产品研究开发方面投入少，据新疆软件行业协会 759 家会员企业统计，2021 年全年研发投入仅为 5.13 亿元，仅占总收入的 3.02%，其中有研发投入的企业只有 185 家，占企业总数的 24.37%，无研发费用投入的企业 574 家，占比 75.63%，具体研发投入情况如图 3-7 所示。

自 2001 年开展双软认定以来（软件企业和软件产品认定），20 多年间，新疆仅认定软件企业 204 家、软件产品 774 个，平均每年仅新增 2 家软件企业，不足 40 个软件产品。

由于新疆软件企业缺乏核心竞争力，在自治区信息化发展进程中，无论是电子政务还是各行各业的重大信息化工程和重点信息化项目，新疆的软件企业几乎都没有机会直接承接，绝大部分都是外地企业中标后分包给本地企业，新疆的软件企业基本上只能承接一些技术含量不高、以本地服务为主的中小项目。通过对 2021 年招标项目的统计分析，新疆企业中标项目数占不到总项目数的 3.5%，这反映出新疆企业缺乏核心竞争力。

③ 人才匮乏、研发能力弱、资信力低：软件产业属于技术密集型产业，对企业员工的素质和能力要求比较高，然而由于新疆软件企业规模小、实力弱、水平低，导致企业难以吸引和留住人才。

项目组在对 21 家软件和信息技术服务企业的调研中发现，在被调研的企业中博士仅占员工人数的 0.35%，硕士也只占 3.84%，本科生占 63.29%，专科占 32.52%；研发人员

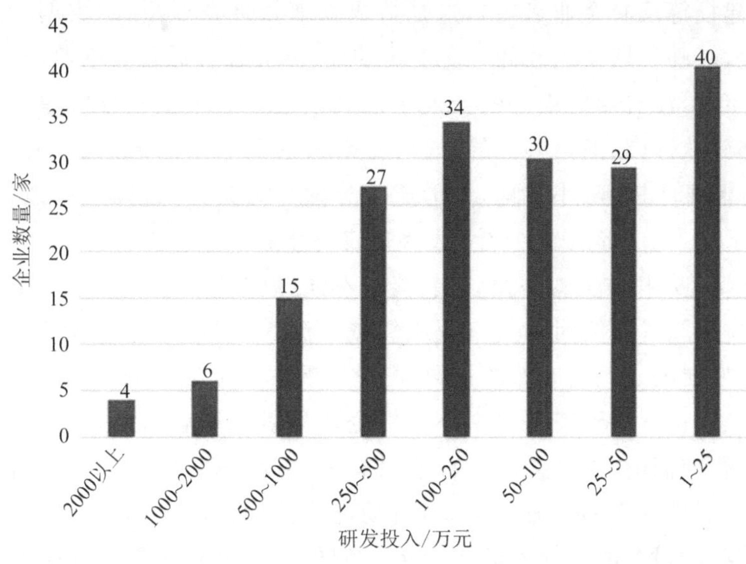

图 3-7 2021 年新疆软件行业协会会员企业研发费用投入情况

仅占总人数的 19.93%。与发达地区的软件企业相比,这样的人才结构显然是缺乏竞争力的。20 多年来,新疆软件企业累计承担或参与自治区级以上技术创新项目仅 40 余项,几乎没有承担或参与国家级科研项目,也几乎没有得到自治区的财政资金或项目支持。吸引不来人才、留不住人才几乎是新疆所有软件企业面临的最大问题。由于缺乏人才,企业很难发展壮大,也很难研发出优秀的软件产品,同时也很难提高企业的资信,特别是很难获取国家级的各种资质。早期工信部主管的计算机信息系统集成一、二级资质和国家保密局主管的计算机集成信息系统保密一、二级资质新疆的企业一家没有,而在相关项目招投标的过程中这些资质是重要的资信,因而新疆企业自然也就没有机会参与或承担重大项目或重点工程。

④ 软件产业的特点不显著、特色不鲜明:以新疆软件和信息技术服务业在全国的排名,如果没有一定的特点或特色是很难有发展或突破的空间的。然而,新疆实际是有发展特色软件和信息技术服务业空间的,20 世纪末 21 世纪初新疆就着手维哈柯语言文字信息处理技术的开发研究,并取得了很好的成效,既解决了新疆少数民族信息处理的需求,缩小了各民族之间的数字鸿沟,也为发展新疆特色多语种软件和信息技术奠定了扎实的基础,为向中西亚拓展软件和信息服务外包拓展了空间。但遗憾的是新疆没有能抓住这个特点,发挥这个特色,下大气力狠抓猛推多语种软件信息服务业的发展,创出品牌,形成规模和影响力。

⑤ 软件产业发展动力不足、政策支持不够:软件作为重要的战略兴新型产业,各地都采取各种措施加以扶持和推动,但长期以来新疆对软件信息服务业的发展重视不够,缺乏政府对软件产业发展的指导和推动,自治区和各地州都没有出台支持软件产业发展的特殊政策,制定的规划也得不到落实,软件产业的发展既缺乏内生动力也缺乏外在推力,参与软件产业发展的基本都是个体私营者,国有企业和民营资本很少介入软件产业(近年

来，已有新疆交建投等国有企业参与)，这是造成新疆软件企业小、实力弱、水平低的一个重要原因。其次，新疆长期缺乏软件产业发展基地，绝大部分软件企业都分布在小区民宅之中，看不见摸不着，没有形成很好的产业生态和产业链。新疆软件园建成之后，许多的软件企业想迁移到软件园，但是各区的工商、税务以各种理由不予办理，与此同时，各区又纷纷采取对策办起了小园区、小基地，又形成大分散小聚集，并且园区基地之间又形成竞争，使企业无所适从，无法形成软件产业发展的良好生态和合作机制。

⑥ 政府指导不够，科技支撑不足，创新能力不强：数字技术发展日新月异，新技术新产品层出不穷，而应用软件需要对相关行业或领域的深入了解，才能形成核心竞争优势，由于新疆软件产业发展缺乏政府有效的指导，产业发展本身缺乏战略考虑和目标引领，基本处于无序发展状态，这就导致新疆的中小软件企业只能随行就市，总是跟随着跑，看到哪个行业热起来就蜂拥而上，殊不知在软件业只有第一没有第二，等你看到这个行业火了，你才去投入开发，等你的产品开发出来了，市场已经让别人瓜分完了。例如，这些年新疆的教育、医疗、维稳、监控、电子政务等行业无一例外。这也是新疆软件企业长不大、发展缓慢、创新力不强的重要原因之一。

⑦ 通信服务业创新服务需要进一步提升：新疆的通信服务业起点高、起步快、发展迅速，但新疆地广人稀、经济欠发达，人均数字化消费能力比发达地区要低，这使得新疆的通信服务业发展与发达地区相比还有较大的差距。比如，面对数字化浪潮对通信服务业的冲击，通信服务业转型升级步伐不够快，话音业务、传输业务、链接业务、机房租赁托管业务、终端服务业务、普通电信业务等传统通信服务仍然占据较大比重；互联网服务、内容服务、行业应用解决方案服务、增值服务等新业务、新服务、新产品，创新不够；特别是南疆地区以及乡村基层，服务模式单一、服务方式简单、服务能力不强，三大运营商不是差异化发展，同质化竞争激烈，这是电信运营商当前存在的主要问题。

⑧ 互联网产业结构单薄，产业链条亟待补全：从工信部发布的 2020 年互联网和相关服务业年度统计数据来看，新疆互联网业务收入 59.98 亿元，在全国排名第 19 位，低于全国平均水平 30.76%。信息服务业以三大运营商业务为主，其他业务都是短板，无互联网行业头部企业。数字核心产业仍然存在规模偏小、层次偏低、创新能力弱、产业体系不完善等问题。大数据、人工智能、物联网等产业尚处于起步阶段，新产业、新业态、新模式相对匮乏，尚未培育出具有区域影响力的平台型企业。互联网行业、电商主体及平台经济规模较小，对经济增长支撑作用有限，资源整合和服务能力较为弱。

三、加强新疆数字产业科技支撑和创新能力建设的对策建议

(一) 加强新疆数字产业科技支撑的对策建议

从新疆数字产业发展现状及科技支撑存在的问题来看，要加速新疆数字产业的发展，

必须着力加强数字产业科技支撑能力的建设，尤其是要强化以科研院所、高等院校为主体的科技支撑能力，加大政府的政策引导与支持，切实解决我区数字技术研究和数字产业发展科技支撑的短板、缺项和不足，着力提升我区数字产业科技支撑的能力和水平，本着有所为有所不为，找出我区数字产业发展的优势和特色，以及可以突破的领域和方向；通过加强政策支持、加大资金投入、加快引进人才和队伍，建设特点突出、优势明显的新疆数字技术研究创新基地、高水平研究开发队伍、高质量科技创新平台、高起点数字产业园区、高标准科技创新能力。只有这样，新疆的数字产业科技支撑能力才能有较大提升，才能有力支撑新疆数字产业的快速高质量发展。

1. 建设特点突出、特色鲜明的新疆数字技术研究创新基地

鉴于新疆数字技术发展的基础以及人才、条件的制约与限制，新疆不可能与发达地区比拼竞争，只能充分发挥我们的优势和特点，利用好资源、能源、区位优势，找到我们的比较优势，通过与发达地区科研院所、龙头企业合作，在特点突出、特色鲜明的领域实现突破。新疆在电子信息产品制造产业方面具有比较优势的领域就是硅基铝基电子新材料，在软件产业方面最有可能突破的就是面向数字丝绸之路的多语种软件和信息技术服务。

因此，新疆应着力发挥在硅基铝基电子新材料和多语种软件产业发展的基础、能力和条件，积极争取国家和兄弟省市的大力支持，汇集相关领域的顶尖专家、学者，着力把新疆建设成为国家硅基铝基新材料现代产业体系的重要基地和国家多语种软件产业服务外包基地，努力打造世界级硅基铝基新材料产业集群、多语种软件产业服务外包集群。

2. 高质量建设数字产业科技支撑体系

积极争取国家和19个援疆省市的支持，加快建设具有特色和优势的数字产业科技支撑体系，特别是国家重点实验室、自治区重点实验室、国家工程技术研究中心、自治区工程技术研究中心、自治区企业技术中心的创建，切实增强新疆数字技术研发的基础、条件和能力，切实提升新疆数字技术的研发能力。

（1）积极培育、创建国家和自治区重点实验室

在国家重点实验室方面，积极支持培育硅基电子新材料国家重点实验室、铝基电子新材料国家重点实验室和多语种自然语言处理国家重点实验室，在自治区重点实验室方面，重点支持创建硅基电子新材料自治区重点实验室、铝基电子新材料自治区重点实验室、多语种自然语言处理自治区重点实验室、智能制造自治区重点实验室、人工智能自治区重点实验室和工业互联网应用自治区重点实验室。

（2）支持组建自治区技术创新中心和研究中心

支持新疆龙头企业牵头组建自治区硅基电子新材料技术创新中心、铝基电子新材料技术创新中心。建设国际一流的硅基、铝基电子新材料研发和产业化工程技术研究中心，为硅基、铝基新材料产业发展提供坚实的技术支撑，全面加快硅基铝基产业集群高质量发展，积极创建国家级硅基铝基新材料工程技术研究中心，打造全球高端硅基铝基电子新材料研发和产业化基地。自治区重点实验室、自治区工程技术研究中心、企业技术研发中心

建设应向数字产业领域倾斜，对已经获批建设的数字技术科技创新平台应加大支持力度，并给予长期稳定的经费支持。对现有自治区级数字技术科技创新平台进行优化重组，完善评估考核和分类支持机制，按照考核结果给予长期稳定经费支持；对取得重大科研成果、绩效评价优秀的给予奖励，有条件的应积极支持申报国家级的科技创新平台，并给予专项资金支持。

(3) 加速新型科研机构的建设

积极组建成立面向数字丝绸之路建设的“数字丝绸之路研究院”和“‘一带一路’数字技术研究院”，重点建设“一带一路”多语言国际科技合作交流平台，积极推动国家科学中心在新疆设立分中心、国家实验室在新疆设立基地。

(4) 支持企业牵头组建产学研用工程技术中心

鼓励支持各产业链的龙头企业围绕产业重大战略需求和重点工程项目，与相关高校、科研机构建立国家级、自治区级或联合模式的“工程研究中心”、“企业技术中心”、“技术研究中心”、重点实验室等，推进产学研用合作，着力提升产业的研发能力和创新能力。通过这些举措，将相关领域的顶尖专家、高层次人才、相关技术向新疆聚集，进而大大提升新疆数字经济发展的科技支撑和创新能力。

3. 高水平建设数字产业研究开发队伍

数字经济的发展离不开人才，而新疆发展数字经济最大的瓶颈和制约因素就是人才匮乏，无论是技术人才还是管理人才特别是高端人才都是新疆的短板。聚集人才、用好人才是关键，实施数字化人才工程，加快人才的培养和引进是推动新疆数字经济发展的当务之急。

(1) 建议设立自治区数字技术人才引进与培养基金

针对人才严重匮乏问题，必须加强人才引进与培养工作。2022 年自治区党委和人民政府印发的《关于加强和改进新时代人才工作的实施意见》，意见中明确指出设立 100 亿元人才发展基金，为我区人才引进与培养提供了资金保障。为了提升数字产业的科技支撑和创新能力，建议在自治区从人才发展基金里设立数字技术人才引进与培养发展基金，用于数字经济人才队伍建设，具体从以下几个方面展开工作。

一是加大人才引进力度。在引进人才方面，要不唯地域引进人才、不求所有开发人才、不拘一格用好人才。要采取各种措施不惜代价重点引进关键人才、领军人才、核心技术紧缺人才和急需人才。在加大人才引进力度的同时，更要着重思考如何创造条件用好人才，让人才愿意留下来，发挥更大价值。同时要抱着不求所有、但求所用的态度，让人才即使不在新疆也愿意为新疆的发展贡献力量。

二是用好现有人才。在用好现有人才方面，首先要充分发挥本地现有数字技术人才的作用，特别是在疆院士、天山领军人才、天山学者的作用，新疆现有数字技术人才最了解新疆、热爱新疆，为新疆的发展作出了积极贡献，应该充分调动他们的积极性，发挥好他们的作用，让他们有认同感、荣誉感、成就感，让他们有事做能做事，让他们深感暖心温馨安心，用好现有人才既是对现有人才的信任和肯定，也是很好的示范和引领，让更多的人看到新疆是一个善用人才的大舞台，也是各类精英各领风骚施展才能的大舞台。

三是要进一步加大人才的培养力度。在大中专院校特别是新疆大学、石河子大学等高校科学合理设置数字技术相关专业，补齐急需专业、扩大紧缺专业招生，尤其要加强硕士生博士生的培养力度，为数字经济发展输送合格人才；与援疆省市建立联合培养数字技术中高端人才、紧缺人才培养机制；对各级政府部门和骨干企业的高端管理人才进行数字经济短期专门培训，对数字企业的骨干技术人才进行专题培训，提升创新能力。

四是进一步加大产学研合作力度。鼓励支持新疆高校的教师走出校门，积极参与到企业的项目研发和技术攻关，自治区科技专项和重点研发计划应支持高校与企业联合申报，积极支持有能力的教师到企业兼职或独立、合作创办企业，支持企业以科技援疆的方式与发达地区科研院所和高等院校合作，引进技术项目或联合攻关、开发新产品新技术。

五是加强硅基铝基电子新材料和软件产业人才培养和供给。优先落实对硅基铝基新材料和软件产业各类人才的支持政策，加大对行业顶尖领军人才和专家的引进，积极培养产业发展急需的技术和技能人才，不断优化和完善人才结构。在硅基铝基新材料和软件产业企业中，优先落实高端人才引进和配套服务政策，加大对现有优秀人才的培养和奖励支持力度。支持自治区高校开设硅基铝基电子新材料研究生班，调整专业设置，开设硅基铝基电子新材料本科专业。

4. 快速提升数字产业科技创新能力

企业是创新主体，要提升新疆数字产业整体科技支撑能力，就必须加大对数字企业创新能力的支持和培育，从政策上、资金上、项目上鼓励支持企业强化创新基础、改善创新条件、培育创新人才、优化创新技术、筛选创新项目，使得企业想创新、敢创新、能创新。既要保护、鼓励和支持科技创新能力弱的中小企业创新的积极性，也要不遗余力地支持关键技术、核心技术集中攻关创新。

(1) 自治区科技项目应向数字核心优势产业倾斜

自治区科技重大专项和重点研发计划每年应拿出一部分专门支持有能力有条件数字企业进行新技术、新产品的创新研究，切实提升我区数字企业的科技创新能力，着力解决我区数字核心优势产业中的技术难题。

(2) 支持龙头和骨干企业联合申请项目

支持龙头和骨干企业联合区内外上中下游、产学研用等力量组建创新联合体，承担自治区重大专项或重点研发项目，采取财政资金支持、企业按比例配套方式开展联合攻关，着力解决数字产业技术瓶颈问题。对获批国家项目的单位地方政府应给予财政配套支持。

(3) 加速建设高水平的研发创新基地

支持以行业龙头企业牵头，联合区内相关企业和研究院、高等院校组建自治区级创新中心和技术中心。进一步深化同国内相关优势企业、科研院所、高等院校等的合作，加大同国外先进企业开展技术交流，逐步创建国家级硅基新材料创新中心、铝基新材料创新中心、多语种软件创新中心。支持龙头企业会同相关科研院所建设基于硅基、铝基和多语种软件产业链创新链延伸的具有研发、实验、中试、检测、专利保护、标准、人才培养等综合性的技术创新和基础技术平台，开展硅基下游新材料、高端铝及合金、高性能电子电力新材料及相关产业、多语种自然语言处理的产品和技术攻关，为产业提供技术基础服务，推进技术创新和科研成果转化及产业化，提升硅基新材料、铝基新材料和多语种软件产业创新能力，建设世界一流的硅基、铝基新材料和多语种软件研发创新基地。

5. 高起点建设数字产业园区

好的产业发展园区既是产业集聚地，有利于构建产业链，也有利于形成发展生态，更是促进产业发展的科技支撑平台、服务平台、创新平台。因此，创建功能全面、服务完善的产业园区是促进产业健康快速发展的重要举措。

虽然目前我区已初步形成了准东经济技术开发区、鄯善工业园区、甘泉堡经济技术开发区、八师石河子经济技术开发区、新源工业园区等硅基铝基产业园区以及新疆软件园、克拉玛依云计算产业园、新疆电子信息产业园等软件园区，但整体来看，各园区产业聚集度不高、产业链不完整、产业生态不健全。园区的功能不全面、服务不完善，对企业科技支撑和创新发展支持不够。

建议按照现代产业园区建设的要求，依据各园区已经初步形成的特点、特色和优势进行科学规划、准确定位，发挥优势、突出特点、形成特色，形成各产业园区优势互补、上下游协同、产业链衔接、生态健康的合作机制，而不能同质化、同样化的恶性竞争，自治区应加强统筹协调、政策指导、规范引导，促进各园区高质量、高水平、高速度发展，将每个园区都打造成为特色鲜明、特点突出、优势明显的国家级乃至世界级电子新材料和多语种软件产业发展基地。

在软件产业园区方面，建议由新疆软件园牵头，联合乌鲁木齐云计算产业基地、克拉玛依云计算产业园、新疆信息产业园成立新疆数字产业园，成为新疆数字产业的聚集区。通过设立专项资金，实施重大科技工程，将新疆数字产业园建设成为新疆数字产业创新驱动发展示范区和高质量发展先行区，打造科技创新引领高地，探索一园多地的建园模式。

6. 高强度打造新疆特色优势数字产业

围绕新疆硅基、铝基电子新材料和多语种软件发展的关键技术、核心技术以及痛点、难点、堵点进行集中攻关，组织国内外顶尖的科研院所和企业，邀请著名的专家和学科带头人进行联合攻关，支持龙头和骨干企业联合区内外上中下游、产学研用等力量组建创新联合体，围绕着补链、强链、延链和新技术、新产品创新，设立自治区重大科技专项予以支持，或者采取政府支持、社会资本参与、企业投入等多种方式联合攻关、重点研发，着力解决数字产业发展的技术瓶颈。有关部门在策划重大科技项目时应邀请相关企业参与，在相关专家的支持下，围绕产业发展的重大需求形成科技重大专项和重点研发计划，使产业发展中的重大科技创新能及时得到政府和社会各方面的支持，既有利于快速打造特色鲜明、优势突出的电子新材料产业和多语种软件产业，也有利于培育一批科技支撑好、创新能力强的龙头企业和骨干企业，迅速提升产业发展的科技支撑和创新能力。建议自治区在大数据、人工智能、工业互联网、多语种自然语言处理等方向设立重大专项，在相关行业应用研究方面设立重点研发计划项目，提升新疆数字产业的科技支撑能力。

7. 加速完善数字产业科技支撑创新发展生态

数字产业科技支撑创新发展不仅是能力、平台、队伍、人才、条件建设，还必须加速建立健全数字产业科技支撑创新发展的生态体系，包括：

一是加强行业标准规范建设。组建硅基、铝基新材料产业和多语种软件产业标准推进联盟，建设产业标准创新研究基地，协同推进各产业链关键领域的标准制定，特别是能耗、环保、质量、安全等方面在严格执行国家政策及行业准入标准的基础上，对标国际、国内一流标准，进一步提升行业话语权，不断增强产业在国内的引导力、影响力。

二是建立健全各产业链产品质量检验检测体系。根据各行业各领域的发展情况，按照轻重缓急，采取引进、培育、建立、合作的方式，由政府主导企业参与，建立与国际接轨的先进第三方检验检测机构，为产业提供业内认可的权威的公平公正的检验检测服务。

三是建立健全咨询服务体系。围绕硅基、铝基新材料及多语种软件各行业的发展需求，引进、培育、建立相应的咨询服务机构，为相关企业和产业发展提供技术、金融、保险、担保、信贷、知识产权、政策等咨询服务，支持企业上市、发行债券、短期融资债券，引导风险投资、私募股权投资等支持产业发展融资举措。研究创新适合产业发展特点的信贷品种，降低企业融资成本。

四是激发产业科技创新与学术交流氛围。积极与国家相关部门以及国内外有关行业协会、学会合作，定期不定期地在新疆举办硅基铝基新材料及多语种软件的高层次、高水平、高规格的峰会、论坛、发布会、交流会和展览会，邀请国内外业界著名专家、学者、企业家来疆考察、调研、指导并举办报告会，形成浓厚的产业科技创新氛围，打造品牌，形成影响力，助力产业发展。

五是进一步深化国际交流合作。积极引导硅基铝基新材料及多语种软件企业加强国际交流合作，加大宣传和支持力度。支持优势企业参加国际展览展会，参加国际技术和标准化组织，开展技术交流和合作，推动产品走向国际市场，充分运用好国际规则，进一步提升我区硅基铝基新材料在全球产业链供应链中的话语权和份额，加快硅基新材料及高端铝、铝合金、高性能电子电力新材料产业打造成为全球领先的研发和产业化基地和多语种软件外包服务基地。

（二） 加强新疆数字产业创新能力建设的对策建议

科技支撑是创新发展的基础。只有发挥好科技支撑的作用，才能促进创新发展。产业创新的主体是企业，因此只有鼓励支持企业提升创新能力，才能推动企业创新和产业创新。下面从电子新材料和多语种软件两个方面提出创新能力建设的对策建议：

1. 加强电子信息制造业创新能力建设的对策建议

随着数字化进程的加速推进，微电子产业的迅猛发展，传统产业的转型升级，硅基、铝基新材料对战略性新兴产业的支撑和依存越来越大，其战略价值越来越高，硅基、铝基新材料产业的发展也越来越重要。在此基础上进一步发挥能源、资源的优势，着力强化“煤电硅(铝)材一体化”绿色发展模式，强化产业发展基础、科技创新能力、补齐产业链、完善产业生态，加速上游产品在本地的消纳能力、着力向价值高端化的产业中下游延伸和发展；努力构建产业链完整、价值链高端、就地转化率高、循环经济特征明显、具有国际竞争力的硅基铝基新材料现代产业体系；着力打造世界级硅基铝基新材料产业集群，把新疆打造成国家硅基铝基新材料现代产业体系的重要基地，为国家电子新材料产业和新疆经济高质量发展提供支撑保障。

电子信息制造业应紧紧抓住丝绸之路核心区建设和数字丝绸之路建设的机遇，充分发挥中欧班列的优势，面向欧亚大市场，合理布局电子信息产业园区，在来料加工组装的基础上，逐步向中高端的产品生产制造发展。

(1) 加快发展硅基新材料产业链中下游

中下游是未来新疆硅基新材料发展的重点，也是高质量高效益发展硅基新材料的方向，更是打造千亿级硅基新材料的着力点。围绕硅基新材料的产业链，依托已有的基础和条件，发挥新疆的特色和优势，重点向以下两个方向延链。

一是光伏新材料产业链。重点发展太阳能级晶硅材料，在疆内与单晶硅形成配套。支持多元投资主体延伸建设高纯多晶硅、单晶硅、切片、电池、光伏组件及相关配套设施的光伏产业链，提高产品附加值并打造新疆光伏产业集群。推进多晶硅、单晶硅制造的配套产业发展，重点发展高纯石墨电极、高品质石英坩埚等产品。

二是电子新材料产业链。积极引进电解电容器生产企业，实现铝箔、阳极箔终端产品本地化；积极引进国内外先进技术，着力推进大尺寸晶圆片制造；积极引进优势芯片制造及终端应用企业，延伸发展芯片设计、制造、封测等集成电路产业；努力打通半导体碳化硅、电子级多(单)晶硅、晶圆片制造、芯片应用产业链，逐步构建高科技、高附加值的硅电子产业集群。

(2) 加大关键技术、产品研发攻关，促进铝基新材料产业链延伸，壮大产业规模

依托已有铝基优势产业基础，重点开发超高压电子铝箔及热压箔、半导体靶材坯料、液晶面板用靶材坯料、高强高导/中强高导石墨烯铝合金导杆、石墨烯树脂复合材料、锂电池用石墨烯硅碳复合材料等高端功能材料产品。开发轨道交通用中高强度焊丝、2/7 系高强高韧铝合金铸坯等高端结构材料产品和技术的研发攻关，向航空航天、电子电工、轨道交通、新型建材、国防军工需要全产业链应用发展，进一步提高铝基新材料品质，壮大产业规模。

(3) 支持龙头、链主企业加快投资建设力度

以重大项目为抓手，引导各类资本积极、有序、规范、平等、公平投资建设铝基新材料

产业。重点支持现有铝基生产企业加大项目建设力度，延伸产业链，壮大产业规模，提升高质量发展水平，做大做强做优主业，加强合作，围绕主业积极引进、布局产业链上下游产业企业，延伸产业链。到 2025 年，建成 1 个超百亿元，8～10 个 5～10 亿元以铝基新材料为主营业务收入的高质量企业，充分发挥龙头和“链主”作用，带动产业链上下游中小企业共同发展，形成大中小企业良性互动发展新格局，引领产业链升级，提高产业附加值，整体提升产业链集群竞争力。支持新疆众和公司投资建设高性能电子新材料、节能减碳循环经济铝基新材料、锂电池用硅碳负极材料及相关配套产业的产业化项目，孵化 4～6 个“专精特新”中小企业，打造成为全球高端铝基结构产品及电子电力用铝箔领军企业。

(4) 积极推进孵化和培育“专精特新”中小企业

在铝基新材料领域，优先落实国家和自治区培育“专精特新”中小企业政策，引导资金、技术、人才、数据等优质创新资源向“专精特新”中小企业集聚，分类促进企业做精做优。支持“专精特新”中小企业成长为重要的创新发源地，打造创新协同、产能共享、供应链互通的大中小企业融通发展生态。“十四五”期间，在铝基新材料产业链上下游领域培育建设 5～8 个 5～10 亿元规模的“专精特新”中小企业。

(5) 营造产业协同发展的良好生态环境

积极引导企业深化同国内外科研院所、大专院校、优势企业的产学研用合作，加大研发支持力度，自治区技术创新专项资金优先支持各类硅基铝基新材料研发和生产企业；指导规模以上企业积极创建自治区企业技术中心，优先享受自治区研发平台奖励；企业建设的各类共性技术创新平台享受自治区新型研究机构支持政策，各类推动企业发展的人才政策优先获得支持，最大限度提升产业基础领域创新创业活力；开展数字化、智能化、网络化、高端化建设，提高产业发展质量。

(6) 瞄准需求广阔的手机及配套产业，夯实电子信息产品组装加工业基础和核心能力

紧紧围绕中亚、南亚、东欧等地区手机市场需求变化，把握电子信息产品制造业转移机遇，加快发展手机代工制造及配套产品。

一是依托喀什、和田重点产业园区，积极推动圣鼎智能、新疆兆华等落地企业尽快形成生产能力，着力引进一批功能手机、低端智能手机代工制造企业，形成手机产业规模集聚。

二是依托相关手机代工制造企业，通过供应链招商积极引进耳机、天线、手机壳、充电器等配套产品，实现本地配套，初步形成手机产品链。

三是面向新疆本地以及中亚、南亚、东欧消费者需求，积极引进、培育手机设计企业，着力开发符合当地使用习惯、小语种和个性化需求的手机产品。

四是依托北斗创业基地，积极引进北斗产业相关企业，打造北斗导航产业园，发展包括手持导航仪、行车记录仪、导航地图、导航芯片、导航模块在内的导航产品，开发北斗信息服务平台和系统，探索面向中亚、南亚国家提供北斗导航服务。

(7) 构建体系化的计算机外设产业，实现产业链和价值链延伸

顺应计算机产品在中亚、南亚等国家逐步普及这一形势，紧跟消费电子产品变化趋

势，加快发展各类计算机设备和外设及配套产品，强化产品设计，突出区域及地方特色。

一是以配套电脑使用需求为导向，依托喀什综合保税区建设特色产业园区，积极引进鼠标、键盘、光盘驱动器、刻录机、音箱、移动硬盘、U盘等外设产品生产企业。

二是以满足计算机使用需求为导向，依托已投产企业和现有产业园区，加快发展计算机配套产品组装，进一步丰富产品种类。

三是以丰富计算机及周边信息消费为导向，培育发展平板电脑、便携式蓝牙音箱、电子追踪器、电子词典等新兴电子产品及配套产品，推进优化南疆消费电子产品结构。

(8) 打造品类丰富的小家电产业，形成产业集聚和支撑引领

瞄准中亚、南亚等国家的生活消费需求，结合小家电智能化发展趋势，大力发展各种类型小家电及配套产品，突出区域特色化。

一是积极发展LED灯、LED数字显示、开关插座、手电筒、电风扇、吸尘器、加湿器、电吹风等生活类小家电产品及零部件，依托已有企业加快形成产业聚集。

二是积极引进电饭煲、电磁炉、电热水壶、电烤箱、微波炉、榨汁机等厨房类小家电产品骨干企业，带动相关零部件产品发展。

三是培育发展本地小家电设计企业，瞄准目标地区消费者喜好，强化外观时尚度、使用舒适度、设计人性化、价格合理等方面的要求。

(9) 充分发挥霍尔果斯经济特区的优势

利用好中哈霍尔果斯国际边境合作中心特有的政策，在已初步形成电子信息产品制造业的基础上，积极引进国内外电子信息产品制造龙头骨干企业，打造面向欧亚的电子信息产业园。

2. 加强软件产业创新能力建设的对策建议

软件技术是数字技术的核心和关键技术，软件技术开发能力就是数字产业的核心创新能力，软件技术发展的强弱不仅影响到软件产业的发展，更是直接影响到大数据、人工智能、区块链、互联网应用、数字孪生以及元宇宙技术的发展和应用，也直接影响到产业数字化的进程。因此，必须加快软件产业的发展，加速提升软件企业的创新能力，针对新疆软件产业发展规模小、实力弱、水平低、创新力和竞争力不强的现状，必须采取强有力的举措，夯实软件产业发展的基础、壮大软件产业规模、增强软件企业实力、提高软件企业创新能力和水平，使软件产业能够有力支撑新疆数字产业的发展，能够支撑和服务新疆的产业数字化，成为促进和推动新疆数字经济发展的重要动能。

(1) 加快培育骨干企业、龙头企业，提升软件企业的创新能力

长期以来，我区的软件企业基本都没有国资和社会资本的介入，民间资本创建的中小软件企业由于先天因素，经营管理能力和水平相对较低，更重要的自治区重大数字化工程、重点数字化项目甚至电子政务项目、国企的数字化项目都很难涉足和进入，这也是新疆软件产业发展缓慢的重要原因。

因此，组建成立“自治区数字产业投资集团公司”或“数字新疆投资发展集团公司”(以

下简称“数字新疆公司”)势在必行。数字新疆集团作为新疆软件和信息服务行业的国家队、龙头企业和骨干企业,将扛起新疆软件产业发展领头羊的大旗,通过与国内外业内相关行业企业的合资合作,再组建成立若干专业运营公司、平台公司,和各地州国资委合作组建成立地州分公司,带领自治区的中小软件企业,承担自治区数字基础设施、数字政府以及行业数字化、产业数字化的重大项目、重点工程,承担自治区重要的数字基础设施、数字化平台的运营服务,还可以推动自治区数字化发展投融资机制改革,搭建市场化融资平台,拓宽融资渠道,有实现多元化融资,有效缓解政府财政压力,构建我区数字产业长效建设运营机制。数字新疆公司将作为自治区数字产业发展重要的投融资平台、自治区重要数字基础设施建设运营主体、自治区重要数字化应用平台的运营服务主体;自治区重大数字化工程和重点数字化项目的业主;作为自治区数字产业发展生态的主导者,建立完善自治区数字产业生态体系,引领新疆软件和信息服务产业的发展,从整体上提升新疆软件产业发展的规模、实力和创新能力。

(2) 培育壮大核心优势产业,突出特点,彰显特色

新疆软件的特色和优势就是多语种软件和信息服务,多年来我区多语种软件开发已经有了较好的基础、培育了一批骨干力量和企业,也形成了较强的创新能力,我们应抓住数字丝绸之路建设和丝绸之路核心区建设的新机遇,面向丝绸之路沿线和欧洲各国小语种数字化发展的强大需要以及我国东部发达地区数字产品外销亚欧强大市场的远景,充分发挥新疆在多语种软件开发已经形成的良好基础以及人才汇集、技术领先的优势,利用好新疆与中西亚多语言文化交融交汇的优势,积极发展面向中西亚的多语种软件与信息服务外包产业,做大做强新疆的多语种软件产业,提升影响力打造特色品牌,将新疆打造成为国家重要的软件与信息服务外包产业基地、多语种软件服务业创新基地、多语种嵌入式软件开发创新基地,着力打造一批实力强、规模大、水平高、创新力强、有影响力的软件和信息服务产业企业,成为数字丝绸之路战略和丝绸之路核心区建设重要的推动者和实施者。

一是利用新疆已有基础,在自治区多语种重点实验室基础上创建“中西亚多语种自然语音处理国家重点实验室”,以更好地集中我国阿勒泰语系、阿拉伯语系、印欧语系数字技术研发科技资源,吸引更多的中亚、西亚、南亚国家专家、学者共同研究解决多语种信息处理关键技术,面向数字丝绸之路经济带建设,突破中西亚多种自然语言文字处理(智能识别、智能理解、智能翻译、智能合成)关键技术,构建起中文信息资源与阿勒泰语系、阿拉伯语系、印欧语系信息资源精准、高效、即时相互翻译平台,构建“一带一路”多语言国际交流平台,畅通丝绸之路经济带经济、文化、贸易、科技等信息资源,为丝绸之路经济带“五通”提供有力技术支撑。

二是发挥新疆多语言文化交会优势,创建多元网络文化大数据合作区。充分发挥新疆多元文化和多语种资源与技术、人才优势,聚集一批多语言网络文化创意企业、科研院所,着力推动先进网络文化为引领,建设先进网络文化主阵地,打造优秀网络文化产品,有效遏制民族分裂、极端宗教思想和敌对势力在网络空间的漫延、渗透、侵蚀。汇集亚欧各

国数字文化创意资源和人才，建成集虚拟现实、增强现实、全息成像、裸眼 3D、元宇宙、文化资源数字化处理、互动影视等数字文化原创中心，多语种自然语言机器翻译中心，实现优秀中华文化资源与丝绸之路各民族优秀文化资源的智能互译，打造丝绸之路经济带创作、传播先进网络文化平台，建成数字丝绸之路现代文化交流、交融、创新、合作的示范区。

(3) 加快提升软件技术的研发水平，着力提高软件产业创新能力

切实加强对新疆软件产业发展的支持，通过政策、资金、项目等多种方式引导、支持和鼓励软件产业发展，促进软件企业做大做强做优。

一是切实支持先进软件企业的发展。各级政府和国有资本投资的数字化项目优先采购新疆本土软件企业的产品与服务；对于一些规模大技术含量高的项目，可由新疆软件企业牵头会同国内顶尖企业共同投标承担，使新疆软件企业有更多机会在实践中锻炼成长发展壮大，新疆的软件人才有更多的机会参与新技术新产品的开发，提高能力，增长才干。

二是着力强化对新疆软件企业高层管理人员和骨干技术人才的培训。通过在本地或发达地区组织专题培训班、专题研讨班的方式，邀请著名科研院所的专家对企业经理和工程师进行中短期的培训，以提高他们的经营管理水平和能力，提升软件技术人员的创新能力，组织软件企业经理到发达地区的软件园、著名软件企业考察调研，使其开阔眼界、开拓思路。

三是加快本地软件人才的培养。鼓励支持新疆软件企业通过人才引进的方式，吸引急需的高端人才来企业指导帮助研发人员，以实战实训的方式培养新疆企业的软件研发人员，将软件产业列入产业援疆计划，建立发达地区著名软件企业对口帮扶新疆软件企业的机制，通过技术合作、项目合作、人才帮扶的方式，让新疆企业和人才在合作中锻炼、在合作中成长、在合作中发展。

四是充分发挥软件园及产业基地的作用。加快软件企业的聚集，加强本地企业的合作交流，建立软件产业不同领域的合作联盟，由领军企业牵头中小企业参与，并逐步健全产业链，完善产业生态。软件园和产业基地要发挥主体作用，同时也要和发达地区优秀软件园建立合作机制，引进他们的先进管理服务理念、思路和举措，为企业提供全方位的优质服务，切实帮助企业克服和解决创新创业中的困难和问题。

五是建立软件产业发展基金。鼓励支持软件企业开发自治区数字化发展中急需的新技术新产品，鼓励支持先进软件企业积极参与和承担自治区重大科技和重点研发计划，在每年科技重大专项和重点研发计划项目指南制定的过程中，应更多地考虑自治区数字化发展的需求，将急需攻关解决的数字化关键技术列入项目指南。

六是加快公共服务平台的建设。软件技术研发需要较大的投入，一般中小企业很难建立健全相关的开发平台或相关的技术支撑服务平台，这也是新疆软件企业规模小、水平低、创新能力差的重要原因之一。自治区特别是软件园区和产业发展基地应针对新疆数字化发展的需求，建立相应的软件开发和服务平台、提供相关的软件开发支撑工具、系统，使新疆中小软件企业能够借助这些公共开发服务平台创新创业，研究开发新技术新产品。

（4）着力加强新技术研发，提升关键技术研发创新能力

软件技术日新月异，新技术新方法层出不穷，要及时引导软件企业转型升级，特别对大数据、云计算、人工智能、物联网、移动互联网、工业互联网、数字孪生、元宇宙等新技术的跟踪学习，尤其是在技术发展的萌芽期，绝不能等到技术已经成熟普遍应用才去学习。应鼓励支持软件企业创新发展，引导企业瞄准市场潜力大、业务基础强、客户关系好的领域深耕发展，把优势产品、核心技术做优做强，不能人云亦云般地跟风炒作，更不能同质化竞争。

（5）突出市场需求，强化应用软件开发

除多语种软件和信息服务之外，新疆软件产业可以突破并形成优势的方向就是应用软件。围绕新疆产业数字化的庞大市场和巨大潜力，应重点培育和强化应用软件开发企业的发展壮大，特别是新疆能源、化工、战略性新兴产业以及农牧业、服务业等行业以及动漫网游。要引导、支持、帮助在不同行业领域已经具备一定技术、服务基础的企业，精耕细作深入调研各个行业领域的需求，了解其业务流程、发展模式、经营理念，运用大数据、人工智能等数字技术开发出适销对路的产品、技术和服务，在相关行业形成优势，例如像红友软件在石油行业、七色花信息科技在畜牧业、熙菱信息在大数据领域、立昂技术在云计算、特变电工在工业互联网领域等等，在新疆市场取得领先优势还可以冲向国内市场，如果我们在新疆重点优势产业的每个细分领域都能形成一两家龙头软件企业，新疆的软件产业不仅能够迅速发展，也将加速新疆传统产业的数字化进程，促进传统产业的数字化转型，新疆数字经济的发展也将进入快车道。

（6）健全产业链、完善产业生态

任何产业都有其完整的产业链和完善的产业生态，这是一个产业健康快速高质量发展的必然要求。新疆软件产业链还很完整，产业生态还不完善，如产业上游的咨询、规划、设计、评审论证、标准规范制定、人才培养，产业中游的研究开发、研发服务平台、质量检验检测、能力评估，产业下游的运行、维护、服务等相关环节还缺乏相关的企业或能力，有些虽然有但能力不强水平不高，还不能被行业接受，这些产业链中的缺失严重影响了产业的健康发展，必须下大力气补齐缺链少链、想方设法强链优链，建立以“咨询服务—规划设计—软件研发—系统集成—运行维护”为核心的产业链，进一步完善产业发展生态，为产业健康快速发展营造良好的氛围和健康的环境。

（7）以应用促产业发展、以需求驱动产业发展

市场带动、需求驱动是产业发展的重要因素。加快产业数字化转型既能够为实现传统产业的转型升级提质增效，同时也可以提升新疆软件企业的创新能力，促进和带动新疆软件产业的发展和壮大。特别是一些数字化基础好、潜力大、效果显著的行业和领域，通过实施重大工程、重点项目和重要的基础设施来推进产业数字化进程，如通过搭建数字新疆遥感平台，可带动遥感数据接收与分发、处理与分析、应用与展示等方面的应用，提升海量数据的管理与分析能力，实现数据汇聚、感知监测、多维监测体系和数字孪生技术的融合，为建设数字新疆提供基础技术支撑。

3. 加强通信服务业和互联网产业科技支撑和创新能力建设的对策建议

如何结合新疆实际，创新数字新产品、数字新服务是新疆通信业创新发展的关键。通信服务业加快转型升级是当务之急，从传统的以话音服务业向综合信息服务业转变，从以链接为主的信息传输服务向信息内容服务转变，从以信息集成应用服务商向产业数字化解决方案提供商转变，从机房租赁托管服务向云服务转变，充分发挥平台优势，积极与软件和信息技术服务企业合作，建立健全互联网应用服务和综合信息服务生态。

重点推动丝绸之路经济带数据保税区建设。数据保税区是国家综合保税区政策在数字经济中的延伸和重要发展，丝绸之路经济带数据保税区既是我国发展面向丝绸之路经济带大数据产业的重要载体，也将是数字丝绸之路数据资源集散和中转的主要枢纽。

通过推动乌鲁木齐国际通信全业务出入口局及国际互联网交换中心和国际互联网域名解析中心的建设，为在新疆（乌鲁木齐或霍尔果斯中哈国际边界合作区）建立数字保税区创造条件、奠定基础。

数字保税区就是建立由海关和国家网信部门联合监管的特殊区域，执行保税港区的税收和外汇政策，集数据保税存储、数据出口加工、大数据业务承载、大数据交换与传输、数字内容分发、互联网平台服务等功能于一身。数据资源管理采取“境内、关外”的政策，即数据保税区通过国际陆路光缆与国际通信网络相连，与国内通信和信息网络物理隔离，国家网信办对数据内容实行封闭管理，境外数据资源进入保税区，实行保税管理；境内数据资源进入保税区，视同出境，用于贸易和传播的数据资源，如影视节目、数字文化创意等，可享受出口退税政策。数据资源进入国内，视同进口，依照我国法律法规，接受网信、广电、新闻出版等部门的内容审查。数据保税区内企业数据交易享受免税政策，对来自境外的数据提供承载、存储、清洗、处理、加工等大数据服务。数据保税区的建设将极大地促进和推动新疆互联网产业创新发展。

一是充分发挥新疆区位、能源、资源优势。推动和促进新疆数据中心产业的发展，为丝绸之路经济带沿线国家提供离岸国际数据资源的承载、存储、清洗、灾备等服务；研究丝绸之路经济带沿线国家和地区政策法律、经济发展、税收制度和信息化水平，挖掘分析大数据应用需求和消费市场，探索建立平等互利、合作共赢的大数据国际合作机制。

二是充分发挥新疆多语种语言、文化资源优势。在数据保税区建立智慧、高效的中亚、西亚、南亚多语种信息资源加工处理平台，多语种大数据翻译平台，提供流程外包、内容翻译等多语种信息技术服务外包；提供一体多元的亚欧多语种文化大数据创作、翻译和内容分发服务；承载丝绸之路沿线国家大数据创新、创业服务，为亚欧国家培育和发展一批大数据企业，积极探索“丝绸之路”大数据共商、共建、共享新机制。

三是推动和促进我国互联网平台企业向亚欧拓展市场提供服务。充分发挥数据保税区特殊功能，吸引阿里集团、腾讯集团、百度集团等我国优秀的互联网平台企业入驻数据保税区，足不出户就可以向欧亚各国拓展业务、提供服务，极大地促进和推动我国互联网企业走向世界，同时也将聚集一批国内外领先的大数据、云计算企业和科研院所，形成亚欧大数据创新资源集聚、市场开发共享的发展新格局，也必将促进和推动新疆成为互联网产业创新发展的新高地。

四、典型案例：熙菱信息数字化创新发展之路

（一） 企业概况

熙菱信息技术股份有限公司（SZ.300588，简称熙菱）是一家具有30年发展历史、全国领先的专注于大数据智能应用服务的高科技企业。时至今日，熙菱建立了以乌鲁木齐为总部、上海为管理创新中心、北京为行业发展中心、西安为研发中心，在深圳、浙江、山东、贵州等省市设立分支机构的全国化产业布局，拥有员工500余人。

30年来，熙菱紧跟行业和科学发展前沿，开展自主研发和技术创新，沉淀了物联网、大数据、知识图谱、AI等一系列自有的核心技术，形成了一批具有自主知识产权的、具有行业影响力的领先产品和解决方案，构建了从数据接入、数据治理、数据分析、数据应用、可视化到等级保护测评的全流程大数据智能应用服务工具链，在数据赋能数字经济、政务大数据一体化体系建设、数字化城市等方面具有行业的领先探索和实战经验。

截至2021年年末，公司总股本为1.93亿股，营业收入1.45亿元，资产总额9.95亿元，市值达25.93亿元，相较于上市首日7.11亿元增长近3倍。

（二） 数字化企业发展历程及业务决策路径

30年来，熙菱始终紧跟国家战略部署，瞄准科技前沿，围绕市场和行业发展趋势开展企业数字化改革和业务变革。

1992年，电子产品稀缺、电子信息产业相关研发工作困难重重。12月8日，熙菱的前身——“新疆西陵电子研究所”成立。随着政府信息化迅猛发展，熙菱人谋思求变，1999年成立了新疆西菱信息技术有限公司，掀开了企业现代化改革和进军新疆信息化业务的篇章。

2001年，随着国家安防政策的施行，熙菱人拆除思维的墙，走出去，请进来，在上海成立了全资子公司“上海熙菱信息技术有限公司”，将先进技术和人才引入西部。2006年，公司更名为新疆熙菱信息技术有限公司，同年在西安成立研发中心，把科研作为重中之重。

2011年，顺应新时代城市治理需求，熙菱进行股份制改革，更名为新疆熙菱信息技术股份有限公司，开始IPO过程。历经6年实践，2017年1月5日熙菱在深交所成功上市，成为新疆首批上市的信息化高新技术企业，领跑安防领域信息化。

2018年，人工智能已势不可挡。被誉为人工智能第一“着陆场”的智能安防开启了新一轮的成长周期。熙菱人凭借多年的技术经验和市场沉淀，积极布局人工智能市场，确立“成为公共安全领域实战应用专家”战略定位，开启向视频、数据和可视化数字孪生技术与

产品的转型。

2020年,受新冠肺炎疫情倒逼,大数据技术、产品和解决方案被广泛应用于联防联控、产业监测、资源调配、行程跟踪等新兴领域。熙菱又紧跟国家需求,确立战略规划,重塑企业文化,提出"成为中国大数据智能应用服务的一流企业"的企业愿景。

(三) 数字化企业发展做法

1. 数字化企业发展过程中存在的问题及困难

(1) 人才引育留方面的问题

企业的发展离不开人才,新疆的地理位置、经济水平和数字化产业技术含量高的特性,决定了新疆数字化企业发展面对的人才问题会更为凸显。如何引进人才,并做好育留工作,以应对企业当下和未来发展的需要,是每个新疆数字化企业都必须面对的课题。

(2) 组织与管理方面的问题

数字化企业的运作方式,必须有先进的组织形式和管理理念引导,有高水平的管理人员来落实理念。公司治理体系和组织体系的建设,切实影响着企业的生产效率。公司营销及产品体系的信息化管理系统如何打造,如何用信息化手段提升管理效率,用信息数据提升管理水平,使公司业务的开展能够做到随"需"而变,从而大大提高市场反应速度,有效提升公司的整体竞争能力,是当务之急。

(3) 品牌与市场方面的问题

在数字经济建设过程中,数字产业企业是以客户需求为导向运作的,企业获得利润的途径或模式,与企业的品牌及市场开拓息息相关。

在新疆的数字化企业,有信息行业服务本地化的天然优势,但也承受着疆外企业的进入新疆市场带来的巨大冲击,虽然能学到更多的先进的技术,但是市场开拓方面要经受严峻的考验。一方面,无论是经验技术还是产品解决方案,都与内地先进企业存在差距,市场竞争力较弱;另一方面,孱弱企业品牌力,制约了企业在各个领域数字化转型市场的开拓。所以,企业品牌的打造以及市场开拓策略的改进,是企业发展必须面对的问题。

(4) 产品及技术方面的问题

技术创新是数字化企业的立身之本,创新无论在任何时候,都是数字化企业长远发展的灵魂所在。特别是新疆与内地联系紧密的今天,各种产品涌入市场,加上数字化产业的发展特性,新疆数字化企业的产品要想在市场中占有一席之地,创新是其发展的必行之举。

产品和技术的创新,不是简单的模仿,不是在原有产品的基础上简单的"敲打缝补,这就需要企业在未来的发展中,将大量的资金投入到研发方面,只有经历浴火方能有涅槃重生的可能,否则,企业未来的发展之路堪忧。

2. 数字化企业发展的核心举措

(1) 人才引进与育才留才举措

人才是科技的载体,特别是数字化企业,企业间的竞争已经转化为人才的竞争。

针对新疆企业人才引育留的诸多问题，熙菱通过疆内、疆外的一套组合拳，形成西才东育、东才西用的格局。

针对疆内分支的人才引进，熙菱积极开展校企合作，与新疆大学等高校及相关专业院所签署人才培养协议，打通与疆内高校的人才“直供”通道，并与高校积极沟通，组织走进校园、参观企业、企业实训等一系列校企互动，通过高频且深入的接触，加速了人才与企业的相互了解，加深了人才对企业组织形式的具体认识，加深了人才对职业岗位的初级认识，加深了人才对熙菱文化氛围的感性认识，让更多人才充分了解熙菱，让更多人才有意愿投身到熙菱的事业中。最后经过筛选、识别，引进一批优质疆内毕业生。

针对疆外分支的人才引进，熙菱在长三角积极开展校企合作的同时，在具体招聘方面，设置了籍贯优先策略，针对籍贯西北，特别是籍贯新疆的人才有所倾斜。此部分人才，虽为东部省份培养，但对新疆有较强支持意愿及较大支持力度，为后续企业内人才横向交流及支撑奠定基础。

针对人才育与留，熙菱公司结合自身经营模式和业务特点，建立了具有熙菱信息特色的人才供应链体系，通过结合岗位任职资格和胜任力要求，打造关键岗位的人才梯队，建立关键岗位人才储备库以及继任计划；制定疆内人才有西安及上海学习的常规机制，通过参与东部项目进行实战，提升疆内人员能力。疆外人才定期援疆，带动疆内项目及业务创新。通过疆内疆外各地分公司人才的交流，促进企业内部文化融合、人才融合，同时，与上海、西安等知名高校和培训机构进行产学研合作，建立符合企业需求的外部人才储备库。

熙菱结合企业发展战略，建立了有效的人才数据分析机制，对现有人员进行多维度的分类分层管理，同时建立了各层级岗位的胜任力要求和素质模型，在盘活现有人才资源的基础上分析未来企业人才需求数量和要求。通过确定员工任职水平、识别人岗差距、发掘员工潜能、明确新的岗位需求和变化，将人才盘点的结果作为人力资源配置和发展的重要参考依据，并由此进行针对性调整和规划。

熙菱统筹推进各类人才队伍建设，促进各地区人才平衡发展。公司针对各地区人才水平不均衡和人才短板问题，建立差异化的管理和应对机制，对符合企业发展需求的人才实施柔性管理，创新高端人才管理体制，即薪酬福利柔性化，谈判制；用工制度柔性化，“不求所有，但求所用”；工作时间柔性化，弹性工作制；空间柔性化，疆内疆外自由往返；同时加大培育开发，启动紧缺型人才培育计划，建立紧缺型人才培养目录；加大开发投入，培训经费按一定比例，专门用于紧缺型人才的培训、进修等工作。

熙菱逐步完善人力资源管控体系，优化三级人力资源管理系统。人力资源管理中心是制定公共业务规则，建设系统服务的管理中心，集中于规划制定、政策发布、机制设计、过程监督和结果评估；业务部门是进行目标分解、指标细分，是人力资源管理的实施主体，负责个性化规则制定及具体业务管理。通过构建人力资源管理服务平台，着力于资源整合、优势集聚，重点突出四大平台功能：决策咨询平台，通过组建公司人力资源专家团队，进行课题研究，开展评估诊断，提交管理层作为决策依据，促进企业健康发展；学习交流平台，定期组织学习法律政策，研究人力资源管理存在的突出问题，总结交流公司在人力资源管理上的新思路、新办法；工作标准平台，积极推进人力资源基础管理的标准化，输出统一管理模式，建立岗位分类标准、组织机构设置标准、领导职级标准、岗位层级标准、信息统计标准等；资源整合平台，根据公司战略发展，在未来收购、兼并、重组的过程中提高人力资源整合能力。人力资源配置服务于公司的业务发展，驱动人才向核心业务流动，推进公司内部人员流动网络平台的运行和完善。

（2）组织发展与管理改进举措

加强体系化建设：建立及加强公司治理体系，加强企业内各组织体系化建设，形成熙菱人所共同认知的企业文化。公司需要对信息化系统不断提质改造，用信息化手段提升管理效率、信息数据提升管理水平，使公司业务的开展能够做到随“需”而变，从而大大提高市场反应速度，有效提升公司的整体竞争能力。

建设专业研发与开发队伍，加强技术研发管理：建立健全公司研发项目过程管理制度，对战略性行业的先进技术和业务方向进行调研和技术储备。专门的研发技术管理委员会负责组织评定与修正公司研发技术标准、技术路线与实现的技术方法等，研究行业最新技术发展方向，协助制定总体技术发展战略，并负责公司产品研发项目的立项审议、技术评审、结项验收等工作，从而更好地把控熙菱研发、开发中心的研发专业性与技术前瞻性。

提升与变革职能管理：建立标准的执行过程职能体系。公司执行过程职能管理角色逐渐转变为建立过程管理标准、监督检查标准的执行、接收与考核执行结果。

经营资源的职能管理：加强资源规划管理，在资源高效运用上下功夫。建立各类资源高效运用模式，帮助业务部门提高资源使用效率。已成立的流程再造委员会致力于改造与建立适合于企业现阶段及未来发展需要的管理流程、经营流程等。

预算管理方面：进一步加强企业预决算管理，通过预算管理使部门经营管理目标与企业总体经营目标保持一致，从而帮助企业整体战略的顺利实现。

（3）品牌建设与市场发展举措

公司建立以产品和服务为基础的、遍布全国的市场销售体系，不断完善按业务规划范围无边界团队营销模式：

一是拓展专业营销队伍，打造全市场营销体系：根据公司总体发展战略，分步骤、按体系建立起覆盖全国的市场营销及售后服务网络。业务部门建立专职的售前队伍，逐渐形成市场营销＋业务营销矩阵式的营销模式。

二是开展广泛的合作计划，建立与合作伙伴共赢的营销机制：建立完整的、体系化的合作伙伴营销管理机制。利用新疆的地缘优势和文化优势，与国内相关领域的龙头企业合作，积极拓展全国及中西亚市场。

三是注重公司品牌建设，组织专业市场营销活动，加大宣传力度：建立一套成熟的宣传推广体系，按照整体市场营销规划部署，从公司品牌塑造、产品宣传推广、重大活动运作等方面加大市场宣传力度。通过纸质、电子、网站等多种媒体宣传渠道，针对不同业务领域特点，策划战略合作发布会，开展有效的市场活动，提高行业市场影响力和知名度。

(4) 产品开发和技术创新举措

建立研发创新体系,强化产学研合作。建立技术中心,以大数据实时分析与挖掘技术研究和统一应用平台升级研发为主要研发方向,搭建专属的研发及测试平台,建立并完善产品与技术的研发和创新体系,引进和培养人才,跟踪业界技术发展动态和发展趋势,加强"产学研用"多方面合作,增强企业持续创新能力。同时,为满足公司内控管理的要求,技术中心将以公司现有信息化为基础开展公司信息化升级改造,提升公司内部管理水平,增强公司对市场快速反应的能力。

公司贯彻产品化、生态化和全国化的业务发展战略,构建以具有自主知识产权的"大数据+视频+业务"三中台技术底座支撑的场景化解决方案、垂直领域 SaaS 服务和标准化中间件产品构成的多层次的产品体系。

(四) 数字化企业发展成效

1. 自主创新研发能力成果

公司设有国家级博士后科研工作站、省级企业技术中心、国家级工程实验室等研发平台,承担过国家高新技术产业化专项、国家重点研发专项、国家火炬计划项目等国家级科研项目,主导或参与制定 3 项国家标准、3 项行业标准、5 项地方标准。

始终视技术研发和产品创新为企业安身立命之本,持续加强主营业务研发投入,全年研发投入共 2,063.99 万元,占全年营业收入的 14.20%。截至 2021 年 12 月 31 日,公司共获得授权专利 20 项,其中发明专利 19 项、实用新型专利 1 项、软件著作权 199 项。报告期内,公司新增了包括"一种数据汇聚集群管理系统及方法""一种数据服务访问权限管理办法""基于多平台数据交互式系统"等在内的 5 项发明专利,另有 12 项新增发明专利申请;取得了 4 项信息技术应用创新适配认证证书。

公司入选了全国专精特新"小巨人"企业;获批国家级博士后科研工作站;"基于 5G 的智能安防行为多维度数据感知关键技术及示范应用"入选自治区科技厅重点研发任务专项;公司的"市域治理可视化实战平台"揭榜 2021 年数字中国创新大赛数字政府赛道优胜奖;由公司易联视频应用网关支撑的"智慧消防泛感知数据交换共享平台"获得了 2021 年广电物联网开发者大赛优胜奖,也是公司在智慧消防场景中的重要突破。

2. 技术能力成果

公司发展至今,在大数据、人工智能、网络安全、数字孪生等领域积累了五个方面的核心技术成果。

第一是高兼容性和安全性的物联感知数据接入与应用能力。公司致力于通过"视觉+大数据"双中台的能力打造数据智能型应用和解决方案,其中,如何将多源异构的前端物联感知设备数据高效、全量、稳定、安全地接入到 DaaS 和 PaaS 层是实现数据智能应用的关键和基础。公司经过深耕智慧安防领域,积累沉淀了丰富的音视频数据协议转换、数据接入和数据应用能力。近年来公司将该等能力产品化,形成了“易联”系列网关类产品。基于公司自主研发的异步高性能流媒体转发模型、轻量级集群负载均衡技术、CPU/GPU自决策解码技术等核心技术能力,公司的易联系列网关产品已能够实现主流接入应用协议全兼容、各类终端设备全兼容,已成为多个智慧城市场景下音视频数据接入与应用的最佳实践。

第二是基于知识图谱的智能数据中台构建能力。公司凭借长期对数据中台构建和数据治理经验的积累,自主开发了基于知识图谱的智能数据中台构建技术,利用人工智能技术替代大部分数据工程师操作,将数据治理的过程智能化、标准化,实现“一切资源化,资源目录化,目录全局化,全局标准化”的数据中台建设目标。智能数据中台构建技术将数据治理流程进行切片,在数据调研结果分析的基础上,通过相似度、实体关联度、规则推理等技术实现数据治理知识图谱中实体关系补全;通过知识图谱智能推荐,在模型融合的基础上,完成智能数据对标、数据自动探查、数据质量检核、数据自动标准化等数据治理流程,降低对于操作人的业务水平和行业经验的要求,大幅提升数据治理效率,为公司的数据中台建设服务提供了成本优势和质量优势。

第三是深度场景化的数据可视化应用能力。公司拥有一支在数据可视化领域深耕多年的技术团队,深度理解公共安全、社会治理、企业数字化转型等专业场景下的用户业务需求,致力于通过数字孪生模式支撑用户进行更精准、科学的业务决策,能够提供从业务咨询、系统定制、到一体化交付的端到端服务。基于公司自主研发的 GIS 地图三维引擎、视频超融合引擎、事件引擎和能力聚合平台等核心技术能力,公司的“得心”可视化业务重塑系统将数据展现与业务决策支撑进行了有机结合,能够实现 AR、GIS、UE4、BI 等多种可视化技术的融合应用,打通了 BS 和 CS 架构不能融合的技术断层,解决了当前市场上多数数据可视化服务厂商“重视觉展现,轻业务交互”的短板,实现了从数据到应用的最后一千米, 形成了较强的解决方案优势。

第四是全栈的数据智能型(Data Intelligence)软件产品工具链。定位于大数据智能应用服务提供商,并持续打造全栈的数据智能型软件产品技术和工具链,包括数据标准体系管理、智能数据治理平台、数据建模工具、数据标签技术、知识图谱引擎、物联网关、低代码可视化平台、多云适配工具、数据安全管理和国产化适配套件等。通过上述技术和工具链使得公司可以在行业数字化转型场景中快速组件、迭代相关产品和解决方案。

第五是专业的网络安全防护与评估能力。全资子公司固平信息安全技术有限公司坚持创新,不断探索、积极实践,率先建立了“网络安全等级保护关键技术实验室”,对信息安全新技术、新应用和信息安全基础设施关键技术进行研究;同时,作为国家信息安全专控队伍之一,积极配合相关部门开展网络安全检查工作,为重点领域、重点行业提供信息系统的等级测评、规划设计、咨询服务和宣传培训,其技术优势主要体现在以下几个方面:

① 全面掌握和紧跟国内先进的信息安全管理和技术,并有一套贯彻到服务系统中的体系,掌握了国内信息安全的标准和政策并有足够力度体现到服务体系中,具备最新的信息安全实践技术和防范技术以及遇到突发情况能够解决问题的专家团队。拥有成熟的监

控技术，能够方便、简单、易操作地安装到所有接入设备和系统中，并且不会引入新的安全隐患；具有监控数据分析与处理技术；具有知识库或专家库支持应急事件决策技术。

② 固平信息安全技术有限公司在吸取以往测评自动化系统的优点和借鉴风险评估理论的基础上，进行测评生产管理平台的自主设计和研发，主要实现了以下目标：a)实现测评自动化提高效率，尽量减少人为干预，减轻人员负担；b)形成标准化流程，避免因人员变动等情况造成的干扰；c)提升测评机构水平，形成知识库、版本库等方便维护和在测评过程中使用；d)完善项目档案管理，减少资料缺失和不符合相关要求的风险。目前"测评生产管理平台"已上线稳定运行，大大提高了等保测评的规范化、流程化、便捷化，极大提升了等保测评工作的规范性、完整性和交付效率。

3. 信息技术应用创新适配成果

公司所服务的政府客户群对于自主可控的要求较高，公司也一直将信息安全和数据安全视为企业发展的生命线。随着国家信息技术应用创新产业的发展，公司也有针对性地开展信创集成和适配工作，使得公司的核心产品能够全面、稳定地服务到各大信创生态。公司的得心可视化业务重塑系统已与麒麟软件操作系统完成兼容性测试，产品能够达到通用兼容性要求及性能可靠性要求，满足用户的关键性应用需求。公司的易联系列网关已通过宝德自强系列服务器、华为鲲鹏产品兼容性认证，测试结果显示双方产品完全兼容、整体运行稳定、性能卓越。公司自主研发的智能数据应用 S800 与华为 HoloSens IVS3800X 完成兼容性测试，系统在功能技术、安全稳定性方面得到信创伙伴的专业认可。

4. 行业经验积累成果

公司深耕政企信息化数字化领域二十余年、公共安全科技信息化领域十余年，也是新疆区域最早从事软件开发的信息技术类企业，服务过包括公安、社保、税务、教育、交通、海关、金融、烟草、石化等各类政府部门、企事业单位，积累了丰富的行业 know-how。对政企行业，通过信息化、数字化手段赋能业务应用有着深度的理解，不仅有利于对公司客户群体的长期服务，也为公司跨区域跨行业的市场拓展奠定了基础。

公司始终认为信息技术为手段，解决用户应用场景痛点、难点才是目的。通过紧跟行业技术发展趋势，融合包括 5G+、人工智能、物联网、AR/VR、大数据等核心技术，以公司对用户场景的深度业务理解为基础为客户需求匹配最合适的技术解决方案与实现路径，从而实现客户价值和社会价值。在公司近年来聚焦的公共安全科技信息化领域，产品理念贴近实战应用，强调易用性、实用性和可靠性，追求实战效果，很好地满足了公安部门在业务实际操作过程中的实际需求，为国家部委、省、市、县等各级单位逾千家客户提供了优质稳定的服务。

5. 品牌建设成果

公司所服务的客户群体在采购解决方案和软件应用服务时，往往对使用效果和需求实现的不确定性有很大顾虑，因此同行业的标杆性案例和客户的口碑传播对于用户选择有很强的引领和示范作用。因此，公司在开拓市场时一直注重样板点的打造：通过样板点客户在行业和区域内的引领地位，将公司的成功方案辐射到周边乃至全国市场。这一类样板点项目往往也是国家级或省级的某一领域的试点建设项目，试点项目的建设成功非常有利于在行业内建立该类项目的建设标准和基线方案，促进公司产品和方案的广泛推广。近年来，公司在深耕疆内和拓展疆外市场的过程中，打造了诸多具备标杆性的样板点项目，如：2018—2021 年连续四届中国国际进口博览会的大型活动安保服务、2022 年冬奥会大型活动安保服务、西南某市社会治安立体防控体系建设（国家级试点）、华东某市智慧警情多维分析应用（省级数字化改革试点项目）、陕西省企业登记微信办照平台（国家首创）。这类样板项目为公司在同行业的市场开拓中带来了显著的竞争优势。

6. 党建引领发展成果

公司始终坚持党建引方向、文化铸灵魂，深入学习贯彻党的十九大及十九届历次全会精神，深刻领会习近平总书记对非公企业党建的重要指示，紧紧围绕数字中国、网络安全建设的战略目标，引领党员群众矢志科技报国，勇于科技创新，按照“双强争先”的目标，抓好“两个覆盖”、发挥“两个作用”、建强“两支队伍”，提炼“红色引擎”，升级“蓝海红帆”，形成了党建工作的框架体系。公司新疆党支部先后两次被评为“乌鲁木齐高新区先进基层党组织”；上海党支部于 2021 年 12 月成立；北京、西安等其他区域中心党支部正在积极筹备中。各支部坚持以“三会一课”为抓手，“业务拓展到哪里，党建工作就做到哪里，重点项目在哪里，党员突击队就在哪里”，将党建工作和业务发展双融双创，营造了以“奋斗为本”，以“奋斗为荣”的企业文化氛围，党组织政治核心和政治引领作用发挥明显，促进了企业经济全面健康、可持续发展。

（五） 数字化企业发展经验

熙菱总结了数字化企业发展的四大经验：加快人才的引进和培养，加强与各方的生态合作，产品及技术的持续创新，塑造企业品牌及文化。

一是加快人才的引进和培养。人才是实现企业发展、赢得市场竞争主动的战略资源。人才的培养、引进与使用，是一个有机的整体，培养人才是基础，引进人才是重点，用好人才是关键。培养和引进人才的目的，是为了更好地使用人才，使之发挥作用。只有坚持培养与引进并举、精心培养与高效使用并重的原则，才能有效地培养人才、吸引人来、留住人才、用好人才，进而推动企业的可持续发展，促进企业竞争力的全面提升。

二是加强与各方的生态合作。数字经济与实体经济边界越来越模糊，数字世界正在成为实体世界的一部分，产业的生产要素、生产方式、生产流程都在被数据所重塑。“数字优先”，将是构建未来经济、重塑产业发展的“必选道路”。面向企业、政府客户的数字产业生态要比个人客户复杂很多，这也决定了要满足政企客户的数字化转型需要，不是靠一两家企业就可以的。因此，在熙菱倡导建立行业生态不仅符合生态伙伴之间共生共赢的初衷，也体现了熙菱在建设生态系统时更为开放的心态。当参与企业数量更多，合作方式更加多元化、给企业客户所带来的服务内容也更为丰富，企业也会随生态发展日益壮大。

三是产品及技术的持续创新。产品和技术是数字化企业的立身之本。持续创新是要求企业借用原有技术的部分甚至核心要件，在其基础上进行进一步的修复与完善。实际上，在持续创新的过程中，其对原有技术的发展会基于现有市场及营销网络，迅速达到商业化的目标，在获取利益的同时留住客户，也将技术留在了市场上，让技术起到持续的商业创造作用。持续性创新是数字化企业战略的基本组成部分，它基于市场需求、基础研究、应用研究，或综合已有的科学技术，通过引入新工艺、新技术、新管理方法，并引入生产系统，实现产品服务迭代升级，以求持续地开拓市场、占领新的市场，从而更好地满足市场需求。

四是塑造企业品牌及文化。企业的品牌及文化，是企业作为组织主体，在企业外部和内部沉淀的重要无形资产。打造企业品牌，是最好的营销手段，良好的品牌及产品口碑，可以为企业在市场开拓中发挥巨大影响。塑造企业文化，是企业管理的最终结果，好的企业文化，可以大幅提升企业生产效率，指引企业长远发展，例如熙菱信息的企业文化。

熙菱的核心价值观是“科技报国、长期专注、创新超越、整体作战、绝对坦诚。”

熙菱的企业精神是“永久奋斗——永葆力争上游的奋斗心态，永葆驰而不息的奋斗状态，永葆舍我其谁的奋斗姿态。”

熙菱的企业精神是“以客户为中心——最大限度地理解和满足客户需求，最大限度创造和放大客户价值，最大限度激发和挖掘客户潜能。”

（六）启　示

当前，世界百年未有之大变局正加速演进，新一轮科技革命和产业变革带来的激烈竞争前所未有。熙菱将继续巩固现有主业，推动公司持续稳定发展，持续发挥自主创新研发能力优势、技术优势以及品牌优势，紧跟新疆“十四五”和数字经济产业相关发展规划，围绕能源、交通、新基建、“一带一路”等在内的新疆优势产业，全面深度参与数字新疆相关建设；拓展大数据智能应用产业生态，将公司的“大数据＋视频＋业务”三中台能力和一系列软件产品赋能至能源电力、新零售、交通、应急、环保等更多创新场景中，充分发挥与现有技术、产品和客户的协同效应，打造基于大数据智能应用的产业生态；保持研发投入强度，进一步巩固“大数据＋视频＋业务”中台能力和多维数据融合分析能力在社会治理、公共安全、政务服务等优势场景下的竞争力；同时，围绕知识图谱建立公司的技术壁垒和技术品牌，加强公司与高校、科研院所在底层技术能力领域的产学研合作，试点“大数据应用＋网络安全”的协同发展模式，多角度打造产业纵深和核心竞争力，探索智慧城市更广泛的市场机会。

根植新疆、奉献全国是熙菱上下的最大共识。作为新时代新疆数字科技领军企业和软件协会理事长单位，熙菱肩负着行业领跑的重大使命。熙菱有信心有能力有责任引领大数据智能应用服务的创新发展，为科技兴疆、科技兴国贡献熙菱智慧。未来，熙菱也将更加积极地履行好社会责任，努力为股东创造更多回报，为客户提供更高质量的产品和更优质的服务，为员工提供更为广阔的发展空间，积极响应开展社会扶贫项目，为社会和谐可持续发展贡献力量。

第四章　新疆工业数字化发展科技支撑和创新能力研究分报告

一、新疆工业数字化发展现状

产业数字化的目标是实现产业发展的数字化转型升级。数字化转型是指产业与数字技术全面融合，提升效率的经济转型过程，即各产业利用数字技术，把产业各要素、各环节全面数字化，通过将现实世界到虚拟世界的仿真模拟、设计优化等操作，推动技术、人才、资本等资源配置优化，推动业务流程、生产方式重组变革，从而提高产业效率、服务质量以及促使服务模式创新、服务业态创新。

新疆工业系统通过深入实施《中国制造 2025 新疆行动方案》《新疆维吾尔自治区信息化和工业化深度融合发展规划》，积极推进智能制造、绿色制造、工业互联网应用等，大力促进大数据、云计算、人工智能等新一代数字技术与产业的深度融合，工业系统数字化进程加快推进，数字化成效突显。以工业互联网、智能制造等为代表的新模式、新业态不断涌现，带动技术创新，推动产业升级，助力企业转型。我区在推动工业系统数字化进程中，加快了数字化管理、智能化生产、网络化协同、个性化定制、服务化延伸等新模式的应用，生产装备和经营管理数字化水平大幅提升，行业骨干企业数字化、网络化转型加速。制造业在激发市场活力和推动转型升级上取得积极进展。

通过对我区 484 家企业（样本企业主要涉及石化、装备制造、轻工、食品、纺织、采掘、电力、建材、医药等行业，涵盖大、中、小、微型企业）进行问卷调查，对重点企业实地调研，在数据分析和评估决策基础上，构建了工业企业数字化转型评价指标体系，并结合新疆制造业的发展现状及行业特点，从数字化基础、数字化业务、数字化集成、数据采集与应用、数字化成果以及数字化发展六个维度对我区装备制造、石化、轻工、食品、纺织、采掘等重点行业的数字化转型现状进行分析。

（一）　新疆不同规模企业关键业务的数字化应用情况

新疆制造业不同行业、不同规模企业在研发设计、生产制造、供应链、质量、能源、设备健康、安全环保等七个关键业务层面的数字化应用情况如图 4－1 所示。从图 4－1 可以看出，我区中小型制造企业更专注于生产制造过程管理的数字化应用，质量管理次之，其他关键业务应用情况占比基本持平。

新疆不同规模企业的关键业务的数字化应用情况如图 4－2 所示。从图 4－2 可以看出，企业规模大小与关键业务数字化应用情况基本呈正相关，大中型企业关键业务数字化

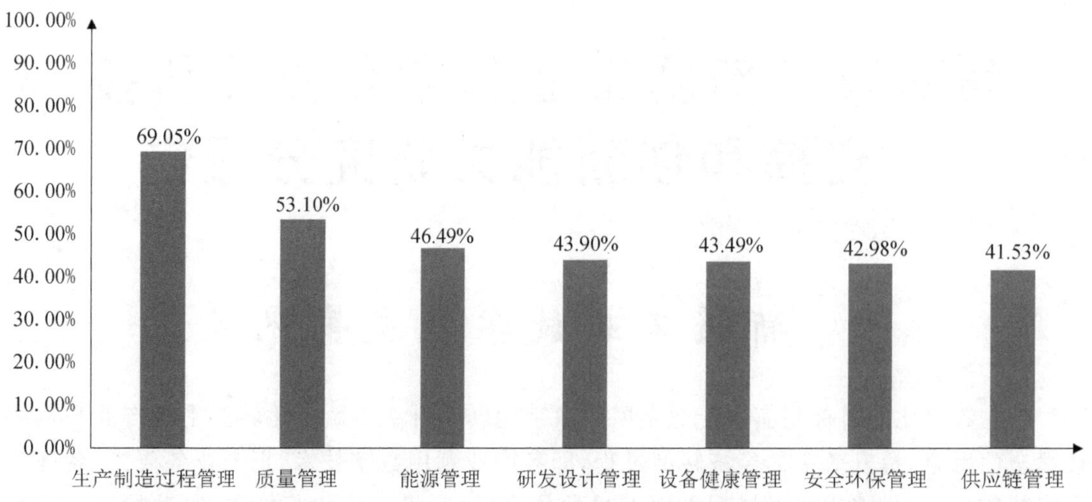

图 4－1 新疆工业企业关键业务的数字化应用情况

应用情况较好，而小微型企业投入情况稍差。

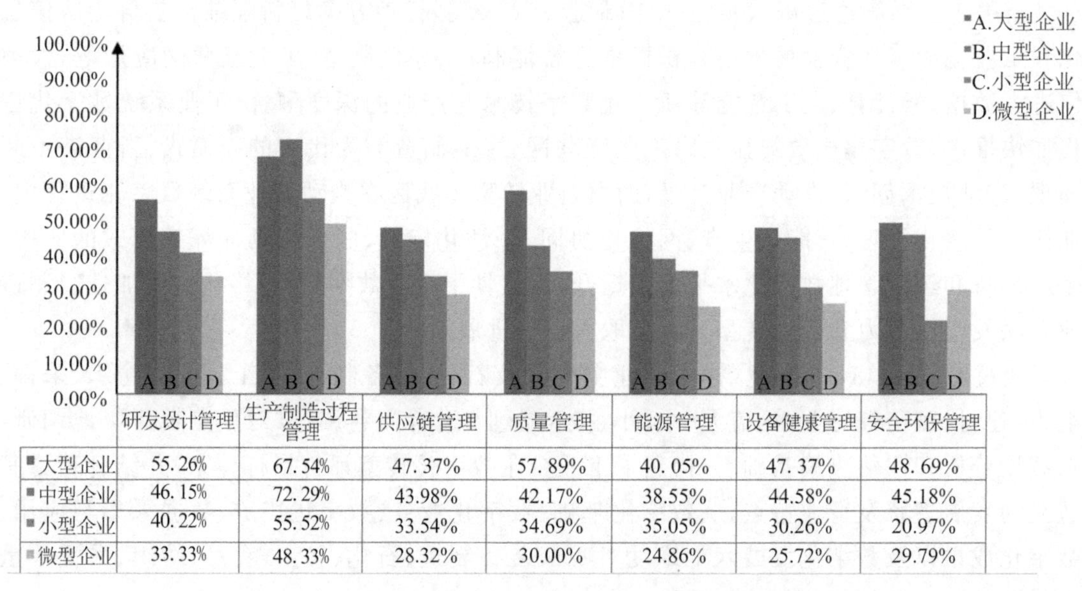

	研发设计管理	生产制造过程管理	供应链管理	质量管理	能源管理	设备健康管理	安全环保管理
大型企业	55. 26%	67. 54%	47. 37%	57. 89%	40. 05%	47. 37%	48. 69%
中型企业	46. 15%	72. 29%	43.98%	42.17%	38.55%	44.58%	45.18%
小型企业	40. 22%	55. 52%	33.54%	34.69%	35.05%	30.26%	20.97%
微型企业	33. 33%	48. 33%	28.32%	30.00%	24.86%	25.72%	29.79%

图 4－2 新疆不同规模企业的关键业务的数字化应用情况

新疆不同行业关键业务的数字化应用情况如图 4－3 所示。从图 4－3 可以看出，装备制造、医药及食品行业的产品创新设计较为频繁，普遍会更关注研发设计管理；医药、食品及装备制造业，普遍关注生产制造过程管理，医药和食品行业对先进控制和实时优化的需求和投入较大，装备制造业则更重视建立柔性化生产体系满足其生产制造过程中的个性化需求；轻工、食品行业对供应链管理关注较多，多以供应链集成运作以及产供销数据集成为主；食品和医药行业更关注质量管理，以产品质量全流程追溯为主；石化、采掘等高耗能行业在能源管理方面投入力度较大；以采掘、装备制造业为代表的重资产型行业在设备健康管理方面投入力度较大；建材、石化、采掘行业在安全环保管理方面投入力度较大，多以安全环保监测与预警、相关应用系统的互联互通、安全环保动态处置为主。

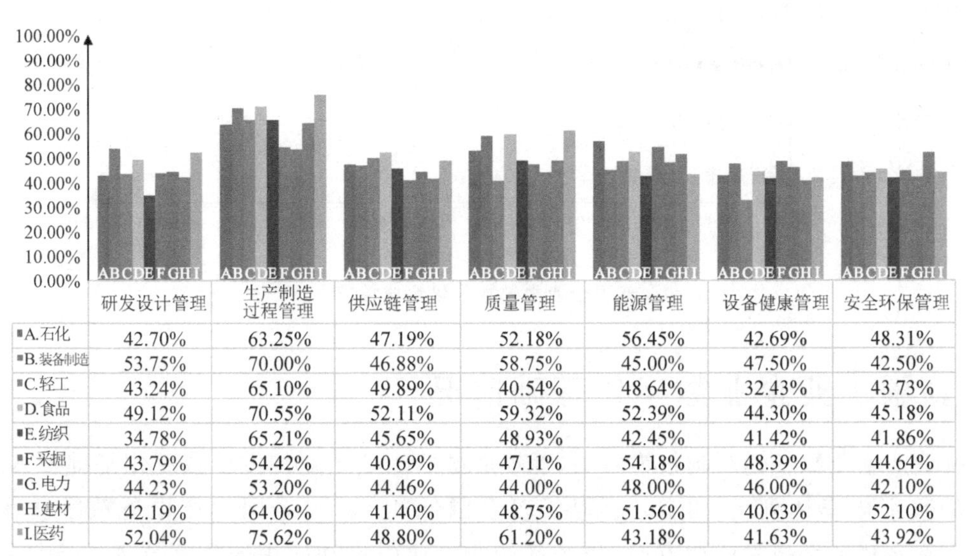

	研发设计管理	生产制造过程管理	供应链管理	质量管理	能源管理	设备健康管理	安全环保管理
A.石化	42.70%	63.25%	47.19%	52.18%	56.45%	42.69%	48.31%
B.装备制造	53.75%	70.00%	46.88%	58.75%	45.00%	47.50%	42.50%
C.轻工	43.24%	65.10%	49.89%	40.54%	48.64%	32.43%	43.73%
D.食品	49.12%	70.55%	52.11%	59.32%	52.39%	44.30%	45.18%
E.纺织	34.78%	65.21%	45.65%	48.93%	42.45%	41.42%	41.86%
F.采掘	43.79%	54.42%	40.69%	47.11%	54.18%	48.39%	44.64%
G.电力	44.23%	53.20%	44.46%	44.00%	48.00%	46.00%	42.10%
H.建材	42.19%	64.06%	41.40%	48.75%	51.56%	40.63%	52.10%
I.医药	52.04%	75.62%	48.80%	61.20%	43.18%	41.63%	43.92%

图 4-3 新疆不同行业关键业务的数字化应用情况

（二） 新疆工业企业数据采集与应用情况

生产现场数据的采集分析，是企业进行物料跟踪、生产计划、产品维护以及其他生产管理的基础，是实现数字化转型的关键。在数据采集方面，39.02%的企业搭建了数据采集与监视控制系统（SCADA）、分散式控制系统（DCS）等系统，实现了部分关键设备数据采集；29.27%的企业采用制造执行系统（MES）、条码追溯系统等实现了车间物料、库存、生产进度等的数据采集；26.83%的企业搭建了企业资源计划管理（ERP）系统，实现了产供销数据采集；17.07%的企业集成多种软硬件系统设备实现了产品全生命周期的数据采集；26.50%的企业能够利用信息化手段开展综合决策，59.30%的企业停留在局部数据分析和简单可视化上，其余企业在数据应用方面有所欠缺。

（三） 新疆工业企业数字化集成情况

图 4-4 给出了我区工业企业的数字化集成应用情况。从图 4-4 我们可以看出，70.73%的企业在内部数字化集成方面有所应用。其中，58.34%的企业实现了财务与业务的数字化集成，覆盖面较大；10.50%的企业实现全业务过程数据资源的全面集成；内部数字化集成水平较低导致企业间产业链协同存在一定困难，仅有 10.40%的行业骨干企业实现了企业间产业链主要业务协同。这说明，当前新疆制造业企业内部数字化集成水平还不高，企业之间实现主要业务产业链协同还有较大的差距。

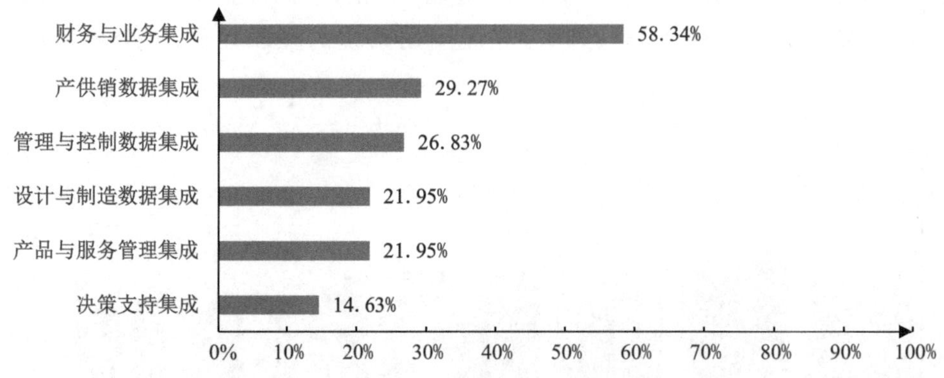

图 4－4　新疆企业内部数字化集成情况

(四)　新疆工业企业数字化基础情况

我区制造业企业数字化基础较为薄弱，近年来虽然工业企业加大了数字化基础投入，生产设备的数字化率达到了 42.30%，但仍较全国低 4.80%（全国生产设备数字化率 47.10%）。在现代数字技术应用方面，我区制造业企业引进和应用的数字技术主要是数字移动技术、机器人、物联网以及智能传感器设备，5G 技术、区块链、边缘计算以及 3D 打印的应用相对较少。

在我区制造业企业中，约有 75.82%的企业设置了数字化管理部门，其中 45.66%的企业数字化管理部门是作为二级部门设立在其他业务部门下的，16.94%的企业数字化管理部门是作为专职一级部门独立设置的，我区工业企业中约有一半以上的企业，在企业管理与技术人才中数字化人才严重不足，仅占 15%左右。

我区制造业企业开展数字化应用的突出问题是投入不够，且仅有的资金投入也都是用于购置基础设施以及引进相关数字技术，而在数字化管理层面的投入较少。制造业企业实施数字化带来的社会经济效益还不够突出，特别是实施数字化转型战略后企业核心竞争力、创新能力的提升方面还不够显著，但数字化为企业所创造的直接或间接经济效益较为明显。

二、新疆工业数字化科技支撑和创新能力存在的问题

(一)　工业行业数字化水平整体还比较低

虽然近年来我区工业数字化进程持续推进，但由于起步晚、力度小、速度慢，根据工信部发布的工业数字化数据，我区工业数字化发展水平整体得分仅为 43.00 分（全国两化融合发展水平整体得分 54.50），处于全国企业两化融合落后水平，在 31 个省份中排名第 28

位，我区两化融合发展指数也只有 70，而全国两化融合发展指数已经达到 86.70。其中，在数字化基础表征指标中，我区生产设备数字化率 42.30%，数字化研发设计工具普及率 39.50%，关键工序数控化率 45.00%，应用电子商务比例 40.30%。显然我区以物联网、云计算、大数据为代表的新一代数字技术在工业行业中的应用还有很大差距，在各个细分行业的数字化还处在不同的阶段，有的行业才开始在生产、经营、管理和服务中推广应用数字技术，有的行业已经进入数字化深度融合阶段，数字技术在生产、经营、管理和服务中发挥了重要的作用，但总体来说，工业领域各个行业数字化关键技术、应用能力还需要突破。

（二） 企业科技支撑创新体系不完善，创新能力严重不足

我区工业企业整体上科技支撑技术创新体系还不完善，特别是科技支撑创新能力的基础尤其不足，大多数企业研发费用低于全国平均水平。制造业缺乏先进制造业发展必需的技术储备，特别是缺少拥有自主知识产权的产品和技术，企业关键部件和核心技术对外依赖度高，设计能力薄弱，技术创新能力不足，市场竞争力不高。工业软件、信息基础设施、工业互联网等相关技术的应用、研发、投入和建设均与产业发展不相适应，也远远落后于发达地区，在一定程度上影响制约了新疆制造业的智能化改造和数字化转型。

（三） 数据采集与集成基础十分薄弱，更不能互联互通

我区工业企业对实际生产过程中相关数据缺乏有效的采集和分析，且多数企业仍处于数据应用的感知阶段而非行动阶段，覆盖全流程、全产业链、全生命周期的工业数据链尚未构建；内部数据资源散落在各个业务系统中，特别是设备层和过程控制层等底层的数据无法互联互通，形成“数据孤岛”；外部数据融合度不高，无法及时全面感知数据的分布与更新。未能充分利用数据，且欠缺相关模型、方法的探索与应用，未能利用数据为企业的决策优化管理创造价值。

（四） 企业数字化战略不清、愿景目标不明确

新疆工业行业数字化尚处于起步阶段，大部分企业还没有制定数字化发展战略，既没有明确的数字化愿景和目标，也缺乏系统性的思考。特别是中小型制造业数字化还处于早期的发展阶段，系统化和场景化的规模应用还没有形成，一些重要的标准规范缺失、行业监管体系不完善、解决方案不全面，基本上都还是以局部数字化改造为主，缺乏转型的完整性、全面性和系统性，难以发挥整体效应。

（五） 企业数字化盈利模式不明朗、投入意愿不强

制造业数字化尚未形成有经济效益的良性成长模式，缺少有效反映数字化价值的评估标准，企业的投资回报率难以明确，影响企业对数字化的投入。

（六） 数字化系统设施薄弱，数字化升级改造难度大

目前大部分工业企业的网络、设备、信息化系统等资源配置均比较薄弱，增加了企业数字化升级改造的难度。两化融合数据显示，新疆企业生产设备数字化率45.10%，较全国平均低5.70%；数字化研发设计工具普及率44.50%，较全国平均低29.20%；基础数字化信息系统覆盖占比仅29.27%。因设备数字化改造与信息系统升级成本较高，且中小企业普遍存在融资难、技改窘等问题，制约着数字化升级改造。

（七） 缺乏深入推行精益生产管理模式和卓越绩效理念，数字化与精益管理脱节

实现创新制造不仅需要智能自动化技术（人体四肢），还包括数字化信息系统（中枢神经），关键还要具备精益运营作业能力（头脑）。很多企业虽然已经意识到精益管理的重要性，但没有从根本上改变整个企业的生产模式，精益管理与数字化信息系统脱节，精益生产管理名存实亡。

（八） 尚未形成系统的产学研用创新体系，严重制约创新能力提升

目前新疆工业系统尚没有建立系统的以企业为主体、产学研用相结合的创新体系。高等院校、科研院所与企业拥有不同的评价机制和利益导向，各自创新活动的目的严重分化，科技成果转化受阻，无法形成迭代优化的机制；企业自主创新能力弱，创新不活跃，关键核心技术与高端装备对外依存度高，对数字化转型发展支撑作用有限。

（九） 工业企业数字化人才严重缺乏，科技创新后劲不足

新疆工业行业数字化复合型人才严重匮乏，区外数字化人才引进难度大，本地人才流失严重，本地高校工科类智能制造工程等专业设置少，智能制造综合实验室建设极度落后于国内同类高校，人才培养的速度远远跟不上企业数字化的发展需要。《中国数字化人才现状与展望2020》显示，数字化专业人才在整体知识工作者人群中占比也只有2.40%。由此可见，新疆工业行业的数字化人才更是捉襟见肘，企业转型升级对复合型技术人才的需求将更为迫切。

三、加强新疆工业数字化科技支撑和创新能力建设的主要任务

(一) 新疆装备制造业数字化科技支撑和创新能力建设的主要任务

1. 装备制造业数字化的痛点

装备制造业属于典型离散型制造业，处于制造业价值链的高端环节，具有客户需求个性化，小批量、多品种、及时交货的市场需求、供应链分散、技术知识密集等特点。而设计与制造环节数据集成困难，研发设计周期长，物料库存不精准、仓储高昂，供应链管理更多依赖于工作经验，生产管理模式僵化粗放等是新疆制造业面临的主要问题，也是制约我区装备制造业快速发展的核心问题。新疆装备制造业数字化面临的主要任务如表 4-1 所列。

表 4-1 新疆装备制造业数字化的主要任务

行业特点	行业痛点	数字化的主要任务
①客户需求个性化，小批量、多品种、及时交货的市场需求 ②供应链分散 ③技术知识密集	①研发设计周期长 ②设计与制造数据集成困难 ③物料库存不精准 ④供应链管理多依赖经验 ⑤生产管理模式僵化	①加强研发设计数字化水平，由独立分散向网络协同转变 ②加强企业生产、检测、物流等设备层面的自动化改造升级 ③通过提升关键工序数控化率，拓展 ERP、MES 等数字化系统及工业 App 在广度和深度上的应用，实现面向产品全生命周期进行数据管理 ④生产管理模式向精益化转变 ⑤物料管理精细化 ⑥装备远程运维、个性化定制等服务型制造模式由生产制造型向服务型制造转变

2. 加强新疆装备制造业数字化科技支撑和创新能力建设的主要任务

(1) 研发设计由独立分散向网络协同转变

提高企业研发设计数字化水平，采用数字孪生和云协作平台等技术，对产品进行模拟仿真、设计数据交互、工艺设计优化，解决计算机辅助设计到计算机辅助制造的集成问题，降低样品试制成本，保障设计方案的协调与适配，提高研发设计协同化水平，缩短产品制造周期。

(2) 面向产品全生命周期的数据管理

产品全生命周期数据的隔绝直接导致业务的隔绝,而数字化的关键就是要打通产业壁垒,推动数据流动;加强企业生产、检测、物流等设备层面数字化的改造升级,实现生产过程的自动化、数字化;提升企业制造环节生产过程关键工序数控化率;围绕线下设备线上化、线上设备互联互通开展设备网络层面的建设,实现底层设备横向互联以及与上层系统纵向互通的连接,提升设备联网率;拓展数字化系统在深度与广度上的应用。完善企业资源计划管理系统(ERP)、产品数据管理(PDM)、客户关系管理(CRM)等数字化基础平台,实施部署产品全生命周期管理(PLM)、MES及工业App的应用,加强MES与其他数字化系统的集成,实现生产管控、质量追溯、物流管理、运行监控等应用。

(3) 生产管理由粗放向精益化转变

装备制造业传统的管理模式以人为主,具有变动性大、作业管理混乱、管理无法落地且追溯性差等弊端。基于价值流对业务流程进行优化,打通部门之间、人机之间、设备之间的数据壁垒,实现以节拍式拉动、看板式管理、流水化作业和标准化工位等精益化管理模式,推动生产制造透明化、部门合作协同化、资源调配高效化,节约管理成本、提高管理效率。

(4) 物料管理精细化

传统的仓储模式能够缓解一定的物料需求压力,但产生了相应的存储空间、物流调配、流转资金等高昂的仓储成本。利用立体仓库、无线射频识别(RFID)等装置及云计算、大数据等新一代数字技术,对物料进行标识及精细化管理,可实现排产、仓储、运输和追踪的按需调度和优化,降低库存量,节约现金流。

(5) 供应链管理由重经验向重需求转变

多数企业在原料、生产、运输、市场等环节的运营都是独立、单向的,各企业在制定供应链计划时更多地依赖工作经验,导致产业链供需双方无法针对需求动态调整。聚焦人、传感器、生产设备和库房、物流等节点的互联互通,推动供需双方相关数据互联互通,以信息流加速物流、资金流、技术流有效流动,加快经验导向向需求导向的模式转变。

(6) 生产制造型向服务型制造转变

传统装备制造业价值链条通常止于产品进入营销环节之前,除简单的售后服务外,很难实现从卖产品向卖服务转变。通过有效挖掘服务制造链上的需求,延长产品价值链,打造新产业、新业态,培育竞争优势;构建线上线下一体的营销服务平台,通过分析大量用户交易数据精准识别客户需求,提供定制化的交易服务和以客户为中心的极致体验、精细化售后服务;优化物流体系,提供高效和低成本的加工配送服务;通过与金融服务平台结合实现既有技术的产业化转化,实现新的技术创新模式和途径;企业通过监控分析装备运行工况数据与环境数据,实时提供装备健康状况评估、运行状态预测、故障预警和诊断、远程运维等服务。

(二) 新疆石化行业数字化科技支撑和创新能力建设的主要任务

1. 石化行业数字化痛点

石化行业属典型流程型行业,具有能源消耗大、工艺过程复杂、危险性高、环保压力大等特征。我区大多数大中型石化企业都进行了信息化系统的建设,但是数据分析及决策等在生产运行管控、安全环保、设备健康管理等方面的应用较为匮乏。新疆石化业数字化面临的主要任务如表 4-2 所列。

表 4-2 新疆石化业数字化的主要任务

行业特点	行业痛点	数字化的主要任务
①能源消耗大 ②工艺过程复杂 ③危险性高 ④环保压力大	①自动化联动欠缺 ②安全生产压力大 ③设备管理不透明	①设备线上化、线上设备互联互通,实现底层设备互联以及与上层系统纵向互通的连接,提升设备联网率及过程控制系统的数控化率,加强生产自动化闭环控制 ②安全管理从人工巡检向智能巡检转变 ③设备管理从黑箱管理向健康管理转变

2. 加强新疆石化行业数字化转型科技支撑和创新能力建设的主要任务

(1) 生产自动化闭环控制

利用物联网、大数据、工业互联网等技术搭建生产自动化闭环联动管控中心,集生产运行、全流程优化、环保监测、分散式控制系统(DCS)控制、视频监控等多个信息系统于一体,通过对设备运行状态及生产全流程数据的自动采集及分析,实现生产管理在线控制、生产工艺在线优化、产品质量在线控制、设备运行在线监控、安全管理在线可控的智能化管理。同时优化生产经营计划在线高效编制及动态跟踪滚动调整,提升全流程优化能力,实现采购、生产、物流的协同,解决生产运营各环节的上下贯通、集中集成、信息共享、协同决策,提高企业生产运营过程的全面监控、全程跟踪、深入分析和持续优化能力。

(2) 安全管理从人工巡检向智能巡检转变

一是生产安全监测与控制,利用物联网、地理信息等技术,实时采集炼化生产过程中的各类安全数据,结合安全生产监控模型,对生产异常状态和安全风险实时报警,实现安环实时监测、分析和风险预测等智能化功能,保障工厂生产安全。

二是管道智能巡检,在管道内外利用传感器、智能阴保桩、管道巡检机器人、无人机等数据采集工具,地下管线三维地理信息系统(GIS)可视化应用,以及连接地理、气象等环境数据,实现管道内外运行状态的全面感知和实时监测,快速定位管道异常状况,提升应急处置能力。

(3) 设备管理从黑箱管理向健康管理转变

石化行业属于流程型行业,任何设备的非计划停机可能会对整个生产过程造成影响,设备的安全、稳定、长周期运行是工厂的基本保障。

一是设备状态检测，通过对物理设备的几何形状、功能、历史运行数据、实时监测数据进行数字孪生建模，实时监测设备各部件的运行情况。

二是远程故障诊断，将设备的历史故障与维修数据、实时工况数据，与故障诊断知识库相连，利用机器学习和知识图谱等技术，实现设备的故障检测、判断与定位。

三是预测性维护，构建设备数字孪生体，实时采集各项内在性能参数，提前预判设备零部件的损坏时间，主动及时进行维护服务。

（三） 新疆轻工行业数字化科技支撑和创新能力建设的主要任务

1. 轻工行业数字化痛点

轻工业是农业、重化工业的连锁工业，是国民经济大循环中的一个重要环节。轻工业是加工工业，原材料生产的“第一车间”。轻工产品属于消费品，市场营销与用户体验是数字化的关键，存在技术更新速度快、产品研发周期短、产品同质化程度高、用户需求个性化等特点。另外，食品、药品等细分行业的生产条件要求严格、质量标准高、产品保质期短。我区轻工业普遍存在品牌影响力较弱、资源/能源利用率低、产品自主创新能力欠缺等问题。新疆轻工业数字化面临的主要任务如表 4－3 所列。

表 4－3　新疆轻工业数字化的主要任务

行业特点	行业痛点	数字化的主要任务
①技术更新速度快 ②产品研发周期短 ③产品同质化程度高 ④用户需求个性化	①产品同质化、附加值较低 ②品牌影响力较弱 ③资源/能源利用率低 ④自主创新支撑作用不强	①加快关键技术创新与产业化，注重产业链前端产品与终端品牌的协同创新 ②提升物联水平，实施全链条质量追溯工程，加强从原料采购到生产销售的全流程质量管控 ③高效精准生产与数字化营销 ④全面推行绿色制造 ⑤加强自主品牌培育

2. 加强新疆轻工行业数字化科技支撑和创新能力建设的主要任务

（1）加快关键技术创新与产业化

针对轻工行业需求量大、对外依存度高的关键零部件，支持协同研发，通过下游用户试用和可靠性验证，解决关键零部件研发和产业化问题；开展重点行业知识产权分析和预警；加快关键核心技术成果转移、转化，实现创新链与产业链精准对接。同时注重管理、产品、服务和运营模式的创新，提升产品的个性化、差异化水平，注重产业链前端产品与终端品牌的协同创新。

（2）全生命周期质量追溯

轻工产品具有种类多与单品产量大、物流追踪链复杂等特点，对于食品、药品等细分行业，质量可追溯更是消费者关注的重点，建立产品全生命周期可追溯体系使企业既能取信于消费者，又能获得实现产品质量持续改进所需系统完整的信息集成，以更好地满足消费者需求。建立覆盖产品全生命周期的质量管理体系，实施全链条智能追溯工程，推动追溯信息互通共享、通查通识和融合应用。通过区块链、物联网、工业互联网标识解析等手段，追溯产品的原产地或上游配件供应商，加强从原料采购到生产销售的全流程质量管控，搭建工艺参数及质量在线监控系统，提高产品性能稳定性及质量一致性。

(3) 高效精准生产与数字化营销

市场营销与用户体验是轻工业数字的关键。积极探索建设互联工厂，用机器人替代人工、建设精密装配机器人社区实现并联式生产、通过高级计划系统根据客户订单自动排产来满足用户个性化定制最佳体验、通过通用化和标准化的不变模块与个性化的可变模块来实现高度柔性生产；针对客户个性化需求精准营销、建设线上线下的全方位数字化营销渠道，通过对智能产品和互联网数据的采集，针对用户使用行为、偏好、负面评价进行精准分析，有助于对客户群体进行分类画像，可以在营销策略、渠道选择等环节提高产品的渗透率。

(4) 节能降耗、绿色低碳数字化

以源头消减污染物为切入点，革新传统装备，鼓励使用清洁生产关键技术。加快实施节能环保技术改造，以用地集约化、原料无害化、生产洁净化、废物资源化、能源低碳化为重点，培育绿色化生产方式，改造并形成一批绿色车间/工厂。推进塑料、陶瓷、玻璃等节能降耗，开展企业绿色产品设计示范，推动企业节能减排，采用先进的数字技术实现污染物的持续稳定削减，强化重点行业废水废气的治理，提高污水处理的回收力，加强水资源的综合利用。

(5) 加强自主品牌培育和推广

持续推进我区轻工业质量品牌标准建设，培育代表我区优势产业、区域特色和城市形象的商标品牌，树立品牌标杆。利用大数据分析挖掘研究消费者需求，判断行业发展趋势，寻找差异化卖点，通过品质附加、渠道附加、交付条件附加、形象附加、情感附加等举措，建设综合附加值的营销体系，集中可感知的附加值进行产品开发和品牌推广；引导企业加强商标品牌培育，推行先进的质量控制技术，完善质量管理机制，制定品牌管理体系，提升企业品牌创建能力和核心竞争力，在保证技术领先和质量稳定的前提下，加大品牌宣传力度。

(四) 新疆纺织行业数字化科技支撑和创新能力建设的主要任务

1. 纺织行业数字化痛点

我区纺织业普遍面临着产品质量难以追溯、对于引进的先进生产设备不能充分利用，自主创新能力弱、产品同质化、附加值低、物流成本大、环境污染严重、纺织品牌企划、终端零售能力和供应链整合能力相对薄弱，体系建设较为粗放等问题。而我区纺织业发展比较优势则主要体现在：优质棉花资源丰富、土地使用成本低、电价优势明显、人力成本优势以及地处“丝绸之路经济带”向西出口的区位优势等。新疆纺织业数字化面临的主要任务见表 4 - 4 所列。

表 4 - 4　新疆纺织业数字化的主要任务

行业特点	行业痛点	数字化的主要任务
①多工序连续化 ②多品种、小批量 ③上游原材料在生产成本中占比高 ④纺织品市场流行期短 ⑤高污染 ⑥资源消耗大	①产品质量难以追溯 ②自主创新能力弱 ③增长模式较单一 ④供应链整合能力相对薄弱 ⑤产品同质化、附加值较低 ⑥缺乏品牌经营理念	①生产制造趋向柔性化生产 ②智能纺纱全过程一体化生产管控 ③质量管理趋向产品全生命周期质量追溯 ④纺织服装产业集群化 ⑤构建工业互联网服务平台，推动业务与商业模式的集成创新 ⑥加快实施品牌战略 ⑦持续推进绿色制造

2. 加强新疆纺织行业数字化科技支撑和创新能力建设的主要任务

(1) 生产制造柔性化

面对多批次、多品种、小批量这一常态化问题，从封闭的传统式流水生产线向柔性制造单元组成的快反模式转变。研究纺纱、化纤、印染等不同领域的智能制造单元技术，使用新型、高效棉纺织工艺设备、自动落纱细纱长车、紧密纺纱技术和粗细络联合机等，集成全自动化、智能化纺纱柔性生产线，生产高品质、高附加值产品，降低产量能耗比，推动企业由劳动密集型向资金、技术密集型转化；通过采集和分析“人机料法环测”等数据，实现生产过程控制与柔性化生产，提高快速响应能力；整合客户需求要素与供应链能力，由需求拉动产业能力升级与产品研发，实现消费者前端创新与产业供应链的集聚整合。

(2) 生产制造网络化

通过各智能生产单元间、生产单元与车间管理系统间以及各单元内部的智能纺纱机械之间的互联，实现各层次信息的共享和数据传输以及物流和信息流的统一，是实现全厂管控一体化的必要条件。通过建立车间数据模型支撑生产过程的自动化处理，提取生产单元的生产状况并采用大数据分析技术，解决数据驱动下的车间制造过程监控、工艺优化、资源管理、计划调度、节能降耗等问题，突破当前纺织行业数字化转型的重点。

(3) 产品全生命周期质量追溯

以物联网、工业互联网模式重构企业内部生产运行模式，链接棉花预处理、棉条机、纺纱机、织布机等生产设备，采集设备工况、产量、效率、能耗等主要生产数据，实现生产设备间互联互通，打造覆盖从纺纱、服装面料、辅料等原材料采购到设计、工艺、制造、仓储物流以及使用维护的全过程精细化质量追溯体系，对各环节的数据进行实时严密监控，对其在全生命周期中的状态进行仿真预测，对质量异常情况进行实时反馈、快速追踪和处理。不断完善企业质检体系，借助机器视觉等研发面向纺纱产品的表面质检系统，致力于产品质量的整体把控。

(4) 纺织服装产业集群化

借助“一带一路”和西向开放的契机，新疆纺织业“十二五”发展规划提出建设我区“三城七园一中心”纺织业发展格局，“政策高地”叠加地区自身比较优势突出，已吸引大批纺织服装企业到新疆投资，行业产能快速集聚。构建工业互联网服务平台，助力纺织服装产业集群化发展，推动业务与商业模式的集成创新，提升产品附加值，延长产业链。规划布局合理、分工明确、错位发展、各具特色的纺织服装园区和产业集群，调整产品结构，增强深加工能力，重视中小企业的发展，提高专业化分工水平，加强专业化服务协作生产体系，避免同质化、低水平竞争，控制单纯的追求大、强或注重规模和数量而轻效益的发展。打造以纺纱、织布、针织服装、家用纺织及配套产业为核心的全产业链，可发展“土地流转—棉花种植—纺织”“盐化—纤维素纤维—纺织”“石化—聚酯—纺织”等产业链，聚集优质资产、拉动收入增长，培育经济发展新动能，挖掘经济增长新模式。

(5) 加快实施品牌战略

纺织服装产业链价值具有典型的微笑曲线分布，下游的品牌与渠道分享产业链价值的大头，生产环节的价值占比相对较低。发挥“丝绸之路经济带”向西出口的区位优势，伴随“丝绸之路经济带”战略构想实施，依托产业集群建立产品设计、打样、制版、测试、生产、物流和销售于一体的出口产业链，强化集群自身学习能力，增强技术和制度创新能力，加快实施“增品种、提品质、创品牌”战略，使集群生产向高附加值产品、高加工度过渡；大力发展高支纱生产、彩棉加工和特色服装等的生产，加强标准化生产和质量认证，建立自主品牌，不断增加其知名度和美誉度，充分依托国际铁路联运大通道，向西出口纺织品服装等，从而有利于吸引纺织服装出口加工型企业在新疆投资建厂。

(6) 持续推进绿色制造

优化产品结构，自觉淘汰落后工艺和设备生产的非绿色产品，加快调整企业产品结构，积极开发高附加值低污染产品；从产品开发、设计、原材料的选用、生产过程、成品包装、使用、服务等环节，进行产品生产链全过程控制，实行清洁生产，开展产品全生命周期分析，大力发展循环经济，减少资源浪费；积极申请绿色标志，争取绿色认证，有利于打开国际市场；转变经营思想，更多地从消费者健康安全角度和生态环保理念出发设计产品，建立绿色营销渠道，实施绿色营销理念。

(五) 新疆采掘行业数字化科技支撑和创新能力建设的主要任务

1. 采掘行业数字化痛点

目前新疆采掘行业数字化应用的整体水平并不高，管理水平有待提高，处于初级发展阶段。具有工艺流程复杂、故障风险较高、资本设备密集、生产条件多变等特征，面临着生产风险高、设备管理难、物流成本高、环境污染大等行业痛点。新疆采掘业数字化面临的主要任务见表 4 - 5 所列。

表 4－5　新疆采掘业数字化的主要任务

行业特点	行业痛点	数字化的主要任务
①资源综合利用率低 ②危险性高 ③环保压力大 ④产业链长 ⑤生产条件多变	①生产风险高 ②设备管理难 ③物流成本高 ④环境污染大	①由人工为主、向无人化的智能安全开采转变 ②加强工业物联网部署及平台开发，实现设备故障自动预警与诊断、风险预警管理 ③矿山管理由人工管理向虚拟集成转变 ④矿物销运由被动排队向智慧运输转变 ⑤生态保护由宏观设计向精准计量转变

2. 加强新疆采掘行业数字化科技支撑和创新能力建设的主要任务

（1）由人工为主向无人化的智能安全开采转变

依托工业互联网平台动态采集边缘侧数据，结合井下机器人、智能传输机等设备，利用机器视觉、深度学习等技术实现无人生产或少人生产，切实提高采掘安全生产能力，使得无人生产、少人巡视、远程操作成为可能。

一是智能自主生产。企业可依托工业互联网平台，通过“边缘数据＋云端分析”实现采矿机、传输带等设备的自动识别、自主判断和自动运行。

二是故障辅助诊断。结合机器视觉技术对皮带、矿仓等易故障设备进行自动巡检，帮助维修人员及时调整设备状态。

三是风险预警管理。实时采集空气成分、设备振动等数据，结合瓦斯浓度、设备寿命等模型分析，实现矿区事故风险提前预警，提高事故灾害防控能力。

（2）矿山管理由人工向孪生集成转变

矿山管理涵盖采矿、掘进、运输、提升、排水、通风等复杂流程，需解决矿机、矿车、矿工等系统综合协调问题，管理要求高、范围广、难度大。当前，部分采掘企业数字化水平仍然较低，部分流程还处于纸质单据时代。通过数字孪生、虚拟现实等技术打造孪生矿山，将直观展现矿山的地形环境、地表地物、井下矿道等情况，还原矿山的复杂环境和生产状态，可提高企业对矿山安全隐患的洞察力、处置安全事件预案的有效性、事故处理的及时性和事故分析的科学性。

（3）矿物运销由被动排队向智慧运输转变

传统运输物流成本较高，部分矿区物流园区缺乏场站管理，车辆混乱无序。通过集成基于蜂窝的窄带物联网（NB－IoT）、RFID、北斗定位系统、智能识别等技术，为汽车搭载智能模块，动态监测矿车运载、排队等情况，有利于提升排队管控、分流调度、称车过磅、装载卸料的智能化、自动化水平，有效减少偷矿换矿、以次充好、车队拥挤等事件发生，节约运输成本，提高运输效率。

（4）生态修复由宏观设计向精准计量转变

我区矿区多位于气候干旱、降水量少、生态环境脆弱之地，开采带来的环境污染和生态破坏问题日益突出。集成无人机、三维虚拟仿真、多维度数值模型分析及现场实时监测等技术，为开展生态修复提供技术支持。

一是解决方案储备，利用工业互联网平台储存水、土、气、草、畜等生态基础信息，收录各地乡土植物种质资，形成生态恢复组合数据库，丰富生态恢复方案。

二是辅助个性定制，收集矿区及周边历史生态数据资料，追溯原生植物、分析搭配群落、探寻演变规律，因地制宜实施决策辅助。

三是生态实时监控，基于工业互联网汇聚监测点信息，汇总分析环境土壤的 pH 值、光、湿度、气压等生态数据，支撑精准、实时的监测指挥。

四、加强新疆工业数字化科技支撑和创新能力建设的对策建议

（一） 加强新疆工业数字化科技支撑能力的对策建议

1. 强化顶层设计与规划，建立协同推进工作机制

政府职能部门加强前瞻性、系统化的顶层设计与规划引导，加大政策供给与支持力度。建立多部门、多方位、多层次协同推进工作机制，提高跨部门政策制定的衔接联动水平，形成工作合力；从企业创新能力认定、项目支持等方面，将数字化水平作为一项主要考核指标，建立考核监督机制，把工业数字化指标列入相关部门和机构的年度绩效考核中，加大督促检查力度。

2. 创新开展工业化与数字化融合管理体系贯标试点

按照新型能力分级建设和价值效益分阶段跃升要求，推动两化融合管理体系分级贯标与评定，加快两化融合管理体系标准在重点领域和优势产业全覆盖，以及在中小企业集群的规模化推广。引育头部企业，打造标杆载体，使企业数字化“有标可循”。

3. 组织实施一批重大科技攻关专项和示范应用工程

通过组织实施重大科技攻关专项和示范应用工程，推进数字技术原创性研发和融合性创新。在新疆装备制造、石化、轻工、食品、纺织、采掘、电力等行业，优先选择数字化基础好、需求迫切、示范带动作用显著的制造业企业，梳理数字化需求，制定数字化任务清单；对照任务清单，组织制造业数字化服务商和专家智库，与制造业企业精准对接，鼓励行业龙头骨干企业开放先进技术、应用场景，将数字化经验转化为标准化解决方案向行业企业辐射推广。

4. 培育面向工业数字化的公共服务平台，打造一批专业数字化服务企业

着力培育一批面向特定行业的数字化设计与制造公共服务平台和智能制造创新中

心，推动中小型制造企业数字化普及应用。通过数字化解决方案资源在线汇聚和服务模式平台化创新，对缺乏技术、人才、服务的中小企业，提供数字化相关咨询、技术和基于业务场景甄选“准而精”解决方案制定服务，精准辅导不同发展规模、不同阶段的企业把握数字化节奏和方式，助力企业更有效提高数字化的投资回报率。打造一批专注于制造业数字化的软件企业，通过对不同行业工艺、流程、服务、管理的跟踪、了解和掌握，掌握不同行业数字化的痛点、难点，了解国内外同行业数字化的技术、经验、成果和服务，进而有针对性地提出新疆相关行业的数字化解决方案、开发相关的产品、提供相关的服务，助推我区工业行业的数字化进程，带动我区软件产业的发展。

5. 加强我区工业数字化平台建设和人才的培养与引进

加强我区工业数字化过程中平台建设与人才引进。建议政府在政策、资金及项目上强势推进，产学研用紧密合作，进一步搭建强强联合的平台，让资源充分流动和对接，解决新疆制造业关键与共性技术难题。加快数字化人才培养，同时营造良好的环境和条件，健全人才引进、人才培养、人才评价、人才激励机制，留住人才、用好人才。

（二） 加强新疆工业数字化创新能力建设的对策建议

1. 加速向以工业互联网为基础的制造服务业转型

工业互联网作为企业数字化转型的基石，通过政府引导，多方企业协同，构建企业内各生产要素以及产业链间各环节泛在互联、全面感知、智能优化、安全稳固为特征的工业互联网，为大规模个性定制、智能化生产、网络协同制造、服务型制造等新型生产和服务方式的实现提供有力的基础支撑。

（1）加快工业互联网平台的建设与推广应用

以我区具有产业规模和技术优势的输变电装备、新能源装备、农牧机械、纺织机械等装备制造业以及石油石化、煤炭、煤化工、高纯铝、多晶硅等领域为突破点，以龙头企业为主导，从单点创新到系统突破，培育形成一批技术先进、行业深耕能力强的细分行业工业互联网平台。

围绕我区企业发展需求和行业痛点，特别是钢铁、石化等原料与产品价格波动频繁、设备资产价值高、排放耗能高、安全生产风险大的流程性行业，重点针对全价值链一体化、生产优化、能耗及安全管理等方面；新能源装备、工程机械等多品种小批量制造行业，产品结构复杂、价值高、生命周期长，重点针对网络协同制造、供应链高效管理、设备远程运维等方面，设计开发一批轻量级数字化制造系统和工业 App，及智能生产、远程服务、网络协同的工业互联网应用解决方案，以降低中小企业数字化门槛；推动低成本、模块化工业互联网设备和系统在中小企业中的部署应用，使其能够按需获取业务解决方案，逐步形成大中小企业各具优势、竞相创新、梯次发展的数字化产业发展格局。

（2）以梯次模式推进制造业由制造向服务的数字化转型

按照企业数字化的基础、条件和能力，新疆制造业按以下三个梯次开展基于工业互联网的由制造向服务的数字化转型：

一是面向数字化基础薄弱的中小企业，侧重于企业内部生产率的提升，即利用工业互联网打通设备、生产线、生产和运营系统，通过连接和数据智能，提升生产率和产品质量，降低能源资源消耗。

二是面向大中型骨干核心企业，如新能源装备、纺织机械、农牧机械等企业，面向企业外部的价值链提升，即利用工业互联网打通企业内外部产业链和价值链，通过连接和数据智能全面提升协同能力，实现产品、生产和服务创新，推动业务和商业模式转型，提升企业价值创造能力。

三是面向大型龙头集团型企业，面向开放生态的平台运营，即利用工业互联网平台汇聚企业、产品、生产能力、用户等产业链供应链资源，通过链接和数据智能实现资源优化配置，推动相关企业的生产运营优化与业务创新，打造面向第三方的产业生态体系和平台经济。

2. 进一步深化数字化应用，拓展其应用的深度和广度

数字化应用系统是制造企业运行的智能中枢神经。针对我区制造业中不同规模、不同数字化水平的企业梯次搭建需求，通过基础平台、数字化制造平台、智能制造平台在深度与广度上的拓展与集成，企业借助智能“神经系统”实现智能设计、合理排产、科学决策，提升设备使用率，监控设备状态，指导设备运行，让智能装备如臂使指。

(1) 优先搭建基础平台

对于我区中小企业，需要进一步完善企业资源计划管理(ERP)、产品数据管理(PDM)、客户关系管理(CRM)等数字化基础平台，及制造执行系统(MES)、仓库管理系统(WMS)等数字化制造平台的关键模块，实现企业资源计划、研发设计、客户关系等基础信息的管理，以及生产管控、仓储管理等数字化制造信息的管理，以更低的成本、更灵活的方式补齐数字化能力短板，实现数字化研发与精益化生产。

(2) 推广应用数字化制造平台

对于我区成长阶段的中型企业，基于前期已投入使用的基础平台，进一步实施部署产品全生命周期管理(PLM)、MES、WMS 及工业 App，实现对产品全生命周期的数据管理与协同应用、生产管控与质量追溯、供应链物流管理、生产过程运行监控以及市场互动，逐步挖掘系统在更广更深范围内的应用。拓宽 MES 业务广度和深度，加强其与其他信息系统的集成与协同，以提供快速反应、有弹性、精细化的制造执行环境。

(3) 示范应用智能制造平台

对于我区具备产业规模和技术优势的农牧机械、能源装备、纺织机械、工程汽车等装备制造业，以及石化、采掘、轻工等龙头企业，加强数据管理能力、云平台应用能力、产品/生产过程的仿真优化，以及远程诊断、协同制造、智能运营等智能服务方面的投入，搭建智能制造平台，通过系统集成，提高数据利用率，形成完整的生产系统和管理流程应用。支持产品质量需求从产品末端控制向全流程控制转变，生产效率和产品效能的提升实现价

值增长，以及大规模个性定制模式的创新，大幅提升企业数字化、智能化水平。

3. 打造智能工厂，全面提升装备智能化水平

我区制造企业装备的自动化、智能化、精密化、绿色化水平普遍较低，而装备智能化是实现智能制造的突破口，致力于我区制造业智能工厂建设的三大装备层的改造升级，可助力数字化智能工厂的落地。

(1) 加快引进采用智能生产设备

面向农牧、汽车等的装备制造业，引进高端数控加工中心、增材制造技术、智能工业机器人及其他柔性化制造单元进行自动化排产调度，达到少人/无人值守的全自动化生产模式；面向采矿行业，综采工作面采用具有充分全面的感知、自学习和决策、自动执行功能的液压支架、采煤机、刮板输送机等机电一体化成套装备，以实现高度自动化少人远程监控、安全高效开采。

(2) 加快智能检测设备的应用

面向钢铁、纺织行业，采用基于5G技术的产品表面质量检测应用，实现产品生产过程中实时智能化无损检测，及时发现表面质量缺陷，保证良品率；面向食品、药品等流程制造行业，实时监测生产线上各项质量指标，动态分析和预测预警，识别生产过程控制中的行为，并开展轨迹追踪，实现产品全生命周期质量追溯。

(3) 加快智能物流设备的配置和应用

面向装备制造、纺织、轻工等行业，针对特定产品的加工、装配流程和工艺中自动物料和智能管理的需求，配合生产线执行管控，建立涵盖智能叉车、AGV小车、码垛机器人、自动分拣设备等的智能物流系统，减少人力成本消耗和空间占用，大幅提高管理效率，致力于实现智能工厂中智能物流系统高效运转。

4. 全面提升基于精益生产模式的企业管理的创新能力

实现数字化转型需要AT智能自动化技术（人体四肢），IT数字化信息系统（中枢神经），关键还要具备OT精益运营作业能力（头脑）。粗放式制造生产管理方式蚕食着我区多数制造企业本已薄如刀刃的利润，深入推行精益生产管理模式势在必行。

(1) 深入推行精益生产管理模式

对于我区起步型中小微企业，以持续追求浪费最小、价值最大的生产方式和工作方式为目标的管理模式，实现按订单驱动、拉动式生产、看板式管理、流水化作业和标准化工位等精益化管理模式，通过数字化手段提高信息流与物流准时化联动的规则，由粗放迈进精益。

(2) 不断优化创新卓越绩效和精益生产管理模式

对于我区大型龙头企业，引进卓越绩效和精益生产管理理念，并结合企业实际情况创新性建立卓越绩效和精益生产管理模式，建立公司扁平化组织架构和职责分工，依托精益生产管理思路和质量改进工具进行5S管理、完善工作流程和标准，秉承持续改进态度创新企业管理工作，向卓越公司迈进。

5. 构建基于5G的智能生产与智能工厂

各行业生产流程不同,加之智能化水平不同,则其智能工厂搭建的侧重点不同。统筹推进我区5G网络建设与覆盖,以及物联网、云计算、区块链、人工智能等新型信息基础设施的建设,助力面向重点行业中特定应用场景的5G+智能生产开发项目实施,面向我区流程制造、离散制造、消费品制造行业持续推进不同模式的智能工厂搭建。

(1) 构建5G+智能生产典型应用场景

搭建连接机器、物料、人、信息系统的基础信息网络,建立多通信模式的异构边缘层,对生产、物流、质检、传感器等资源要素进行接入与管理,实现工业数据的全面感知、动态传输,实施面向我区重点行业中特定应用场景的5G+智能生产开发项目:5G+工业网关及物联平台系统、5G+智能巡检系统、5G+UWB移动资源高精度定位系统、5G+AGV智能物流系统、5G+AR智能运维系统等。

(2) 持续推进不同模式的智能工厂的建设

智能工厂是实现智能制造的重要载体,构建智能工厂是实现智能制造的前提。通过构建智能化生产系统、网络化分布生产设施,持续推进面向我区不同行业不同模式的智能工厂的建设。我区石化、纺织、医药、食品等流程制造领域,侧重从生产数字化建设起步,基于品控需求从产品末端控制向全流程控制转变,打造从生产过程数字化到智能工厂模式;机械、汽车、家电等离散制造领域,侧重从单台设备自动化和产品智能化入手,基于生产效率和产品效能的提升实现价值增长,打造从智能制造生产单元(装备和产品)到智能工厂的模式;家电、服装、家居等距离用户最近的消费品制造领域,侧重开展大规模个性定制模式创新,打造从个性化定制到互联的智能工厂模式。

6. 加快工业大数据与数字孪生技术在产品全生命周期中的应用

针对我区输变电设备、新能源装备、农牧机械、纺织机械、石油机械、载重汽车等特色优势复杂装备,涉及机械、电气、控制、力学、信息等多学科耦合,基于工业物联网及智能工厂共享的产品全生命周期数据,采用工业大数据及数字孪生技术在我区复杂产品研发设计、生产制造全过程管理以及设备预测性维护等各个环节的应用,实现产品“设计—生产—运维—反馈设计”闭环控制。

(1) 加快推广数字孪生+产品研发设计

针对复杂产品设计过程中的多学科耦合问题,通过数字孪生技术实现反馈式设计、迭代式创新和持续性优化,加速产品研发,缩短产品上市周期。

(2) 加快应用数字孪生+生产制造全过程管理

针对我区离散与流程行业生产过程中存在的工况复杂、工艺多变、能耗量大的问题,通过工艺参数设计与仿真、生产过程建模与优化控制、生产线能耗数据实时监控、工厂运行状态的实时模拟和远程监控,助力敏捷制造和柔性制造,降低能耗,保障企业安全高效运行,提高生产效率。

(3) 加快推进数字孪生+设备预测性维护

针对我区新能源装备、农牧机械、纺织机械、石油机械等高端智能装备，依托现场数据采集与数字孪生体分析，提供产品故障预测与健康管理、远程运维等增值服务，提升用户体验，降低运维成本，强化企业核心竞争力。

五、典型案例：特变电工数字化创新发展之路

（一） 企业概况

1988年，得益于改革开放和党中央鼓励、支持、引导民营经济发展的好政策，怀着让52名员工有饭吃的朴素初心，特变电工从一家资产不足15万元、负债73万元、年收入不足10万元濒临倒闭的街道小厂开始创业。34年来，在党中央、自治区各级党委政府的精心培育下，公司以民族工业振兴为己任，现已发展成为国家级高新技术企业和中国大型能源装备制造企业集团，培育了以能源产业为基础，“输变电高端制造、新能源、新材料”一高两新国家三大战略性新兴产业，成功构建了特变电工（股票代码600089）、新疆众和（股票代码600888）、新特能源（股票代码HK1799）三家上市公司，发展成为我国输变电行业核心骨干企业，多晶硅新材料研制生产基地，大型铝电子新材料出口基地，大型太阳能光伏、风电系统集成商。在国内外建设21个高端制造业产业基地，员工2.4万余人，包括了汉、维吾尔、哈萨克、回等32个民族。变压器年产量达2.4亿kVA，居全球第一，风电、光伏EPC装机总量近21GW，均位居全球前列。作为新疆本土培育发展起来的国家高新技术企业集团，特变电工不忘初心，扎根新疆，将输变电高端制造、新能源、新材料、能源四大产业总部全部留在新疆，不断做大做强总部经济，仅在“十三五”期间就累计在新疆投资超500亿元，上缴税金100多亿元，直接间接提供就业10万余个。

截至目前，全集团总资产1650亿元，净资产730亿元，销售收入同比增长近60%，利税同比增长150%以上。全年有望收入超过1000亿，利税超过250亿。

特变电工集团综合实力位居中国企业500强第303位、中国民企500强第118位、中国上市企业500强第154位、中国机械100强第6位、ENR国际总承包商全球排名第83位、中国100大跨国企业第86位、中国企业研发投入100强第72位，中国对外承包工程企业100强第20位，品牌价值逾500亿元，排名中国500最具价值品牌第47位。

（二） 数字化进程

1. 数字化建设历程及数字化转型决策

在“十二五”期间，特变电工核心战略为双轮驱动，四做四商，坚持制造业和制造服务业双轮驱动发展。信息化和数字化建设出现了各子公司独立建设、建设水平参差不齐、建设标准不统一、应用效果不好的现象。

“十三五”初期，在公司党委的坚强领导下，制定了“十三五”期间管理信息化、生产数字化、信息基础设施三个顶层规划设计，且在“十三五”末完成建设并初步取得一定成效，坚定了公司全面推进深化数字化转型工作的路线。在“十三五”期间建设了集团级的ERP、CRM、SCM、MDM系统，实现了全公司信息化平台的统一，PLM、MES系统为各经营单位统筹分建。

在“十四五”规划之初，董事长明确指出数字化建设是公司高质量发展的核心短板问题，公司数字化是点状的、具体的项目，存在巨大差距，制约了公司高质量发展。公司董事长及高管团队明确定位了数字化转型的工作是公司“制造强基，服务引领”的整体工作基础和保障，对目前公司数字化建设现状与行业先进企业之间的差距认知非常清晰。未来，没有实现数字化转型的企业，将逐渐被市场所淘汰。面对行业内头部领先企业基本在“十三五”期间全面完成了数字化的建设和转型的情况下，特变电工进行数字化转型的紧迫感以及危机感十分强烈。在公司战略层面明确了“制造强基、服务引领”的战略；明确数字化转型是持续向产业价值链中高端迈进必由之路，是保障“制造强基、服务引领”的生命线。数字化建设缺少顶层规划设计，在数字化转型过程中走过弯路，数字化建设各个系统“烟囱林立”，数据难以集成，集团范围内业务流程无法实现统一规范管理，管理不闭环、信息不透明，业务过程的优化和协同推动不足，无法发挥支撑经营管理决策的保障作用，对公司高质量发展支撑不足。

特变电工制定了“十四五”数字化规划，明确以打造“数・智・特变”为愿景，实现“制造强基，服务引领”；坚持“数据驱动、管理高效、价值导向”三大核心原则，实现万物互联、数据驱动的智慧运营；明确了“十四五”期间提前一到两年实现全集团的数字化转型目标，所有的新工厂高起点、高标准、高水平建设，达到“灯塔工厂”的水平。所有的老工厂完成数字化改造和精益自动化改造，达到数字化工厂水平。经过两年的密集投资和建设，已投产了一批高水平数字化工厂，部分新工厂建设和老工厂改造正在紧锣密鼓地推动中。

2. 四大产业数字化发展历程

(1) 输变电高端制造及电力系统集成产业

输变电高端制造及电力系统集成产业是保障国家经济安全和能源安全的支柱性产业，为我国电力行业清洁高效发展、新能源资源开发、节能减排等“碳达峰、碳中和”战略举措提供基本电工装备保障。公司构建了变压器、换流阀、开关、二次设备、线缆、套管等输变电领域的全产业链集成服务能力，并是国内少数具备“高压电缆＋附件＋施工”一体化集成服务能力的企业，产品广泛应用于电网、电源、新能源、高铁、地铁、石油石化、大数据中心、大交通、大城市迁改、新型城镇化、智能制造、5G等国家发展的重点基础建设领域，是中国和世界同行中承担输变电领域国家重大项目、重点工程和国产化替代最多的企业之一，市场份额处于行业领先水平。

(2) 新能源产业

新能源产业是实现国家能源结构优化调整、提供绿色能源、实现人与自然和谐发展的重要产业，是我国达成“碳达峰、碳中和”战略目标的主要途径和支撑。公司依托新疆丰富的电力和光照资源优势，已发展成为多晶硅、逆变器等光伏、风电项目核心产品研发生产、电站设计、EPC项目总承包、运行、调试和运维为一体的系统集成服务商，并致力于打造全球智慧绿色能源服务商。公司围绕构建“能源物联网＋风光储输一体化＋多能互补＋智慧能源平台”的新能源体系，推动“特变电工绿色能源全生态链应用解决方案”在多应用场景、多技术场景、多运行场景的“三多场景”下的全面应用，引领“光储＋”业务模式下的光伏平价上网新时代；聚焦逆变器、SVG、电能路由器等智能产品，同时提供TB－eCloud智慧能源管理平台、智能微电网解决方案等服务。

(3) 铝电子新材料产业

铝电子新材料产业是国家大力发展的战略性新兴产业，是国家发展电子信息、航天航空等高新技术产业的平台和保障。公司加快新材料产业发展，利用新疆新能源资源优势，将新疆的优势矿产资源转换为绿色、节能、环保的高技术、高附加值产品，形成“清洁能源-高纯铝-电子铝箔-电极箔”铝基新材料循环经济产业链。公司高标准、高质量建设了数字化新材料产业园，实现铝电解电容器产品生产流程数字化、智能化、自动化。深入推动高纯铝基精深加工技术和服务，成功研制高纯铝靶材坯料，打破了TFT-LCD用大尺寸高纯铝靶材国外技术壁垒。高强高韧铝合金产品助力高端铝材在国家重大装备制造、信息化建设领域实现了国产化替代。

(4) 能源产业

能源产业是特变电工“一高两新”三大战略性新兴产业发展的重大依托，为培育新型工业和现代产业体系，打造“多能互补多晶硅联合新能源光伏循环经济产业链”和“多能互补电子铝箔新材料循环经济产业链”提供了相关保障。公司始终坚持打造智慧矿山、绿色矿山、人文矿山，是新疆首个国家一级安全生产标准化达标的千万吨级露天煤矿、国家级绿色矿山、国家首批智能化示范煤矿。

(三) 数字化做法

1. 数字化建设过程中存在的问题及困难

一是数字化建设投入不足，部分子公司考虑到公司经营指标压力和数字化建设投资回报问题，在数字化建设中不敢投入，项目建设缓慢。部分老工厂更是保持了全线下管理、肩扛手拿的作业方式。部分子公司一把手对数字化转型思想认识不足，没有认识到数字化建设的重要性。

二是数字化建设缺少顶层规划和统一建设标准，各子公司建设过程中各自为政，建设标准不统一，存在重复建设、建设质量参差不齐的问题。

三是人才不足的问题，既缺少数字化工厂建设人才，也缺少数字化工厂运营人才，IOT复合型人才极度缺乏，导致规划与建设脱节、过度依赖外部供应商、建设进度缓慢、核心系统建设后线上线下两张皮现象严重、拥有最新的设备产品质量却上不去等一系列问题。

四是数字化建设与生产精益的关系定位不准，精益规划缺少统一方法论指导，导致规划缺少依据、过度建设等问题。

五是存在重建设轻应用的问题，在建设过程中投入很多资源，但是在使用过程中因为自主运维能力不足、数据质量不高，导致系统应用效果不好。

2. 数字化建设核心举措

一是顶层规划引领。为推进“数・智・特变”目标，实现“制造强基，服务引领”，全面支撑特变电工“十四五”升级转型。特变电工数字化建设围绕四大产业六大业务领域展开，四大产业包括输变电产业、新能源产业、新材料产业、能源产业，六大业务领域包括新研发、新制造、新供应链、新服务、新营销、新管控。

二是公司领导高度重视，保障资金投入。每年固定拿出销售收入的4%投入研发和数字化建设中，公司着眼于“制造强基，服务引领”的“十四五”战略，把研发和数字化建设作为公司高质量发展的核心抓手。公司董事长每年亲自组织召开全集团公司范围数字化(内部称“三化”，即管理信息化、生产数字化、产品智能化)专项会议，对年度三化工作进行总结和部署，并且在公司高层参与各类会议及活动中安排数字化成果汇报、经验分享、智能制造培训等数字化专题内容。数字化工作成果直接和各子公司总经理和主管领导的工资挂钩。

三是组织保障，各子公司一把手牵头推动。为支撑“十四五”数字化建设目标，特变电工推动了组织变革。三化管理委员会负责智能制造和三化建设的战略总体把握。成立智能制造研究院负责生产数字化和产品智能化工作。各经营单位一把手牵头，推动数字化转型工作，数字化转型成效直接和一把手工资挂钩，设置红黑榜，红榜激励，黑榜处罚，通过组织保障和强抓强管推动数字化转型工作。

四是体系保障，自顶向下推动。通过建立三化项目管理办公室(PMO)、数据治理体系、ITIL体系和智能制造成熟度评价体系，完善公司IT建设体系和治理体系，为三化建设科学、稳定、安全发展奠定制度体系基础。按照离散行业、流程行业、流程线缆、智慧矿山、智慧电厂五个维度制定智能制造成熟评价细则，涵盖精益数字化、数字化研发、制造运行数字化、数据采集、能效管理、质量管理、标识解析应用等业务领域。每年评价13家经营单位和40家子公司成熟度，排名评分，并设置奖惩。

五是团队建设保障，数字化人才不限编。董事长多次强调，三化建设人才不限编制，各经营单位要建设数字化转型人才地图，明确数字化转型所需要的人才画像，不计代价持续从行业标杆企业引进领军人才。在股份公司层面，首席信息官从世界一流企业西门子引进，产业总工程师提升进入公司最高管理团队，直接参与公司重大的数字化工厂投资建设的决策。在规划阶段保证数字化建设的“高起点、高标准，高要求”。公司层面组建了管理信息化及生产数字化专业人才团队，引进软件开发、系统实施、精益规划、3D仿真建模、数据采集、项目管理等一系列专业人才，服务各下属企业单位进行数字化建设及运维保障。在工厂层面，高管团队必须配置专业的数字化领导。在业务层面，数字化岗位不设数量限制，持续从标杆企业引进各类既懂技术又懂业务的成熟专业人才补齐能力短板，形成专业化的团队作为保障。通过内部培训体系培养员工，培养既懂IT、又懂OT的复合型人才，保障数字化工厂建设和运营。截至2022年第三季度，全公司三化人员编制共541人，本年度引进185人，人员增长比例52%。

六是坚持精益规划引领。“十三五”开始，公司总结过去数字化转型工作中存在的问题，公司请到德勤为整个公司的管理信息化做了统一的规划，明确了公司与各企业“统筹统建、统标分建、自主建设”的范围和边界。“十四五”开始，在公司层面，引进精益规划专家人才加强了精益体系专业团队建设。在各单位层面，组织各下属企业国家智能制造标准模型培训学习，智能制造大学习，以及各类精益规划方法论培训，为各单位普及精益工具及方法论，培养储备了自身精益规划专业人才。在具体数字化规划工作上，公司与下属各产业企业紧密合作，以精益规划的理论为指引，由生产部门主导，以精益数字化专家团队为核心做指导与培训，组织生产、设备、质量、科技、工艺等业务部门骨干深入参与，通过外部一流的数字化工厂咨询团队合作赋能，自主开展了一批新建工厂的精益数字化规划并获得公司审批通过及认可，并将成功的经验及模式在内部进行推广应用。

七是方法论保障，形成知识固化及知识资产。结合行业最佳实践和特变数字化工厂建设经验，总结固化，形成特变电工物理工厂规划方法论和虚拟工厂规划方法论。物理工厂方法论着重提升物理空间的布局优化、产线设计、物流规划、资源配置、自动化提升，虚拟工厂方法论包括需求理解与行业对标、蓝图设计、核心业务场景规划、实物标识识别与追溯、信息物理融合规划、系统需求落地功能、园区基础与信息安全、保障设施与推动计划。通过方法论的总结，推动数字化工厂的高质量建设。

八是坚持精准对标。在数字化建设方面，公司加大对标资源投入，每年针对各企业工厂的数字化规划与建设任务，有计划地组织到西门子、ABB、施耐德、远东、上上、宝胜等行业内标杆企业，以及国内一流智能制造解决方案提供商、先进设备和技术的供应商等合作企业开展全方位精准对标。通过对标，寻找到自身企业与行业一流之间存在的差距，并通过对标管理体系的保障，快速吸收数字化对标成果并落地实施。

九是坚持产品强基，自主研发、自主运维。在管理系统化方面，引进和培养专业的技术人才，针对十二大统建系统成立各自的运维小组，逐渐摆脱依赖外部厂家进行运维的状况。在生产数字化方面，搭建自主研发团队，打造自主可控的产品平台，不受制于人，研发出MOM、SCADA、标识解析工业互联网平台等产品。MOM、SCADA自研产品成功在德缆公司新特事业部、新缆新园区上线运行。通过自主研发和自主运维，快速响应需求和系统优化提升，降本增效，高质量推动数字化工厂建设，后续还将基于平台持续进行迭代优化。在计算机软件著作权方面，取得代码开发平台、MOM产品、SCADA、中疆数字云平台、防伪防窜系统、质量追溯系统等计算机软件著作权30余项。

（四） 数字化成效

1. 数字化建设成果

在工信部和自治区工信厅领导的亲切关怀与大力支持帮助下，特变电工将智能制造作为企业转型升级的主攻方向，以管理信息化、生产数字化、产品智能化为抓手，加快企业工业化和信息化深度融合，向数字化、网络化、智能化制造全面转型升级。公司是国家首批两化融合管理体系贯标试点企业，国内输变电行业首批获得工信部“新材料重点平台”、“工业互联网试点示范企业”、“智能制造试点示范”及国家级“绿色工厂”荣誉称号的企业，先后承担了工信部的“智能输变电装备材料生产应用示范平台”“工业企业网络安全综合防护平台”“智能电网中低压成套设备智能制造新模式”“高端电力变压器设计工艺仿真、信息集成标准及试验验证”“高端电力变压器绿色工艺制造及系统集成”“电力变压器远程监测、预测性维护标准及试验验证”等多项工业互联网创新发展工程、智能制造、绿色制造专项的建设。

依托国家专项建设任务，特变电工深入推动产品“数字化设计、智能化制造、网络化协同”，对变压器油箱、绝缘、铁芯、装配等车间进行了数字化升级改造，研制了国内首台铁芯叠片机器人等智能化装备，建设了变压器协同设计平台、协同制造平台、制造执行系统、虚拟仿真系统等，通过各层级网络的完善，构建了集成协同管控功能的数字化企业平台。

公司在过去的数字化建设中取得的重要成果主要体现在以下方面：

一是管理信息化成效显著。“十三五”数字化建设期间，公司数字化团队专职人数增长近三倍，达到500多人的专业团队规模，形成了具备自主开发、实施及运维能力的组织保障。

公司完成基于整体业务设计，统一技术平台，以ERP为主干道，同时完成HR、PM、CRM等12个业务平台的快速搭建，已形成较完整的集团管控体系，消除了信息孤岛，强化了集团管控，落地“战略-执行-反馈”的闭环管理。

“十三五”结束后，通过流程梳理、基础核算规范，基本实现业财一体化，财务自动核算从不足5 %提升至95%以上，各单位结账周期由从月末到次月2周时间缩短为3天，关账周期从13天减少至2天，实现数据准确、入账及时、业务类型与会计科目高度融合，大幅提升数据传输的效率以及准确度。财务人员人均核算管理资金数量增长50%以上，财务人员在公司总员工数占比逐年下降到行业标准值左右。

二是规划建设了一批数字化车间、数字化工厂。公司投资数十亿元先后在新疆、湖南、天津等地高起点规划建设了变压器、电缆、开关、硅基新材料、铝基新材料等一批数字化车间、数字化工厂，天池能源公司智慧矿山、智慧电厂达到行业先进水平。公司将机器学习、自然交互、环境识别、人机协作等人工智能关键技术应用在产品生命周期的关键环节，研发、应用具有自主知识产权的产品智慧设计平台，开发应用基于数据驱动的智能工艺设计与装配仿真系统；推动智能生产、智能物流、智能试验深度研发与应用，实现生产、物流与试验的参数优化控制，提高生产效率与产品质量。

武清配变数字化工厂针对配电、美式变压器生产制造，通过自动叠片机、成品库、原材料库、MES、WMS、数采等建设，打造基于数据驱动的数字化工厂，实现混线生产，整体效率比传统工厂提升20%以上。天变干式变压器数字化工厂，针对干式变压器生产制造，通过PLM、ERP、MES、SCADA、WMS、LIMS等系统实施和集成建设，打造了"精益互联、绿色透明"的数字化工厂，实现生产效率提升20%，生产周期缩短25%。德缆布电线数字化工厂，针对民用布电线生产，通过引进国内外最先进的生产设备，配合铜杆自动传送线、AGV、3D视觉、桁架机器人等智能物流装备，一线人均产值由362万/年提升至1051万/年。新缆智能电缆产业园，针对电线电缆生产制造，通过MOM的1个平台、8个系统、2方面能力建设，打造基于数据驱动的透明工厂，实现人均产能提升160%、存货周转次数提升21%，万元产值能耗降低20%。

三是持续推动工业互联网平台建设。在工业互联网＋安全生产方面，运用大数据、云计算、5G、人工智能等技术，常态下进行安全生产重点部位、关键设备、消防设施的快速感知、实时监测、集中管控；非常态下进行协同联动综合调度，提高应急救援能力，形成事前预警、事中处置、事后评估的一体化机制，保障公司及员工生命财产安全。依托特变电工在电力装备、新能源行业的龙头技术优势，基于云计算和大数据等技术，形成具有行业特点的自适应算法，实现对电力变压器、风机、逆变器等各类智能装备的状态监视、故障诊断与预测性维护，提高设备可利用率、提升发电量，搭建覆盖电力设备全生命周期、新能源电站智能运维及工业园区能源管理的工业互联网平台，为客户创造更多价值，推动制造业向制造服务业的转型。

四是承担了新疆目前唯一标识解析二级节点的建设及运营工作。工业互联网标识解析体系建设是我国工业互联网发展战略的重要任务之一，特变电工承建的标识解析新疆二级节点已成功发布。同时，公司荣获全国第34家、新疆唯一的标识解析服务许可证，并基于新疆二级节点研发了具有标识管理、防窜管理、溯源管理等9项核心功能的"中疆数字云平台"，为新疆各产业、各企业面向不同场景实现快速、高效、低成本应用开发提供标准模板，赋能新疆标识解析生态建设。截至9月30日，企业接入数1500家以上，标识注册量254万以上个，标识解析量144640次。

五是建设工业企业网络安全综合防护平台，围绕工业企业网络安全防护需求，聚焦变压器硅钢片横剪线、纵剪线、器身干燥系统、真空注油设备等工业设备安全、工业主机安全、工业生产网络与管理网络安全、工业数据安全等，建设了集团网络安全综合防护平台，构建基于边界防护、入侵检测、数据审计、配置核查的多层次纵深防御体系，形成安全防护服务能力，全天候全方位监测关键生产设备及MES、PLM等重要业务系统安全状况，及时发现通报、处置阻断安全风险，提供安全监管服务。

2. 数字化建设收益

通过智能制造的实施，公司变压器产业生产效率提高了53.08%，运营成本降低了

28.71 %,产品研究周期缩短了 32.18 %,产品不良品率降低了 32.78%,能源利用率提高了 11.91%,提高了企业核心竞争力。

在经营和发展战略方面,通过大数据分析订单履约、产能产值、产品质量等信息,自动输出经营报表,通过流程标准化、数据治理、大数据、移动互联,实现数据驱动管控,数据支撑经营决策。

研发领域通过智慧设计、研发仿真、全生命周期管理、三维结构化工艺、制造过程仿真等工具实施,推进自主研发能力提升,提高了产品研发效率,打造产品创新体系。

制造领域通过智能计划排产、数字化生产执行过程、设备生命周期管理、数字化安全管理、能源精细化管理、数字化仓储物流等场景,提高生产效率、质量端到端可追溯、作业敏捷高效,制造更加透明。

供应链领域通过供应链计划管理、数字化仓储、数字化物流等打造敏捷高效的柔性供应链。

服务领域通过业务管理平台、多个运营管理平台、云化系统、推进能源互联网,实现让服务更智能。

(五) 数字化经验

特变电工总结数字化转型经验:整体规划,分步实施;问题导向,精准对标;精益制造,业务融合;持续迭代,久久为功。

一是整体规划,分步实施。整个集团层面,需明确整体数字化转型目标和实施路径,结合集团战略目标,明确数字化转型的定位和支撑作用,各产业和经营单位按业务领域目标分步实施。单个数字化工厂层面,也要做整体规划,包含物理工厂规划和虚拟工厂规划,依据规划路径分步实施。

二是问题导向,精准对标。以现状和问题作为数字化转型分析依据,着重解决核心问题和制约。精准对标同行业先进企业的经验和方法,取长补短,力争规划和建设的先进性。

三是精益制造,业务融合。数字化转型不能单纯为了数字化而数字化,应该以工厂精益为基础,目标是提高生产效率、降低浪费、提高产品质量,从规划之初就应明确精益体系建设和精益数字化是数字化转型的基础。在数字化转型过程中,OT 和 IT 融合对原有的业务流程和人才需求是一个挑战,保障数字化工厂建设和运营的核心也是 OT 和 IT 的深度融合,着重解决精益流程再造、自动化产线联调、人才团队保障等关键问题。

四是持续迭代,久久为功。数字化工厂建设和运营是一个长期迭代的过程,不断地发现改善点、制定改进措施和执行、测量和检查实施效果再进一步地改善,通过 PDCA 循环不断的优化和改善,才能实现数字化工厂的高质量运行。

(六) 启 示

在特变电工数字化转型过程中,在实现经营指标和三化建设的同时取得成绩的公司都有如下几个特点：一是“一把手”参与三化建设，二是重视数字化人才团队建设，三是规划目标明确，四是持续资金投入，五是坚持向标杆企业学习。

特变电工的发展是在党中央、国务院和各级党委、政府的关心关怀和精心培育下取得的。特变电工数字化转型工作也紧跟国家政策方向，研究国家政策，响应国家数字化转型和加快建设智能制造号召，得到了工信部、自治区工信厅等各部门的指导和支持。

面向未来，特变电工将不忘初心、牢记使命，坚持以习近平新时代中国特色社会主义思想为指导，牢固树立“四个意识”，贯彻落实新发展理念，深化供给侧结构性改革，聚焦建设现代化经济体系和实现社会主义现代化强国目标，继续大力发展先进制造业，紧紧跟随创新驱动、“一带一路”、军民融合等国家战略，积极统筹国内外两个市场、两种资源，坚持制造业与制造服务业双主业、双轮驱动发展战略，以提高发展质量和效益为中心，全面建成现代化、国际化、世界级的千亿高新技术企业集团，成为具有全球影响力的综合能源服务商，为实现“两个一百年”奋斗目标、建设富强民主文明和谐美丽的社会主义现代化强国、实现中华民族伟大复兴的中国梦而不懈奋斗！

第五章　新疆农业数字化发展科技支撑和创新能力研究分报告

以移动互联网、大数据、云计算、人工智能为代表的新一代信息技术发展日新月异，数据爆发式增长、海量集聚，数字化、网络化、智能化加速向农业产业体系、生产体系、经营体系广泛渗透，深刻改变了全球农业经济版图格局。党中央、国务院高度重视农业数字化发展，党的二十大提出要建设现代化产业体系，加快建设数字中国，加快发展数字经济，促进数字经济和实体经济深度融合。近年来发布的《国家“十四五”规划和 2035 年远景目标纲要》《“十四五”数字经济发展规划》《数字乡村发展战略纲要》《农业数字化农村发展规划（2019—2025 年）》都对数字农村农业发展做出了重要部署。要持续大力推进数字中国建设，促进农业领域科技创新能力不断提升，设施装备研发显著加快，遥感、物联网与大数据应用蓬勃发展，推动数字产业化与产业数字化同步发展，带动传统农业农村数字化转型升级。

农业数字化是现代农业发展的必然方向，是农业发展的新业态，是进一步解放生产力、激发农业转型升级的新驱动力。从世界农业发展的历史和规律看，大体可以划分为四个阶段：农业 1.0，即以人力与畜力为主的传统农业时代；农业 2.0 即农业机械化时代；农业 3.0 即农业数字化时代；农业 4.0 即智能农业时代。总体上看，我国农业发展正从机械化时代迈向农业数字化时代，在智慧农业方面也正在积极布局，并结合中国实际开展实践探索。

新疆是农业大区，耕地面积达到 1.06 亿亩，总体规模位居全国第 5。2021 年新疆农村人口达 1107 万人，占全区总人口的 42.7%，农村从业人员 460 万，占就业人口的 33.92%。新疆农业产业地位十分重要，许多农产品在全国占比很大。例如，新疆棉花产量占全国的 90.27%，占全球的 21.6%；新疆是世界三大番茄产区之一，是我国最大的番茄生产基地，番茄产量占全国总量的 90%以上。与此同时，新疆农业仍以高投入、高消耗的粗放型发展模式为主，农业自主科技创新能力较弱，产业转型升级需求迫切。应用数字技术改造提升传统农业，实现农业提质节本增效、资源优化配置、科学管理决策是推动新疆现代农业发展的必然方向。推动农业数字化转型升级，促进农业高质量发展不仅关乎经济社会发展，也关乎新疆的社会稳定和长治久安，是新疆新时期做好“三农”工作、推动乡村振兴、实现稳疆兴疆的重要抓手。因此，近年来自治区发布的党委一号文件、《“十四五”规划和 2035 年远景目标纲要》等多个重要文件中都把农业数字化发展提到了很重要的地位。

本章围绕自治区农业数字化发展的迫切需求，以国内外农业数字化发展的先进经验为参考，从政府职能部门、数字技术及农业企业、农业科技园区、合作社及农户四个层面重点对我区种植业、林果业、畜牧业及农业水利等多个方面进行调研分析，对各领域数字化发展不同阶段面临的问题及原因进行研究探索，并聚焦强化科技支撑、提高科技创新能力，提出对策建议，为推进我区农业数字化发展、健全农业科技创新体系、强化科技创新能力提供支撑。

一、新疆农业数字化发展现状

（一） 发展概况与总体定位

新疆农业数字化发展总体上可以概括为发展基础好、产业需求强、应用有亮点、科技力量弱、本地化成果少、政产学研用融合不够。

国内有学者从数字化基础设施、数字化生产要素、数字化经营体系和数字化外部条件四个方面选取指标，构建农业数字化综合评价指标体系，对各省区农业数字化发展水平进行评价，新疆在西部地区排名第2，全国排名第9。这反映出由于新疆连片耕地面积大、农业集约化程度高，其棉花、番茄等农产品及加工产业较为发达，在农业资源禀赋、农业基础、农业机械化水平等方面具有一定优势，具有发展农业数字化的良好基础。

但是从总体上看，我国农业数字化发展东西部地区仍存在较大差异，我区农业尚处在机械化向数字化的过渡阶段，农业数字化发展刚刚起步，本地化科技力量薄弱，本地科技成果规模化应用较少。目前，主要以高校和科研院所、农业科技企业的试点性实践示范为主，大都分布于农业园区、实验基地，技术产品还不具备大规模推广的成熟度、稳定性和普适性条件。

支撑农业数字化发展的主要因素包括农业机械化率、数字化基础设施建设水平、公共数据服务体系和农业劳动力数字化素养，我区总体发展现状如下：

1. 农业机械化率较高

从全国看，2021年农作物耕种收综合机械化率达72.03%，较上年提高0.78个百分点；其中机耕率、机播率、机收率分别达到86.42%、60.22%、64.66%。畜牧养殖、水产养殖、农产品初加工、设施农业等产业机械化率分别达到38.50%、33.50%、41.64%、42.05%，较上年分别提高2.72、1.85、2.45、1.51个百分点。截至2021年年末，新疆农业机械总动力2921.41万千瓦，比上年增长2.3%。农作物耕种收综合机械化率85.12%，机耕率97.16%，机播率93.16%，机收率61.01%，其中，机耕率、机播率和农作物耕种收综合机械化率远高于全国平均水平，机收率低于全国平均水平3.65个百分点，如图5-1所示。2023年，新疆提出力争将农作物综合机械化率提升到85.8%，农林牧渔综合机械化水平提升到71.2%，棉花机采率达到83%以上。总体来看，新疆农作物耕种收综合机械化率位居全国前列，农作物耕种收具备向数字化转型的基本条件。

2. 农业数字化基础设施初步构建

农业数字化的实现依赖电力供应、移动网络覆盖和互联网接入等基础设施建设。截

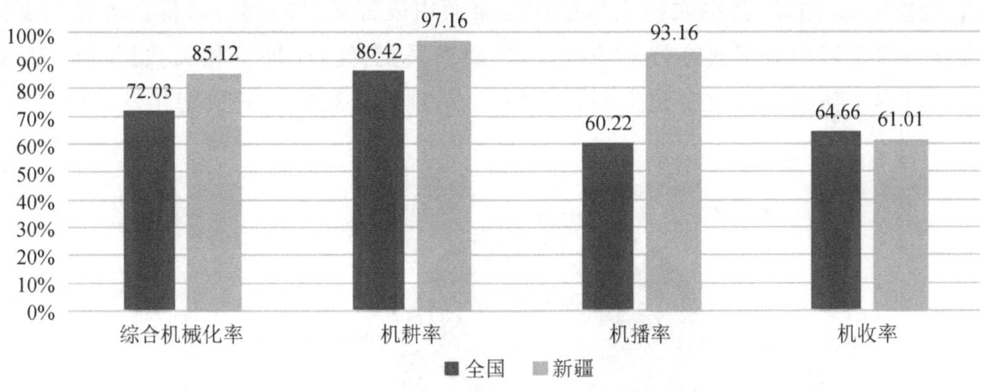

图 5-1 新疆农作物耕种收综合机械化率与全国平均水平比较

至目前，全疆光缆线路总长度达到 156.5 万千米，已完成 5904 个行政村及兵团连队光纤宽带建设，南疆四地州 1962 个深度贫困村全部接入光纤宽带、通信网络全覆盖，行政村 4G 网络覆盖率已达 99%以上。新疆信息通信行业“十四五”发展规划提出，到 2025 年年底，5G 用户普及率达到 56%，行政村 5G 通达率达到 80%，千兆光纤端口占比达到 12%，与全国平均水平相同；每万人拥有 5G 基站数 20.75 个，千兆宽带用户占比达到 10%。总体来看，我区农业数字化基础设施建设达到国家平均水平，随着信息通信“十四五”规划的落地实施，基本能够支撑新疆农业数字化发展需要。

3. 农业公共数据服务体系初步形成

数据是农业数字化的关键要素，农业数据由地理空间数据、农事数据、气象数据以及市场动态信息汇集而成。在数字化条件下，数据是生产要素，是有价值的资产，必须通过成本效益分析和创新性的处理，才能转化成生产力。根据发达国家经验，政府应主导农业大数据建设，完善数据利益分配机制，建立数据产权确权、数据价值核算、数据交易体系和规范，推动农业大数据的价值化。新疆目前尚缺少功能完备、市场主体充分接入的农业数字化综合服务平台。农业数据的收集、管理与应用均较为分散，各行业主管单位各自收集本领域数据并建立数据库仍是主流方式。各单位数据的储存模式、统计标准不统一，大部分基层农业农村部门数据统计仍使用电子表格，数据无法整合利用，成为信息孤岛。2022 年，由农业农村部大数据发展中心牵头研发的农业农村大数据公共平台基座正式上线，旨在打破数据分割和系统孤岛壁垒，提供跨部门、跨区域、跨行业的农业农村数据共享交换枢纽。随着该平台在各省市县的加快部署，我区农业公共数据服务体系也将进一步完善。

4. 农业农村劳动者数字素养正在提升

农业数字化要求农村农业生产经营者具有一定的数字化素养，即要有一定的数字技术学习和应用的技能。根据第七次全国人口普查结果，如图 5-2 所示，新疆农村人口占比约为 43.47%，拥有高中以上文化程度的人口占比 29.74%。少数民族在南疆四地州人口中占比达到83.74%,其中农村人口使用国家通用语言文字的能力较低。教育程度低的农民难以掌握学习和应用数字技术的技能,也缺乏采集、处理、加工相关数据的能力,在很大程度上阻碍了新疆农业数字化生态系统的形成,制约了新疆农业数字化发展的进程。

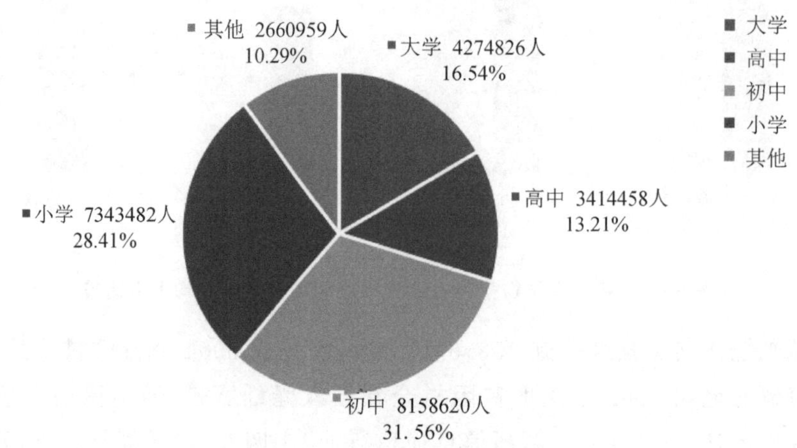

图5-2　新疆人口受教育情况

数据来源:第七次全国人口普查数据

综合评估来看,新疆农业数字化基础支撑条件还比较薄弱,迫切需要在《"十四五"国家信息化规划》《"十四五"数字经济发展规划》《"十四五"全国农业农村科技发展规划》和《农业农村数字化发展规划(2019—2025年)》等政策规划的指导下,在认识农业数字化特性和规律的基础上,从持续强化基础设施建设、解决数据共享和服务等难点问题、强化农业从业者的数字技能培训等方面发力,以加快推进新疆农业数字化发展进程。

(二)　农业数字化发展现状

农业数字化是以数据资源为核心要素,通过互联网等现代数字技术与农业深度融合,实现农业信息感知、定量决策、智能控制、精准投入、个性化服务的全新农业生产方式,是农业从机械化到网络化、数字化,再到智能化不断演进发展的过程。

数字技术正在促进和推动经济发展格局和产业形态的深刻变革,农业数字化也迎来了难得的发展机遇。随着乡村振兴战略深入实施,新疆农业发展方式加快转变,产业结构不断优化、发展动能加快转换,这些都为农业数字化发展奠定了基础,使得新疆农业生产数字化融合不断深化,农业管理数字化能力、农业信息服务在线化能力稳步提升。

国家统计局发布的《农业及相关产业统计分类(2020)》规定,农业及相关产业是指农林牧渔业,以及产品为农林牧渔业所用、直接使用农林牧渔业产品和依托农林牧渔业资源所衍生出来的二、三产业,包括农林牧渔业生产、加工、制造、流通、服务等环节形成的全部经济活动。限于篇幅以及本项目的主要目标,下面主要从种植业、林果业、畜牧业、农业水利、农产品加工、农村电子商务、农业机械等七个方面分别阐述新疆农业数字化发展现状。

1. 种植业数字化稳步推进

我区种植业生产机械化、数字化水平稳步提高，粮棉油等主要大田作物基本实现播种、植保、收获机械化，自动导航辅助驾驶拖拉机、数字化采棉机得到规模应用，卫星遥感、无人机在土地测量、病虫害防治、精准施肥、作物长势监测等领域的应用不断深入，使农机、农艺与机械化、信息化深度融合，节约了劳动力，提高了生产效率，也推动了农业生产力的提升。采用自动导航辅助驾驶和作业系统的大马力拖拉机，在提前设置好的导航系统引导下，按照规划路线自动驾驶，播种线路笔直，行距均匀，过去需要多年经验积累和多天多人才能完成的工作，在数字技术的支撑下轻松完成。无人驾驶导航播种机通过北斗卫星定位系统在播种前只需设定好线路和地块数据，即可沿着事先设定好的路线匀速前进，开展播种、铺膜、铺滴灌带一体化集成作业。目前，全疆基于北斗卫星定位系统导航的拖拉机等农机具已经超过 1 万台套。

数字化灌溉、无人机喷药等先进技术在新疆农业农村得到广泛应用，促进了农业规模化、集约化经营，降低了生产成本，增产增收效果十分明显。水肥一体化数字灌溉系统，不仅具备传统滴灌节水节肥的功能，系统还可以根据土壤墒情，制定科学的施肥方案，提高施肥效率。棉花种植水肥一体化智能灌溉系统可以精确补充棉花生长中缺少的养料，在提高棉花品质的同时，降低每亩地农药化肥成本 100 元左右，棉花平均单产可提高 50 公斤，实现增收近 200 元。

农作物植保数字化技术和装备应用日益普及，在试点示范区农作物墒情、苗情、病虫害情况都能实时监测并智能控制，农产品质量追溯可以直达源头，农业生产变得简单易行。植保无人机已在新疆大范围推广应用，保有量超过 8000 架，新疆已成为全国应用植保无人机最多的省区之一，相比传统的拖拉机喷药施肥，植保无人机作业具备操作简单、高效、精准等优势，节约劳动力、节约农药化肥。无人机还在棉花落叶剂喷洒、香梨大面积无人机雾化授粉等领域取得突破，应用领域越来越宽广。

智能化采棉机、大型数字化小麦谷物联合收割机、玉米收获机、番茄采收机、辣椒采收机等广泛应用，这些大型数字化农机装备采收效率高、质量好、能耗低，逐步成为我区农作物采收的主力军，通常一台机器能够替代几十到数百个劳动力，每亩节约采收成本几十元至数百元，为种植业节本、增效发挥了重要作用。

数字农场、智慧农场建设开始起步。2022 年自治区科技厅启动实施了智慧农场关键技术研究和应用示范重大科技专项，针对小麦、棉花、玉米等农作物生产过程，聚焦“耕、种、管、收”等关键作业环节，运用面向群体智能自主无人作业的农业智能化装备等关键技术，构建农田土壤变化自适应感知、农机行为控制、群体实时协作、智慧农场大脑等规模化作业典型场景，研究关键技术、装备，开展应用示范，实现农业种植和管理集约化、少人化、精准化。

2. 林果业数字化开始起步

林果业数字化基础平台建设不断加强。近年来，自治区启动了新疆林果业信息化平台建设，主要包括林果业资源现状、基地建设、科技支撑、加工转化、“两张网”建设、质量与标准等六部分内容。平台以图、文、视频、数据合一的形式，在一张图上呈现全区林果资源、科技服务、加工收购等林果业全产业链数据内容，直观展示自治区林果业发展现状，分析产业发展短板和市场需求，强化产业链信息化管理。初步解决了此前自治区林果业一直面临的资源不清、数据分散的问题，目前正在进一步完善自治区林果大数据(新疆智慧林果)“一张图”展示系统，并将连通新疆的林果基地、疆内收购市场和疆外销售市场数据，以增强平台对新疆林果业发展的感知和服务能力。

3. 畜牧业数字化取得成效

借助“移动互联网＋大数据”技术，自治区搭建了新疆畜牧兽医大数据平台，实现了全疆 11 个畜禽种类、200 余万养殖户以及各地畜禽养殖企业数据资源的采集与管理，平台处理数据累计达 1.45 亿余条。目前，约有 5055 名全区畜牧兽医行政和事业单位管理人员和 150 余万个养殖场(户)在线使用该平台，实现了新疆畜牧业数据的动态监管、实时分析和资源共享。通过应用该平台，村级防疫员填写档案的工作量就降低了 80％。

畜牧业数字化核心业务平台建设日趋完善。其中动物防疫数据服务平台，使新疆动物防疫工作进入实时上传、随时抽检、后台分析实现了数字化。平台还实现了动物检疫合格证之间、动物及动物产品检疫合格证之间的关联，使畜产品质量安全追溯有了可能。目前，该平台已在新疆全域推广使用，实现了畜产品质量安全追溯、检疫出证、可视化智能监管。

数字化养殖场建设起步，集成应用了养殖环境监控、畜禽体征监测、精准饲喂、智能挤奶捡蛋、废弃物自动处理、网络联合选育等技术。全疆牧区大力推广应用北斗卫星放牧系统，通过给牛、羊的耳朵装上定位耳标芯片，给骆驼戴上北斗卫星导航项圈，定位信息就可以通过网络信号传输到牧民手机上，牛羊的实时距离、位置在手机上就能一览无遗。通过一键导航沿途寻找牛羊的功能，改变了传统放牧方式，让农牧民省心省力。新疆华凌农牧科技开发有限公司开发建设了“华凌农牧智慧畜牧供应链金融服务平台”，实现集交易支付、金融导入接口、溯源监管、大数据分析为一体的智慧牧业运营新模式。

水产养殖数字化开始起步，伊犁哈萨克自治州、阿勒泰地区、博尔塔拉蒙古自治州等重点水产养殖区开展了水体环境实时监控、饵料自动精准投喂、水产类病害监测预警、循环水装备控制、网箱升降控制等技术集成应用。新疆天蕴有机农业有限公司开展智慧渔业应用，在水产养殖场开发建设了在线监测系统、生产过程管理系统、综合管理保障系统、公共服务系统，大大提升了水产养殖基地数字化、网络化和智能化水平，降低生产成本，提高劳动生产率、资源利用率和管理效率，提升水产品质量等级和市场竞争力。

4. 农业水利数字化成效显著

新疆水资源数字化监测与监控系统建设取得较大成效，已建成了覆盖全疆的取用水监控体系和水资源管理信息平台；建成了 1244 个国家监控用水单位监测站点，并将 3 个重要饮用水水源地纳入水质自动监测系统。全疆河道外颁证许可用水量监测覆盖率达到 81.7％、总用水量监测覆盖率达到 64.3％，已完成国家水资源监控能力建设的目标任务，全疆水资源利用和节水管理水平得到较大提升。

水旱灾害防御数字化程度不断提高。经过两期的国家防汛抗旱指挥系统建设，在全疆 73 个山洪灾害防治县建立了雨水情监测站网、县级监测预警平台，建立了自动水雨情监测站 1100 余处，山洪灾害防治数字化水平不断提高。已建成全疆水库视频监控平台和连通水利厅、地州、县(市)、水库四级的安全生产视频监控平台和调度体系，接入了 516 座水库视频监控数据，为提升我区水安全保障能力提供了有效支撑。

灌区水利工程数字化水平不断提高。初步建成新疆灌区水利工程信息管理系统，完成 14 个地州 111 个县市和各流域管理机构的水利工程数字化上网工作，录入 413 处灌区、554 座水库、63352 条渠道、1041 座渠首和 47098 座水闸等水利工程相关信息总计 23.7 万条，全区农业灌溉和水库蓄水调度效率稳步提升。

水利数据资源整合力度不断加大。整合全疆河流、湖泊、水库等 30 类水利基础数据，实现“一个库”“一张图”。按照数据资源目录和业务数据共享标准，全力推动全疆各级水利业务监测数据的整合共享工作，逐步建立各级水利部门之间数据开放共享机制，为全区水利数字化向大数据分析、智能决策应用和重点流域数字化孪生建设提供了基础支撑。

5. 农产品加工业数字化步伐加快

农产品加工企业数字化步伐加快，粮油、棉花、乳品等大宗农牧产品加工装备和生产线的数字化及智能化水平不断提高。新疆天山面粉(集团)有限责任公司、新疆仓麦园有限责任公司、新疆八一面粉公司、新疆农发集团粮油有限责任公司、新疆新天骏面粉有限公司、新疆艾力努尔农业科技开发有限公司等面粉加工龙头企业加快数字化进程，建成了数字化、智能化面粉生产线，经营管理数字化水平不断提高，电子商务、智能物流应用开始普及。新疆仓麦园有限责任公司选用瑞士布勒集团生产的面粉加工设备，采用国际先进的德国西门子自动化控制系统，全套引进了国际先进的小麦和面粉品质分析实验设备，通过人工智能控制实现远程诊断及智能化无人操作，使面粉的加工工艺和质量达到了国内先进水平。新疆天山面粉(集团)奇台有限公司日产 600 吨面粉生产线，实现生产全流程自动化、经营管理数字化，产线装有 150 个监测点，可时刻检测每台设备的运行状态，自动显示报警各种故障，码垛机器人装有视觉和触感系统，可自动分辨货品，自动分类码货，整个产线只需 1 名操作人员，高等级产品产出率提高 30%。

乳制品企业数字化、智能化程度不断提高，天润乳业、西域春、麦趣尔、瑞源乳业等骨干企业乳制品加工生产线全面实现自动化、智能化，经营管理数字化应用基本普及。新疆西域春乳业有限公司采用互联网技术，建立奶源质量全程追溯监管信息平台，利用无线网络、传感器、智能手持数据处理器，从牧场到运输车，再到西域春乳品质量检测中心及生产车间，做到一罐一车报告的全过程监管，其检测数据自动上传到西域春原料奶备案系统，做到乳品生产可全程追溯。新疆天润生物科技股份有限公司通过数字化手段搭建现代化企业管理平台，将企业战略和发展目标科学地嵌入信息化管理平台，把财务工作中战略支撑、业务流程和成本管理的作用应用于实践，逐步推进信息标准化、财务集团管控、电商平台、业财融合和财务共享中心建设，推动公司战略管理目标的落实。

6. 农村电子商务快速发展

农业提质增效打通市场销售环节、畅通农产品增值渠道是重中之重，这是传统农业的短板，却是农业数字化的“长板”，农村电子商务发挥了重要作用。近年来，新疆农村电子商务快速发展，昭苏等8县市成功入选第八批国家电子商务进农村综合示范县。至此，我区共计57个县市获批为示范县，普遍建立起涵盖县(市)电商服务中心(产业园)、乡镇电子商务服务站、村级电子商务服务点的三级农村电商服务体系，初步打通农村快递物流“最后一千米”。

农村电商推进“工业品下行、农产品上行”的作用日益显著，2021年我区农村网络零售额实现241.4亿元，同比增长41.6%，其中昌吉市、库尔勒市、阿克苏市农村网络零售额依次为40.71亿元、29.7亿元、25.5亿元，位居全疆前列。地产农产品网络零售额153.0亿元，其中水果、坚果、草药分别实现网络零售92.1亿元、27.2亿元、10.9亿元，位居农产品网络零售前三名。

为将林果资源优势加快转化为品牌优势、竞争优势，新疆建设了特色农产品疆内收购和疆外销售“两张网”，打造一体化农产品流通和农业大数据综合服务平台，提供B2B交易撮合、供应链金融、仓储加工物流等配套服务，引导果农进行电子交易结算，年均外销果品640多万吨，让新疆特色农产品“走出去”的路越来越宽。

7. 农业机械数字化扎实推进

我区农业机械装备研制、生产起步较早，在全国占有重要的一席之地。近年来，围绕新疆特色优势产业重大需求，新疆机械研究院股份有限公司、铁建重工新疆有限责任公司、新疆钵施然智能农机股份有限公司、沙雅钵施然智能农机有限公司等企业研制了一批大型数字化智能化农机装备，有力支撑了我区农业机械数字化发展。

新疆机械研究院股份有限公司研制了自走式玉米收获机、青饲料收获机、秸秆饲料收获机、辣椒收获机、籽瓜收获机、耕整地机械等6大类40余种产品。在4YZT-7/8型玉米籽粒联合收获机基础上，正在开展大型谷物及大豆联合收获关键技术研究及智能装备研制与示范应用。钵施然智能农机股份有限公司先后研制了3行、5行、6行等类型棉花收获机、机械式系列播种机、气吸式系列精量播种机、残膜回收机、打药机等农机装备。铁建重工新疆有限公司先后研制了六行箱式采棉机、六行采棉打包机、六米宽割幅的青贮机以及三行打包机等，其中六行箱式采棉机、六行打包机已经进行量产，自主研发的4MZD-6型采棉机的整车监测控制系统可实现智能控制、自动监测、故障自诊断及危险报警等诸多功能，获得中国好设计金奖。受此带动影响，截至2021年，新疆采棉机保有量超过6300台，棉花机械化采收率超过80%，棉花耕种收综合机械化水平达94.49%。

(三) 新疆农业数字化发展中存在的主要问题

1. 农业产业化水平低是制约农业数字化发展的主要因素

农业生产集约化、规模化程度不高，农业生产龙头企业少、数字化转型慢成为制约我区农业数字化发展的主要问题。据《2021中国农业企业500强排行榜》，我区仅有中粮糖业控股股份有限公司（排67位）、天康生物股份有限公司（99）、新疆利华（集团）股份有限公司（134）、冠农集团有限责任公司（187）、新疆冠农果茸股份有限公司（289）、新疆天润乳业股份有限公司（409）和九圣禾控股集团有限公司（497）7家公司上榜，7家企业营业收入合计528.6亿元，仅占500家上榜企业总营收的0.87%，没有一家企业成为细分行业全国龙头企业。我区农业龙头企业数字化转型较慢，与大北农、富邦股份、蒙牛乳业、隆平高科、吉峰农机、汇丰农业等农业数字化龙头企业差距明显，全区没有一家企业进入《2022智慧农业TOP100榜单》。据《2021中国农业生产数字化研究报告》，我区农业基本处于农业2.0时代，农业3.0刚刚开始起步，与东中部发达地区差距较大。

2. 农民数字化素养低是制约农业数字技术应用的突出问题

中国社会科学院信息化研究中心2021年发布的《乡村振兴战略背景下中国乡村数字素养调查分析报告》显示，数字素养城乡发展不均衡的问题非常突出：城市居民的数字素养平均得分是56.3，农村居民的平均得分是35.1，差值高达21.2分，农村居民比城市居民平均得分低了37.5%。农民群体的数字素养得分仅18.6分，显著低于其他职业类型群体，比全体人群的平均值（43.6分）低了57%。农业领域数字化应用能力薄弱、智能终端使用能力不足、数字化增收能力差等是农民数字素养的最大短板，也是制约农业数字化发展的突出问题。我区农村居民人数多，2021年达1107万人，占全区总人口的42.7%，高于全国（占比35.3%）7.4个百分点。南疆地区农村居民比例更大，而且受教育程度更低，收入水平更低，数字素养远低于全国农村居民平均水平。由于数字素养低，特别是数字技能弱、数字终端使用技能低、数字化增收能力差等突出短板，使得农民难以通过线上自主学习获取农业科技知识，不能通过电子商务获得质优价廉农业生产资料、优质优价售卖农产品，不会科学使用数字化、智能化农机具提高效率质量，乡村已经建设的数字基础设施、农业数字化系统和农业数字化设施得不到充分利用。因此，农民数字素养低成为制约农业数字化发展的拦路虎。

3. “小农经济”是制约农业数字化发展的主要问题

我区南北疆经济发展不平衡，农业生产模式存在较大差异，“小农经济”属性仍然较突出，南疆尤其明显。小农经济无法独立融入现代经济体系从而实现社会转型，采用数字技术时缺乏资金和必要的知识。小规模经营、兼业为主及学习能力不足等特点从根本上制约了小农户生产效益，小规模生产与技术推广、机械化、信息化的矛盾必然存在，在接受和应用农业数字化技术等方面，小农户面临一定困难。农业数字化技术应用的相关设备投入成本与维护成本较高，小农户难以承担，要大范围推动农业数字化发展存在一定困难。另外，小农户老龄化严重，对科技和信息的需求不足，且接纳能力、学习能力与理解能力较难达到农业数字化的要求。从业人员素质较低，受教育程度不高，信息化意识淡薄，对数字化技术接受程度低，也造成了对现有农业信息化基础设施使用能力不足等问题。

4. 农业装备数字化水平低是影响农业数字化发展的关键环节

虽然我区农业装备数字化在一些优势特色领域有所突破，智能采棉机等装备获得了中国好设计金奖，但总体来说，种植业通用动力（拖拉机为主）、耕地、播种、植保、灌溉、收获等装备数字化、智能化水平低于全国农机装备平均水平。本地面向数字化智能化农机配套服务的企业少、支撑能力弱，数字农机电液控制平台、控制系统、无人驾驶系统、北斗导航系统等大多需要东部地区配套支撑，部分核心零部件和软件依赖进口。畜牧业养殖业装备、林果业装备、设施农业装备是我区的短板，研制生产装备种类少，数字化智能化装备几乎为空白，对产业发展的支撑作用十分有限。即使在综合机械化率较高的种植业，主要作物数字化种植模式、规范也尚未建立，数字化、智能化农业装备应用不成体系，一些关键作业环节还缺乏数字化装备支撑。

5. 数据共建共享机制不健全是制约农业数字化进程的主要因素

数据是农业数字化发展的基础要素，数据采集、传输、存储、开发利用等各个环节都需要投入大量人力、物力，农业领域各类行政管理、生产、经营单位都将产生的农业政务、农务及商务数据作为核心资产管理，从而一定程度上形成了信息孤岛效应。近年来，新一代信息技术与农业发展融合加速，但仍面临数据、技术融合障碍。发展农业数字化，亟待解决数据共建共享问题。我区农业数据公共服务体系建设基础较差、数据资源分散、质量不高、服务落后。农业行业主管部门和农业领域科研机构、企业都缺乏对全面、系统、开放的农业基础大数据共建共享的深刻理解，相关的技术平台、机制不健全，无法充分发挥数据资源价值，这严重制约了数字技术在农业中的应用。

6. 专业化机构和人才保障能力不足极大地影响了农业数字化进程

地州、县（市）一级涉农主管部门都还没有成立专职的数字化部门，高技能人才也相对缺少，现有的人才队伍与数字化建设的任务要求存在差距，各级涉农数字化专业技术人员相对缺乏，特别是既熟悉农业又掌握数字技术的复合型人才缺乏，难以满足农业数字化的实际工作需要。从专业人才培养的角度来看，目前，自治区开设“智慧农业”专业的普通本科院校只有新疆农业大学、石河子大学及塔里木大学，专业建设时间只有 1～2 年，招生规模有限，不足以支撑我区农业数字化发展大局。

7. 重建设轻应用依然是影响农业数字化成效的突出矛盾

目前，自治区构建的种业大数据平台、农产品质量安全溯源平台、新疆农作物信息平台、畜牧兽医大数据平台等自治区级业务平台，部分业务功能同基层业务脱节，数据靠人工录入，基层人员操作使用有一定困难，系统业务亟待优化，系统业务培训急需加强。受农民数字素养的限制，农村电子商务发展很不平衡，部分国家电子商务进农村综合示范县建设的县（市）电商服务中心（产业园）、乡镇电子商务服务站、村级电子商务服务点没有得到充分应用。南疆地区部分农民不会科学使用数字农田水利设施和农田滴灌系统，习惯于大水漫灌，没有发挥数字灌溉节水、节本、增效的作用。

8. 投入大、见效慢是削弱农业企业数字化内生动力的主要因素

大多数农业企业存在基础设施相对薄弱的问题，不能满足农业数字化相关技术、装备应用的需求；进行数字化建设对企业来说一次性投入大，后期维护费用高，且很难在短期内带来新增效益，企业普遍存在质疑和观望的态度；企业认为目前很多农业数字化技术实用性不高，仅能满足生产的某个环节，不能覆盖整个生产过程，无法从根本上实现节本增效的目的。目前，农业数字化应用企业多为大型农业生产企业，土地又多为流转土地，存在租赁周期短的问题，企业不敢实施大规模投资建设。

二、新疆农业数字化科技支撑和创新能力现状及存在的主要问题

(一) 新疆农业数字化科技支撑体系的现状

新疆农业数字化科技支撑体系主要依托高校设立的涉农学科、农业科研机构、农技推广体系、农业产业化企业（合作社）和数字技术企业，新建的一批农业数字化新型研发机构，成为支撑农业数字化科技创新的生力军。近年来，国家、自治区启动实施了一批农业数字化、智慧农业、数字乡村科技项目和产业化示范项目，有力推动了农业数字化发展。

1. 农业数字化支撑机构已经形成

经过数十年发展，新疆已经建立了较为完善的农业科技支撑体系，包括从事农业技术教育科研的大学、高等和中等职业学校，自治区农业科学技术研究机构，自治区-地州市-县市区-乡镇四级农业技术推广体系，农业科技企业和农业技术中介服务组织等。现有农业科技支撑体系也是全区农业数字化的科技支撑，在农业数字化技术、装备、系统、平台研究开发与推广应用中发挥着主力军作用。

(1) 农业高等院校和职业院校

① 新疆农业大学。新疆农业大学是我区农业数字化、智慧农业的重要科技支撑力量，聚焦全面提高新农科人才培养能力这个核心点，以人才培养、专业布局、服务“三农”为工作重点，积极推动新农科教育改革创新，目前设有农学院、林学与风景园林学院、草业学院、动物科学学院、动物医学学院、食品科学与药学学院、水利与土木工程学院、机电工程学院、计算机与信息工程学院、园艺学院、资源与环境学院、生命科学学院、葡萄与葡萄酒学院等 13 个涉农教学研究机构。新疆农业大学还设有丝绸之路经济带棉花优质高效协同创新中心、动物消化道营养国家级国际联合研究中心新疆分中心、棉花工程研究中心等 9 个国家部委科研平台，新疆果品采后科学与技术重点实验室、新疆马繁育与运动生理重点实验室等 6 个自治区重点实验室，新疆农业信息化工程技术研究中心、新疆红枣工程技

术研究中心、新疆水文水资源工程技术研究中心等7家自治区工程技术研究中心。“十三五”期间，学校承担国家、自治区各类科研项目2018项，包括新疆农村信息化建设示范、农田水肥一体化智能控制系统研究、智慧棉田建设等一批农业数字化项目，学校科研成果丰硕，累计审定新品种20个，授权专利300项(发明专利80项)、软件著作权260项，获得省部级以上科技成果奖励48项，其中“农村信息化及智慧农业关键技术研发与应用”成果获得自治区科技进步奖一等奖。

② 石河子大学。石河子大学于1996年由石河子农学院、石河子医学院、兵团师范专科学校和兵团经济专科学校合并组建而成，其涉农学科在新疆首屈一指，目前设有农学院、动物科技学院、机械电气工程学院、水利建筑工程学院、食品学院、信息科学与技术学院(网络空间安全学院)等涉农教学研究机构，绿洲农业工程与信息化教育部工程研究中心、空间信息获取与应用技术国家地方联合工程实验室、农业农村部西北农业装备重点实验室、新疆特色果蔬贮藏加工教育部工程研究中心、特色果蔬国家地方联合工程研究中心、特色作物生产机械装备国家地方联合工程实验室等科研平台，“十三五”期间，学校承担国家、兵团重大科研任务，立项各级各类项目2457项，获省部级以上奖励160余项。

③ 塔里木大学。学校是一所以农科为优势，以生命科学为特色，农、理、工、医、文、管、经、法、教育、艺术、历史等多学科协调发展的综合性大学，设有农学院、园艺与林学学院、动物科学与技术学院、生命科学与技术学院、食品科学与工程学院、机械电气化工程学院、水利与建筑工程学院、信息工程学院等涉农教学科研机构，南疆特色果树高效优质栽培与深加工技术国家地方联合工程实验室、现代农业工程重点实验室、塔里木畜牧科技兵团重点实验室、南疆特色农产品深加工兵团重点实验室、南疆农业有害生物综合治理兵团重点实验室等科研平台。

④ 新疆农业职业技术学院。学校是全国首批28所“国家示范性高等职业院校建设单位”，新疆首批“高等职业教育与本科教育联合培养应用本科人才”试点高职院校，2019年被教育部认定为“优质专科高等职业院校”，被教育部、财政部列为“中国特色高水平高职学校和专业建设计划建设单位”，2021年被农业农村部、教育部认定为“全国百所乡村振兴人才培养优质校”。学校设有动物科技分院、生物科技分院、园林科技分院、食品药品分院、信息技术分院、农业工程分院、新疆乡村振兴学院等13个分院，开设有种子生产与经营、园艺技术、畜牧兽医、大数据与会计、电子商务、机电一体化、计算机网络技术、数字媒体技术等专业。学校还建立了设施农业研究所、绿色农业研究所、农业机械化研究所等科研平台。

(2) 科研院所

① 新疆农业科学院。该学院是自治区人民政府直属的综合性农业科研机构，现有粮食作物研究所、经济作物研究所、园艺作物研究所、植物保护研究所、土壤肥料与农业节水研究所、核技术生物技术研究所、微生物研究所、农业机械化研究所、农业质量标准与检测技术研究所、农业经济与科技信息研究所、农作物品种资源研究所、国家棉花工程技术研究中心、哈密瓜研究中心、生物质能源研究所、农产品贮藏加工研究所等17研究所(中

心)、1 个分院(伊犁分院),10 个试验场站,以及农业部西北玉米抗旱生物学科学观测实验站、新疆特殊环境微生物实验室、新疆特色果蔬基因组研究与遗传改良重点实验室、新疆农产品质量安全重点实验室、新疆农产品加工与保鲜重点实验室、新疆设施农业智能化管控技术重点实验室、新疆农作物生物技术重点实验室等科研平台。截至目前,学院共取得各类科研成果 1233 项,获奖成果 591 项,其中省部级二等奖以上奖励 227 项,审(认)定新品种 439 个。

② 新疆畜牧科学院。新学疆畜牧科学院是专门从事草食家畜科学研究、技术开发、示范推广、工程咨询、成果转化与人员培训的科研机构,设有畜牧研究所、兽医研究所、草业研究所、畜牧业经济与信息研究所、生物技术研究所、饲料研究所、畜牧业质量标准研究所。

③ 新疆林业科学院。新疆林业科学院是一所集科研、推广、服务、开发为一体的综合性、多学科的社会公益性科研事业单位,设有森林生态、造林治沙、经济林、园林绿化和现代林业五个研究所,还有阿克苏佳木实验站、玛纳斯科研基地、新疆林果产品检验中心、林业科技情报中心、综合生态系统管理信息中心、林业测试中心,先后承担国家和地方各级科研项目 254 项,获国家科技进步二等奖 1 项,自治区科技进步奖一等奖、二等奖各 1 项、自治区科技进步三等奖 12 项。

④ 新疆水利水电科学研究院。该研究院主要从事高效节水灌溉技术及灌溉制度研究、土壤改良与水盐动态观测研究、水资源水环境研究、河工水工模型试验、材料与结构试验、岩土工程试验研究等;同时还承担着节水新产品、新技术、新方法的研究、推广应用与示范,农田水利规划与勘测设计、水土保持方案与设计、水利水电工程质量检测、大坝安全监测等任务,设有灌溉科学、水资源水环境、水土保持、水工河工、材料结构、新疆水利水电工程质量检测中心等 9 个专业研究所(中心)。研究院累计承担国家级和自治区级科研课题 250 余项,荣获各类奖项 80 余项,获国家专利 40 余项,研发产品 20 余个。

(3) 农业数字化新型研发机构

截至 2021 年年末,自治区共有重点实验室 111 个、工程技术研究中心 124 个,其中与数字农业相关的研发机构有 7 个。

① 新疆农业信息化工程技术研究中心。该中心依托新疆农业大学计算机与信息工程学院,围绕新疆现代农业发展和转型升级的迫切需要,服务“丝绸之路经济带核心区”农畜产品优质安全高效生产,面向干旱区农业信息化科技创新的重大需求,优化整合新疆农业大学优势学科群资源,综合应用计算机网络技术、“3S”技术、通信技术和智能控制技术等现代农业信息技术,按照规模化、集约化、标准化、产业化的发展方向,充分应用现有基础设施设备,有步骤、有秩序地开展信息化建设和应用。

② 新疆农业无人机应用工程技术研究中心。该中心依托新疆天山羽人农业航空科技有限公司,围绕农用无人机关键技术研究和试验推广,紧扣新疆植保特点和市场需要,重点开发大载荷、长航时、适应性强、智能化程度高、安全稳定的新型农用无人机产品,为促进农业数字化科技成果向新疆的转移转化,有效提升我区农机植保装备的现代化水平,搭

建一个科技创新学术交流的高地和新技术新设备推广应用的平台。

③ 新疆智慧水利工程技术研究中心。该中心依托新疆怡林实业股份有限公司，重点研发水资源前端物联网感知传感器技术、中高速无线传感器网络传输技术、无线传感网络微处理器芯片技术、物联网的动态功耗管理技术、物联网基础通信协议技术、云计算及关键技术、基于 IPv6 的水灾预警应急系统技术、全疆水利数据共享平台技术、数据汇集综合服务平台技术，推动上述技术在全疆智慧水利工程的应用，积极帮助水利部门构建与水利发展相适应的水利信息化综合服务平台，健全完善水利信息基础设施，统一规范技术标准和保障体系，积极整合各方面的资源优势，为新疆智慧水利事业的发展以及先进水利技术在全疆的推广应用并起到示范性作用。

④ 新疆农牧机器人及智能装备工程研究中心。该中心依托新疆大学机械工程学院（教育部智能制造现代产业学院），重点在农牧机器人与高端农机装备基础共性关键技术、重要零部件、产品适应性研究设计、数字孪生与故障诊断、智能决策控制和试验测试方面开展广泛研究，增强农机科技创新能力，激活我区农业全程全面、农机装备产业转型升级发展新动能，助力自治区农牧机器人和高端农机装备产业发展及创新型人才培养。该中心还依托新疆大学机械工程、计算机科学与技术、数学、自动化、信息以及生命等多学科交叉融合，凝练了农业机器人与智能农机装备的机械机构学与动力学特性分析、仿生视觉与图像处理、多元传感信息感知融合与机器人互联网、机电液一体化驱动与运动控制、智能控制系统技术等关键共性技术作为主攻方向开展研究，在农业机器人、高端农牧装备、无人机飞防、智慧农业水肥联控及精准灌溉装备上已形成学科与团队优势，先后承担了国家自然科学基金、自治区重点科技攻关课题多项，取得了一批国内领先水平的成果。

⑤ 新疆设施农业智能化管控技术重点实验室。实验室依托新疆农业科学院农业机械化研究所，重点围绕新疆温室智能化环境调控技术与装备、设施水肥药智能化精准管理技术与装备等方面开展理论基础和区域关键技术协同创新，凝聚和培养现代设施农业领域高层次人才队伍和领军人才，构建现代设施农业技术研发创新平台。承担科研项目 23 项，获得实用新型专利 20 项、软件著作权 11 项。

⑥ 新疆智能农业装备重点实验室。该实验室依托新疆农业大学，实验室围绕新疆生物生产的智能感知技术等共性关键技术研究与智能装备设计与研发开展工作，重点开展棉花、油葵、特色林果等作物生产监测与调控、智能农业装备关键技术、智能监测与检测控制、智能检测分拣等领域研究，构建和完善新疆特色作物生产的机械化、自动化和智能化研发体系创新平台，系统开展该领域基础研究、应用基础研究和高新关键技术应用研究，进而力争解决区内智能（慧）农业领域研究和平台建设滞后于区外和国外的部分关键问题。

⑦ 新疆遥感与地理信息系统应用重点实验室。该实验室依托中国科学院新疆生态与地理研究所，重点建设空间对地观测、地面验证及系统模拟为一体的综合信息系统技术平台，开展资源与环境可持续管理的地理信息科学研究，建设引领干旱区遥感技术基础理论与 GIS 综合应用的创新基地。

(4) 农业技术推广应用服务机构

① 新疆维吾尔自治区农业资源区划和遥感应用中心。该中心主要开展农业资源区划、生态农业和农业可持续发展的调查研究工作，还开展农业资源和主要农作物种植面积、长势、灾害及产量等农情信息的遥感监测与分析评估等工作。

② 新疆维吾尔自治区农业技术推广总站。该站主要承担自治区粮、棉、油、糖等农作物和经济作物先进栽培技术及科研成果的引进、试验、示范和推广等工作；拟订自治区粮、棉、油、糖等农作物及经济作物的生产标准；承担自治区棉花生产技术交流、高产攻关、棉花及棉副产品的资源开发利用等工作。

③ 新疆维吾尔自治区农业农村厅信息中心。该中心主要负责拟订全区农业信息化建设规划和计划，并具体组织实施；负责自治区农业信息网、省级网上交易平台、农业系统电子政务网络的建设与管理；承担原新疆维吾尔自治区农业产业化信息中心职责。

④ 新疆维吾尔自治区农产品质量安全中心。该中心主要承担农产品质量安全政策法规、规划标准的研究工作；承担农产品质量安全标准体系、检验检测体系、追溯体系等支撑保障；参与“三品一标”产品质量跟踪；开展绿色食品标志许可、农产品地理标志登记保护初审；指导全程质量控制技术示范创建和绿色食品、有机农产品、地理标志农产品生产基地建设。

⑤ 新疆维吾尔自治区畜牧总站。该站主要承担种畜禽质量安全监督与管理、畜牧业良种和技术推广、畜禽资源保护与开发利用、畜牧技术支撑体系建设以及其他受自治区畜牧厅委派的公益性事业职能。

⑥ 新疆维吾尔自治区牧业信息中心。该中心负责全区畜牧兽医系统有关电子政务的组织、规划、协调和指导工作；负责全区畜牧兽医系统统一的电子政务专网和应用系统的建设和应用管理工作；负责为自治区畜牧兽医局机关的电子政务系统的组织、规划、建设和应用保障工作；负责为社会和群众提供网上服务和畜牧兽医系统地州网站的建设和应用管理。

⑦ 新疆维吾尔自治区林业技术推广总站。该站承担林业先进技术、适用技术的推广、示范及应用等工作，还承担全区林业技术岗位从业人员职业技能鉴定工作。

⑧ 新疆维吾尔自治区草原总站。该站承担全区草原动态监测、草原资源调查和新技术推广工作，还承担牧草种子区域试验、质量检验等工作。

⑨ 新疆维吾尔自治区林业和草原宣传信息中心。该中心承担全区林业和草原工作的宣传、信息化建设和生态文化建设等工作。

(5) 农业产业化龙头企业

截至 2021 年年底，全区县级以上农业产业化龙头企业 1151 家，其中国家重点龙头企业 57 家，自治区级龙头企业 500 家，初步形成国家、自治区、地州、县市四级联动、梯次发展的乡村产业“新雁阵”。我区农业产业化龙头企业虽然数量不多、规模相对不大，但很多企业发展独具特色，覆盖农业产供销全产业链。天康生物股份有限公司围绕动物优良品种培育，兽药及疫苗研制生产，畜禽现代化规模养殖、屠宰、储运、零售全产业链高质量发展。新疆利华(集团)股份有限公司从棉花优良品种选育,大规模棉花数字化种植,产业一直延伸到棉花初加工,数字化纺纱、织布等。新疆艾力努尔农业科技开发有限公司在偏远的柯坪县发展有机小麦种植,数字化、智能化面粉加工,数字化馕饼、糕点加工,通过电商平台将有机农产品卖到了全国各地。我区数字化转型较好的农业产业化龙头企业主要有:中粮糖业控股股份有限公司、天康生物股份有限公司、新疆利华(集团)股份有限公司、冠农集团有限责任公司、新疆冠农果茸股份有限公司、新疆天润乳业股份有限公司、新疆西域春乳业有限公司、九圣禾控股集团有限公司、新疆慧尔农业集团股份有限公司、新疆天蕴有机农业有限公司、新疆天山面粉(集团)有限责任公司、新疆仓麦园有限责任公司、新疆农发集团粮油有限责任公司、新疆艾力努尔农业科技开发有限公司等。

(6) 农业数字化信息技术企业

自治区内专门从事农业数字化的信息技术企业较少,代表性的有新疆七色花信息科技有限公司、新疆远达科技有限公司、安品数聚技术控股有限公司、新疆铭鼎高科投资发展有限公司、新疆智道信息科技有限责任公司、新疆慧尔智联技术有限公司、新疆北鹰北创信息科技有限公司、新疆清源天诚环保科技有限公司、新疆云天科技工程技术有限公司、乌鲁木齐科盛伟业网络技术开发有限公司、新疆共创神思电子科技有限公司、新疆怡林实业股份有限公司、新疆博宇软件有限责任公司、新疆英华软件有限公司、新疆中园博宇信息科技有限公司、乌鲁木齐恒叶信息技术有限公司、新疆天演源溯网络科技有限公司、乌鲁木齐易康君健电子科技有限公司、新疆乾坤信息技术有限公司等19家企业。

2. 农业科技资源投入逐步加大

近年来,国家、自治区不断加大农业信息化建设投入力度,科技部、农业农村部、林草局等各部委及自治区相关厅局都设立了专项予以支持,各地州也从不同渠道加大了资金支持力度。

(1) 科技部农业数字化科技项目

科技部组织实施了“工厂化农业关键技术与智能农机装备”国家科技重点专项,主要支持的项目包括:农业专用智能芯片开发、大田作物生长模型与智能决策技术研发、农情信息空天地高精度高时效监测系统研发与应用、农机新型动力系统与智能控制单元技术研发及示范、肥药精准施用部件及智能作业装备创制、小麦生产全程无人化作业技术装备创制与应用、玉米生产全程无人化作业技术装备创制与应用、绿色高效智能水产养殖工厂创制与应用、丘陵山区智慧农业关键技术装备创制与应用、主要饲草饲料生产全程智能化作业装备创制与应用、特种经济作物智能收获技术装备创制与应用、农业废弃物资源化处理成套智能装备创制与应用、特色果蔬品质无损检测及智能分选装备创制与应用等、棉花生产智慧农场关键技术装备创制与应用等。

科技部其他重点研发计划支持的项目包括:西北绿洲农业精量微灌水肥协同调控技术与设备、西北内陆干旱区多水源配置与高水效农业关键技术和装置、农田智慧灌溉关键技术与装备、牛羊规模化高效健康养殖集成示范、个性化食品增材制造与智能化加工装备研制、冷链食品储运安全风险检测及智能监控关键技术研究、食品全程全息风险感知及防控体系构建与应用示范、中式特色主食菜肴成套智能装备创制、肉类品质数字识别与精准减损技术研发及装备创制、生鲜农产品供应链品质管控与溯源技术研发、茶叶智能化加工及茶制品应用关键技术研究与示范、传统酿造食品智能制造技术研究及示范、农林草病虫害数字化精准监测预警技术体系构建与应用。

（2）农业农村部农业数字化科技项目

2020农业农村部农业数字化试点项目重点支持了：①大田种植农业数字化建设试点，重点集成推广大田物联网测控、遥感监测、智能化精准作业、基于北斗系统的农机物联网等技术。②园艺作物农业数字化建设试点，重点集成推广果菜茶花种植环境监测和智能控制、智能催芽育苗、水肥一体化智能灌溉、果蔬产品智能分级分选等技术。③畜禽养殖农业数字化建设试点，重点集成推广养殖环境监控、畜禽体征监测、精准饲喂、智能挤奶捡蛋、废弃物自动处理、网络联合选育等技术。④水产养殖农业数字化建设试点，重点集成推广应用水体环境实时监控、饵料自动精准投喂、水产类病害监测预警、循环水装备控制、网箱升降控制等技术。

国家农业数字化创新应用基地建设项目：①国家数字种植业创新应用基地，构建天空地一体化观测体系，推广遥感技术应用，配套建设田间综合监测站点、物联网测控系统。②国家数字设施农业创新应用基地，建设工厂化育苗系统，构建集约化种苗生产信息管理系统。③国家数字畜牧业创新应用基地，建设自动化精准环境控制系统，改造升级畜禽圈舍通风、温控、空气过滤等设施设备。④国家数字渔业创新应用基地，建设在线环境监测系统，进行适宜的信息化改造，配置便携式生产移动管理终端，构建鱼病远程诊断系统和质量安全可追溯系统。

2022—2025年农业数字化农村建设项目：重点支持农业农村大数据平台、国家农业数字化农村创新中心（分中心）、国家农业数字化创新应用基地。

（3）自治区相关部门农业数字化科技项目

自治区重大科技专项：①设施农业信息化智能化技术集成与示范重大专项，设施农业大数据云平台专家决策系统的研究构建、设施农业生产技术数字化的研究与示范、设施农业信息化智能化装备系统构建与集成示范、设施农业生产机械信息化技术的改进提升。②新疆现代化灌区绿色高效用水技术研究与集成应用重大专项，规模化自压灌溉管网安全输配水关键技术研究、水肥智能决策的灌溉施肥系统与关键技术研发、高效节水灌区多尺度水肥盐联合调控技术研究、智慧灌区与现代农业产业绿色发展模式研究与示范。③新疆智慧农场关键技术与装备研发应用，开展农作物关键农情参数的高分遥感机理模型与定量解析技术研究、灌区各级渠系测控一体化关键技术研究、基于多源信息和多模型耦合的大田作物生长发育动态预测技术、智慧农场系统智能管理模型和关键技术研究、农场生产全流程规划自主化控制及智慧管理技术、智能调控决策支持平台构建。新疆优势农畜产品质量安全预警技术及追溯体系研发与应用、现代农业高效用水关键技术研究与应用、大型高效采棉机关键技术研究与应用示范等重大专项也包含大量农业数字化、智慧农业研发任务。

自治区重点研发专项:新疆智慧农业技术与农业智能装备研发、新疆农机智能装备关键核心技术研发与应用、面向空-天遥感大数据的棉粮作物精准估产关键技术与应用研究、智慧农田精准灌溉施肥技术与装备研究及其产业化示范、智能型穗茎兼收玉米收获关键技术装备创制及示范应用。

其他部门农业数字化项目:自治区农业农村厅先后实施了新疆农业农村大数据平台建设项目(1000 万元)、九圣禾种业股份有限公司智能化温室展示中心、墨玉县现代农业产业园智慧化管理中心、霍城县国际农产品交易平台建设、“互联网+农技推广”服务方式等农业数字化项目。

3. 农业数字化科研成果和科技产品不断增加

(1) 自治区科技奖励

近 3 年获得自治区科技进步奖的成果:农村信息化及智慧农业关键技术研发与应用(新疆农业大学等)、新疆草原蝗虫暴发机理及监测预警技术研发与推广应用(新疆师范大学等)2 个项目获得科技进步奖一等奖。铁建重工新疆有限责任公司研制生产的自走式六行智能采棉机获得中国好设计金奖。

(2) 农业数字化软件产品

农产品质量安全类软件产品:主要有农产品质量安全编码及溯源系统 V2.0、农残快速检测监管系统 V2.0、农产品质量安全监管信息管理系统、农产品质量安全监管综合信息平台、中园博宇农资进销存管理系统、农产品质量安全监管系统 V2.0、皮棉公检信息查询系统 V1.0、农产品溯源追溯平台 V1.0、红有肉品专卖溯源系统 V1.0、红有农产品质量安全溯源系统 V1.0、红有屠宰环节溯源系统 V1.0、红有加工环节溯源系统 V1.0、红有批发环节溯源系统 V1.0、食品安全溯源平台蔬菜批发溯源子系统 V1.0、食品安全溯源平台农产品溯源子系统 V1.0、食品安全溯源平台加工溯源子系统 V1.0、区域农资监管部与产品追溯平台 V1.0、冷链食品追溯平台 V1.0、基于活码技术的产品溯源追溯系统、动物防疫检疫监管平台 V2.0 等 20 项软件产品。

农业数字化管理软件产品:主要有科盛伟业智慧农业云平台 V1.0、农业联合体管理系统 V1.0、农业大数据管理系统 V1.0、中天乾坤粮油安全生产分析预警系统 V1.0、农经通管理系统 V1.0、智慧农企综合管理平台 V1.0、农村土地资源管理系统 V1.0、合作社综合业务云平台 V1.0、中天乾坤智慧粮食省市县综合管理云平台 V1.0、中天乾坤智能粮库管理系统 V1.0、中天乾坤业务安全审计系统(粮食版)V3.0、军民融合军粮工程信息化平台(省级)V1.0、军民融合军粮工程信息化平台(军供站级)V1.0 等 13 项软件产品。

农田水利数字化软件产品:主要有灌区信息化平台 V1.0、怡林全疆水利决策管理平台 V1.0、农业灌溉用水及收费信息管理系统 V2.0.1、灌溉服务平台软件 V1.0、灌区信息化平台 V2.0、农水一体化管理系统 V1.0、水资源监控与智慧水利系统 V3.0、智慧灌溉渠系配水调度管理系统 V1.0、灌区信息化管理软件系统 V1.0 等 9 项软件产品。

农产品流通类软件产品：主要有易康油脂收购信息管理系统 V1.0、农产品交易市场业务缴费系统 V1.0、昌吉市种子交易物流中心项目电商交易平台（农腾农资电商）V1.0、玉米收购管理系统 V1.0、新疆惠文棉花称重信息管理系统 V1.0、中园博宇农资进销存管理系统、绿城奶制品销售管理系统 V1.0、基于 Fabric 和 IPFS 的区块链水果产品追溯系统 V1.0 等 8 项软件产品。

畜牧业管理数字化软件产品：主要有种畜禽监管系统、畜牧兽医大数据平台 V1.0、品种改良系统 V1.0、林草卫士信息管理系统 V1.0、林草卫士管理系统 V1.0、基于无人机森林草原防火定位系统 V1.0、林业和草原生态网络感知系统 V1.0 等 7 项软件产品。

农产品加工数字化软件产品：主要有恒叶棉轧场信息管理系统 V3.1.2、基于物联网的冷链物流系统 V1.0、棉花加工厂管理系统 V1.0、爱华盈通智慧粮库综合管理平台 V6.0、爱华盈通多参数粮情测控系统 V6.0、爱华盈通智能出入库管理系统软件 V6.0、爱华盈通智能通风管理系统 V6.0 等 7 项软件产品。

种植业数字化软件产品。主要有科盛伟业无人机控制系统 V1.0。

（二） 新疆农业数字化科技支撑和创新能力存在的问题

1. 以企业为主体产学研用深度融合的农业数字化创新体系尚未建立

从我区农业数字化科技支撑机构现状来看，长板是高校、农业研究机构和农业科技推广应用体系较为完善，并建立了一批农业数字化重点实验室、工程技术研究中心等科研平台，在农业数字化理论研究、技术开发等方面做了大量工作；短板是有实力、影响力大的农业龙头企业数量少、规模小，企业数字化转型存在人才、技术、资金等多方面制约因素，专注于农业数字化、智慧农业发展的信息技术企业数量少（仅有 17 家），且普遍规模较小，技术创新能力不高，研发投入有限，难以针对产业链长、作业复杂、标准化低、生产周期长的农业生产，研究开发通用性数字化、智能化产品，大多数企业主要通过定制开发、系统集成、运维服务等方式参与农业数字化建设，往往回报率较低、投入产出比不高，制约了这些企业的发展。我区以企业为主体、产学研用深度融合的农业数字化创新体系尚未建立，高校、科研机构和企业在农业数字化创新发展方面结合不够紧密，理论创新、技术创新与产品创新脱节，成果转移、转化滞后，农业数字化科技与产业“两张皮”问题还十分突出，数字技术理论创新与农业数字化生产实践相脱离的问题亟待解决。

2. 科技资源投入不够均衡，产业主体得到的农业数字化科技支持偏少

近 3 年自治区科技重大专项支持的农业数字化项目主要有新疆优势农畜产品质量安全预警技术及多级追溯体系研发（新疆农业科学院）、农场数字化及智能化关键技术研究（新疆农业大学）、基于群体协同的智慧农场关键技术与智能装备研发（新疆大学）、新疆现代化灌区绿色高效用水技术研究与集成应用（克拉玛依绿成农业开发有限责任公司）、棉花智能加工关键技术及装备研发（奎屯银力棉油机械有限公司）、棉花加工质量提升及装

备智能化关键技术研发(新疆利华(集团)股份有限公司)共计 6 个项目、29 个课题,其中,6 个项目由高校研究院所和企业各承担 3 项,29 个课题中高校研究院所承担 20 项,企业仅承担 9 项,不足三分之一,且集中在棉花智能加工装备研制项目上。

近三年自治区科技重点研发计划支持的农业数字化项目主要有智慧农田精准灌溉施肥技术与装备研究(新疆农业大学)、面向空一天遥感大数据的棉粮作物精准估产关键技术与应用研究(新疆大学)、基于水力信号的自动化灌溉系统研发(新疆联创新海鸿信息技术有限公司)、自走式多功能智能化残膜回收装备关键核心技术研发(新疆农业科学院农业机械化研究所)、北疆牧区肉羊营养调控及精准饲喂智能化关键技术研究(新疆畜牧科学院饲料研究所)、设施蔬菜种苗智能化高质量繁育关键技术研发(新疆东鲁水控农业发展有限公司)、基于大数据的畜禽疫病智能监测与防控系统研发(新疆七色花信息科技有限公司)、农机装备智能远程运维关键技术研发(新疆新研牧神科技有限公司、新疆大学)等 8 个项目 21 个课题。其中,8 个项目由高校和科研院所承担 4 个半,企业承担 3 个半,21 个课题中高校和科研院所承担 16 项,企业承担仅 5 项,不足四分之一。

在一些产学研合作共同承担的重大、重点农业数字化科技项目中,各方在课题设置、技术产品研究开发中还存在不协调、不融合等问题,高校、研究院所承担的理论性、基础性技术研究课题,与企业承担的数字化产品研制和产业化推广课题脱节,高校院所的理论和技术成果不能够很好地支撑产品研制,企业产业化推广不能很好地应用高校院所的研究成果,严重影响了科研经费应有的绩效。

3. 农业数字化科技成果转化能力弱,形成的拳头产品少

由于我区以企业为主体产学研用深度融合的农业数字化创新体系建设滞后,近年来我区大部分农业数字化相关项目和课题主要由高校和科研院所承担,这些项目也取得了一批科技成果,以新疆农业大学为主研究的农村信息化及智慧农业关键技术研发与应用和以新疆师范大学为主研究的新疆草原蝗虫暴发机理及监测预警技术研发与推广应用项目还获得了自治区科技进步奖一等奖,但这些成果基本没有形成农业数字化产品,在近 5 年登记的 65 项农业数字化相关软件产品中没有一项是由这些科研项目产生的,更不用说形成拳头产品了。高校承担的农业数字化项目和课题,大多偏重理论和技术研究,考核指标也主要是论文、专利和人才培养数量等,基本没有产业化和经济效益指标,因此产业化的压力比较小,研究成果难以形成产品,推广应用的难度也就更大。科技资金四两拨千斤的作用没有充分发挥,往往是项目验收基本意味着资金效益的结束,缺乏企业和专业化机构进行科技成果孵化、转化落地,由财政资金投入而产出的科技项目成果进入市场竞争仍存在距离。

另外,企业开展的农业数字化研究项目虽然更加注重产品的形成和产业化推广,但大多存在人才、技术储备不足,把握农业数字化、智慧农业技术前沿不够准确,项目及产品理论、技术高度不够,创新性不强、含金量不高,很难形成具有很强市场竞争力的拳头产品。近年来,我区只有中铁重工新疆有限责任公司研制生产的自走式六行智能采棉机获得中

国好设计金奖，形成采棉机拳头产品，在新疆乃至全国机采棉市场占据了较大市场份额。

4. 农业数字化同质化研究现象严重，支撑能力不平衡

我区各高校涉农学科设置差别不大，在农业数字化领域开展的研究趋同，与自治区农业研究机构在农业数字化研究方面大量重叠、交叉，很大一部分力量集中在了农情大数据、农产品溯源大数据、智慧灌溉技术等领域，不少项目在不同部门机构、不同时期重复立项反复研究，却没有形成有较大市场影响力、经济效益显著的产品或平台，对农业数字化转型的支撑作用不明显。

信息技术企业面向社会需要，研发了农产品质量安全类软件产品 20 项，农业数字化管理类软件产品 13 项，农田水利数字化软件产品 9 项，农产品流通类软件产品 8 项，畜牧业管理数字化软件产品 7 项，农产品加工数字化软件产品 7 项，而支撑种植业、养殖业生产数字化的软件产品仅有 1 项。一方面，这些农业数字化产品存在大量低水平重复开发，特别是在质量溯源、大数据管理、数字灌溉等领域尤为严重，除新疆七色花信息科技有限公司等相关产品和平台在农业、畜牧业得到规模化推广应用外，其他产品市场占有率普遍不高。另一方面，这些农业数字化产品结构很不合理，主要服务于政府侧，偏重于农业经济管理和农产品市场监管，在这些方面供给过剩、竞争激烈；而直接服务于农业经济主体，支撑种植业、养殖(畜牧)业、林果业数字化生产、储运、加工、流通的技术和产品比较少，产品或平台普遍科技含量低，通用性、适用性差，迭代升级速度缓慢，难以满足农业产业化企业、合作社、家庭农场(牧场)、农牧民个体等各类经济主体数字化需要，尚不能对农业经济主体数字化转型提供有效支撑。

三、加强新疆农业数字化科技支撑和创新能力建设的主要任务

针对我区直接支撑农业生产的数字化技术、产品创新能力薄弱，数字技术、数字装备体系不完善，缺乏技术含量高、通用性好、市场竞争力强的拳头产品，缺乏面向特定农业生产场景较为完整的数字化智能化技术、产品、装备、平台集成解决方案的情况，应着力加强农业生产全产业链数字化创新与应用，其主要数字化需求如图 5－3 所示。

(一) 强化农机数字化装备的研究开发

1. 研究开发数字种植机械

围绕绿色化、高效化、智能化的发展要求，面向我区棉花、小麦、玉米、番茄、辣椒等种植机械优势领域，锻收获机械长板，补栽种、植保机械短板，填补林果机械空白，重点研究柴电混合动力、纯电动、氢能动力、甲烷动力等在自走式农机装备中应用的关键技术，研究高效驱动与传动、动力输出、能量智能管理，以及与作业机具、功能部件的协调控制等新型

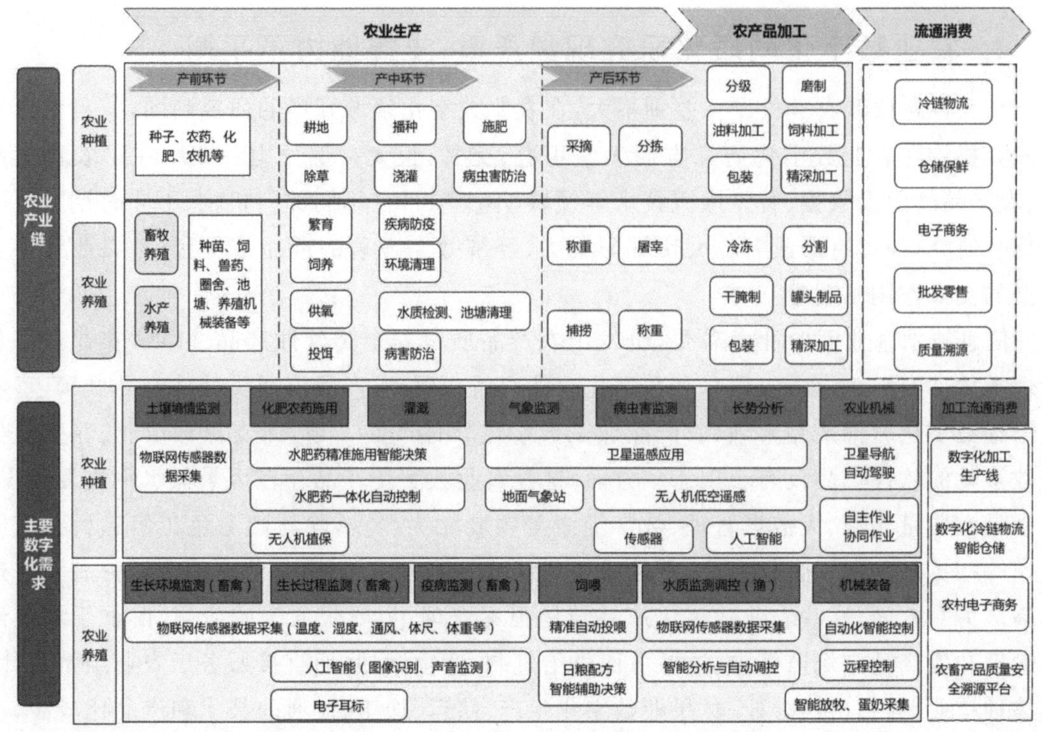

图 5-3　农业全产业链主要数字化需求

动力系统关键技术，研究自走式农机装备动力系统、行走与动力输出、作业部件及功能部件、作业质量、自主作业等总线控制技术，创制新型高效动力系统和智能控制单元，研究场景构建、环境识别、路径规划、自主避障、机群协同等无人化作业共性关键技术，研究机器作业工况在线感知、收获作业优化调控等技术与系统，集成创制土地精整、物料加装、种肥播施、农药精施、自主喷灌、高效精准采收与转运等智能化农机装备。

2. 研究开发数字养殖(畜牧)机械

面向猪、牛、羊、鸡等畜禽养殖，重点研制数字化、智能化饲料投喂装备，通用型智能化环境感知与通风、控温装备，数字化畜禽粪便高效清除、无害化处理、综合利用装备，智能化禽苗孵化装备，数字化疫病监测及疫苗接种准备。在畜牧业领域，重点突破豆科牧草种子高效采集、高速低扰动多品种混播补播、多年生饲草料作物机械化建植复壮、有序输送与高质量切制、自适应保质收获、品质营养保全处理等关键技术，研发饲草精细播种、仿形平茬与切割、高秆饲草料高通量切割输送、高质切碎和籽粒破碎、自适应抛送、全程作业质量在线测控等智能化关键装置，创制饲草饲料种子采收、高效建植、营养保全等全程智能作业装备。

3. 研究开发肥药智能作业装备

重点研究肥药施用靶标识别定位、肥药对靶施用控制、药液漂移防控、肥料位置精准投放控制、水肥药一体化实施控制等关键技术，研制变量喷头、自清洁过滤、在线混药/肥、风送风力调控机构、穴施肥机构、喷头堵塞报警、排肥故障报警等核心部件，研发基于靶标定位识别精准施用控制、作业质量监测、作业场景智能识别和自主行走作业等系统，创制大型地面高地隙智能高效喷药机、田间大株距作物对靶施肥机、露地蔬菜肥药精准喷施装备、宜机化果园智能对靶喷药机、宜机化果园穴式变量施肥机等智能装备。

4. 研究开发智慧灌溉设备

开展基于多种作物生长信息监测与检测决策支持系统的精准灌溉施肥决策技术、模式与软件开发；液体肥沉淀结晶颗粒形成机理及其影响因素研究。攻克我区在农业传感器试验与标定、农业生产复杂场景信息获取整体技术解决方案；单一灌溉施肥决策模型到结合作物耗水预测模型、降水预测模型及作物最优灌溉施肥决策模型的综合性精准灌溉施肥决策系统搭建；结合实时监测农田状态信息及气象参数的自适应精准灌溉施肥控制系统等方面存在的难点问题，取得农业传感器设备研发、精准灌溉施肥决策及控制系统构建的方法体系和产品创新。开发新型悬浮剂、分散剂、抑制剂等添加剂，研制高悬浮稳定性液体肥新产品、生产工艺和装置设备，实现液体肥新产品的量产和规模化推广。

5. 研究开发数字化农产品初加工机械

利用太阳能、空气能等清洁能源技术和数字化技术，研发快速预冷、节能干燥、绿色储藏、低温压榨、高效去皮脱壳、清洁分等分级及畜禽屠宰、冷链物流等关键技术与数字化装备。围绕果蔬、畜禽、水产品等鲜活农产品保质增值，发展预冷、保鲜、冷冻、清洗、分级、分割、包装等初加工机械。围绕粮食、油料、棉花等耐储农产品减损增效，发展脱壳、清选、烘干、储藏和膨化保鲜等数字化加工机械。发展“互联网＋初加工机械化”，推动生产主体进行设施与装备数字化、智能化升级改造，推进农产品初加工机械化与信息化、智能化融合发展。

（二） 加强农业生产数字智能感知技术的研发

1. 研究开发卫星—无人机遥感技术

重点研究关键农情参数（苗情质量、物候期、植株养分和水分、色素、叶面积指数、生物量、成熟度、产量、品质、灾情、收获指数等）高分遥感机理模型与定量解析技术；研究复杂场景下全口径田块边界、农作物空间分布、播收进度等智能识别与高精度制图技术；研发作物长势遥感信息与农学模型耦合的地块级农作物高精度产量品质测报技术；研发农情信息田间原位传感测量与无人机低空遥感高效感知技术。

2. 研究开发新型传感器和智能感知技术

研究田间作物生命信息原位无损感知机理，设计和制备适合新疆特色优势作物（小麦、棉花）的柔性传感器，实现作物关键生理参数（叶面温度、叶面湿度、生长率、植物茎流等）的原位、无损感知。研制高可靠低成本土壤温湿度、土壤养分（氮、磷、钾）、二氧化碳浓度等传感器，研究基于图像识别、人工视觉的病虫草害、作物苗情智能感知等技术。

（三） 加快种植业数字技术集成与应用

围绕小麦、玉米、棉花、蔬菜、水果等生产全过程，重点构建天空地一体化观测体系，大力推广遥感技术在墒情、苗情、长势、病虫害、轮作休耕、产量监测等方面的应用，配套建设田间综合监测站点、物联网测控系统，实现生长环境和作物本体的实时数据采集；广泛应用数字化、智能化精准耕整地、智能催芽育秧、水肥一体化、精量播种、养分自动管理、智能施药施肥、农情自动监测、精准收获等数字化设备设施，建设农业生产过程智能化管理系统，实现高精度自动作业。

（四） 大力推进畜牧业数字技术集成与应用

围绕猪、牛、羊、鸡等畜禽养殖，重点开发自动化精准环境控制系统，改造升级畜禽圈舍通风、温控、空气过滤和环境监测等设施设备，实现饲养环境自动调节；开发建设数字化精准饲喂管理系统，配置电子识别、自动称量、精准上料、自动饮水等设备，实现精准饲喂与分级管理；改造产品收集系统，实现集蛋、挤奶、包装自动化；改造畜禽粪便清理系统，实现自动清理；开发建设畜禽疫病监测预警系统，实现对动物疫病的预警、诊断和防控；开发建设繁殖育种数字化管理系统，配置动物发情智能监测装备，构建种畜遗传评估系统，提高种畜繁殖效率。

（五） 大力推进设施农业数字技术集成与经营

重点开发建设工厂化育苗系统，构建集约化种苗生产信息管理系统，实现育苗全程智能化管理；开发建设环境监测控制系统和生产过程管理系统，配置自动气象站、环境传感器、视频监控、环境控制、水肥药综合管理等设施设备，研发相关管理系统，开展病虫害自动监测预警、生产加工过程管理、专家远程服务，实现智能化生产；开发建设产品质量安全监控系统，实现生产全程监控和产品质量可追溯；建设采后商品化处理系统，对清洗、分级、包装等设备实施智能化改造，提升采后处理全程自动化水平。

（六） 推进渔业数字技术集成与应用

围绕淡水鱼、虾、蟹等养殖，重点开发建设在线环境监测系统，配置水质检测、气象站、视频监控等监测设备，实现大气和水体环境的实时监控；按照湖泊、水库、池塘、工厂化和网箱养殖等不同类型，进行适宜的信息化改造，配置水下视觉、饵料自动精准投喂、水产类病害监测预警、循环水处理和控制、网箱升降控制等信息技术和装备，配置便携式生产移动管理终端，提升水产养殖的机械化、自动化、智能化水平；构建鱼病远程诊断系统和质量安全可追溯系统，推广应用品质与药残检测、病害检测等数字化设备。

四、加强新疆农业数字化科技支撑和创新能力建设的对策建议

（一） 强化农业数字化发展的顶层设计，建立稳定的财政投入机制

制定出台《新疆农业数字化发展实施意见》，将农业数字化纳入乡村振兴、农业科技发展的考核体系；紧紧围绕区域发展实际和优势，制定市、县域农业数字化农村发展行动计划、实施方案，与数字乡村建设同步发展、有机融合。创新政府引导、市场主导、社会参与的协同推进机制，把数字化深度融入农业全产业链各环节、各领域。

整合各级各类农业数字化建设资金，采取以奖代补、先建后补、贷款贴息等方式鼓励社会资本投入农业数字化建设，建议财政引导成立“省级农业数字化发展基金”，引导社会力量、工商资本、金融资本投入农业数字化科技创新与建设。加大科技资金对农业数字化关键共性技术研究和重大装备研制的支持力度，不断提高农业数字化科技创新能力。加大科技资金对农业数字化新模式、新业态的支持力度，创建一批数字农场、牧场、养殖场和果园等智能应用新场景。加大科技资金对农业数字化新型研发机构、产业发展联盟的支持力度，持续提高农业数字化创新发展能力。

（二） 加快构建以企业为主体、产学研用深度融合的农业数字化创新体系

支持农业产业化龙头企业联合高等院校、科研院所和行业上下游企业共建农业数字化创新中心，承担国家、自治区农业数字化科技项目，以种植业、养殖业、林果业、农产品加工业数字化转型重大需求为牵引，打造新型共性技术平台，突破跨行业跨领域数字化关键共性技术和装备，集成应用数字技术、产品、装备和平台，构建一批农业数字化应用场景，引领带动全疆农业数字化、智慧农业健康发展。支持信息技术骨干企业联合高等院校、科研院所创建工程技术研究中心、重点实验室、产业技术研究院等农业数字化新型研发机构，围绕农业生产数字化重大需求，突破一批数字化智能化关键技术，研制一批农业数字化拳头产品。支持装备制造企业与高等院校、科研院所联合攻关。支持中小 IT 企业和传统农技推广服务机构不断提高农业数字化创新服务能力，构建起较为完善的农业数字化科技服务体系。

(三) 设立数字农业重大科技专项，加强数字农业科技创新持续投入

构建技术攻关、装备研发和系统集成创新平台，重点支持数字农业科技攻关，积极推动成熟技术推广应用。加强精准感知和数据采集技术创新，构建“天空地”一体化的农业农村信息采集技术体系，开展数据采集、输入、汇总、应用、管理技术的研究，提升原始数据获取和处理能力。重点是突破无人机农业应用的共性关键技术，攻克农业生产环境和动植物生理体征专用传感器；研发农业农村大数据管理平台，突破“集中＋分布式”农业农村资源资产一体化云架构、数据安全等关键技术。加强数据挖掘与智能诊断技术创新，构建农业大数据智能处理与分析技术体系。重点开展共性关键技术攻关，集成农学知识与模型、计算机视觉、深度学习等方法，研发动植物生产监测、识别、诊断、模拟与调控的专有模型和算法，实现农业生产全要素、全过程的数字化、智能化诊断；围绕农村数字化服务，加强农业农村数据资源关联挖掘、智能检索、智能匹配与深度学习等关键技术研发。加强智能装备自主研发能力，重点突破农业机器人、数控喷药、智能检测、智能搬运、智能采摘、果蔬产品分级分选智能装备；进行数字农业标准规范研制，建立数据标准、数据接入与服务、软硬件接口等标准规范。

(四) 加强国家、自治区农业数字化科研平台与示范基地建设

加大国家、自治区农业数字化相关重点实验室、工程中心等科研平台建设力度，依托国家、自治区平台建立完善首席科学家制度，实行目标考核制并给予长期稳定资金支持，促进科技要素的有效聚合，提升农业数字化原始创新能力。建立产学研合作的长效机制，引导科研机构、高等院校、企业等单位开展农业数字化关键技术的研发和应用，加大对科研成果的认定和推广力度，加快农业数字化成果转化应用。

建立区地县三级农业数字化培训示范基地。以乡村振兴为引领，依托现有培训基地，围绕农业数字化构建覆盖全疆的培训体系。推进物联网、大数据、人工智能等现代数字技术在设施农业、智能农机、节水灌溉、农业植保等方面的集成应用，打造涵盖林果园艺、畜禽养殖和特色种植的具有国内先进技术水平的农业数字化培训示范基地。对自治区各级各类农业管理人员、科技人员常态化开展农业数字化科技培训。

(五) 加大农业数字化人才培养力度，充实加强现有农业科技机构支撑能力

为适应农业数字化发展的要求，加快提升农业数字化科技支撑和创新能力，应在高等农业院校及农业高职高专学校增设农业数字化相关专业，特别是增设农业数字化相关学科博士学位授权点和硕士学位授予点，以培养农业数字化方面的高级人才和领军人才。支持高校农业数字化、智慧农业相关学科建设，在人才引进、学科建设、招生就业方面加大

支持力度。鼓励引导有条件的高校积极开设农业数字化相关专业，并在专业审批、招生计划等方面给予政策倾斜。

进一步扩大农业数字化相关专业的招生规模，特别是农业高职高专应加大农业数字化技能型人才的培养，为农业第一线输送更多的知识更新快、创新有基础、动手能力强、留得住用得起的专业人才，同时应在所有的农科专业增设农业数字化相关的基础课程，从学校就开始培养既懂农业专科知识又有一定农业数字化基础知识的符合性人才。加大对“农业＋信息技术”复合型人才的培养培训力度，加快从高校毕业生中定向招录农业信息化方向的人才从事农业数字管理工作，配套人才下乡保障政策。

在现有的农业科研院所、农业新型研发机构、农业科技推广机构等增设数字技术融合应用部门、吸引数字技术相关人员，开展农业数字化相关课题的研究、农业数字化科技成果、产品的推广应用，加大对相关科技人员数字化技能的培训，增强农业技术专家应用数字技术的能力和融合创新能力。

(六) 加快农业大数据公共服务体系建设，加大农业数字化领域对外交流合作

建立自治区级农业大数据服务中心，负责新疆农业大数据发展总体规划、全面负责农业大数据建设开发、运行管理和社会化服务等工作，推进农业大数据标准体系建设，强化农业大数据统一管理，推动大数据创新应用。建立农业大数据共建共享机制、深挖数据资产价值，推进农业数字资源优化配置和深化应用，构建农业大数据公共服务体系，实现政府农业大数据的开放共享，为不同区域的各个细分专业提供个性化大数据服务。

充分利用对口援疆、高层次人才引进、项目合作、学术交流等机制，引进吸收先进技术成果，进行本地化改进和成果转化。围绕农业数字化领域，设置联合基金，增加国际合作项目渠道，促进我区科研机构、企业加强与国内外同行的交流合作。

五、典型案例：七色花信息科技有限公司农业数字化创新之路

(一) 企业概况

新疆七色花信息科技有限公司成立于 2012 年，位于新疆克拉玛依市，是一家专注于农牧业信息化的高新技术企业。公司始终将“自主研发”作为生存和发展的核心，坚持“助力客户，成就自己”的创业理念，通过创新高效的产品和服务成就客户，赢得客户信赖与长期合作，用专业与技术的结合推动农牧行业的整体进步。公司自主研发的肉品溯源系统、无纸化防疫系统、种畜禽管理系统、动物检疫电子出证系统、品种改良系统、畜牧兽医大数据平台、智慧林果系统、农经通管理系统、农业大数据平台等十余项农牧业应用软件已在全疆范围内成功应用。

公司长期以科技创新为核心驱动力，与石河子大学、新疆农业大学、新疆畜牧科学院等多所科研院校建立了长期产学研合作关系，是石河子大学教学实习基地、中国畜牧业协会信息分会理事单位。目前，公司已获得了高新技术企业、信息系统建设与服务能力评估二级(CS2)、双软企业、专精特新企业等多项资质，通过了 ISO 9001 质量管理体系、ISO 14001 环境管理体系、ISO 45001 职业健康安全管理体系、ISO/IEC 20000 信息技术服务管理体系、ISO/IEC 27001 信息安全管理体系认证，拥有国家发明专利 1 项、实用新型专利 4 项、软件著作权 37 项及注册商标 3 项。

公司核心产品"畜牧兽医大数据平台"及其子系统现已在新疆 14 个地州和新疆生产建设兵团全面推广应用，并在四川、云南、吉林等多个省市展开试点应用，入选了 2020 年工信部企业上云典型案例。平台的应用受到了从基层到自治区各级用户及领导的欢迎，同时也得到了农业农村部领导的高度认可。农业农村部于康震副部长、国家首席兽医师李金祥给予了高度好评，并做了专门批示，人民日报社、农民日报社等央媒评论"新疆动物检疫防疫进入大数据时代"。

(二) 数字化进程

2016 年是"十三五"开局之年，七色花信息科技有限公司推出了"新疆种畜禽信息系统"，将良种繁育技术与信息技术相结合，面向良种繁育中心、良种场等单位提供基于互联网的信息化管理工具；2017 年，完成了"无纸化防疫系统"研发，并在克拉玛依市党委、政府的支持下在克拉玛依市展开试点；2018 年，试点运行完成，通过系统试点为系统优化提供了应用验证，同时也证明了该系统能有效降低防疫员工的工作强度，提高数据统计时效性和准确性；2019 年，公司用"无纸化防疫系统"项目参加创新创业大赛并进入自治区行业赛，通过比赛打开了新思路，也使项目打响了知名度；2020 年，公司在自治区牧业信息中心指导下研发"新疆畜牧兽医大数据平台"，推动种畜禽系统、无纸化防疫系统在自治区范围内进行推广应用。如今，公司的畜牧兽医大数据服务已实现全疆动物防疫、检疫、流通、育种等领域的全覆盖，在新疆的成功模式正走出新疆，辐射全国。

(三) 数字化成效

2019 年至今，新疆畜牧兽医大数据平台共管理养殖户 204.1566 万户，村级防疫员及管理员 1.3 万余人，基层检疫人员及管理员 5100 余人，形成防疫数据记录 6800 余万条；检疫出疆动物 2 亿余万头/只/羽，开具各类动物检疫合格证明 700 余万张。同时，平台实现了与农业农村部动物防疫数据中心的对接，获取全国各省市来疆动物检疫合格证明(A 证)数据 16 万余条，检疫来疆动物 4.5 亿头/只/羽，获取来疆动物产品检疫合格证明(A 证)数据 4 万余条，来疆动物产品 67 万余吨。

随着各类信息系统的推广应用，新疆畜牧产业数字化监管得到迅速发展，以动物卫生监管、疫病防控为核心的数字化监管已从探索走向常态，并逐步成为推动自治区畜牧业高质量发展的强劲动力。

1. 促进了动物卫生监督工作模式的转变

项目在原有业务流程基础上引入了新技术、新理念，增加了主体备案、车辆备案、电子出证绑定等功能，可有效防止跨区开具检疫证、车辆未备案开具检疫证的情况；优化了检疫数据统计、汇总、查询、分析功能，便于各地开展畜牧业生产情况统计分析；完善了检疫证到达状态模块，便于基层实时掌握跨省跨区域调运畜禽情况；打通了动物检疫合格证之间、动物及动物产品检疫合格证之间的关联，为畜产品质量安全追溯工作奠定了基础。

2. 增强了各责任主体意识

实现基于大数据的实时记录、实时监督后，不仅降低了基层工作人员的数据填报、统计工作量，也使他们的责任意识、数据意识得到了进一步增强，各级管理人员对业务系统采集的数据更加敏感，并能主动对系统数据进行分析、应用。

3. 推进市场流通产品可追溯体系的发展

畜产品的质量安全追溯要求数据的实时性、可靠性，随着信息系统应用的不断推进、数据资源不断丰富和数据质量不断提高，基本实现了动物及动物产品流通动态数据的实时推送，监管末端已成功触达养殖单位，车辆调运也实现了线路监管，为实现畜产品质量安全追溯打下了坚实的基础。

4. 初步实现了大数据资源应用

在目前的数据资源基础上，进行了大数据分析应用探索，初步实现全区实时存栏、屠宰运行、动物流向、检查站运行、稳产保供等情况的动态展示。通过大数据分析，已初步实现刻意躲避公路检查站、没有到达指定屠宰场、没有落地监管等违规调运情况的自动筛查推送，变事后办案为主动监管。

（四） 数字化做法

畜牧产业数字化任重道远，七色花信息科技有限公司当前的一些做法主要集中在基础数据获取、动物卫生监管、数据应用等方面，也取得了一些成果。在实施中，主要是要将信息技术落地，满足专业化、轻量化、便捷化等要求，业务应用和工作实际紧密联系，只有这样才能完成大范围推广应用，才能体现信息技术在本行业的精准应用。下面主要就一些实际做法进行阐述：

1. 产业数字化要重视基层业务系统应用

实施新疆种畜禽系统、无纸化防疫系统等业务系统的开始阶段，基层使用人员对信息系统非常抵触，在初期非常不利于系统推广。根据实践经验，公司认为应在系统设计和研发阶段充分重视用户原有业务流程和作业习惯，在尽最大可能不改变原有习惯的前提下实现系统应用。在手机端 App 架构方面，公司选择了用户面更广、灵活性更强的微信小程序，其不安装、即用即走的特性更好地贴合了广大基层用户的实际需求。为满足基层用户国语较差的实际情况，公司开发了国语为主的多民族语言辅助系统，进一步保障系统适用性。

2. 基层工作人员的业务素养是重要基础

基层工作人员作为监管业务的一线执行人员，也是数据资源的关键来源，他们的业务素养是整个产业数字化的关键。随着信息系统的广泛应用，基层工作人员既要具备业务能力，还要具备信息系统操作能力以及数据应用能力，这就要求基层工作人员成为复合型人才。为应对这样的要求，公司充分重视对前线人员的培训，保证全自治区每年 2 次的固定培训，也针对不同系统对业务人员展开专项培训，通过实施培训提升整体基层业务人员的业务素养、信息素养和数据素养。

3. 产业数据是行业的重要资产之一

在畜牧行业监管过程中会产生大量的动态数据，随着平台的持续应用，这些数据资源会越来越丰富，通过大数据分析技术的应用可以将这些数据资源进行深度挖掘，从中发现新知识、创造新价值，为畜牧产业高质量发展提供新动能。也正因为如此，公司认为，目前平台产生的大数据资源已经成为自治区畜牧行业的重要资产之一。公司也充分重视这些数据资源的安全，不仅强化了数据备份，更为所有系统的信息安全、数据安全提供了强有力的保障措施，并通过各类安全评测进一步强化安全体系。

(五) 总结四点经验

① 要能解决实际问题，不能一味讲概念、画饼子。

② 要多方受益。通过技术创新，让用户、客户、监管方、产业都能受益。

③ 要接地气。系统要足够好用、足够接地气。

④ 学习掌握国家政策，积极争取项目，项目产品化，产品服务化。

第六章　新疆服务业数字化发展科技支撑和创新能力研究分报告

服务业数字化是产业数字化转型最快、数字经济占比最高的部分。从我区产业数字化来看，服务业数字化转型步伐加快，电子商务正迈向高质量发展的新阶段，网上外卖、在线办公、在线医疗、在线教育、网络视频等数字服务蓬勃发展，数字金融、数字支付体系日益完善，智慧物流、数字交通对实体经济支撑能力不断提高，智慧卫生健康、数字文化旅游、网络教育拓展了人民群众美好生活新空间，数字服务业对数字经济发展的支撑作用不断增强。

但与发达地区相比，我区服务业数字化与中东部省市差距不断扩大，服务业数字经济规模小、占比低，数字化发展的科技支撑基础较为薄弱，服务模式创新、服务业态创新不足，缺乏有影响力的服务品牌和数字化平台，尚未形成创新驱动服务业数字化转型发展的格局，迫切需要提高新疆服务业数字化发展科技支撑和创新能力。

一、新疆服务业数字化发展现状

服务业覆盖面很广，包括了流通部门、为生产和生活服务的部门、为提高科学文化水平和居民素质服务的部门、公共管理部门等，本章研究的重点是数字经济占比较大的电子商务、数字物流、数字金融、数字交通运输、数字卫生健康、数字文化旅游、数字教育等重点领域。

(一)　电子商务快速发展

1. 总体情况

新疆电子商务发展迅速。2021 年，全区电子商务交易额达到 2604.6 亿元，同比增长 17.1%。其中，占比前七名的地州市分别为：乌鲁木齐市、巴音郭楞蒙古自治州、阿克苏地区、昌吉回族自治州、伊犁州、喀什地区、和田地区。这 7 个地州市的交易额合计占全疆电子商务交易额的 86.0%，而乌鲁木齐市占比近六成。全疆网络零售额实现 509.6 亿元，同比增长 22.3%，较全国高出 6.6 个百分点，较电子商务交易额高出 5.2 个百分点，在全国占比 0.4%。实物型网络零售额和服务型网络零售额分别实现 358.2 亿元、151.4 亿元，在网络零售额中分别占比 70.3%、29.7%。食品保健在实物型网络零售额占比 62.1%，排名居第 1 位，以“一果倾城旗舰店”“金品成食品旗舰店”为代表的网商线上销售能力较强。服务型网络零售领域在线餐饮、在线旅游、生活服务、休闲娱乐占据总量的 90%以上，其中餐饮品线上团购、外卖销售最为火爆，带动在线餐饮 92.1 亿元，在线旅游、生活服务、休闲娱乐分别实现网络销售 27.3 亿元、19.83 亿元、4.9 亿元。

2. 农村电子商务发展迅速

农村电子商务快速发展，新疆共计 57 个县市获批为国家电子商务进农村综合示范县，各示范县普遍建立起涵盖县(市)电子商务服务中心(产业园)、乡镇电子商务服务站、村级电子商务服务点的三级农村电商服务体系，初步打通农村快递物流“最后一千米”。农村电子商务推进“工业品下行、农产品上行”的作用日益显著，2021 年农村网络零售额实现 241.4 亿元，同比增长 41.6%。其中昌吉市、库尔勒市、阿克苏市农村网络零售额依次为 40.71 亿元、29.7 亿元、25.5 亿元，位居全疆前列。地产农产品网络零售额 153.0 亿元，其中水果、坚果、草药分别实现网络零售 92.1 亿元、27.2 亿元、10.9 亿元，位居农产品网络零售前三。

3. 直播电商开始起步

直播电商发展开始起步，2021 年实现交易额 29.3 亿元。在全疆 57 个电子商务进农村综合示范县中，开设直播基地的示范县有 54 个，直播基地合作的主要平台依次为抖音、淘宝、快手，其次是京东、拼多多、唯品会等，全疆在快手、抖音平台直播交易额(GMV)超过 10 万元的直播带货主播共计 182 位，其中抖音平台 80 位，快手平台 102 位。

4. 跨境电商开始启动

跨境电商开始启动，已设立乌鲁木齐、喀什、阿拉山口三个国家级跨境电子商务综合试验区。初步形成以乌鲁木齐跨境电商综合试验区为引领，各口岸跨境电商错位发展的雁阵模式。截至目前，新疆已实现跨境电商直购进口(9610)、一般出口(0110)、网购保税进口(1210、1239)、企业对企业直接出口(9710)、出口海外仓(9810)全部业务模式落地。乌鲁木齐、喀什等地已开行 5 列跨境电商班列，目的地包括莫斯科、布达佩斯、阿拉木图、塔什干等“一带一路”沿线城市。2020 年 5 月，乌鲁木齐跨境电商综合试验区公共服务平台上线运营，“1210 网购保税”进口业务内测成功，成为国家批准设立的第五批 46 家跨境电商综合试验区中首家完成“1210”业务开通并成功实现交易的综试区。2020 年 10 月，新疆跨境电商一站式购物平台——西大门线上商城正式上线运营，结束了新疆消费者海淘慢的难题。西大门线上商城是由新疆丝路西大门科技有限公司运营管理，商品种类分为网购保税“1210”商品(保税备货模式，所有进口商品备货在乌鲁木齐综合保税区跨境电商监管中心，极大地缩短了发货周期)、一般贸易商品、新疆特色产品等，依托中欧班列(乌鲁木齐)集结中心、航空货运中转中心、国际公路运输系统，面向中亚五国和中东欧，打造跨境电子商务产业链和生态链。

5. 本地电商平台发展较快

近年来，我区大宗商品交易平台、供应链平台、本地生活服务平台有所发展。安居广厦平台已成为很多乌鲁木齐人买卖房屋的常用平台之一，其服务涉及新房、物业、二手房、家居、家装五大领域，平台入驻楼盘610余个，入驻机构900余家，入驻物业公司730余家，覆盖乌鲁木齐市4000余个小区，注册会员达90万人，日均活跃用户1万人次。

新疆农资交易平台聚焦"互联网＋农业"，将农户协议价格管理、资金支付、销售订单由线下转移到线上，提供结算资金及支付管理、采购及销售订单管理、商机管理、线上库存管理、农业供应链资金闭环管理等服务，实现了从农资供应商、批发商、零售商、门店客户之间的货品与资金流向的全过程数字化，降低了资金成本和资金风险，改变了农业供应链金融业务模式。

中泰智慧供应链平台包括供应链采购平台和供应链营销平台，提供电子合同、业务规范、风险管控等服务，打破了地域限制，把数字化手段渗透到采购活动的各个环节，大大减少了各个环节的交易成本、加速资金的利用和信息的传递，引进基于贸易链条的上下游资源，拓展供应链金融业务，方便供应商和采购商查看相关信息。

金风科技供应链协同平台(SCC)主要实现打通供应链协同平台进行采购需求申请、采购合同管理、合同执行过程管理、供应商开票、付款申请、付款明细查询等端到端流程闭环管理和在线协同。实现采购数据规范化、标准化，确保合规可控，实现数据共享，提高采购作业效率，实现业财一体化目标。通过开展绿色供应链系统建设项目，实现供应商与金风科技在能源使用、环境排放、产品材料等方面的信息资源共享，建立上下游良好的协同绿色生态链条。

百事联城乡一体化电子商务和信息服务平台提供便民缴费、便利金融、信息查询、票务预定、快递收发、旅游服务、维汉双语商城等服务，已经在全疆设立一站式缴费购物电商超市4000多家，在南疆地区设立网点2000多家，服务网点遍布全疆各地。百事联公司正在推进传统门店向智慧化、数字化门店转型升级，通过聚合支付实现线下向线上商城的引流，实现线上线下融合销售。

巴乐外卖平台是全疆第一个支持多语言App、小程序订餐的平台，方便了各族人民群众尤其少数民族的使用，业务已覆盖全疆50%的地区，能够为餐饮等店家、商业企业数字化转型提供技术、流量赋能。

6. 存在的主要问题

一是电子商务规模小，缺乏有影响力的电子商务平台，产业发展集中在价值链低端。2021年，全国电子商务交易额达57.9万亿元，新疆为2604.6亿元，仅占全国比重的0.45%。全国实物型网络零售额实现10.8万亿元，占社会消费品零售总额的比重为24.5%，见图6-1；新疆实物型网络零售额为358.2亿元，占社会消费品零售总额的比重为9.99%，远远低于全国平均水平，见图6-2。除金风科技供应链协同电商平台、新疆棉花交易市场电商平台在国内行业有一定影响力，中泰智慧供应链平台电商平台、新疆安居广厦在新疆区域有一定影响外，其余电商平台层次和影响力都很低，电子商务交易额不大，2021年中国电子商务百强排行榜中没有一个是新疆的电商平台。新疆电子商务产业尚处于价值链的低端，网络零售业主要集中在开网店、直播带货等，服务型网络零售业规模小、主要集中在家政服务等少数低端服务领域，商家、资金、税收、顾客、物流、服务等都流向阿里、京东、抖音、拼多多、美团、携程、58 同城等国内大型电商平台，对本地经济贡献率增长缓慢。

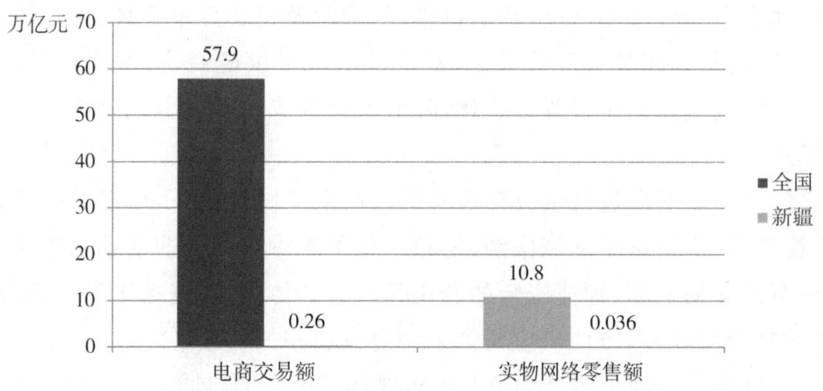

图 6-1 新疆电子商务规模与全国比较

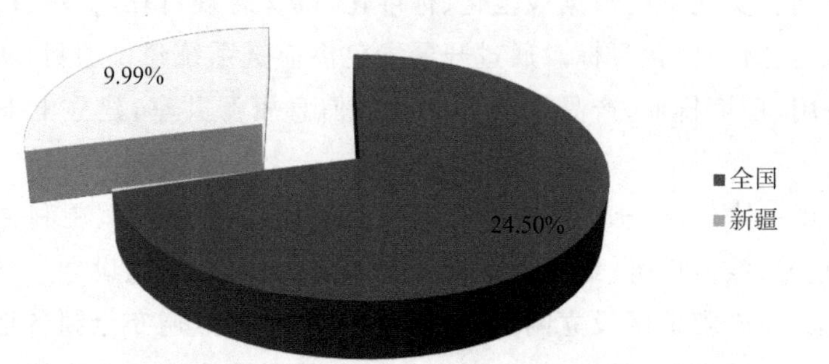

图 6-2 新疆实物网络零售占消费品零售额比重与全国的比较

二是电子商务双循环格局构建缓慢，跨境电商产业链不完善，尚处在发展的萌芽期。"丝路电商"是"一带一路"发展的一张亮丽名片，国内阿里、京东、滴滴出行等电商平台已经深度融入"一带一路"建设，通过海路、航空物流、中欧班列等打通国际物流，大规模建设海外仓，不断扩大"丝路电商"的影响力。新疆虽然占有得天独厚的区位和地理优势，但落后的发展理念、封闭保守的政策措施、受到限制且联通不畅的国际通信网络等，制约了新疆跨境电商的发展，没有很好地利用"丝路电商"品牌和影响力，没有积极融入"一带一路"建设，尚未构建起双循环发展格局。

三是 B2B 电商模式发展滞后，中小企业电子商务应用普及率不高，龙头企业建立的供应链电商平台对行业电商引领带动不够。我区工业电子商务平台数量少、规模小，向数字供应链综合服务平台转型慢，对企业采购、营销、配送、客户服务的支撑作用不明显。中泰化学、金风科技、宝武八钢等行业龙头企业开发建设了有一定影响力的智慧供应链平台，但新疆中小企业加入这些供应链平台的并不多，应用 B2B 电商模式销售和采购物资的比

例不大。

(二) 物流业数字化加快推进

现代物流业是融合运输、仓储、货代、配送、信息、金融等行业的复合型服务业,是支撑国民经济发展的基础性战略性和先导性产业,在保障和畅通国民经济循环、促进形成强大的国内市场、推动经济高质量发展方面发挥着重要作用。

1. 总体情况

近年来,我区物流业综合实力持续增强,物流整体布局进一步优化,国际物流枢纽地位显著提升,物流运行效率有所提高,现代物流在推动丝绸之路经济带核心区建设、创新改善产业组织模式和服务保障城乡生活需求等方面发挥着越来越重要的作用。2021 年,我区货物运输量 8.68 亿吨,货物运输周转量 2334 亿吨千米,其中,铁路货运量 1.86 亿吨,货运周转量 1456.5 亿吨千米;公路货运量 6.82 亿吨,货运周转量 872.6 亿吨千米;民航货运量 17.8 万吨,货运周转量 4.9 亿吨千米,分别见图 6-3 和图 6-4。

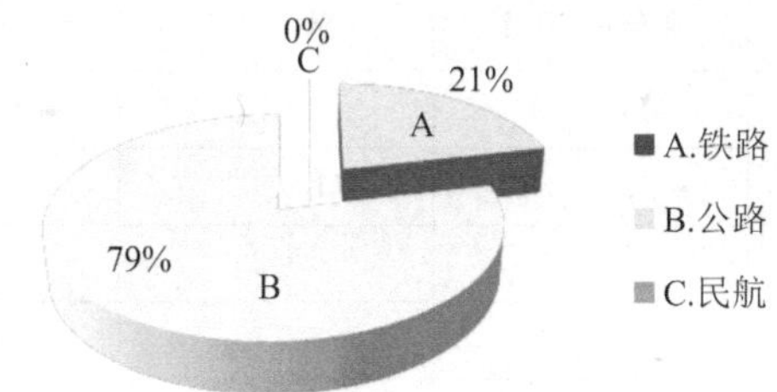

图 6-3 2021 年新疆各种运输方式货运量占比

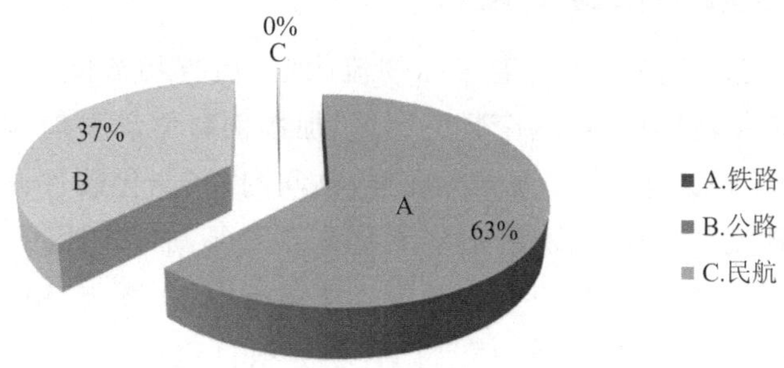

图 6-4 2021 年新疆各种运输方式货运周转量占比

全疆运营、在建及规划的物流园区共计 84 个,乌鲁木齐陆港型、阿拉山口陆上边境口岸型国家物流枢纽入选国家物流枢纽建设名单,昌吉中疆物流园区被评为国家示范物流园区。阿拉山口、霍尔果斯口岸进出境的中欧班列占全国开行总数的 60%以上。冷链物流快速发展,全疆共有冷库约 2800 座,容量约 400 万立方米。大数据、云计算、人工智能、物联网等现代信息技术快速发展和推广应用,为现代物流组织变革和发展模式创新注入了新的活力,聚焦现代物流高质量发展需求,全疆加快推进现代物流数字化、网络化、智慧化赋能，通过绿色物流理念和技术改造传统的物流运作模式，构建智能高效、低碳绿色现代物流体系。新疆交通运输物流公共信息平台、乌鲁木齐中欧班列集拼集运智能场站平台系统等智慧平台建成投入使用。

2. 邮政快递业数字化进程加速

2021年，全疆完成邮政行业业务总量46.18亿元（见表6-1），比上年增长19.63%。邮政业完成邮政函件业务608.20万件，包裹业务28.33万件。快递业务量1.62亿件，比上年增长40.9%；快递业务收入37.63亿元，如表6-1所列。其中，同城业务量累计完成2933.88万件，同比增长28.2%；异地业务量累计完成1.3亿件，同比增长46.4%；国际及港澳台业务量累计完成43.2万件，同比下降75.0%。乌鲁木齐市、昌吉回族自治州、阿克苏地区、巴音郭楞蒙古自治州和伊犁哈萨克自治州（直）快递业务量累计排名前五，分别为1.00亿件、1260.4万件、897.5万件、819.6万件、702.2万件。

表6-1 2017—2021年新疆邮政快递业主要指标完成情况

主要指标	邮政行业业务总量/亿元	邮政函件业务量/万件	包裹业务量/万件	快递业务量/万件	快递业务收入/亿元
2017年	32.52	1468.39	101.7	9042.35	18.95
2018年	38.03	1264.20	100.02	11121.41	23.90
2019年	43.02	843.71	90.26	9902.63	28.05
2020年	45.97	751.86	52.72	11500	30.25
2021年	46.18	608.20	28.33	16200	37.63

3. 物流园区数字化备受重视

自治区重点建设的乌鲁木齐空港国际物流园区、昌吉物流园、吐鲁番物流园区、喀什物流园区、霍尔果斯物流园区等18个物流园区，加快创新驱动发展，由以往的单纯依靠运输、仓储、商贸等传统模式运营，逐渐向大数据、物联网、智能化硬件设备等新型物流转型，并向着“互联网＋物流”“物流＋商贸”等多元化业态发展，加快园区的转型升级。

乌鲁木齐临港国际物流园加快打造全疆智慧物流中枢，顺丰、中通等国内快递电商物流企业正紧锣密鼓地实施智能分拣、信息化管理等项目建设。新疆顺丰丰泰产业园项目将建顺丰西北运营中心、智能分拨研发与应用中心、冷链物流中心、智慧地图开发与包装实验中心等，采用自动化、智能化分拣设备，实现快递分拣高效有序。中通快递新疆智能科技电商快递物流园集智能化快递分拨、快运转运、电商云仓以及冷链仓储等功能于一体，将使中通在疆业务有质和量的大幅提升。

海鸿国际食品物流港、中疆物流昌吉物流货运周转基地、阿克苏商贸物流产业园、喀什远方国际物流产业园被认定为第一批“自治区级示范物流园区”，加快物流园区数字化、智能化建设。海鸿国际食品物流港在农产品分销配送过程中，实现运输数据和全国农产品冷链监控平台对接，冷链可视化操作。园区积极探索发展“线下体验店＋电商＋物流”

和“生鲜食品超市＋餐饮＋电商＋物流”等新零售商业模式，自主研发的新疆食材B2B电商平台“海鸿商城”和“海鸿优选”均已上线，客户不仅可以点击购买新鲜食材，还能享受冷链送货服务。中疆物流昌吉物流货运周转基地、阿克苏商贸物流产业园、喀什远方国际物流产业园，通过数据采集、金融支付、信息化管理、溯源体系构建等，让更多物流信息化、标准化发展的模式落地实施。喀什远方国际物流产业园区搭建的物流信息共享平台，将线下的客户资源集中了起来，将零担托运、货运信息等业务整合，实现对喀什货车调动、货物资源调配的数字化、智能化。

4. 存在的主要问题

一是物流业整体数字化转型缓慢，现代物流高质量发展的支撑能力不足。现代数字技术的快速发展和推广应用，为现代物流组织变革、发展模式创新注入了新的活力。但我区在推进现代物流数字化、网络化、智慧化赋能方面进展缓慢，绿色物流理念尚未建立，智能化立体仓库、数字化智能化物流设备应用尚不普及，缺少大型智慧物流平台，生产、运输、仓储、园区物流信息不畅，智能高效、低碳绿色现代物流体系尚未建立。

二是丝绸之路经济带核心区商贸物流中心建设缓慢，物流业融入“一带一路”发展不够。2014年习近平总书记在新疆考察时强调，新疆在建设丝绸之路经济带中具有不可替代的地位和作用，要抓住这个历史机遇，把自身的区域性对外开放战略融入国家丝绸之路经济带建设、向西开放的总体布局中去。习近平总书记2022年7月考察新疆时再次指出，随着共建“一带一路”深入推进，新疆不再是边远地带，而是一个核心区、一个枢纽地带。新疆在完整准确贯彻落实中央治疆方略方面还存在一定差距，在核心区商贸物流中心建设方面力度不大、成效不够显著，尚不能有效利用丝绸之路经济带现代物流资源和市场；中欧班列过境数量多、本地始发少，国际物流过境量大、本地货源及中转量小，尚没有引进或开发建设丝绸之路经济带有影响力的智慧物流平台，难以发挥新疆国际物流组织枢纽作用。

（三） 金融数字化发展成效突出

1. 金融监管服务数字化水平不断提高

2021年，我区金融业增加值达到1136亿元，占全区GDP比重为7.1%，社会融资规模同比增长12.7%。自治区地方金融监督管理局深入推进“放管服”改革，依托自治区一体化政务服务平台在全区范围内全面推行小额贷款公司、融资担保公司、典当行政务服务事项“一网通办”工作，完善政务服务在线服务成效度、在线办理成熟度、服务事项覆盖度、办事指南准确度等各项工作，共推行小额贷款公司、融资担保公司、典当行等29项政务服务事项标准化，完成小额贷款公司、融资担保公司、典当行机构名录及260个电子证照汇聚，政务服务事项好差评全覆盖。精简了14个事项的申报材料，整体在线办理时限缩短了2天。做到了让办事群众“少跑腿”，让数据“多跑路”，一件事“一网通办”，解决了群众办事难、办事慢、办事繁等问题，提升了政务服务工作质效。

2. 网上银行、手机银行快速普及

中国银行等央行新疆分行，招商银行等行业性银行新疆分行，新疆银行等地方性银行普遍建立了网上银行或手机银行，通过网络渠道为客户提供的全面、高效、安全的综合性银行服务，包括客户银行账户管理、转账汇款、投资理财、自助缴费等服务，极大地方便了人民群众。

3. 移动支付应用场景不断丰富

新疆银联充分发挥平台优势，大力推进应用场景落地，重点布局智慧政务、智慧医疗、智慧校园、智慧交通等领域，与自治区相关部门在一网通办、税款缴纳、社保收缴等方面紧密合作，已实现全区教育、社保、公积金、企业信息查询等高频政务服务在中国银联"云闪付"App上线，让公共服务更加高效快捷。新疆银联培育传统商圈商户数字化营销能力，以跨场景引流、精准化营销等数字化服务为商户经营赋能，利用银联各流量平台宣传引流，通过优惠活动吸引用户消费，帮助商户真正享受到数字化红利，拉动营收、增强消费者黏性。新疆银联依托自身金融科技优势，将普惠金融与助商惠民有机结合，为农产品、机电、家居、钢材等大型综合市场提供进销存、交易、结算、会员管理、溯源、数据、运营一揽子解决方案，提升金融服务实体经济、服务民生的水平。

移动支付手段向乡村加速延伸。新疆人民银行系统通过找准上线特色农产品、建立长效保障机制、引导相关机构争取政策优惠支持等举措，发挥移动支付基础设施优势，聚焦新疆特色优质农产品，深入推进"移动支付＋特色农产品"。目前，全疆已建成乌鲁木齐、玛纳斯、巴楚、和静、温宿、伊宁、尼勒克等16个移动支付"引领县"，建立了移动支付县域商圈，升级改造1万个助农取款点，710户乡村旅游商户开通移动支付，优化了支付服务功能，保障了基础金融需求。

智慧交通与移动支付加快融合。全疆推广实施61个公交移动支付项目，覆盖14个地州市、7个直辖县级市、39个县域，在公交车上安装银联智能终端，乘车出行不再需要准备零钞，可选择使用手机闪付、银联"云闪付"App二维码支付、银行卡闪付等多种方式付费乘车。2020年全疆公交银联交易9871.11万笔，其中"云闪付"App交易4039.18万笔，占比41％。

4. 金融网络安全不断增强

人行乌鲁木齐中心支行以新疆金融业信息安全管理协调机制为抓手，建立金融机构信息安全准入机制、信息安全风险防控预警机制，加强金融机构联动协作，全力营造跨部门、跨机构、跨行业的应急协作环境和信息共享渠道，形成了新疆金融业风险共防、信息共享、机制共建、成效共赢的网络安全管理工作局面。

5. 存在的主要问题

一是金融业数字化转型不平衡。银行业数字化转型较快，网上银行、手机银行在大型

央行和地方银行均已普及应用，但贷款、担保、融资租赁、典当等金融行业数字化转型较慢，尚不能跟上数字金融发展步伐。

二是丝绸之路经济带金融中心建设缓慢。围绕丝绸之路经济带核心区建设的数字化金融政策未有效落地，外向型产业和数字金融的融合未有明确规划，国际化金融及支付机构缺乏可执行的监管政策指引，特别是围绕上合组织各国产业支付链建设，新疆如何打造中亚金融中心未引起高度重视。

三是区域和跨境金融征信信息系统建设滞后。加强跨境信用体系建设是推进数字化金融服务走出去的重要保障，是新疆发挥区域优势的重要抓手；加强农村信用体系建设是落实普惠金融服务乡村产业的基础，是通过数字化金融解决农业农村“贷款难、贷款贵、贷款慢”的核心。

(四) 交通运输数字化不断深入

1. 总体情况

近年来，我区交通基础设施网络规模不断扩大。目前，自治区公路通车里程已达到 20 万千米，其中高速公路通车里程达 5500 千米，全区所有地州市已迈入高速公路时代，105 个县市区中 78 个通高速或一级公路，农村公路里程超过 16 万千米。运输枢纽建设稳步推进。依托疆内 11 个国家物流枢纽承载城市，乌鲁木齐国际陆港区、阿拉山口综合保税区多式联运物流园等重大项目加快推进。乌鲁木齐国际公铁联运汽车客运站、乌鲁木齐空港客运枢纽等项目建成运营。

2021 年，我区货物运输量 86796.86 万吨，货物运输周转量 2334.08 亿吨千米，各种运输方式完成运输量情况见表 6-2 所列。

表 6-2 新疆 2021 年各种运输方式完成的货物运输量及其增长率

指　标	单　位	绝对数	同比增长/%
货物运输量	万吨	86796.86	28.2
铁路	万吨	18559.99	6.2
公路	万吨	68219.1	35.9
民航	万吨	17.78	10.6
货物运输周转量	亿吨千米	2334.08	17.6
铁路	亿吨千米	1456.54	8.4
公路	亿吨千米	872.64	37
民航	亿吨千米	4.89	33.4

2021 年阿拉山口和霍尔果斯两个新疆铁路口岸累计通行中欧班列 12210 列，同比增长 21.5%，占全国中欧班列通行总数的 52.4%。其中，阿拉山口口岸累计通行进出境班列 5848 列，同比增长 16.3%；霍尔果斯口岸通行列数达到 6362 列，同比增长 26.6%，通行

列数居全国首位;新疆始发中欧(中亚)班列 1185 列,同比增长 7.3%。通过数字化口岸建设,推行一体化通关、无纸化申报,实现班列换装、编组、查验、放行交替同步进行、有序衔接,压减了班列在站停留时间,进一步提升了班列的通行效能。

智慧交通发展水平稳步提升。积极推进“互联网+”在交通建设、公路养护管理、道路运输、路政执法、海事管理等主要行业管理中的应用,建设综合交通运输调度和应急指挥系统工程、高速公路联网电子不停车收费(ETC)、危险货物道路运输安全监管系统工程、交通运输信用信息管理系统工程、交通运输行政执法综合管理信息系统工程等。加强云计算和数据中心建设,搭建新疆交通运输专属云,开展数据中心升级建设。加强网络安全和信息基础设施保护,严格落实网络安全责任制。“放管服”改革措施落地见效,“证照分离”“最多跑一次”改革试点推进,“信用交通·新疆”创建工作取得进展。构建了“一网、一图、一个中心和三大平台”和三大保障体系,G0711 乌尉高速天山胜利隧道智慧建设工程、G30 连霍高速星星峡至霍尔果斯智慧服务区工程被列入交通运输部新型基础设施建设重点工程。

2. 高速公路国省干道数字化和城市智能交通快速发展

围绕新疆高速公路“建设、管理、养护、运维、服务”等,推动全域、全要素、全周期数字化建设,实现高速公路全路网感知、全天候通行、全流程管控、全过程服务。2022 年 1 月,新疆高速公路“智慧云”平台启用,5G、物联网、人工智能、北斗导航等技术集成应用,实现了高速路网的管理运维数字化,高速路网收费站点和出入口车辆进出总量、路况信息、载重货车与小型车辆比例、服务电话接听情况等实时呈现,“智慧云”融合了“新 e 畅行”等服务小程序,为司乘人员提供更加全面准确的出行道路交通服务信息。2022 年 4 月,新疆交通公众出行信息服务网和“新疆路网”微信公众号经过改版升级后正式上线,用户可通过手机端、PC 端实时查询新疆公路网运行态势和路况,调阅高速公路动态视频,了解收费公路通行费、公路沿线气象、充电桩数量等信息。

乌鲁木齐市加快建设智能交通系统,深度综合运用互联网、大数据、物联网技术,挖掘交通科技管理效能,构建可视化指挥调度、快速化警情处置、智能化灯控配时、多元化交通诱导、同步化预警研判的智慧交通管理新模式,实现城市交通治理能力新提升。立足“互联网+交通”,借助大数据研究缓堵保畅工作,推出“绿波道路”“非现场执法”“集群调度”等措施,交通管理水平和能力不断提升。

乌鲁木齐加快智慧交通标准化、规范化,编制施行了《乌鲁木齐市道路交通基础地理信息编码技术规范》《乌鲁木齐市公共停车设施基础地理信息编码技术规范》《乌鲁木齐市公共汽电车站点、线路基础地理信息编码规范》《乌鲁木齐城市交通信息共享数据字典编制规范》《乌鲁木齐市公共汽电车车载信息终端技术要求》《乌鲁木齐市出租汽车车载信息终端技术要求》等 6 个智慧交通地方标准,对乌鲁木齐市道路、停车和公交的地理信息编码规则进行了规范和标准化,统一了城市交通数据的分类、描述和表达方式,规范了公交车和出租车车载设备的相关功能、接口规范、安装、数据传输、技术性能、运维和检测等相关技术要求，为智慧交通高质量发展奠定了基础。

3. 存在的主要问题

一是交通信息化智能化应用水平不高。交通运输信息化与智能化建设尚处于起步阶段，存在数据资源共享难、互联互通难、业务协同难等问题。综合运输信息化平台、物流公共信息平台等建设存在较大短板，跨领域、跨行业、跨区域和政企信息互联互通、信息共享有待进一步加强。基于大数据、云计算、物联网、移动互联网等信息技术在综合运输各领域的应用依然处于探索应用阶段。智慧交通应用创新机制需要突破发展。

二是交通运输企业数字化转型缓慢。运输企业信息化、数字化建设尚处于初级阶段，企业资源计划管理(ERP)、客户关系管理(CRM)、供应链管理(SCM)等信息系统没有普遍使用，经营管理数字化较为落后。交通运输工具数字化、智能化水平较低，车辆联网率低，车联网等新型数字交通基础设施建设滞后。

三是交通道路数字基础设施建设不完善。部分高速公路、国省干道尚未实现移动信号全覆盖，山区、风区险峻路段缺少数字化监控设施，道路维护、管理粗放，独库公路、喀喇昆仑公路等重要旅游网红公路全年通行率不足30%，严重影响了交通运输效率和人民群众出行，且一旦发生事故和险情通信不畅、救援困难。

(五) 卫生健康事业数字化步伐加快

1. 总体情况

近年来，新疆卫生健康事业取得长足发展，居民健康水平稳步提升。截至2021年年末，全区共有医疗卫生机构14996个，其中：医院、卫生院1637个，妇幼保健院(所、站)96个，专科疾病防治院(所、站)3个。医院、卫生院拥有床位143152张，卫生技术人员158779人，其中：执业(助理)医师55487人，注册护士67225人。疾病预防控制中心112个，疾病预防控制中心卫生技术人员4139人。乡镇卫生院920个，拥有床位30359张，乡镇卫生院卫生技术人员20148人。

卫生健康数字化建设稳步推进。全区198家二级及以上公立医疗机构已全部完成了HIS、电子病历和临床检验检查等主要信息系统的建设，建立了自治区核酸检测大数据平台。14个地(州、市)和318家检测机构与自治区平台建立数据接口并上传数据。自治区核酸检测结果大数据平台与自治区政务服务平台“健康通行码”系统实现信息互通，数据共享。

2. 全民健康数字化建设加速推进

新疆加快全民健康信息化建设步伐，形成覆盖全疆公立医疗卫生机构，基于居民电子健康档案、电子病历、全员人口管理的医疗卫生和计划生育信息化体系基本架构，实现全疆范围内基本医疗信息系统互联互通；建成自治区全民健康信息平台，实现对上联通国家全民健康信息平台，对下联通市县两级人口健康信息平台以及对全疆各级平台的标准化、规范化管理；完成全疆245家医疗机构医院信息系统、电子病历和临床检验检查等主要信息系统的接入和1451家基层医疗卫生机构信息的系统部署和数据迁移，已将自治区基层医疗卫生机构管理信息系统、全民健康体检管理信息系统、公共卫生服务系统等8个卫生健康业务信息系统接入全民健康信息平台，实现了数据共享。完成居民电子健康卡注册680.52万张。

3. “互联网＋医疗健康”全力推进

自治区出台《关于促进“互联网医疗健康”发展的实施意见》，充分利用移动互联网、物联网、云计算、大数据、人工智能等数字技术，改造优化就医诊疗流程，改善群众就医体验，建立人口全覆盖、生命全周期、工作全流程的医疗健康信息化工作机制，形成“互联网＋医疗健康”服务新模式，让群众切实享受到“互联网＋医疗健康”带来的便利和实惠。

加快发展新型医疗健康服务模式，搭建信息服务云平台，拓展“互联网＋医疗健康”服务领域，全疆各级各类医疗机构接入新疆统一预约诊疗便民服务应用，通过便民门户和“健康新疆App”提供分时段预约挂号服务，目前已接入该应用的新疆二级(含)以上公立医疗机构共有169家。建成以自治区人民医院和新疆医科大学第一附属医院两个远程会诊中心为核心的自治区远程医疗服务云平台，实现自治区—地—县远程医疗全覆盖，其中自治区人民医院疆内远程医疗协作医院139家，上联45家国家级、省级医疗机构；新疆医科大学第一附属医院远程网络覆盖全疆14个地州86个县市，涉及274家公立和民营医疗机构、159家兵团系统医疗机构、26家监狱医疗机构和28家武警边防医疗站点，与51家国内知名医院和16家国外医疗机构建立了远程联网协作。全区各级各类医疗机构累计开展远程会诊20余万例，开展远程心电诊断、远程影像诊断和远程病理50余万例，方便了基层群众看病就医。

4. 加快推进卫生健康新模式、新业态

紧密型县域医共体建设加速建设。自治区贯彻落实国家卫健委《关于推进紧密型县域医疗卫生共同体建设的通知》《关于开展紧密型县域医疗卫生共同体建设试点的指导方案》，加快紧密型医共体建设，完善县域医疗卫生服务体系，提高县域医疗卫生资源配置和使用效率，加快提升基层医疗卫生服务能力，推动构建分级诊疗、合理诊治和有序就医新秩序。2021年，全疆优化完善医共体顶层设计，落实“两个允许”，实行“公益一类保障、公益二类绩效”，全面推开紧密型县域医共体建设。目前已组建了106个医共体，其中，拜城、富蕴、新源、伊宁、沙雅、洛浦等县已成为当地医共体建设的“名片”，引领了全区县域医共体的发展。

医疗联合体建设有序推进。自治区卫生健康委贯彻落实《国务院办公厅关于推进医疗联合体建设和发展的指导意见》，稳步推进区域医疗中心建设、医联体医共体建设、中医药服务体系建设等，加快构建起了公立医院高质量发展新体系，促进了优质医疗资源扩容和区域均衡布局。已组建各类医联体196个、专科联盟138个、远程协作网78个，实现基层中医馆全覆盖。卫健委组织区内61家中医、民族医医院建设全疆中医(民族医)医院医

联体。该医联体由自治区第二人民医院(自治区维吾尔医医院)牵头,全疆各级中医(民族医)医院共同参与,下沉优质医疗资源,着力解决基层群众看病远、看病难、看病贵的问题,实现中医(民族医)医院基层首诊、双向转诊、急慢分治、上下联动。自治区第二人民医院(自治区维吾尔医医院)从医院管理、人才培养、专科扶持、制剂能力建设、远程医疗、技术提升等方面对成员单位进行指导和帮助,提升各级中医(民族医)医院在区域内的影响力及综合服务能力。各家签约单位在医联体内以人才共享、技术支持、检查互认、处方流动、服务衔接等为纽带进行广泛合作,院内制剂在医联体成员单位间充分共享。

互联网医院建设加速推进。互联网医院突破院墙限制,积极发挥"互联网+医疗健康"的独特优势,搭建服务群众的平台,为广大患者提供覆盖诊前、诊中、诊后的全流程、个性化、智能化服务,极大地方便了慢性病和常见病患者复诊就诊需求,体现了让信息多跑腿,让患者少跑路的服务宗旨。自治区人民医院、新疆医科大学第一附属医院、自治区肿瘤医院、乌鲁木齐市第四人民医院、克拉玛依市中心医院、克拉玛依市独山子人民医院、阿克苏地区第一人民医院等38家医疗机构获批互联网医院,能够为病人提供普通常见病和慢病复诊、慢病续方、健康咨询及互联网护理咨询等服务,为在基层医疗机构住院的患者提供远程会诊、影像诊断、心电诊断、病理诊断等远程协助。截至2022年8月,全区互联网医院累计服务患者204191人次,其中,在线问诊33248单,在线咨询36780单,在线购药134163单。

5. 存在的主要问题

一是医疗行业整体数字化发展相对滞后。全民健康信息化发展整体水平相对滞后,缺乏统筹规划和顶层设计,信息孤岛、信息烟囱情况依然突出,现有业务系统未能实现有效整合,信息化的支撑作用发挥不够显著,目前尚未建立全疆联网的卫生健康大数据平台,与内地省市相比,在"互联网+"智慧医疗、医疗数据共建共享等方面发展相对迟缓,差距突出。

二是重大疫情防控数字化、智能化水平低,管控工作粗放。早在2020年4月,习近平总书记在调研指导新型冠状病毒肺炎疫情防控工作时强调,要鼓励运用大数据、人工智能、云计算等数字技术,在疫情监测分析、病毒溯源、防控救治、资源调配等方面更好地发挥支撑作用。我区在新冠肺炎疫情防控工作中贯彻落实习近平总书记讲话精神不够深入,疫情防控数字化缺乏统一领导、顶层设计,各部门、各地区各自为战,分散低水平重复建设了健康码、场所码、通行卡、核酸检测服务卡等信息系统,缺乏统一标准、规范,数据难以交换共享。缺乏先进的新冠肺炎核酸检测实验室信息管理系统(LIMS),核酸检测流程不规范、作业不严谨,标本储存不当、送检不及时、实验室检测操作不科学、质控不到位、仪器设备和试剂品牌繁多、匹配度低、性能验证不规范等问题相互叠加,严重影响了核酸检测质效。新冠肺炎疫区管控缺乏数字化支撑,管控措施不规范、不透明、不统一,高中低风险区划分不科学不精准,高风险区划得过大,静态管理简单化,存在简单化、"一刀切"、层层加码、粗放管理等突出问题;流调方式方法原始,缺乏大数据、人工智能等支撑,密接人员划分缺乏科学依据和统一模型，病毒溯源不精准、不及时，隔离人员管理不精细，存在交叉感染现象。

三是卫生健康信息化重建设轻应用现象还比较普遍，基层医疗机构应用成效还不够显著。全区 198 家二级及以上公立医疗机构普遍构建了 HIS、LIMS、医共体、医联体等信息系统，医护人员数字素养也比较高，信息化应用情况良好，但乡镇、社区医院信息化建设较为落后，医护人员普遍数字素养不高，即便建设了部分信息系统，利用率也不高。卫生健康部门和医疗机构信息化宣传、培训力度不够，社会公众对医疗卫生机构数字化现状和所提供的数字化服务了解不多，使用率不高。直接面向居家患者的线上诊疗、签约医护服务尚处于起步阶段，在新冠肺炎疫情严峻时期，人民群众看病难问题依然十分突出。

（六） 文化旅游数字化取得成效

1. 总体情况

截至 2021 年年底，全区文化系统共有艺术表演团体 126 个，博物馆 78 个，公共图书馆 110 个，文化馆 117 个，广播、电视节目综合人口覆盖率为 99.2%。全区规模以上文化、体育和娱乐业营业收入 77.73 亿元，比上年增长 7.48%。全年接待国内游客 19056.7 万人次，比上年增长 20.5%；国内旅游收入 1415.69 亿元，比上年增长 42.7%。

自治区加快推进互联网、云计算、大数据、物联网、人工智能等新一代数字技术与文化和旅游业的融合应用，深入实施“互联网＋公共文化”，推动文化产业转型升级、数字资源整合利用，加快数字图书馆、文化馆、公共文化云服务体系建设，丰富公共数字文化资源，广泛开展数字化网络化服务。加强旅游数字基础设施建设，深化“互联网＋旅游”，加快推进以数字化、网络化、智能化为特征的智慧旅游发展。

2. 文化资源与产业的数字化全面推进

自治区围绕实施文化产业数字化战略，以科技创新提升文化生产和内容建设能力，提高文化产业数字化、网络化、智能化发展水平；着力建设数字文化云展览、云娱乐、线上演播、数字艺术、沉浸式体验等新型公共文化设施和新业态；建成覆盖自治区—地（州、市）—县（市、区）三级的新疆数字文化馆，运用新一代信息技术，紧紧围绕文化馆发展与服务管理问题，大幅度提升文化馆监管效率，最大程度地便民、利民、惠民，使自治区文化馆新馆成为新疆首个有思想的“数字文化馆”。新疆数字文化馆已经汇聚海量数字文化资源，能够向广大群众提供虚拟展馆、文化直播、国家数字文化资源推送、文化咨询、文化活动、文化资源、文化超市、群文社团、文化志愿者等服务。

建成新疆数字图书馆，现有馆藏图书 245 万册（件），古籍 11 万余册，包括汉文、察合台文、阿拉伯文、波斯文等文种；数字资源 100 TB，形成了以新疆少数民族文献、地方文献、古籍和数字资源为特色的文献资源体系。打造了以“昆仑讲坛”“尚书品读”“书香佳苑”“昆仑尼山书院”为代表的全民阅读品牌，形成了“月月有主题、周周有活动、天天有服务”的服务模式，向广大读者提供图书推荐、数字资源、线上展览、名师讲坛等网上服务，以及图书借阅、续借、推荐、预约、咨询等线上、线下融合服务。

建成新疆数字博物馆沉浸式体验项目，包括“新疆历史古迹一站游”、“文物活化舞台剧”和“全景科普服务观众”三部分，运用虚拟现实技术、三维图形图像技术、互动娱乐技术、特种视效技术，展示新疆各类历史文物古迹，将可移动与不可移动文物有机融合、相互印证、相互补充，为观众打造了一个“一站式”畅游新疆历史古迹的文旅长廊。以馆藏文物、“克孜尔千佛洞”等为切入点，结合历史与现代艺术形式，创作了《五星出东方》《龟兹乐舞》《古往今来》《小河公主》《音韵和鸣》等剧目，还原一系列文物所处的时代背景、生活风貌和艺术样式，展示新疆自古与中原地区历史相沿、文化相通、人文相关、根脉相连的紧密联系。

建成“艺术新疆”数字云平台，收录电子图书 20000 种、音频 5000 集、视频 2000 集，能够为艺术爱好者提供新疆艺术剧院数字展厅、游・新疆、舞・新疆、乐・新疆、听・新疆、乘着歌声游新疆等线上服务。

成功举办三届新疆网络文化艺术节，开展新疆网络舞蹈节、我的歌声・新疆民语网络歌手大赛、新疆网络春晚、新疆微电影节、新疆摄影大赛、新疆特色餐饮展示等线上、线下相融合的系列活动。

3. 旅游产业数字化不断突破

加快推进旅游数字化，着力构建自治区旅游大数据中心、智慧旅游管理平台、智慧旅游营销及服务平台等“一中心两平台”，加快建设统一的旅游产业数字化平台，提升新疆旅游产业数字化水平和公共服务能力，为游客提供全文化旅游要素平台，实现便利化、数字化、智能化的智慧服务。2020 年，作为新疆智慧旅游营销及服务平台的“一部手机游新疆”正式上线运行，汇聚了全疆各地州市景区、酒店、文化场馆、餐饮、民宿、景区手绘地图、慢直播、智能行程等 2 万多条基础数据，向游客提供丰富的景区展示、路线咨询、景区预约、线上购票、酒店预订、餐饮预订、特产购买、线上结算、投诉处置等在线网络服务。

各地州市加快智慧旅游建设。伊犁文化旅游综合监管指挥中心已初步建成“一中心两平台”，即一个伊犁州旅游大数据中心，“畅游伊犁一机游”“伊犁文化旅游综合监管指挥平台”2 个旅游综合服务与管理平台。监管指挥平台汇聚展示了伊犁州 2 个 5A 景区、22 个 4A 景区、30 个 3A 景区的实时画面、实时客流、当日累计客流、近 7 天和近 30 天的客流趋势分析，全面洞察游客构成与偏好，补齐投诉短板，开展风险预警、实时景区视频调度指挥，引导营销决策及谋划旅游产业发展方向，改善景区经营及接待能力，提高游客满意度。阿勒泰地区建设了智慧旅游“原行网”平台，开发应用了“智游阿勒泰”“大喀”冰雪等手机客户端 App 和微信小程序。喀什地区建成智慧旅游平台，将喀什地区 12 县市的优势旅游资源集中和联合起来，统一一个主题“丝路风情，醉美喀什”，打响一个口号“不到喀什不算到新疆”，提供线上、线下“一站式、一条龙”服务，让“潜在游客”和“现实游客”通过电脑或手机浏览的方式，随时随地掌握“喀什区域旅游目的地”第一手旅游资讯，并可通过“一部手机或一个二维码”完成旅行的全过程。

全疆各主要景区加快数字化建设。新疆巴音布鲁克、天山大峡谷、那拉提、喀纳斯、可可托海、喀拉峻、天山天池、喀什噶尔老城、赛里木湖等15个景区入选2021中国智慧景区影响力TOP300排行榜，智慧景区数量居全国前列，在线预订、智能导游、电子讲解、信息推送等数字化服务能力进一步提高，通过线上实名制预约平台，就可根据个人实际情况和景区游览人数预约参观时间并线上完成门票支付；拿出电子预约码或身份证经过闸机自助扫验，快速进入景区；电子导览图、智慧导游可随时为游人“指点迷津”，一部手机游、码上游、一键游等电子工具广泛普及。阜康市累计投入资金4000余万元，对天山天池景区逐步实施智慧景区建设，以5G、大数据、互联网为依托，构建“一中心（大数据中心）三平台（综合管控平台、生态保护平台和游客服务平台）”，对景区的管理侧、保护侧和游客服务侧进行大整合，通过小程序、VR、AR等一些新的技术手段，快速为游客体系定位，游客充分享受到了自助导览、语音讲解、实时VR预览等方便快捷的智能化服务，提升了游客的体验感和景区管理质量，实现了天山天池由传统旅游向智慧旅游的转变。和静县投资2300万元实时巴音布鲁克景区数字化旅游项目，开发建设智慧停车场、重点卡口监测、信息采集与信息发布、票务管理、气象监测、指挥调度、智慧文旅大数据中心、智慧文旅数字孪生、智慧文旅公共服务、智慧文旅营销等系统和平台。伊犁那拉提景区入选国家首批发展智慧旅游提高适老化程度示范案例，实施了智慧化服务适老化改造提升项目，实现了门票及区间车、智慧化告知、安排帮扶员工及监管、智慧导览、智慧厕所及应急等适老化服务。

4. 存在的主要问题

一是数字文化创作能力薄弱，数字文化资源供给不足。缺乏有实力的文创企业和有影响力的文创产品，动漫、网游、手游等数字创意产业发展尚未起步，数字图书、数字文化资源基本依赖购买，与新疆各民族数字文化需求匹配度不高，利用率较低。虚拟现实（VR）、增强现实（AR）、元宇宙等新技术教育培训落后，开发与应用人才匮乏，数字创意技术手段落后。

二是丝绸之路经济带核心区文化科教中心建设滞后，数字文化传播力、影响力亟待提高。文化科教中心是丝绸之路经济带核心区建设的重要内容，其建设严重滞后于交通枢纽、商贸物流中心，新疆与周边及丝绸之路经济带沿线国家的数字文化交流与合作远远落后于交通运输和商贸物流领域的合作。

三是智慧旅游平台低水平重复建设，重管理轻服务，对促进旅游业提质增效的作用不明显。全区智慧旅游缺乏顶层设计，自治区、地州市和部分县（市）分散建设了一批智慧旅游平台，这些平台大多规模小、服务功能不完善、社会知名度低，侧重于旅游监管，但与文化旅游设施和旅游企业互联互通不畅，数据无法交换共享，需要向电信运营商、旅游OTA平台购买数据，运营成本高、成效不明显，许多平台匆匆上线、草草收场。全区智慧旅游建设统筹协调能力不足，主管部门、旅游景区、住宿餐饮、旅行社及交通运输各主体尚未建立起智慧旅游平台共建、共享的统筹协调机制和互惠、互利的利益分配机制，各主体之间没

有形成建设智慧旅游的合力，甚至一些地区还人为设置了旅游信息系统互联、数据交换共享的障碍，造成各自为战的格局，至今未打造出在全国有一定影响力的智慧旅游平台。

（七） 教育数字化成效突出

1. 总体情况

2021年，全区各级各类学校12695所，较2012年增加3706所；在校学生达到657.8万人，较2012年增加200.91万人；专任教师41.68万人，较2012年增加10.63万人。近年来，自治区大力推动实施教育质量提升工程，扎实推进教育领域综合改革，印发了《新疆教育现代化2035》《加快推进新疆教育现代化实施方案（2018—2022年）》等政策文件，全面实施《教育信息化2.0行动计划》，加快推进智慧教育发展，建成了自治区—地（州、市）—县（市、区）—乡镇（街道）四级教育行政专网，建设部署新疆教育管理公共服务平台、教育电子政务平台、教育政务视频会议平台、新疆基础教育资源公共服务平台等、新疆维吾尔自治区学籍管理服务平台，开发部署了新疆教育考试查询系统、新疆维吾尔自治区高中学历查询系统、新疆教师招聘计划管理系统等应用系统，连接并推广应用了全国教师信息管理系统、全国中小学生学籍信息管理系统、全国中等职业学校学生管理信息系统、全国学前教育管理信息系统、全国中小学校舍信息管理系统等。

新疆基础教育资源公共服务平台已建设完成并上线运行，建立起全区优质教育资源共建共享机制，15年教育全学段、全学科、多语种资源供给体系基本形成。新疆基础教育资源公共服务平台已有实体资源130多万条，总量超过500 TB，新疆平台已与国家平台顺利对接，全区中小学教师实名注册率接近100%，平台已进入普遍应用阶段。

全面开展“国家中小学智慧教育平台”推广应用工作，充分发挥国家平台在服务学生自主学习、服务教师改进教学、服务农村提高质量、服务家校协同育人、服务“停课不停学”中的重要作用，构建“线上线下融合、课内课外融通”的教育新生态，提高课堂教学质量、促进优质教育资源共享、推进家校协同育人、支撑应急状态停课不停学。

2. 校园数字化加快推进

智慧校园建设加快推进。深入实施《教育信息化2.0行动计划》，全区学校100%接入光纤网络，大多数中小学校建设了校园网，班班通覆盖每一个班级，视频监控、电子点名系统覆盖所有学校，电子督查可通过视频观摩每一间课堂，教学管理和安全保障能力得到提升。实施十九省市“互联网＋教育”援疆项目，开展“智慧＋空中课堂”教学，不仅能够共享东中部省市优质教育资源，也能而且将本地优秀教师的授课内容直播到偏远乡村。

新疆医科大学的“5G＋云上新医”智慧教育项目和兵团第五师“5G＋数字校园建设＋互动教学＋教育指挥中心”项目入选2021年国家“5G＋智慧教育”应用试点，重点建设智慧课堂、助力实验教学、开展在线教学等。

3. 数字素养培育取得实效

自治区连续20年开展中小学信息技术创新实践活动，在机器人、物联网应用、无人机、智能车等多个技术前沿领域培养学生的兴趣爱好、实践能力，组织参加了十九届全国中小学信息技术创新与实践大赛，将信息技术与教育教学深度融合，坚持以赛促教、以赛促学、以赛促用，培养师生的创新意识和数字素养，提升实践能力，全面推进素质教育的发展。在第十七届大赛(NOC)决赛中，乌鲁木齐市的48位参赛队员经过激烈角逐，最终取得了8个一等奖、9个二等奖、7个三等奖的优异成绩，一组学员获得NOC大赛最高奖项创新奖。

加强人工智能教育和实践。乌鲁木齐市第六十八中学、乌鲁木齐市第一中学、伊宁市第一小学、独山子第一中学、新疆昌吉回族自治州第二中学等25所中小学校，广泛开展人工智能科普活动，培养青少年科学精神，提高学生数字素养，荣获2020年度“全国青少年人工智能活动特色单位”荣誉称号。

4. 存在的问题

一是智慧教育的基础研究不够。在互联网、大数据、人工智能加速演进发展的背景下，对构建与数字化时代相适应的教育体系缺乏理论、方法、模式等基础研究。面对百年未有之大变局和世纪疫情，线上教学成为常态，如何将德、智、体、美、劳全面教育同数字化相融合，提高线上教学的质量，保障学生全面发展迫切需要开展基础研究。互联网给人们终身学习带来了丰富的知识和教学内容，提高了对闲散碎片时间的利用，但也带来了知识碎片化、学习不成体系等问题，需要从学习方法、模式，知识、理论等学习内容的科学组织等多个维度进行深入研究。互联网的普及，打破了时空对人们学习的制约，但基础教育的数字化和智慧化建设，并没有能够解决基础教育资源不均衡这个顽疾，优质幼儿园、中小学校依然趋之若骛，所谓天价学区房屡见不鲜，如何通过教育体制数字化改革破除基础教育资源不均衡的顽疾，是教育主管部门和教育研究机构需要深入研究的根本性问题。

二是教育机构数字化、智慧化建设缺乏科学理论支撑和顶层设计。自20世纪90年代后期，我区中小学校和高校开始建设校园网及配套教育管理和辅助教学信息系统，一些学校的校园网和相关信息系统已经建设、迭代了3～5轮，但依然难以适应数字时代教育发展的需要，自治区、地州市、县市区教育管理信息系统存在整合不足、数据共享不畅、服务体验不佳、设施重复建设等突出问题，如何利用信息技术转变管理理念、创新管理方式、提高管理效率，支撑教育决策、管理和服务，需要加强理论研究和顶层设计，研究建立基于先进教育管理理论和方法的模型，建立相关标准和规范，推广教育管理信息化优秀方案和模式。数字校园、网络化智慧化教学系统缺乏顶层设计和相关标准规范，网络环境、数据中心、数字认证体系、网络安全保障体系建设混乱，给互联互通、资源共享带来很大困难。

三是数字教育资源开发建设落后，开放共享不够。我区学校、教育研究机构、社会组织数字教学资源开发能力薄弱，尚未建立起教育行政主管部门为主导，学校、教研机构和信息技术企业教产学研相结合的数字教育资源开发建设体制和机制，优质教学资源供给严重不足，很多学校网络化、数字化教学设施得不到充分利用。教育行政主管部门与学校之间，学校与学校之间网络互联互通水平较低，有限的数字教育资源分散在不同的校园网和教学平台上，难以共享利用，存在重复购买、低水平建设等突出问题。自治区尚未建设集中统一的数字教育资源中心，大多数学校现有数字基础设施难以支撑数字教学资源向社会、家庭和学生的开放。

二、新疆服务业数字化科技支撑和创新能力的现状及存在的主要问题

（一） 电子商务发展科技支撑和创新能力仍显不足

1. 主要科技支撑力量

（1）教育和研究机构

我区电子商务教育和研究机构主要有新疆理工学院、新疆财经大学、新疆科技学院、乌鲁木齐职业大学、新疆农业职业技术学院、阿克苏职业技术学院等高校，在这些高校中均设有电子商务专业。

（2）行业科技支撑机构

我区电子商务科技支撑机构主要有自治区商务厅商务信息中心，负责与商务部中国国际电子商务网的链接与维护，推进全区商务企业电子商务的应用，承担电子政务及电子商务系统开发、软件制作及计算机系统集成与管理信息系统建设等业务。此外，还有新疆市场监管局下设的新疆维吾尔自治区电子商务产品质量监督检验中心等。

（3）“双创”平台

我区电子商务“双创”平台主要有“梨城众创空间”“CC优创空间”“丝路柯栈”“亚欧丝路众创空间”“98客众创空间”“E工厂众创空间”等众创空间，哎呦喂、WETRY绿源微创、海鸿、杞都精创等星创天地。

“梨城众创空间”是自治区级众创空间，专门致力于为互联网电商、电商服务类和科技类企业提供全链条服务，提供政策咨询、信息服务、技术指导、电商培训、项目推介、运营营销等专业化服务。

“丝路柯栈”是克州生产力促进中心创办的一家电商类众创空间，集创业苗圃、网络营销培训学校、电子商务流通中心、知识产权咨询中心等于一体，依托第三方平台，利用手机App、微博、微信、社交网络等创新电子商务服务模式，提供创意思维多元化、创业条件生态化、资源配置便捷化、服务保障贴心化的双创服务。

“亚欧丝路众创空间”创立于2016年1月，主要由新疆亚欧国际物资交易中心有限公司为主体、以大学生创业为主导、以跨境大宗商品交易平台和中小企业公共服务平台为服务载体，旨在与新疆应用职业技术学院联手打造集文化产业发展、电子商务信息联动、国

际贸易产业推进和大学生创业孵化为一体的众创空间。

（4）电商数字化企业

我区电子商务研发、建设、运营和服务企业主要有新疆银海鼎峰软件有限公司、新疆中泰信息技术工程有限公司、新疆中园博宇信息科技有限公司、新疆不倒翁信息科技有限公司、乌鲁木齐亚欧国际贸易有限公司、新疆丝路通信息科技有限公司、新疆丝路西大门科技有限公司、新疆聚材电子商务有限公司、精河县智慧园电子商务有限公司、新疆不二农业供应链有限公司、新疆好物产业科技股份有限公司、新疆百事联商务信息咨询有限公司、新疆淘乐梦电子商务有限公司、新疆微巴扎电子商务有限公司、新疆疆果巴扎商贸有限公司等。

（5）电商科技园

我区电子商务科技园区主要有新疆电子商务科技园区、阿拉丁电商产业园、阿拉山口跨境电商科技园区。其中：

新疆电子商务科技园区由新疆果业集团投资 6 亿元建设，分为电子商务创业孵化区、服务区、培训示范区，物流配送区和新疆优质农产品研发与示范区三大功能区，广泛吸纳内地及中亚、俄罗斯等国的企业进驻，并培育中小微企业、农民专业合作社、各类电子商务服务企业等，园区搭建覆盖全国的物流配送体系，实现物流配送与电子商务协同运作。

阿拉丁电商产业园，设在乌鲁木齐经济技术开发区，有专业直播间、创业孵化区、仓储物流区、产品展示区、直播培训区、商务办公区、综合服务区及休闲生活区，重点引进围绕电商全产业链发展的企业，致力于打造电子商务全产业链的服务园区。

阿拉山口跨境电商科技园区，依托阿拉山口边境口岸型国家物流枢纽和综保区贸易政策，有机结合进出口 B2B、B2C、C2C 跨境电商模式，集货分拣、保税备货、暂存加工及线上线下服务，引入海外仓、边境仓、退货仓等多样物流仓储功能，着力将阿拉山口打造成为"一带一路"跨境贸易物流战略性集散枢纽、跨境电商综合试验区前沿阵地、综保区国内外商品展示中心。

2. 技术研发和项目建设

近年来，自治区科技厅通过科技成果转化示范、乡村振兴产业发展科技行动计划、上海合作组织科技伙伴计划及国际科技合作计划、科技特派员农村科技创业行动等专项支持电子商务创新能力建设项目 20 个，促进和提升了我区电子商务的科技支撑和创新能力。

2022 年度第二批自治区科技成果转化示范专项——乡村振兴产业发展科技行动支持了"特色农产品＋直播电商"技术集成及产业化、电商直播技术示范及 MCN 推广农产品销售产业化、石榴绿色保鲜与电商流通关键技术示范推广等农村电商项目。2022 年度第二批自治区科技成果转化示范专项——科技特派员农村科技创业行动支持了新媒体直播创业孵化服务示范、石榴深加工与电商平台建设、电子商务应用与推广、农产品＋短视频＋直播＋平台的多元化销售等农村电商项目。2021 年度中央引导地方科技发展专项资金支持了"基于'O2O'模式跨境大宗商品交易体系建设及技术转化应用"。2021 年自治区乡村振兴产业发展科技行动计划支持了"鲜杏电商流通关键技术示范与推广""5G+精河枸杞智慧云平台研究与设计""克州特色农产品电子商务技术示范推广"项目。2021 年上海合作组织科技伙伴计划及国际科技合作计划支持了"中哈跨境电子商务科技企业孵化工作站建设"。2021 年自治区科技特派员农村科技创业行动项目支持了"农产品互联网销售新模式推广""惠农电子商务人才培育培训项目""尉犁县农村电子商务平台建设及运营支持""电子商务基础教育与农村电商培训""农村电子商务及农产品电商服务"项目。2021 年,自治区乡村振兴产业发展科技行动支持了"疏勒县农村电商关键技术研发和实施推广"项目。"科技助力经济 2020"重点专项支持了"新疆特色水果巴扎鹰眼虚拟化销售平台的建设与示范"项目。2020 年自治区科技成果转化示范专项支持了"'于阗巴扎'农产品电商物流技术推广"项目。

(二) 物流业数字化发展科技支撑和创新能力需提升

1. 主要科技支撑力量

(1) 教育和研究机构

我区物流数字化教育和研究机构主要有新疆农业大学设有交通与物流工程学院、物流工程研究所、新疆果品精深加工与贮运保鲜工程技术研究中心等专业研究机构;新疆理工学院经济贸易与管理学院开设有物流管理、电子商务专业;阿克苏职业技术学院开设有物流管理、电子商务专业;新疆交通职业技术学院设有物流工程本科专业。

(2) "双创"机构

物流业数字化双创机构主要有亚欧丝路众创空间、霍尔果斯国际创客港、创客云咖星创天地等。

(3) 物流业数字化企业

物流业数字化研发、建设、运营、服务企业主要有新疆中泰纵横信息科技有限公司、新疆货卡帮农供应链数字科技有限公司、新疆亚欧国际物资交易中心有限公司、新疆中泰平界物流科技股份有限公司、新疆中顺鑫和供应链管理股份有限公司、新疆海鸿实业投资有限公司、新疆大渊博棉花科技有限公司、新疆联合在线网络科技有限公司、乌鲁木齐亚欧国际贸易有限公司、新疆百成鲜食(集团)供应链有限公司等。

2. 技术研发和项目建设

近两年来,自治区科技厅通过重点研发任务、区域协同创新、科技特派员农村科技创业行动、"科技助力经济 2020"等专项支持物流数字化研发项目 12 个,有效提升了物流数字化的科技支撑和创新能力。

2022 年自治区重点研发任务专项支持了"面向空铁陆联运的物流智慧信息管理关键技术研发""冷链物流自动导引运输车(AGV)等仓储智能多式联动装备关键技术研发""面

向公铁联运的智能物流与立体仓储关键技术研发”等现代物流科技项目。

2022 年度区域协同创新专项支持了“网络货运平台技术在数字产业园的应用”“霍尔果斯智慧 WMS 国际货仓信息管理平台研发及应用示范”“阿拉山口陆上边境口岸型国家物流枢纽智能物联云协同服务关键技术研发”“数字货运综合服务平台的建设与应用”等项目。2021 年自治区区域协同创新专项(科技援疆计划)支持了“基于 Pro－wns、Pro－rfs 技术的智能物流系统开发与推广应用”项目。2021 年自治区科技特派员农村科技创业行动项目支持了“全农业供应链服务体系应用示范”项目。2021 年自治区乡村振兴产业发展科技行动支持了“新疆特色农产品供应链管理平台研发及应用”项目。“科技助力经济 2020”重点专项支持了“亚欧国际跨境大宗商品交易平台开发和应用”“丝路运帮工业产业链资源整合平台”项目。

(三) 金融数字化发展科技支撑和创新能力需提高

1. 主要科技支撑力量

(1) 教育和研究机构

我区金融数字化教育和研究机构主要有新疆财经大学、新疆科技学院以及新疆财税信息工程技术研究中心等。

(2) 金融数字化企业

金融数字化研发、建设、运营和服务企业主要有新疆云顶之翼科技有限公司、联信网络科技有限公司、伊宁市远航网络科技有限公司等。

2. 技术研发和项目建设

2022 年度第二批自治区区域协同创新专项——科技援疆计划,支持了农业产业链金融服务平台开发与应用。

(四) 交通运输数字化发展科技支撑和创新能力薄弱

1. 主要科技支撑力量

(1) 教育和研究机构

我区交通数字化教育和研究机构主要有新疆农业大学和新疆交通职业技术学院。其中,新疆农业大学设有交通与物流工程学院以及交通信息技术研究室、智能交通实验室;新疆交通职业技术学院设有人工智能工程学院、物流工程本科专业和智能交通技术专科专业。

(2) 行业科技支撑机构

我区交通运输数字化行业科技支撑机构主要有新疆交通科学研究院,新疆交通规划勘察设计研究院,新疆公路养护工程技术研究中心、新疆公路工程技术研究中心等。

(3) 交通运输数字化企业

我区交通运输数字化研发、建设、运营、服务企业主要有新疆交建智能交通信息科技有限公司、新疆交投科技有限责任公司、新疆恒业大成软件科技有限公司、新疆智能交通科技股份有限公司、疆交通物联网科技股份有限公司等。其中,新疆交建智能交通信息科技有限公司主要从事高速公路机电工程(通信、监控和收费系统)项目、城市智能交通项目的实施,以及交通领域应用软件及产品的研发和技术咨询等;新疆交投科技有限责任公司主要从事智能交通系统工程、高速公路 ETC 客户推广应用、交通大数据应用等。

2. 技术研发和项目建设

近两年来,自治区科技厅通过重点研发任务、区域协同创新和重大科技等专项支持智慧交通研发项目 4 个。

2022 年自治区重点研发任务专项支持了“高速公路智慧运行综合信息管理平台的研发与示范”。2021 年自治区区域协同创新专项(科技援疆计划)支持了“新疆智慧化公路养护管理系统的应用与推广”项目。2021 年自治区重点研发任务专项支持了“荒漠区空地协同公路路面智能健康监测系统研发与应用”项目。2020 年自治区重大专项支持了“20 千米级高寒高海拔地区公路隧道工程建设与运营关键技术研究”项目中的“隧道信息化智能化建设与运管技术应用研究”课题。

(五) 卫生健康事业数字化发展科技支撑和创新能力缺乏

1. 主要科技支撑力量

(1) 教育和科研机构

我区医疗卫生数字化教育与研究机构主要有新疆医科大学,该校设有生物医药大数据研究中心、计算机教学实验中心、医学工程研究所等教育科研机构,开设有“信息管理与信息系统”“医学检验学”“医学影像学”等数字技术相关专业。

(2) 行业科技支撑机构

我区卫生健康领域数字化行业科技支撑机构主要有自治区卫生健康委员会信息中心、自治区卫生健康统计信息中心,以及新疆人民医院信息中心、新疆医科大学附属医院信息中心等。其中,自治区卫生健康委员会信息中心承担自治区卫生健康统计工作和卫生健康系统信息网络建设工作,具体包括:贯彻执行国家卫生计生统计和信息化工作的方针、政策、规划和标准;承担自治区卫生计生统计、信息发布、卫生计生信息化规划、建设、运行维护等工作;承担自治区医改进展监测数据的分析和汇总上报及阶段性评估工作。

(3) 卫生健康数字化企业

我区卫生健康数字化研发、建设、运营、服务企业主要有冠新软件股份有限公司、新疆熙软仁沐信息科技有限公司、新疆联合健康微医互联网医疗科技有限公司、新疆医联云科技有限公司、新疆健客互联网医院有限公司、新疆方舟互联网医院有限公司、新疆信通网易医疗科技发展有限公司、新疆智慧医疗物联网有限公司、新疆华伟智慧医疗科技有限公司、新疆联众医疗科技有限公司等。

2. 技术研发和项目建设

(1) 科技计划项目

近两年来,自治区科技厅通过重大科技、区域协同创新、自然科学基金、重点研发等专项支持了 16 个数字卫生健康项目的研发,提升了科技支撑和创新能力。

2022 年自治区重大科技专项支持了"新疆远程医疗关键技术体系建设及应用"项目。2022 年度区域协同创新专项支持了"基于智能病案可信归档系统的医疗过程无纸化办公平台开发与应用""基于大数据云平台的心血管病防治体系暨远程心电中心在新疆地区的构建与应用"项目。2022 年自治区自然科学基金杰出青年科学基金项目支持了"基于振动光谱信号并结合信息融合思想的口腔癌人工智能辅助筛查方法研究"。2021 年自治区创新环境(人才、基地)建设专项支持了"基于医学大数据平台的乳腺癌人工智能精准诊疗创新团队"项目。2021 年自治区区域协同创新专项(科技援疆计划)支持了"人体微磁健康监测及智能预警评估系统的应用及推广""新疆医科大学远程医学服务平台""基于 Prophet-ARMA 的医院门诊就诊量预测方法与管理对策研究""新疆区域胸痛中心无创心电网络系统协同救治信息管理平台开发与应用""全疆卫生技术人员能力提升共享平台建设"项目。2021 年自治区创新环境(人才、基地)建设专项支持了"神经系统疾病标本资源共享数据库""达·芬奇机器人在肝胆胰外科手术中的应用创新团队"项目。2020 年自治区重点研发专项支持了"心脑血管疾病健康管理模式和防控策略研究"中的"基于互联网管理平台构建心脑血管病防控网络和救治体系""基于医疗联合体和智能穿戴设备建立心脑同管共治的标准化防治管理模式"2 个课题。2020 年自治区创新环境(人才、基地)建设专项支持了"基于远程医学的诊疗大数据平台构建与应用""互联网+健康管理质量控制平台的构建与实证研究""新疆脑卒中规范化诊疗的资源共享平台建设"3 个课题。

(2) 科技成果

近年来,我区在数字医疗领域方面取得了一些科技成果并获得了自治区科技成果奖励,其中包括综合医院数字科教管理系统(PC 端)V1.0、基于医院战略管理导向的绩效管理系统的设计与实现。2022 年度拟奖励的科技成果包括"基于人工智能算法的磁共振影像组学术前预测乳腺癌前哨淋巴结转移""3D 打印构建仿生数字化组织工程神经导管支架的研究"。

(六) 文化旅游数字化发展科技支撑和创新能力欠缺

1. 主要科技支撑力量

(1) 主要教育和研究机构

我区文化旅游数字化教育与研究机构主要有新疆大学国际文化交流学院、旅游学院、文化与旅游发展研究中心、“全域全季旅游文化创新研究中心”“中国新疆与中亚智慧旅游”创新团队、新疆大学新疆历史文化旅游可持续发展重点实验室，新疆财经大学旅游学院、文化与传媒学院，新疆艺术院校设计学院、传媒学院、文化艺术学院，新疆工程学院文化艺术学院，新疆科技学院旅游学院、文化与传媒学院，中国科学院新疆生态与地理研究所（新疆旅游研究院），新疆智慧广电全媒体技术重点实验室，新疆生态与地理研究所下设的新疆数字遗产与智慧旅游工程技术研究中心等。其中，新疆旅游研究院是中国科学院开展院地合作的重要平台，以“新疆旅游的政府智库、业界智囊、学术高地”为建设宗旨，重点开展旅游智库、数据中心、成果转化、学术团队四个方面的建设，先后承担了国家重点研发计划、国家科技支撑计划、国家自然科学基金、中国科学院创新工程、中国科学院 STS 计划、科技部发展改革专项、自治区重大科技专项、自治区科技支撑计划、自治区国际科技合作项目等，为新疆旅游产业创新发展提供了重要科学支撑。目前，有科技和管理人员 49 人，其中固定人员 15 人（其中高级职称 10 人）、客座研究员 10 人、流动人员 24 人。

（2）行业科技支撑机构

我区文化旅游数字化行业科技支撑机构主要有自治区文旅厅下设的新疆旅游宣传推广中心、自治区艺术研究所等。新疆旅游宣传推广中心主要负责旅游信息化建设工作，提供旅游信息服务，实施新疆旅游电子商务工程和旅游办公自动化工程，建设数字化、智能化旅游服务科技示范工程。自治区艺术研究所主要职责是收集、整理、保护及合理开发利用新疆各民族文化艺术资源，组织开展艺术科学理论研究及国内外文化艺术交流，并按照国家及自治区相关法律规定，承担自治区非物质文化遗产的保护和研究等工作。

（3）“双创”机构

我区文化旅游数字化 “双创”平台主要有搏梦工场、新创青年众创空间、浦东街 3 号众创空间、酷看创客文化创意众创空间、昌吉州文化创意交流中心众创空间、789 创客营等。

（4）文旅产业数字化企业

我区文化旅游产业数字化研发、建设、运营、服务企业主要有新疆兄弟联盟网络科技有限公司、新疆塞外映像文化传媒有限公司、新疆德威龙文化传播有限公司、新疆锡力旦科技文化发展有限公司、乌鲁木齐一心悦读文化科技有限公司、新疆兰派文化创意产业有限公司、新疆野马文化发展有限公司、新疆触彩数字科技有限公司、新疆六艺众成影视文化发展有限公司、新疆丝路盛世文化传媒有限公司、新疆视听国际文化交流有限公司、新疆漫龙数字技术有限公司、新疆华特信息网络股份有限公司等。

2. 技术研发和项目建设

（1）科技项目

近年来，自治区科技厅通过重大科技、区域协同创新等专项支持了 4 个旅游数字化科技项目。

2022 年度第二批自治区重大科技专项支持了“北庭文旅融合数字化关键技术研究与应用”项目。2022 年度第二批自治区区域协同创新专项——科技援疆计划，支持了“新疆科技新闻云阅读分享平台建设”。2022 年度第二批自治区区域协同创新专项——上海合作组织科技伙伴计划及国际科技合作计划,支持了“面向文化交流的塔汉双语智能文本处理技术研究”。2021 年上海合作组织科技伙伴计划及国际科技合作计划支持了“丝路国家文化科技创新专业孵化器建设”项目。

(2) 产业科技项目

近年来,自治区通过设立文化产业发展专项资金支持了一批数字文旅项目,包括:2020 年专项资金支持了 MS 国际影城智能化升级改造、山河丝路影城文创平台建设、科技创新和田玉交易平台、新疆广电融媒体多语种内容智能审核平台、丝路(艺术)影像素材库三期建设等数字文旅项目。2021 年专项资金支持了“美丽新疆乡村行”直播工程暨新疆乡村网红培育孵化 MCN 基地建设、《VR 数字化新疆游》720 全景数字库建设(一期)、“一带一路”儿童育乐数字文旅共享平台、“数字化、智能化、绿色印刷服务平台建设”、新疆动漫 IP 开发等数字文旅项目。2022 年专项资金支持了丝绸之路数字文化产教融合基地、“中国之窗”国际(俄语系)数字化文化贸易营销平台建设、博尔塔拉报历史报刊文献数字化及数据库平台工程、“醉美新疆:新疆葡萄酒文化传播交易云平台”、“伊犁地区数字化、智能化、绿色印刷服务平台建设”、交互动画 MAppING 系统技术研发与应用等数字文旅项目。

(七) 教育数字化发展科技支撑和创新能力不够

1. 主要科技支撑力量

(1) 教育和科研机构

我区教育数字化教育和研究机构主要有新疆师范大学计算机科学技术学院,开设的专业有计算机科学与技术(师范专业)、软件工程、网络工程等专业;所属的各类实验室和大学科技创新平台包括大学生创新创业实验室、创客实验室、人机交互实验室、虚拟现实与增强现实实验室、虚实结合的“人工智能+教育”技术实验室、自然语言处理与语音识别实验室、大数据分析与可视化实验室、物联网(嵌入式系统)实验室、面向公共安全的视图像信息处理实验室、人—机—环境共融实验室等。

新疆师范高等专科学校(新疆教育学院)设有信息科学与技术学院,开设的专业有现代教育技术、广播影视节目制作、数字媒体应用技术、现代教育技术、计算机应用技术、数字媒体艺术设计等专业,培养本、专科基础教育数字化人才。学校还设有自治区重点实验室—新疆教育云技术与资源实验室。

(2) 行业科技支撑机构

我区教育数字化行业科技支撑机构有自治区教育厅下设的自治区教育管理信息中心、自治区教育科学研究院、新疆电化教育馆、自治区中小学远程教育中心等。自治区教育管理信息中心承担全区教育信息化工作,负责全区校园网建设和厅机关电子政务等工作。自治区教育科学研究院承担自治区教育改革发展的战略研究、政策研究,承担自治区各级各类教育教学研究,开展课程、教法的研究、指导和改革实验,承担自治区教育考试命题工作,承担国家级和省部级重大教育科研项目研究。新疆电化教育馆(新疆教育电视台)主要承担自治区中小学电化教育、远程教育以及基础教育信息化策略研究、项目实施、资源建设和过程管理工作。自治区中小学远程教育中心主要承担自治区中小学远程教育规划项目实施及技术保障,承办中小学远程教学、师资培训以及教育资源征集、研发和整合等工作。

(3) 教育数字化企业

我区教育数字化研发、建设、运营、服务企业主要有新疆科大讯飞信息科技有限责任公司、新疆金泰隆软件股份有限公司、新疆合学教育科技有限公司、新疆智慧未来教育科技有限公司、乌鲁木齐学大商务信息咨询有限公司、新疆睿安高科信息技术有限公司、新疆智慧天下教育科技有限公司、乌鲁木齐智慧昆仑教育咨询有限公司、新疆壹灵壹教育科技信息有限公司、新疆云易泰和教育科技有限公司、新疆潜能教育发展研究院有限公司等。

2. 技术研发和项目建设

2022年自治区创新环境(人才、基地)建设专项—自然科学计划支持了"基于深度学习的在线课程评论情感分析研究"。"K12人工智能教育物联网课程研发"入选2022年"双创"获奖项目。

(八) 新疆服务业数字化科技支撑创新能力存在的主要问题

总体来看,我区服务业数字化发展科技支撑创新能力还比较薄弱,数字技术人才培养渠道少、规模小、层次低、流失严重,科技人才支撑能力不足,数字技术研发机构少,行业科技支撑机构薄弱;服务业数字化科技园区布局不均衡,"双创"服务机构发展缓慢,从事服务业数字技术开发和服务的企业数量少、规模小、创新能力弱,对数字服务业科技创新的支撑作用有限。其突出问题表现在以下几个方面。

1. 高校相关专业少,数字服务业人才培养滞后

总体来看,我区涉及服务业人才培养的高校数量和相关专业较少,培养服务业、信息技术复合型人才的学校和专业就更少。在研究生教育阶段,各高校均没有电子商务、智慧物流、数字金融、智慧交通、智慧健康和数字文旅相关专业的博士或者硕士学位授予点,只有新疆师范大学计算机科学技术学院设有课程与教学论(计算机科学技术教育)硕士授予点。服务业数字化人才培训机构少,缺少高层次、复合型数字化人才培养项目和平台,现有服务业数字化人才继续教育和能力提高困难。

2. 科研和技术服务机构少,数字服务业创新能力薄弱

在全疆106个重点实验室中,只有新疆教育云技术与资源实验室、新疆智慧广电全媒体技术重点实验室与服务业数字化相关,在127家工程技术研究中心中,仅有新疆数字遗产与智慧旅游工程技术研究中心与服务业数字化相关。部分高校和研究院所设立的研发

机构融入服务业数字化实际不够，服务业数字化企业数量少、规模小，缺乏龙头企业带动引领，尚未建立起以企业为主体，产学研用深度融合的服务业数字化创新体系。受服务业数字化人才基础、创新环境等影响，我区服务业数字化创新能力非常薄弱，对服务业数字化的支撑十分有限，重点行业领域数字化平台、大型信息系统建设基本采用区外技术、方案和软硬件产品，本地机构只能在系统集成、运营维护等方面承担一些服务任务，与东中部地区在服务业数字化科技创新能力上的差距持续扩大，数字鸿沟日益显著。

3. 科技和产业项目支持力度小，数字服务业科技产出低、成果少

近三年，自治区重大科技专项支持的项目只有两个半，重点研发任务项目仅有 8 项，服务业数字化 59 个科技项目占近三年科技计划项目总数和经费总额的 1%左右，远远低于数字农业、数字工业和数字社会科技项目与资金的投入。数字服务业科技投入与产出不成比例，近三年登记的科技成果寥寥无几，未获得自治区自然科学奖、技术发明奖和科技进步奖，授权的发明专利、软件著作权等十分有限，科技项目对数字服务业的支撑作用十分有限。

4. 数字化改革滞后，数字服务业双循环格局尚未建立

对建设数字丝绸之路、新疆与中亚五国数字经济合作重视不够，推进与周边国家数字基础设施互联互通工作不力，与周边国家信息网络通信不畅；对社会稳定和对外开放关系的把握存在偏差，对新疆与周边国家人员往来限制过严，影响了与周边国家数字服务业的政策沟通和民心相通，制约了跨境电子商务、数字贸易、数字金融、智慧物流等发展，在数字服务业发展上没有充分利用周边国家资源和市场，致使数字服务业双循环格局构建缓慢。

三、加快提升新疆服务业数字化发展科技支撑和创新能力的重点任务

（一） 深化创新驱动，塑造高质量电子商务产业

1. 强化技术应用创新

引导电子商务企业加强创新基础能力建设，提升企业专利化、标准化、品牌化、体系化、专业化水平。通过自主创新、原始创新，提升企业核心竞争力，推动 5G、大数据、物联网、人工智能、区块链、虚拟现实/增强现实等新一代数字技术在电子商务领域的集成创新和融合应用。加快电子商务技术产业化，优化创新成果快速转化机制，鼓励电商平台企业拓展产学研用融合通道，为数字技术提供丰富电子商务产品和应用。鼓励发展商业科技，探索构建商贸科技全链路应用体系，支持电子商务企业加大商贸科技研发投入，提高运营管理效率，创新用户场景，提升商贸领域网络化、数字化、智能化水平。

2. 鼓励业务模式和业态创新

发挥电子商务对价值链重构的引领作用,鼓励电子商务企业挖掘用户需求,推动社交电商、直播电商、内容电商、生鲜电商等新业态健康发展。鼓励电子商务企业积极发展远程办公、云展会、无接触服务、共享员工等数字化运营模式,不断提升电子发票、电子合同、电子档案、电子面单等在商贸活动中的应用水平。大力发展数据服务、信息咨询、专业营销、代运营等电子商务服务业。鼓励各类技术服务、知识产权交易、国际合作等专业化支撑平台建设。

3. 深化协同创新

促进电子商务企业协同发展,发挥电商平台在市场拓展和产业升级等方面的支撑引领作用,加强数据、渠道、人才、技术等平台资源有序开放共享,强化创新链和产业链有机结合,推动产业链上下游、大中小企业融通创新。推进电子商务平台与工业互联网平台互联互通,协同创新,推动传统制造企业“上云用数赋智”,培育以电子商务为牵引的新型智能制造模式。支持发展网络智能定制,引导制造企业基于电子商务平台对接用户个性化需求,贯通设计、生产、仓储、物流、管理、服务等制造全流程,发展按需生产、个性化定制、柔性化生产、用户直连制造(C2M)等新模式。支持发展网络协同制造服务,实现企业网上接单能力与协同制造能力无缝对接,带动中小制造企业数字化、智能化发展。

4. 加快绿色低碳发展

引导电子商务企业主动适应绿色低碳发展要求,建立健全绿色运营体系,加大节能环保技术设备推广应用,加快数据中心、仓储物流设施、产业园区绿色转型升级,持续推动节能减排。落实电商平台绿色管理责任,完善平台规则,引导形成绿色生产生活方式。

5. 深度融入“丝路电商”

创新发展丝路电商合作框架,积极参与“中国—中亚电子商务合作对话机制”,推进合作机制建设,丰富合作层次。提高乌鲁木齐、喀什、阿拉山口三个国家级跨境电子商务综合试验区科技创新能力,加快电商产业园数字化转型,大力引进阿里、京东、拼多多等平台企业,加强电商网络、物流驿站在中亚、南亚和西亚等丝绸之路经济带沿线布局,培育发展跨境电商新模式、新业态。

(二) 提高数字赋能水平,加快智慧物流发展

1. 加快物流数字化新型数字基础设施建设

加快物流新技术应用标准化进程,推动传统物流园区、物流中心、货运场站等物流基础设施的数字化改造升级,打造智慧物流园区、智慧口岸、数字仓库等基础设施的信息网络。开展智慧物流枢纽(园区)建设试点,推进园区基础设施全方位数字化感知和智能化

互联。基于5G基础网络和智慧物流枢纽的支持,积极探索和推进无人机、无人驾驶货车、自动分拣机器人、智能快件箱(信包箱)等智能装备,以及自动感知、自动控制、智能决策等智慧管理技术在物流领域应用。

2. 推动物流数字化升级

推动货物、货运场站、运输工具、物流器具等物流要素数据化,促进物流大数据采集、分析、应用,推进智慧物流组织模式创新。依托物流枢纽、物流园区开发建设综合物流信息服务平台,加强与供应链上下游企业及政府部门平台信息互联共享。加强交通物流公共信息平台、重点物流枢纽综合服务信息平台建设与功能完善,推动平台间信息互联共享,促进物流服务层面运行融合,支撑“通道+枢纽+网络”的物流组织和服务模式创新。完善中欧班列数字运营平台服务功能,打通中欧班列订舱、物流信息查询、交易结算、保险代理等业务流程,实现“一站式”集成服务。

3. 推进物流监管智慧高效

发挥国家物流枢纽和示范物流园区的示范引领作用,加强集中安检设施和智慧化监管平台建设,提升入园作业效率。加强物流服务安全监管和物流活动跟踪监测,深化5G、物联网、北斗卫星、视频采集等技术在物流企业运输车辆中的应用,实现货物全过程追溯、责任可倒查。加强物流监管数据与公安、交通等部门的共享互认,加强在主要交通物流节点、安检节点的数据共享、提前申报和监管互认制度。加强智慧物流监管平台及协同机制建设研究,探索建立与货物品类和企业安全风险等级挂钩的安全管理制度。

(三) 强化数字金融科技支撑,创新数字普惠金融服务

1. 完善数字金融基础设施

优化基础设施布局,推进绿色高可用金融数据中心和先进高效算力体系建设,促进数字金融服务适度竞争,建设资源更均衡、供给更敏捷、运行更高效的金融信息基础设施。推动数字金融基础设施互联互通,完善重点领域信贷流程和信用评价模型,进一步完善征信体系构建。

2. 提升金融服务百姓民生水平

综合运用区块链、5G、边缘计算等技术,打造多层次、广覆盖的金融服务新模式,推动数字融资、数字函证等不断成熟完善,提高金融服务的触达能力。切实保障金融消费者在使用智能化金融产品和服务过程中的合法权益,着力解决老年人、残障人员等弱势群体面临的数字鸿沟等问题。加强涉农金融产品创新,加快城市地区优秀金融科技实践成果在乡村应用推广。扩大金融服务半径,提升服务效率,构建以安全为前提、以百姓为中心、以需求为导向的数字普惠金融服务体系,实现普惠金融健康可持续发展。以线上为核心,探索构建5C手机银行等新一代线上金融服务入口,持续推进移动金融客户端应用软件

(App)、应用程序接口(API)等数字渠道迭代升级,建立“一点多能、一网多用”的综合金融服务平台,实现服务渠道多媒体化、轻量化和交互化,推动金融服务向云上办、掌上办转型,以融合为方向,利用物联网、移动通信技术突破物理网点限制,建立人与人、人与物、物与物之间智慧互联的服务渠道,将服务融合于智能实物、延伸至客户身边、扩展到场景生态,消除渠道壁垒、整合渠道资源,实现不同渠道无缝切换与高效协同,打造“无边界”的全渠道金融服务能力。

3. 增强金融有效支持实体经济的能力

支持市场主体运用数字技术重构金融服务流程,在保障数据安全和个人隐私的前提下,深化跨行业金融数据资源开发利用。完善中小企业融资综合信用服务基础设施,加强水、电、煤、气等企业信用信息归集共享,提高中小企业融资可获得性。建立健全交易报告制度与交易报告库,增强金融市场透明度。优化产业链供应链金融供给,将金融资源配置到经济社会发展的关键领域和薄弱环节,实现各类企业特别是民营、小微企业金融服务的增量、扩面、提质、增效。发挥大数据、人工智能等技术的“雷达作用”,捕捉小微企业更深层次融资需求,综合利用企业经营、政务、金融等各类数据全面评估小微企业状况,缓解银企间信息不对称问题,提供与企业生产经营场景相适配的精细化、定制化数字信贷产品;运用科技手段和基础设施动态监测信贷资金流向、流量,确保资金精准融入实体经济的“关键动脉”,提高金融资源配置效率,支持企业可持续发展。

4. 强化丝绸之路经济带核心区金融中心的科技支撑

加强与国际和区域金融市场、规则、标准的软联通,推动规则、规制、管理、标准等制度型开放,构建面向丝绸之路经济带的数字金融政策,完善数字金融监管政策,积极承接我国与中亚五国数字金融合作任务,加快与上海合作组织国家在移动支付领域的合作,不断拓宽电子商务、商品零售、生活服务、旅游出行、文化娱乐、教育培训、医疗健康等移动支付应用场景。加强与周边国家在区域和跨境金融征信领域合作,积极推进“信用上合”跨境信用平台建设和应用,推动数字金融服务走出去。加强与周边国家在数字货币领域的交流与合作,利用物联网、区块链、大数据等技术,建立大宗商品贸易采用数字人民币交易结算机制,促进贸易畅通。

5. 完善金融科技创新监管体系

加大监管基本规则拟订、监测分析和评估工作力度,探索金融科技创新管理机制,提升穿透式监管能力,防范发生系统性金融风险。强化金融科技监管,全面推广实施金融科技创新监管工具,加强金融科技创新活动的全生命周期管理,筑牢金融与科技风险的“防火墙”。推进金融科技跨境金融服务的全球治理。

6. 强化数据安全保护

严格落实数据安全保护法律法规、标准规范,综合运用声明公示、用户明示等方式,明确原始数据和衍生数据收集目的、加工方式和使用范围，确保在用户充分知情、明确授权前提下规范开展数据收集使用，避免数据过度收集、误用、滥用。建立健全金融数据全生命周期安全管理长效机制和防护措施，运用匿踪查询、去标记化、可信执行环境等技术手段严防数据逆向追踪、隐私泄露、数据篡改与不当使用，依法依规保护数据主体隐私权不受侵害。建立历史数据安全清理机制，利用专业技术和工具对超出保存期限的客户数据进行及时删除和销毁、定期开展数据可恢复性验证确保数据无法还原，确需作为样本数据保存的，应经用户同意并进行去标识化处理，移入非生产数据库保存，确保用户隐私信息不被直接或间接识别，切实保障用户数据安全。

（四） 推进交通数字化技术研发与应用，加快行业数字化转型

1. 夯实交通数字化基础

推进交通运输基本要素的全面数字化，实现各种交通基本要素信息的汇聚、开放、共享、互认。加强多种运输方式信息共享，实现交通运输行业数据交换“无障碍”，推动客货运输基本数据和信息服务的全覆盖。

2. 完善交通数字化管理平台

加强交通运输数字化工作的顶层设计，完善全行业数字化发展总体框架。积极推进交通数字化重点工程建设，有效提升交通运输网络安全水平，全面完成。建设“一网、一图、一中心和三大平台”，实现跨部门、跨层级、跨区域的数据交换、信息共享和业务协同，有效支撑工程建设、公路管理、道路运输、路政执法、安全应急等领域业务的开展。

3. 构建全方位交通感知网络

加强高速公路和普通国省道重点路段以及隧道、桥梁、互通枢纽等重要节点的交通感知网络覆盖，深化高速公路电子不停车收费系统（ETC）门架等路侧智能终端应用，推进载运工具、作业装备的智能化。

4. 综合交通大数据开发与应用

以“数据链”为主线，推动跨部门数据融合的综合交通服务大数据平台建设，鼓励在交通路网监测、规划咨询、决策支持、运行管理等领域开展大数据产业化应用。推进大数据、互联网、人工智能、区块链、云计算与交通运输行业融合，积极发展“互联网＋便捷交通”“互联网＋高效物流”。大力倡导“出行即服务（MaaS）”，逐步实现交通调查、电子收费、手机信令、众包众筹等多源数据融合应用，为旅客提供“门到门”全程出行定制服务，让出行服务更简单、更便捷、更舒适。

5. 开展公路数字化应用试点示范

加快交通基础设施数字化升级改造，稳妥有序推动重要路段数字化升级改造，打造若

干条具有智慧效能的线路或车道。有序开展交通数字化应用示范，充分发挥新疆地域优势和自身特点，依托国家新一代控制网工程建设等，积极参与国家交通基础设施网与运输服务网、信息网、能源网等融合示范，谋划布局智慧高速公路建设，为无人驾驶、车路协同、无线充电、自由流收费等提供测试实验环境。

6. 培育发展交通数字化新模式、新业态

大力推进大数据、车联网、移动互联网、人工智能、区块链等现代数字技术在交通运输领域应用服务，加强智慧公路、自动驾驶、绿色建造、无人机物流、无人仓等先进产品引进和技术转化。积极开展北斗卫星导航系统、高分辨率对地观测系统、高精度地图、BIM技术应用，有序推动分时租赁、网约车、共享单车、冷链运输、无车承运人及网络货运平台等新业态、新模式发展，持续深化高速公路 ETC 门架及路侧系统、智能移动终端应用。鼓励应用智能仓储和分拣系统、自动化装卸系统、物流机器人等先进技术装备，积极推进公路交通装备升级换代和标准化改造。

(五) 加快数字化转型，构建人民满意的卫生健康事业数字化体系

1. 加强顶层设计，促进智慧惠民

面向各业务实际需求，统筹各业务板块功能，破解信息化建设碎片化、项目化难题。构建整合型、一体化信息服务平台，转向高效、联动、智慧型管理模式。鼓励医疗卫生机构主动探索5G、人工智能等新技术的医疗场景开发和应用。努力做好提质增效，慧医便民。

2. 完善全民健康信息平台

完善平台支撑架构和基础功能，实现数据采集与交换、数据治理与展示、信息资源存储和管理、平台主索引和注册服务等功能。建设县(市、区)健康信息集成平台，涵盖公共卫生、计划生育、医疗服务、药品供应、综合管理等业务应用系统的资源共享和业务协同。加强信息安全保护，建立自治区级信息安全监管平台、电子认证服务监管平台，建设安全保障系统。

3. 建立健全卫生健康事业数字化标准规范体系

全面实施国家卫生健康信息化标准、规范，研究制定自治区卫生健康数据开放、指标体系、分类目录、交换接口、访问接口、数据质量、协同共享、安全保密地方或团体标准，以及相关规范和框架，畅通大数据在部门内部、医疗机构之间的共享通道。

4. 提高医疗卫生机构数字化服务能力

实施基层数字化能力提升工程，完善基层医疗卫生信息化管理系统，加强基层标准化应用和安全管理。规范基层医疗卫生机构内部管理、医疗卫生监督考核、远程医疗服务保障等重要功能。以家庭医生签约为基础，推进居民电子健康档案的广泛使用。建设电子

健康卡平台，督促医疗机构进行院内用卡环境与流程改造，实现医疗机构全流程、全场景应用和医疗健康服务“一卡（码）通”。

5. 深化“互联网＋医疗”服务

推进互联网与卫生健康业务相融合，覆盖全区公立医疗机构的远程医疗支撑体系。完善自治区互联网医疗服务监管平台建设，从事前提醒、事中控制、事后追溯实现对互联网医院的全过程监控和管理。加强“互联网＋医疗健康”跨境远程服务能力建设，推进与丝绸之路经济带沿线国家跨境服务联通平台建设，推进医疗机构、公共卫生机构和口岸检验检疫机构的信息共享和业务协同。

6. 完善突发公共卫生事件监测预警处置机制和信息系统

完善现有自治区公共卫生信息服务平台，加快构建基于症状、因素和事件等多源数据、多点触发的综合监测预警系统，提升公共卫生风险评估和预警能力。全面总结分析新冠肺炎疫情防控经验教训，发挥大数据、人工智能、云计算等数字技术在疫情监测分析、病毒溯源、防控救治、资源调配等方面的支撑作用，建立健全覆盖疾控部门、医疗机构、基层社区组织和社会公众的重大传染病检测系统、流调系统、救治管控系统、报告系统和智能决策系统，实现纵向到底、横向到边的重大疫情数字化管控和统筹调度。推进疾病预防控制数据与电子病历、健康档案等信息集成与共享，在传染病疫情监测、病毒溯源、高风险者管理、密切接触者管理等方面发挥数据支撑作用。构建突发公共卫生事件的信息数据采集、监测预警指标体系，建立规范化、标准化的预警报告与发布的标准和实施细则。

（六） 强化数字文化旅游技术研发，推动文旅产业数字化转型

1. 强化文化旅游产业数字化的基础研究

推进文化和旅游领域智能技术、体验科学技术研究，开展语言及认知表达、跨内容识别及分析等智能基础理论与方法研究，研发人机交互、混合现实等应用技术，推动智能技术在文化和旅游领域的创新应用。

2. 提高文旅创作数字化、智能化应用水平

集成应用面向大众的各类“人工智能＋”文化作品创作生产工具，开展云原生文化艺术作品的创作创新，提高文化作品的创作生产效率，降低大众参与文化艺术创作的技术门槛和难度，推动人工智能技术在艺术创作领域的应用，建立艺术创作的新模式。开展众筹众智众包在文化艺术创作领域的模式创新应用研究，研究传统艺术行业运用网络展开业务的各类创新工具、系统、方法、模式。开展文化和旅游行业大数据应用的算法模型、隐私安全、社会伦理等基础性研究，研发文化和旅游行业数据应用和智能处理的基础数据标准。研发大数据、人工智能辅助文化和旅游统计及数据分析的新方法和系统工具。

3. 提高文旅产业数字资源开发建设能力

集成应用当代新文化资源数字化存储、开发和利用技术，研究文化场所数字化智能管理与利用技术，发展文化和旅游资源平台数字化采集、智能管理技术，推进优质馆藏资源数据库建设。开展文化和旅游数据多源获取、安全存储、分析挖掘、精准服务应用技术研究，支撑文旅大数据平台开发与应用。持续研究开发基于神经网络的智能机器翻译技术，不断完善丝绸之路经济带数字文化资源互译平台，提高优秀电影、电视、动漫、游戏、文学作品翻译效率和质量。

4. 加快推进文化旅游产业数字化转型

研究图书馆、文化馆、博物馆、美术馆、非遗保护中心、游客服务（集散）中心等公共服务设施数字化改造和集成构建技术，构建一站式文化和旅游公共服务智慧系统。开展旅游景区、度假区、休闲城市和街区、乡村旅游点数字化智能化设计、构建和服务技术研究，持续推进智慧化景区、景点开发建设，深化 5G、大数据、人工智能、物联网、区块链等新技术在各类文化和旅游消费场景的应用。研发自主预约、智能游览、线上互动、资讯共享、安全防控等一体化服务和客户智能管理的智慧旅游平台，打造基于大数据、人工智能的旅游“智慧大脑”。推进企业资源计划管理（ERP）、客户关系管理（CRM）、供应链管理（SCM）等技术和信息系统在旅行社、酒店、餐厅、购物、娱乐和客运等企业中的集成应用，加快涉旅企业数字化转型。

5. 提高文化旅游安全科技水平

研究文化和旅游公共服务场所数字化安全评估预警算法和系统工具，安全监测与防控、防疫防灾、集聚人群安全监控、智能疏导、应急救援、事故反演和模拟仿真、可视化实时数据呈现与分析等关键技术，构建文化和旅游安全预警与可追溯管控平台。

6. 积极培育发展文化旅游数字化产业

推进数字技术企业和旅游企业双向进入、融合发展。支持、鼓励有实力的 IT 企业携人才、资金、技术（或平台），以投资、租赁、分成等多种形式，参与旅游景区、度假区、休闲城市和街区、乡村旅游点的数字化开发、建设和运营。支持 IT 企业依托自治区智慧旅游平台，向酒店、饭店、餐厅、商店、车站等机构和场所提供信息化服务，鼓励有条件的 IT 企业应用先进的理念和技术创办、收购、参股实体旅游企业。支持景区景点、交通运输、住宿餐饮、农家乐、旅游购物等实体企业与 IT 企业合作，加快物联网、云计算、人工智能等现代信息技术在“吃住行、游购娱”旅游全产业链中的应用，促进传统旅游行业企业的数字化转型升级。

（七） 加强教育数字化研究，支撑终身数字教育

1. 加强教育数字化基础研究

在互联网、大数据、人工智能加速演进发展的背景下，加强基础教育、职业教育、高等

教育、终身教育数字化理论、方法等基础研究，积极探索智能助教、智能学伴、人机共教、人机共育等教学模式，开展人工智能、大数据等在教育数字化中的应用研究，促进数据驱动的教学范式转型，开展大规模、长周期、多样态的教学观测，检验数字化教学方式的成效。探索智能化教学工具应用，开发适应性学习资源和智能学习服务，利用数字化手段开展有质量的在线答疑与互动交流服务，满足学生多元化和个性化的学习需要。探索线上线下混合培训模式，构建工作场所与虚拟场景相互融合的教学环境，开发应用虚拟仿真实训资源，建立职业教育全过程全方位育人新格局。研究随时学习、随地学习、按需学习和个性化学习等模式，构建基于互联网的开放式学习生态系统，助力实现高质量的终身学习。研究“互联网＋教育”促进基础教育资源均衡化的理论和方法，研究开发优质基础教育资源向落后地区、农村地区和弱势学校辐射延伸的数字化智能化技术和解决方案，逐步消除教育数字鸿沟。

2. 提高校园数字化科技支撑能力

开展新型校园数字化理论研究，构建融合互联网、移动互联网、物联网、人工智能、虚拟现实和增强现实等新一代数字技术的校园数字化模型，制定相关标准规范，强化校园数字化、网络化、智慧化教学系统顶层设计，加快学校教学、实验、科研、管理、服务等设施的数字化智能化升级和互联互通数据共享，提升各类教室、实习实训室的数字化教学装备配置水平，实现多媒体教学设备在普通教室中全面覆盖，较先进的高清互动、虚拟仿真、智能感知等装备按需配备。开展数字化教育管理和服务理论研究，构建基于先进教育管理理论和方法的数字化模型，制定相关标准和规范，创新管理方式、提高管理效率、支撑教育决策的数字化模型，推广教育管理信息化优秀方案和模式。网络环境、数据中心、数字认证体系、网络安全保障体系建设混乱，给互联互通、资源共享带来很大困难。

3. 提高优质教育资源创新开发和辐射带动能力

运用虚拟现实、增强现实、元宇宙、人工智能等技术，开发虚实融合教学场景、智能导学系统、智能助教、智能学伴、教育机器人等新型教学工具，使数字教育资源更好地服务于师生的知识建构、技能训练、交流协作、反馈评价等教学活动。基于网络学习空间汇聚，针对各教育阶段与类型的不同需求组织优质数字教育资源，研究开发新形态数字化智慧化教材和教具，加强数理化、生物地理、语文思政历史、国家通用语言文字等数字化智能化教育资源开发应用，逐步实现与教材配套的数字教育资源全覆盖，建设支持育人全过程、动态更新的高质量数字教育资源体系。推动数字资源开发机构由以资源建设为主向资源建设与服务并重转型发展，建立线上线下融合的资源服务机制，发展数据驱动的智能化数字教育资源应用服务，积极探索数字化时代优质教育资源均衡化的实现路径。

四、加快提升新疆服务业数字化发展科技支撑和创新能力的对策建议

1. 加快构建数字服务业发展双循环格局

要深入贯彻落实习近平总书记在考察新疆时的重要讲话精神，深化数字化改革，加快数字服务业开放步伐，积极融入"一带一路"建设和向西开放的总体布局，利用好国内国际两种资源和两个市场，构建数字服务业"双循环"发展格局。抓好"数字丝路"核心枢纽建设，高位推动阿里、京东、百度、腾讯、抖音、携程等世界一流互联网企业落地数字丝绸之路乌鲁木齐核心枢纽，加快"丝路电商"、"数字人民币"、移动支付、移动出行、即时通信、社交媒体等在周边和沿线国家落地应用，带动我区数字服务业跨越式发展。

深入实施"一带一路"科技创新行动计划、上海合作组织科技伙伴计划，积极谋划丝绸之路核心区数字文化中心、中欧班列数据大脑、中吉乌"数字孪生"铁路、中国—中亚"丝路电商"科技合作园、中国—上合组织远程医疗平台、中国—中亚数字经济联合实验室等重大科技项目和工程，提升我区与周边和丝绸之路经济带沿线国家科技合作水平，在"双循环"格局中全面强化数字服务业科技创新支撑能力。

加强与对口援疆十九省市数字服务业的科技合作，推动建立中国科学院、中国工程院，国家鹏城实验室、张江实验室、之江实验室支持新疆数字服务业科技创新长效机制，着力引进高端智力、转移转化科技成果、开发建设数字经济重大科技项目，大幅提升我区数字服务业创新能力与科技支撑水平。

2. 构建丝绸之路数字文化翻译和创意创作平台

突破汉语同丝绸之路沿线国家语言机器翻译核心技术，研发书籍期刊翻译、影视及动漫作品字幕与配音翻译等系统，构建丝绸之路数字文化翻译平台，大幅提升我国优秀文化艺术资源多语种翻译效率和质量，通过网络平台和新媒体工具，向丝绸之路经济带沿线国家讲好中国故事、新疆故事。

突破大规模文化资源数字采集、建模、虚拟现实、云服务平台等技术，构建丝绸之路数字文化创意创作平台。充分发挥新疆区位和人文优势，充分利用丝绸之路沿线国家和地区文化资源，挖掘优秀中华文化和丝绸之路文化宝藏，推进文化资源与资本融合、产业融合，培育发展虚拟现实、增强现实、互动影视等新兴业态，形成人文气息浓厚、特色鲜明、技术先进的丝绸之路数字文化产业集聚中心。

3. 加快构建中欧班列数据大脑和数字孪生平台

贯彻落实习近平总书记关于将中欧班列建设成为"繁荣班列、数字班列、绿色班列、共享班列、人文班列"的重要讲话精神，积极争取国家重大科技项目和科技工程；在乌鲁木齐中欧班列集结中心"丝路智港"数字孪生平台基础上，着力突破"数字班列"关键技术，运用

云计算、大数据、区块链和人工智能技术，构建中欧班列统一的数字基础设施资源平台。

突破中欧班列多源异构、多模态、多语种数据资源共享利用关键技术，研究开发中欧班列多式联运多语种信息实时精准翻译技术和平台，建立中欧班列所通达的亚欧23个国家180个城市之间的数据交换与共享机制，完善交通运输、海关口岸、物流枢纽等信息资源共享交换渠道，汇聚中欧班列全行程、全业务大数据资源，构建中欧班列数据大脑，支撑中欧班列智能化调度、数字化运行。

4. 培育发展数字贸易和数字服务出口新模式、新业态

加大对多语种信息处理关键技术研发的支持力度，着力培育发展多语种软件、大数据、云计算、卫星遥感定位等信息技术服务出口，数字传媒、数字娱乐、数字出版等数字内容服务出口，积极创建国家数字出口服务基地和技术创新中心，推动数字出口服务与传统贸易融合发展。

用好中央援疆和东中部19个省市对口援助新疆的政策和资金，发挥内地技术、资金优势，新疆丝绸之路经济带核心区优势，引导企业东联西出，将我国大批优秀中文软件和信息服务资源进行多语种国际化开发，出口到丝绸之路经济带沿线国家，实现新疆企业和内地企业的合作共赢。

5. 加快构建以企业为主体、产学研用深度融合的数字服务业创新体系

支持现代服务业龙头企业、大型信息技术企业与高校研究机构合作，创建数字服务业重点实验室、工程技术研究中心、产业研究院、技术创新中心等新型研发机构，集聚现代服务业和新一代信息技术复合型人才，提高数字服务创新能力。

支持产业园区、骨干企业创办数字服务业创客空间、科技企业孵化器等“双创”平台，鼓励现有众创空间、企业孵化器强化“双创”基础设施建设，升级软、硬件环境，完善技术开发、经营管理、市场营销等“双创”服务功能和服务平台，为数字服务业发展源源不断提供生力军、主力军。

6. 强化服务业数字化科技人才培养

支持新疆高等院校加强通信工程、计算机科学与技术、软件工程、数字媒体、电子商务、大数据、人工智能、网络安全等数字技术相关专业学科建设，采用先进成熟的教学模式，科学设置教学内容，着力培养研究型技术人才。支持高校工商管理、金融财会、交通运输、教育师范、卫生健康、文化旅游等学科与新一代信息技术学科融合发展，培养高层次复合型数字服务人才。支持高等和中等职业技术学校培养电子商务、数据处理、文旅创意、系统运行等方面的实用人才。

支持新疆高校开展与国内著名企业教育机构的合作，深化产教融合，共办网络工程学院、电子商务学院、网络安全学院，培养社会急需的高层次实用人才。支持服务业龙头骨干企业、电子商务产业园、数字经济产业园建立实训基地，接纳高校和中等职业学校学生实习。支持园区、行业协会、企业举办电子商务、智慧物流、数字金融、智慧交通、智慧健

康、数字文旅、智慧教育等培训班，提高服务业数字化从业人员技术水平。

五、典型案例

（一） 电子商务典型案例

案例1:和田地区播创园直播基地

和田地区播创园打造了疆内首家校企共建合作人才培养的企业商学院模式，是和田地区围绕电商进农村人才培训、行业人才培育、品牌IP孵化、爆品供应链打造、超级云仓共配、高端赛事承办、产业资本赋能等功能开展电商人才服务的综合性园区。播创园拥有全品类产品展区、多功能演播厅、众创空间、联网培训室、共享仓储分拣中心、大数据处理中心、大型会议中心等十多个功能区，示范直播间12间、标准直播间36间、特色直播间24间、创客办公室10间、创客工位50个。园区拥有成熟的电商直播运营团队和基础配套设施，目前有在职主播200余人，每天进行60余场直播。

通过“地县乡村”、政企社联动的直播形式，组织各县市主播借助和田地区本地知名品牌优势，充分利用快手、淘宝、抖音等平台，打破时空、地域限制开启直播推介，带给广大粉丝更直观、更真实的产品体验，向全国观众展示和田地区良好的生态资源、优质的地方特色产品魅力。创建“培育孵化＋网红直播＋农特产品”三位一体的帮扶模式，带动和田企业打造本地直播人才队伍，助推当地群众创业就业。通过专业化主播“传帮带”的培育形式，提高各县市本地主播实践参与积极性，达到开播、带货、持续增长的专业化水平。播创园自2021年5月16日正式运营以来，累计培训7700人次，培育出多名带货主播、娱乐主播、游戏主播、农牧民主播，同时打造了和田市高级技工（中职）学校电商直播人才实训基地，培养了一批电商直播专业人才。

案例2:新疆华凌快手电商直播基地

新疆华凌快手电商直播基地是由璞石公司运营、快手平台设立的直播电商基地。2020年5月15日，华凌快手电商直播基地正式授牌并招商，目前基地有商家1024人、总粉丝数达5310.2万，创造的商品交易总额有5～6亿元，基地不定期组织线上及线下培训、基地内部争霸赛等活动，带动更多的商家参与到直播电商，从直播电商中开拓新的商业渠道。

基地具备专业的电商运营能力，包含但不限于帮助商家入驻、进行主播孵化以及提供商品供应链、店铺代运营、营销培训、短视频内容策划、直播服务等。连接平台与商家，并提供上下游服务，帮助商家更好地在平台建立自己的内容阵地。

商家可以通过直播基地更好地与平台沟通，享受平台政策与扶持。基地与专业的视频机构合作，梳理适合直播平台引流的课程，为商家带产品提供直播培训以及供应链、物流等服务，提供适合快手直播的低成本办公场所，并直接对接产品商家，为商家提供直播场所；针对基地内优秀以及高潜商家进行短视频、直播免费推流投放，基地内优质商户的重点维护和扶持（打造标杆商家），平台活动的推广与引导。基地已培育和打造出了多名优质商家，包括玉美人菲菲、小别克金丝玉、新疆范洋、赵军出塞等。

案例 3：巴州尉犁县达西电商产业园

尉犁县达西电商产业园围绕县域农产品特别是"三罗产品（罗布麻、罗布羊、罗布人村寨）"市场布局，建立了规模化经营的电商直播基地，涵盖培训、选品、直播、营销等功能。直播基地包含产品基地和展销基地，包含生产企业 6 家、实体商铺 22 家、直播间 7 个、网店 100 余家、从事直播带货者达 230 余人。自从开展电商直播带货以来，全县网络销售额由 2019 年的 1 亿元增长到 2020 年的 1.8 亿元，2021 年 1—11 月网络销售额就增长了 2.3 亿元。

建立以何森副县长为领头雁的"5＋50＋N"的电商直播账号矩阵，5 个主账号（尉犁电商官方账号、三罗产品行业号、口播类领导专家号、乡村百姓生活号、乡村演艺表演或自然风光号），50 个农村辅助账号，N 个内地一线城市地推账号，互相关联、互相导流，将三罗产品相关推介内容通过账号矩阵推向全国。

大力推动"电商直播＋招商、电商直播＋旅游、电商直播＋供销、电商直播＋产业、电商直播＋夜经济"的大电商直播发展格局。对现有直播间进行提档升级，设置 4 个直播间背景，还原罗布麻、罗布羊的生长环境。培育罗布麻茶饮文化，将罗布麻茶、罗布麻花蜜、黑枸杞、红枸杞的功效、品质、食用方法等特点在罗布麻茶饮文化的基础上集中呈现，作为展现尉犁县自然人文风光、优质农产品原产地、投资兴业的体验窗口。

打造农村电商直播示范点。在每个乡镇和县城周边乡镇每村打造一个农村电商直播示范点，设立农村电商直播间 5 个，孵化直播带货"网红村支书"3 名，在条件成熟的村设立 2 个农村电商、邮政投递融合服务站，给乡镇配备农产品进城物流配送车 4 辆，做到农村电商服务"最后一千米"，统筹各乡镇优质农产品资源供销体系，有效推动农产品进城，工业品下乡。

（二） 物流业数字化典型案例

案例 1：中欧班列乌鲁木齐集结中心数字孪生系统赋能场站高效管理

在乌鲁木齐国际陆港区，去往德国杜伊斯堡的货运列车缓缓驶入中欧班列乌鲁木齐集结中心，等待发运的货物已提前摆放在火车轨道一侧，起重机将需要发运的集装箱抓起，平稳地放在火车平板上。在现实场景中发生的这一切，正通过三维可视化的方式直观地呈现在"丝路智港"数字孪生大屏上。大屏上所看到的，就是采用数字孪生技术，按照 1∶1 的比例为中欧班列乌鲁木齐集结中心打造的数字世界、"孪生兄弟"。高仿真的虚拟映射集结中心在屏幕上呈现出来，从外部环境、建筑外观到场站内各元素，甚至是刚刚抵达的中欧班列，都可以直观呈现，使现实世界中的物体在网络系统中清晰可辨，关键参数一目了然。利用自主算法，系统“大脑”智能分析各类数据，赋能场站高效管理。

所谓“数字孪生”，是以数字化方式为实体集结中心创建虚拟模型，来模拟集结中心在现实环境中的行为，从而反映相对应的货物到港、装卸、转堆、仓储及出港的全周期作业过程。“孪生”的两个集结中心，一个是存在于现实中的实体集结中心，为全国中欧班列提供集停集运；另一个则存在于数字和虚拟世界之中，对实体集结中心的运行状况实时监控，及时发现潜在的故障和风险，从而实现港口管理高效、运转协调。在班列装运之前，系统“大脑”利用 AI 视频分析感知火车是否进站，同时结合铁路货运班列发运数据，可以高效呈现铁路班列货运信息，并提前告知场站。随后，分布在场站多个位置的待运集装箱，由系统“大脑”精准锁定，并规划安全运输路线，接到任务的无人驾驶卡车就会按照规划路线将集装箱送到指定位置。系统中看到的集装箱，都是根据场站作业数据自动生成的，每一个箱子都可以查到具体的信息，包括其在场站所处的位置、箱号、尺寸、箱内物品，等等。

通过融合业务数据，系统还可以在场站管理和国际贸易层面有宏观感知。如对场站吞吐量、中欧班列发运情况、场站作业任务等信息进行统计分析，以了解场站的整体作业情况。在场站管理中，安全问题是头等大事，系统可以通过视觉识别算法，在“数字孪生”场景中快速分析出场站中的安全隐患，并一键通知管理巡检人员及时处理。

中欧班列乌鲁木齐集结中心从 2019 年到 2021 年，依托工业互联网、物联网、大数据及“数字孪生”等先进技术，已经实现了智能场站作业，建成初步完备的数字化作业体系，支撑了企业的数字化转型赋能及优化，并将进一步推动陆港集团拥抱数字经济、提升区域核心竞争力、引领陆港区乃至乌鲁木齐市经济高质量发展。

案例 2：新疆最大智慧物流园京东“亚洲一号”

京东物流“亚洲一号”，是京东将自动化运营中心打造成亚洲范围内 B2C 行业内建筑规模最大、自动化程度最高的现代化运营中心的一个项目。目前已在全国 28 个城市建设并投用 38 座。

京东乌鲁木齐“亚洲一号”从 2019 年开始建设，2020 年主体建成，建设面积为 9.6 万平方米，2021 年 7 月智能化分拣和物流设备进场，9 月投入使用，是新疆最大的智慧物流园。6 条智能化分拣线分为小件分拣区、大中件分拣区、特殊商品分拣区（易碎物品等），每一个区域都贴有目的地地名，既有乌鲁木齐市的各区县，也有全疆各地州。

在智能分拣仓的第一道，工作人员将一批批消费者下单的快递摆上分拣区，它们便开始了“旅程”。前端消费者点“下单”，系统的“智能大脑”就可以在 0.1 秒内把信息发送给仓库，随即仓库就会进行“智能排产”、路径优化等。“智能排产”是由“智能大脑”统筹安排不同订单的处理和配送时间，并优化组合。智能拣货路径优化，是一种大数据技术，称为“蚁群算法”，就像蚂蚁搬食物，不会碰撞。快递从第一条主线上经过时，会遇到一个扫描仪，它会对每一件快递扫描，根据外包装的地址，把商品推荐至伊犁州、昌吉州等支线，支线还分为乌鲁木齐的天山区、沙依巴克区、水磨沟区、经开区等，最终小件快递会自动落入大型打包袋内。一条智能分拣线，每小时即可处理上千个快递，精准率接近100%。

消费者之所以能够感受到京东购物的“快”，本地仓就是最大的保障。除分拣区的智能化外，仓储中心通过自动化立体仓库设计，能够提升大件商品的存储、拣选能力，效率较传统仓库提升3倍以上，使家电等大件商品有了强大的“靠山”。仓储中心还投入了货架穿梭车、搬运机器人、分拣机器人等物流机器人构成的“机器天团”，实现货物从入库、存储、包装、分拣的全流程、全系统的智能化。

京东“亚洲一号”乌鲁木齐经开智能产业园的智能分拣仓，是目前国内最先进的电商物流智能分拣线之一。新疆消费者下单后，可直接从这里出货，每天的分拣处理能力达100万件。乌鲁木齐“亚洲一号”二期正在建设当中，预计2023年投入使用，将打造区域物流枢纽中心，成为新疆一流的电子商务智能物流示范基地，引领带动新疆电商、物流行业的发展。

（三） 金融数字化典型案例

案例1：人行乌鲁木齐分行搭建“移动支付＋”农产品出疆“快车道”

人行乌鲁木齐分行组织新疆银行业金融机构和中国银联新疆分公司大力推进“移动支付＋”农产品，借助新疆特色农产品小程序、云闪付直播平台、电商平台等“线上”销售渠道，畅通农产品出疆“快车道”，助力百姓致富增收。

在人行乌鲁木齐分行的指导下，中国银联新疆分公司联合光大银行开展“我的家乡味道——新疆站助力乡村振兴”主题云闪付直播活动。直播前期，积极协调中国银联总部提前一周开启全国直播预热，直播期间，携手全疆14个地州市银行业金融机构共同赋能，集全疆宣传之力，在全国范围内营造“疆有好物　云上等你”的浓厚氛围。创新直播宣传方式，从吐鲁番葡萄干到和田大枣，从风土人情到感官味蕾，“云直播”这一窗口向祖国大江南北诉说着舌尖上的新疆风情。银行平台积极造势，用随机立减、折扣让利、红包抵扣等优惠礼包聚客、辐射、促消费。观看直播人数峰值达8400人，点赞1.7万次，带动云闪付商城和特色农产品小程序点击量超9万人次，销售额2.8万元，并随着直播之后的影响，新疆特色农产品远销广东、福建、浙江等沿海地区，销售额累计超过10万元，让葡萄干、核桃等地标性特色农产品从“云端”飞入千家万户。

为畅通农民增收致富渠道，中国银联新疆分公司上线新疆特色农产品小程序销售平台，按照新疆行政区域划分，将各地州不同的特色农产品上架、展示、销售，根据季节调整产品上架。同时，将新疆特色农产品上架至云闪付商城，双渠道同步推广销售，新疆特色农产品小程序点击人数超过100万人次，点击次数超过130万次；还为进一步扩大电商助农经济效应，中国银联新疆分公司积极对接本地乳业龙头企业天润集团，将天润乳制品上架至销售平台，并争取天润集团资源投入，在双方营销资源带动下，日销量超过千单，带动新疆特色农产品“出村进城”。

人行乌鲁木齐分行积极引导辖区内银行业金融机构以让利促销、强联宣传的方式提升新疆特色农产品消费宣传力度。先后借助云闪付 App 开展新疆特产 5 折优惠(20 元封顶)、新疆特产迎新春主题营销、新疆特色农产品 70 元优惠活动,活动期间用户可享受随机立减优惠购买新疆特色农特产品。同时整合疆内金融宣传资源,利用新媒体平台,如微信公众号、云闪付新疆城市服务号等,加强宣传推广,通过微信群积极协调各银行转发宣传,不断扩大宣传效应。新疆特色农产品销售平台已上架新疆特色农产品 510 余种,累计销售额 73 万元。

案例 2:中国电信新疆公司牵手昆仑银行,推进数字化金融建设

中国电信股份有限公司新疆分公司与昆仑银行股份有限公司乌鲁木齐分行签署全业务合作协议,双方在通信、金融领域寻找利益共同点,利用各自优势资源互融互补,通过数字化手段整合双方优势产品和业务,深入开展综合行业数字化应用产品,打造数字化金融生态建设,在 5G 新一代智慧网点合作及更多信息化应用、云计算/大数据、物联网、现金管理、公司贷款、个人贷款、代收付业务、银行卡、电子银行、金融科技、场景生态等方面开展合作。

双方已推出联名信用卡"昆仑翼卡"优惠服务,用户使用该联名卡加油可享受疆内每升优惠 0.30 元的补贴、便利店商品 92 折优惠(香烟除外),同时还有时段性的优惠补贴,单用户每月最多可享受到 150 元左右的实惠。联名卡用户还会在通信费、手机流量、宽带、IPTV 等通信业务上享受优惠。在该联名信用卡上充分叠加双方权益,通过场景化交叉销售的拓客模式,共同打造基于信用卡业务的金融服务生态圈。双方将进一步就"互联网+"领域、物联网领域进行深入合作,共同开展金融物联网平台建设及运营,推进物联网技术在公共服务、供应链金融、风险管控等领域中的应用,打造数字化金融新生态。

案例 3:新疆网商走出去,推动 Onaypay 跨境支付建设

2018 年 10 月,由新疆网商互联投资的境外机构 Onaypay 取得了哈萨克斯坦央行颁发的全牌照支付业务许可,成为中资背景的第一家支付企业,并与当地金融机构合作实现常态化运营,2020 年实现支付结算规模逾 1 亿坚戈。该公司在乌兹别克斯坦、俄罗斯等国的支付业务许可已开始申请,同时,Onaypay 也加强了和银联国际的战略合作,计划开通跨境汇款业务,为国内企业货物贸易,服务贸易走出去提供一体化数字技术支付结算解决方案。

(四) 卫生健康数字化典型案例

案例 1:自治区人民医院智慧健康医疗

中国数字健康医疗大会上,自治区人民医院"四级远程会诊网络平台"荣获智慧健康医疗创新成果奖,"网约护士与您相约,以医院为主体的'互联网+护理服务'实践探索"获得智慧健康医疗优秀成果奖。

"四级远程会诊网络平台建设"案例,是自治区人民医院不断发展完善远程医疗服务

体系的成果，通过整合优化全区优质资源，建立省级—市级—县级—乡级的四级远程医疗网络平台，也建立起慢病管理、急症就诊、重症救治、基层康复的医疗协同和双向转诊机制，从而将新理念、新技术、新业务、新服务有效辐射到基层医疗机构。

“网约护士与您相约，以医院为主体的‘互联网＋护理服务’实践探索”则是自治区人民医院作为新疆第一批试点“互联网＋护理”服务的医院之一，既保证医疗规范，又大胆积极创新的举措，培训了一批真正具备资质的网约护士，为患者上门提供全方位专业服务，方便群众，提升群众就医幸福感。

案例2:布尔津县紧密医共体项目

布尔津县人民医院始建于1954年，现已发展成为集医疗、教学、急救、预防、保健为一体的综合性二级甲等医院，编制床位378张，设有8个临床科室，6个医技科室，8个职能科室。现有职工454人，包括专业技术人员392人，其中高级职称58人、中级职称45人，占职工总数的23.7％。

布尔津县紧密医共体项目依照国家《县域医共体信息化建设指南》和自治区《新疆维吾尔自治区医疗卫生信息化建设标准规范》，综合运用大数据、云计算等信息技术，建设了协同联动的智能应用体系、安全可靠的运行保障体系、完整统一的标准规范体系，构建了“基层首诊、双向转诊、急慢分治、上下联动”的就医格局。项目于2021年8月27日开始建设，同年10月15日建成投入运行。

项目以县级医院作为县域龙头和城乡纽带，建立了县—乡镇—村(社区)三级医疗卫生机构分工协作机制，构建了三级联动的县域医疗服务体系，涵盖了县卫生健康委员会、县人民医院、县妇幼保健院、县疾病预防控制中心、8个乡镇卫生院和64个村卫生室。

项目完成了县域医共体数据资源中心、业务支撑系统、便民服务系统、基层业务系统(覆盖8个乡镇卫生院、61个村卫生室)、资源共享交换系统、互联互通系统(与上级全民健康信息平台互联互通)、后勤管理系统、综合管理系统等8大系统建设，改造升级了网络和硬件设施，完成了各项建设任务。

项目自2021年10月投入运行以来，网络和硬件设备运行正常，主要软件系统功能逐步开展应用，效果正在显现：一是提高社会整体卫生资源使用效益；二是提高医疗资源利用效率，有效降低群众医疗费用；三是推动“互联网＋医疗”深入发展。通过创新的健康和医疗服务模式，优化资源配置，提升了基层医疗服务机构的能力和水平，规范了县医疗机构的管理，提高了医院财务管理水平和管理者的成本意识，合理利用卫生资源，降低医疗总费用，为广大群众提供质优价廉的医疗服务。城乡居民可以方便地在就近医疗服务机构获得高质量的医疗和健康服务，提升医疗服务的可及性，更好地满足了人民群众多层次的健康与医疗需求。

主要措施和经验：一是通过信息系统工程项目有效监理，保障了项目建设质量。项目建设采用了工程监理制，由项目监理单位签发施工图纸；审查施工单位的施工组织设计和技术措施；指导监督合同中有关质量标准、要求的实施；参加工程质量检查、工程质量事故调查处理和工程验收工作。二是，项目统一了县域内医疗机构业务及数据采集、接入、存储、安全、运维，有效地实现各机构之间业务数据的协同及数据的互联互通，为患者、医院和卫生机构、卫生健康主管部门提供了数字化服务与监管手段。

案例 3：兵团“互联网＋医疗健康”应用

兵团卫生健康委按照“顶层设计、高起点谋划、统筹规划”的建设要求，依托数字兵团云资源，采用云化集中部署模式统筹一体化建设，在以兵团医院为中心的兵团乌鲁木齐区域医联体试点运行成功后，充分发挥兵团组织优势，直接打包部署到其他师市医共体推广应用，以最快的速度、最低的成本，整体提升兵团医疗卫生信息化水平。项目编写并发布了五类十三项标准规范，形成了兵团统一的医疗卫生信息化标准规范体系，确保了兵团全民健康信息平台与国家全民健康信息平台的互联互通。

目前，兵团全民健康信息平台已分批接入兵团 12 家师市医院、164 家团场医院（社区卫生服务中心、校医院）、683 个连队卫生室，实现了师、团、连现场问诊、基层开展检查、上级实时诊断；完成了国家要求的全员人口库、电子病历库、健康档案库和医疗资源库四大库的建设，采集形成了 288 万余条人口信息、88 万余条健康档案信息、218 万条电子病历信息和 2.13 万条医疗资源数据，初步实现了跨区域、跨医疗机构的信息交换和数据共享。

“兵团‘互联网＋医疗健康应用’”成功入选国家数字健康典型案例（第二批），受到国家卫生健康委的通报表扬。

（五） 文化旅游数字化典型案例

案例 1：特克斯县文旅产业数字化

特克斯县旅游资源丰富，文旅是该县的重点产业，通过电子商务推动文旅产业发展是特克斯县的重点工作。该县梳理“有机牛羊肉”“天山药谷”“喀拉峻蜂蜜”“八卦养生杂粮”“八卦红林果”“原生菌黄金带”六张名片，以“八卦城”、“喀拉峻”为公共品牌的特色生态农产品体系基本建成，全县 137 种特色农产品热销疆内外，知名度和影响力得到切实提升。

特克斯县聚焦于线上线下融合发展：一是以“互联网＋旅游”为核心内容打造本地离街，使离街成为特克斯县旅游线上线下发展的载体。依托喀拉峻、琼库什台等景区将特克斯地域名片亮出去，适时宣传推广特克斯主打六大特色农产品。从而借助商贸流通业发展，推动旅游产业升级，使文化旅游业成为特克斯县新的经济增长点。二是培育“互联网＋”直播队伍。开展直播技能实训，积极举办了特克斯县“树上干杏鲜杏营销节”大奖赛活动，组织了该县直播人员开展了鲜杏营销节比赛，挖掘和培养了该县一批从事网络直播带货青年，其中涌现出了本地小网红阿海、空城旧梦等销售达人，通过青年直播有力带动了特克斯县的民宿、餐饮、特色农产品、非遗文创等各行业的发展。

案例 2：文旅双创基地——“搏梦工场”

“搏梦工场”是新疆一家重要的数字文旅创客空间，主要孵化方向为 3D 打印、AR/

VR、新媒体技术、动漫科技、文化创意、非遗传承等文化与科技融合相关产业，孵化面积11000平方米，累计孵化企业300余家，在孵企业60余家，先后获得工信部"国家小型微型企业创业创新示范基地"、科技部"国家级众创空间"、共青团中央学校部"全国大学生创业示范园"、人社部"全国创业孵化示范基地"等各级各类资质认定24项。

在自治区科技厅的大力支持下，"搏梦工场"依托汇聚的文化与科技融合企业资源、产学研合作资源及中亚国家合作资源，建设"丝路文化科技创新平台"，构建数据驱动的线上线下文化贸易服务体系，激发市场主体创新活力，努力为共建"一带一路"高质量发展贡献力量。

（六） 教育数字化典型案例

案例1：中国电信新疆公司助力吉木乃县智慧教育

吉木乃县是全国首批民族地区智能教育试点县，中国电信新疆阿勒泰分公司面向全县中小学校，深入推进校园信息化，用科技信息化力量带动城乡中小学校园云网融合，推动现代教育信息化与学科教学融合覆盖了当地县、乡、村所有学校。充分运用物联网、云计算、大数据等先进技术，全力打造智慧教育平台，将5G+人工智能融入校园生态，建设了教育资源云平台、教育大数据、双师课堂、明厨亮灶、智慧教室、空中课堂、校园一卡通、AI平安校园（人脸车牌识别、电子围栏等）、师生考勤、安全测温等平台和系统，构建了较为完善的智慧校园。

通过吉木乃县智慧教育试点建设，将"互联网教学""异地实时互动""双师课堂"深度结合，把远方屏幕旁的老师通过光缆带到了边陲小城吉木乃，让教育摆脱了时间和地域限制，助力边陲小城吉木乃县获取到更多优质教学资源，实现疫情防控期间"停课不停学"，以实际行动助力疫情防控。

案例2：阿克苏农商银行支持新疆理工学院建设"智慧校园"

随着阿克苏农商银行投资建设的"新疆理工学院智慧校园"项目正式投入运行，位于阿克苏市的新疆理工学院的师生们享受到了智慧校园带来的便利。该项目于2020年正式启动，总投资近1500万元，由校园公共安全大数据平台、学工一体化平台、教师管理系统平台、移动办公平台、校园统一支付平台、教务管理系统平台、一卡通系统等组成。平台运行后，形成了五个统一，即"认证一个号、服务一个站、数据一个库、管理一张表、决策一个键"，构建起了"一网、一次、多端"的智慧校园管理服务体系，打通各应用系统数据流，打造了"互联网+金融+校务"新生态。

"智慧校园"包含教务管理、学生管理、支付平台等多个系统。利用"学工一体化平台"，毕业生可以方便快捷地在线上办理各项离校手续，终结了以往"一张单子满校跑"的繁杂办理模式；"迎新系统"则让新入校同学体验到了从个人信息采集、绿色通道、财务缴费等线上"一条龙"服务；而"教务管理系统"则让学籍、选课、成绩、考务等教务管理变得更加轻松自如；移动办公系统的完善、优化等一系列系统的升级改造，都让师生们感受了金融科技赋能带来的全新体验。

案例 3：新疆大学“三个下功夫”推进智慧校园建设

新疆大学认真贯彻落实《教育信息化“十三五”规划》《教育信息化 2.0 行动计划》，将智慧校园建设作为治校育人“重器”，统筹人力、资金、技术等资源，以“三个下功夫”提升信息化建设水平，着力打造以数据中心为核心、业务应用系统为支撑、大数据分析技术为手段、“一站式服务大厅”和“掌上新大”为载体的智慧校园建设格局。

在“把牢开关”上下功夫。校党委常委会专题研究推进智慧校园建设，提出“高标准、高质量、保安全、求便捷、明责任”要求，对标“双一流”大学信息化建设标准，确立 $1+1+N$（1 个基础设施、1 个数据中心、N 个应用系统）体系架构，分三期建设智慧校园工程。成立党委网信办，新建数据中心，扩展整合运维中心，增加人员编制，统筹智慧校园建设任务和升级、完善、优化、运维等工作。构建四级会商机制，明确重大决策由校网络安全与信息化领导小组集体商议论证，重要事项由分管信息化副书记统筹协调，一般事项由网信办牵头沟通，日常事务由各项目小组内部会商决定。通过召开周例会、制定周执行计划、发布项目执行周报，整体推进智慧校园建设工程实施。

在“突出改革”上下功夫。开发“一站式”网上服务大厅和“掌上新大”手机客户端，使大学核心业务从线下全面搬至线上。着力推进管理改革，建设科研管理系统，实现横向项目、纵向项目、校级项目、科研成果等 9 项业务在线管理与服务；搭建统一学工业务服务平台，及时准确收集、分析、管理学生信息，保障学生信息安全性，节约管理成本，有效提高管理水平，构建学生从进校到离校的全过程信息化服务链条。有效推进教学改革，实施课表、调课、选教材、成绩查询等“微服务”，实现教务工作全面无纸化办公、流程化管理，有效提高教学管理质量和工作效率。建设全功能智慧教室，开设智慧同步课堂，实施教学电子督导，稳步推进混合式教学，在疫情防控期间线上教学实践中发挥了重要作用。大力推进线上办公，以“微服务”为抓手，上线重大事项审批、学校公章使用、会议室使用、校园卡充值、课表查询等上百个“微服务”，切实提高师生体验感和工作效率。

在“精准服务”上下功夫。扎实推进安全防控工作，在三个校区累计安装人脸识别平板设备 28 套、学生宿舍楼安装通道机 120 余台，并与数据中心和业务系统实现数据对接；在相关实验室安装准入设备和信息系统。强化服务师生功能，安装 390 台新版 POS 终端和自助服务设备，开发支付平台，并与教务处、图书馆、继续教育学院、物业等单位系统实现对接，已承担 20 余项自助在线收缴费工作；开发在线报修系统，实现从接单、修理、结单、评价的全流程监管，有效提高服务效率。采取系列举措，理顺网络安全和信息化工作体制机制、加强网络安全防控体系、完善数据标准，为校园信息化建设向纵深发展奠定坚实基础。

参考文献

［1］国家统计局，中华人民共和国科学技术部，中华人民共和国财政部. 2020 年全国科技经费投入统计公报［EB/OL］.（2021-09-22）［2022-09-20］. http://www.stats.gov.cn/sj/tjgb/rdpcgb/qgkjjftrtjgb/202302/t20230206_1902130.html.

［2］国家知识产权局. 2018—2021 年知识产权统计年报报告［EB/OL］.（2022-06-01）［2022-09-20］. https://www.cnipa.gov.cn/col/col94/index.html.

［3］中华人民共和国教育部. 2020 年教育统计数据［EB/OL］.（2021-08-30）［2022-09-20］. https://hudong.moe.gov.cn/jyb_sjzl/moe_560/2020/quanguo/.

［4］新疆维吾尔自治区统计局. 2021 年新疆统计年鉴［EB/OL］.（2022-03-01）［2022-09-20］. https://tjj.xinjiang.gov.cn/tjj/zhhvgh/list_nj1.shtml.

［5］中国科学技术信息研究所. 中国科技论文统计报告 2021［EB/OL］.（2021-12-27）［2022-09-27］. https://www.xdyanbao.com/doc/gyo266ob3i? bd_vid=12281348548170099133.

［6］国家统计局. 中华人民共和国 2021 年国民经济和社会发展统计公报［EB/OL］.（2022-02-28）［2022-09-27］. https://www.gov.cn/xinwen/2022-02/28/content_5676015.htm.

［7］新疆维吾尔自治区统计局，国家统计局新疆调查总队. 新疆维吾尔自治区 2020 年国民经济和社会发展统计公报［EB/OL］.（2021-03-13）［2022-09-28］. https://www.xinjiang.gov.cn/xinjiang/tjgb/202106/5037ac528c58479dbaabddce9050a284.shtml.

［8］新疆维吾尔自治区统计局，国家统计局新疆调查总队. 新疆维吾尔自治区 2019 年国民经济和社会发展统计公报［EB/OL］.（2020-04-01）［2022-09-28］. https://www.xinjiang.gov.cn/xinjiang/tjgb/202102/4a4614eef08b472d98b3ff73f17909c0.shtml.

［9］中央网络安全和信息化委员会办公室. "十四五"国家信息化发展规划［EB/OL］.（2021-12）［2022-10-18］. https://www.gov.cn/xinwen/2021-12/28/5664873/files/1760823a103e4d75ac681564fe481af4.pdf.

［10］中华人民共和国国务院. "十四五"国家数字经济发展规划［EB/OL］.（2021-12-12）［2022-10-18］. https://www.gov.cn/zhengce/content/2022-01/12/content_5667817.htm.

［11］中华人民共和国农业农村部. "十四五"全国农业农村科技发展规划［EB/OL］.（2022-01-06）［2022-10-18］. http://www.moa.gov.cn/govpublic/KJJYS/202112/t20211229_6385942.htm.

［12］中华人民共和国农业农村部. 数字农业农村发展规划（2019-2025 年）［EB/OL］.（2020-01-20）［2022-10-18］. http://www.ghs.moa.gov.cn/ghgl/202001/t20200120_6336316.htm.

［13］中华人民共和国工业和信息化部. "十四五"信息通信行业发展规划［EB/OL］.（2021-

11-01)[2022-10-18]. https://www.gov.cn/zhengce/zhengceku/2021-11/16/content_5651262.htm.

[14] 新疆维吾尔自治区通信管理局. 新疆维吾尔自治区"十四五"信息通信行业发展规划[EB/OL]. (2021-11-01)[2022-10-24]. https://xjca.miit.gov.cn/zwgk/tzgg/art/2021/art_250aa998eaaa4ea1933213e5c9e7084d.html.

[15] 新疆维吾尔自治区工业和信息化厅. 新疆维吾尔自治区硅基新材料产业"十四五"发展规划,2021,5.

[16] 新疆维吾尔自治区工业和信息化厅. 新疆维吾尔自治区有色金属工业"十四五"发展规划,2021,5.

[17] 新疆维吾尔自治区工业和信息化厅. 新疆维吾尔自治区"十四五"软件和信息技术服务业发展规划,2021,5.

[18] 新疆维吾尔自治区工业和信息化厅. 新疆维吾尔自治区"十四五"信息化和工业化深度融合发展规划,2021,5.

[19] 新疆维吾尔自治区工业和信息化厅. 新疆维吾尔自治区数字新疆"十四五"发展规划,2021,11.

[20] 新疆维吾尔自治区工业和信息化厅. 新疆维吾尔自治区大数据产业"十四五"发展规划,2021,11.

[21] 新疆维吾尔自治区商务厅. 新疆维吾尔自治区"十四五"电子商务发展规划,2021,8.

[22] 新疆维吾尔自治区商务厅. 新疆维吾尔自治区"十四五"商贸物流高质量发展专项行动计划(2021-2025年),2021,8.

[23] 新疆维吾尔自治区邮政管理局,新疆维吾尔自治区发展和改革委员会. 新疆维吾尔自治区"十四五"邮政业发展规划[EB/OL]. (2021-12-22)[2022-10-24]. http://xj.spb.gov.cn/xjyzglj/c100065/c100066/202112/5cd4faef869f40dabca346191847964e.shtml.

[24] 新疆维吾尔自治区人民政府. 新疆维吾尔自治区现代物流业发展"十四五"规划[EB/OL]. (2022-04-27)[2022-10-24]. http://www.xinjiang.gov.cn/xinjiang/gfxwj/202205/89a15c3f6224440a8fcff1a8a98b6dc5.shtml.

[25] 新疆维吾尔自治区金融工作办公室. 新疆维吾尔自治区金融科技发展规划(2022-2025年),2022,2.

[26] 新疆维吾尔自治区金融工作办公室. 新疆维吾尔自治区金融标准化"十四五"发展规划,2022.5.

[27] 新疆维吾尔自治区交通运输厅. 新疆维吾尔自治区"十四五"现代综合交通运输体系发展规划,2021.11.

[28] 新疆维吾尔自治区交通运输厅. 新疆维吾尔自治区数字交通"十四五"发展规划,2021.11.

[29] 推进"一带一路"建设工作领导小组办公室. 中欧班列发展报告(2021)[EB/OL].

(2022－2－25)[2022-10-24]. http://www. 199it. com/archives/1520060. html.

[30] 中华人民共和国交通运输部规划研究院. 新疆维吾尔自治区"十四五"交通运输发展规划[EB/OL]. (2020-07)[2022-10-24]. http://jtyst. xinjiang. gov. cn/xjjtysj/zwgg/2 02007/9a07eec07b3144ee9a36eeb055318df3/files/b0e3f7207f374a008f3b9ea566719295. pdf.

[31] 新疆维吾尔自治区人民政府. 新疆维吾尔自治区医疗保障"十四五"规划[EB/OL]. (2021-12-13)[2022-10-24]. https://ylbzj. xinjiang. gov. cn/ylbzj/ybfzgh/202201/f601bdf44c664e40947460fdc02ef04e. shtml.

[32] 健康中国行动推进委员会. 健康中国行动(2019－2030年)[EB/OL]. (2019-07-09)[2022-10-24]. https://www. gov. cn/xinwen/2019-07/15/content_5409694. htm.

[33] 中华人民共和国卫生健康委. "十四五"卫生健康标准化工作规划[EB/OL]. (2022-01-11)[2022-10-24]. https://www. gov. cn/zhengce/zhengceku/2022-01/27/content_5670684. htm.

[34] 新疆维吾尔自治区人民政府办公厅. 新疆维吾尔自治区卫生健康事业"十四五"发展规划[EB/OL]. (2021-08-25)[2022-10-24]. https://www. xinjiang. gov. cn/xinjiang/gfxwj/202201/8beeb83976cc4c939fd49e4a35745348. shtml.

[35] 新疆维吾尔自治区文化旅游厅. 新疆维吾尔自治区"十四五"文化和旅游发展规划，2022,1.

[36] 新疆维吾尔自治区文化旅游厅. 新疆维吾尔自治区文化和旅游发展"十四五"规划纲要,2022,1.

[37] 国家发展和改革委员会. 加快构建全国一体化大数据中心协同创新体系的指导意见(发改高技〔2020〕1922号)[EB/OL]. (2020-12-23)[2022-10-31]. https://www. gov. cn/zhengce/zhengceku/2020-12/28/content_5574288. htm.

[38] 中国信息通信研究院. 全球数字经济白皮书(2022)[EB/OL]. (2022-12)[2022-10-31]. https://www. xdyanbao. com/doc/bmfwl7s8ny? bd_vid=9076924072612759543.

[39] 中国信息通信研究院. 中国数字经济发展报告(2022)[EB/OL]. (2022-07)[2022-10-31]. http://www. caict. ac. cn/kxyj/qwfb/bps/202207/P020220729609949023295. pdf.

[40] 浙江省信息化发展中心. 浙江省数字基础设施发展报告(2020-2021)[EB/OL]. (2021-09)[2022-10-31]. https://www. digitalelite. cn/h-nd-5390. html.

[41] 新疆大学. 新疆数字经济发展研究报告(2021)[EB/OL]. (2022-05)[2022-11-09]. http://www. chuangze. cn/attached/file/20220528/20220528104134323432. pdf.

[42] 新疆大学. 新疆平台经济发展调研报告(2022)[EB/OL]. (2022-08)[2022-11-09]. http://news. sohu. com/a/709440232_121015326.

[43] 新疆大学. 新疆电子商务发展研究报告(2021)[EB/OL]. (2022-01)[2022-11-13]. https://www. digitalelite. cn/h-nd-2920. html.

[44] 新疆互联网协会. 新疆互联网发展报告(2021)[EB/OL]. (2021)[2022-11-09]. ht-

tp://www.xjis.org.cn/article/327.html.

[45] 新疆维吾尔自治区统计局.新疆统计年鉴[M]. 北京:中国统计出版社,2021.

[46] 新疆维吾尔自治区统计局.新疆统计年鉴[M]. 北京:中国统计出版社,2020.

[47] 陈立新,张琳,黄颖.《2021 年新疆维吾尔自治区国家发明专利统计分析报告》,武汉大学科教管理与评价研究中心.

[48] 黄季焜,高红冰.县域数字乡村指数(2020)研究报告[R]. 北京大学新农村发展研究院,2020.

[49] 卢方元,王肃坤.中国农业数字化发展水平研究[J].统计理论与实践,2022(3):3-9.

[50] 许竹青.我国农业数字化发展的现状、问题与政策建议[J]全球科技经济瞭望,2020,35(6):19-25.

[51] 钟文晶,罗必良,谢琳.农业数字化发展的国际经验及其启示[J].改革,2021(5):64-75.

[52] 冯献,李瑾,崔凯.中外智慧农业的历史演进与政策动向比较分析[J].科技管理研究,2022,42(5):28-36.

[53] 沈剑波,王应宽.中国农业信息化水平评价指标体系研究农业工程学报[J].2019,35(24):162-172.

[54] 蔺彩霞,余国新,张勇.以农业数字化推进乡村振兴高质量发展[J].新疆农业科技,2021(2):1-3.

[55] 苏国平.新疆数字经济发展战略研究,自治区专家顾问团,2019.

[56] 中国信息通信研究院.数字经济概论[M].北京:中国工信出版集团,2021.

[57] 赵立斌,张莉莉.数字经济概论[M].北京:科学出版社,2020.

[58] 戚聿东,肖旭.数字经济概论[M].北京:中国人民大学出版社,2022.

[59] 何伟,孙克.中国数字经济政策全景图.[M].北京:中国工信出版集团,2021.

[60] 王振,惠志斌.全球数字经济竞争力发展报告(2021)[R].北京:社会科学出版社,2022.

[61] 赵岩.2020-2021 数字经济发展报告[R]. 北京:中国工信出版集团,2021.

[62] 赵惟,刘权.数字资产:新基建重构数字经济新形态[M].北京:中国工信出版集团,2021.

[63] 盘和林.5G 大数据[M].北京:中国工信出版集团,2021.

[64] 林小雨,刘永旺."一带一路"信息通信运营业"走出去"发展方向研究[J].信息通信技术与政策,2018(9):9-11.

[65] 蒋晓丽,刘肇坤."数字中国"建设的意义与要点分析[EB/OL].光明网(2022-04-01)[2022-12-04].https://m.gnw.cn/baijia/2022-04/01/35629141.html.

[66] 殷丽梅,张宏宽.我国数字基础设施建设现状及推进措施研究[R].工信安全智库,2020.

[67] 钞小静.新型数字基础设施促进我国高质量发展的路径[J].西安财经大学学报,

2020,33(2):15-19.

[68] 余晓晖.《"十四五"国家信息化规划》专家谈:加快构建泛在智联的数字基础设施 推动网络强国和数字中国建设[EB/OL].(2022-08-05)[2022-12-04]. https://baijiahao.baidu.com/s? id=172258937173112074&wfr=spider&for=pc.

[69] 赵文玉,张海懿.算力时代光通信热点技术及发展探讨[J].通信世界,2022,11:32-33.

[70] 陈立新,张琳,黄颖.2021 年新疆维吾尔自治区国家发明专利统计分析报告[R].武汉:武汉大学科教管理与评价研究中心,2022.

[71] 中国科学技术信息研究所.中国科技论文统计报告 2021[R].

[72] McFadden, Jonathan, Francesca Casalini, et al. The digitalisation of agriculture: A literature review and emerging policy issues[R]. Paris: OECD, 2022.